高等职业院校教学改革创新示范教材・数字媒体系列

After Effects 影视特效与合成实例教程

柯 健 周德富 主 编

周燕华 肖 卓 副主编

電子工業出版社

Publishing House of Electronics Industry

北京・BEIJING

内 容 简 介

本书通过50多个实例系统地介绍了After Effects CS6影视特效与合成的制作技术，理论讲解简洁实用，实例贴近项目实战。全书内容分4篇共10章：第1篇为基础篇，讲解基础知识、图层应用、Mask应用；第2篇为合成篇，讲解调色、抠像、跟踪、三维合成；第3篇为特效篇，讲解文字特效、粒子特效；第4篇为综合实例篇，介绍了2个较为综合的实例。

本书内容丰富、结构严谨、实例新颖，配套资源提供书中所有实例的工程文件和素材，不仅可以作为各高职高专院校相关专业的教材，同时也适合After Effects的初中级用户学习，对从事影视后期制作的人员也有较高的参考价值。

图书在版编目（CIP）数据

After Effects影视特效与合成实例教程/柯健，周德富主编. —北京：电子工业出版社，2016.5
高等职业院校教学改革创新示范教材·数字媒体系列
ISBN 978-7-121-28579-0

Ⅰ. ①A… Ⅱ. ①柯… ②周… Ⅲ. ①图象处理软件－高等职业教育－教材 Ⅳ. ①TP391.41

中国版本图书馆CIP数据核字（2016）第076134号

策划编辑：左　雅
责任编辑：左　雅　　特约编辑：朱英兰
印　　刷：北京京师印务有限公司
装　　订：北京京师印务有限公司
出版发行：电子工业出版社
　　　　　北京市海淀区万寿路173信箱　邮编　100036
开　　本：787×1 092　1/16　印张：19.75　字数：568.8千字
版　　次：2016年5月第1版
印　　次：2018年3月第2次印刷
定　　价：49.00元

凡所购买电子工业出版社图书有缺损问题，请向购买书店调换。若书店售缺，请与本社发行部联系，联系及邮购电话：（010）88254888，88258888。

质量投诉请发邮件至zlts@phei.com.cn，盗版侵权举报请发邮件至dbqq@phei.com.cn。

本书咨询联系方式：（010）88254580　zuoya@phei.com.cn。

前　言

目前，我国很多高职院校的影视类专业、数字媒体类专业、动漫设计与制作专业、计算机多媒体专业都开设了影视特效与合成这一类专业课程。为了帮助高职院校的教师全面系统地讲授这门课程，长期在高职院校从事该类课程教学的教师和企业相关专家共同编写了本书。

本书是一本讲授影视特效制作及合成技术的实用教材，全书内容丰富、实例新颖、讲解详细。本书分为4篇共10章。其中第1篇为基础篇，共3章：第1章介绍了影视相关的基础知识，After Effects工作界面和工作流程，及素材导入管理和影片输出的方法；第2章介绍了图层混合模式，关键帧制作动画技术及合成嵌套、图层之间的父子关系；第3章介绍了Mask的基础知识，使用Mask绘制矢量图形及Mask绘制的路径结合特效使用的方法。第2篇为合成篇，共4章：第4章介绍了调色理论，使用After Effects内置工具和After Effects调色插件Color Finesse、Magic Bullet Looks进行校正颜色及创意调色的方法；第5章介绍了多种抠像方法的原理，以及使用遮罩、蒙版、键控、Rotoscoping进行抠像的方法；第6章介绍了跟踪技术，包括单点跟踪、两点跟踪、四点跟踪、摄像机跟踪；第7章介绍了三维空间的知识、灯光的使用及摄像机动画的制作。第3篇为特效篇，共2章：第8章介绍了文字层的创建，文字动画和几种文字特效的制作；第9章介绍了Particular粒子插件，以及使用粒子插件制作爆炸、魔法等效果。第4篇为综合篇，共1章，第10章介绍了使用前面几章的知识，制作较为综合的实例。

本书在体系结构上，以本课程知识点为经，以实例为纬进行编排。全书结构严谨、循序渐进，每一章节的内容安排按照影视特效与合成的工作流程而设定，章节之间关系紧密，各有侧重点，并互有补充。

本书强调实例教学，但更强调以实例体现知识点，这样可以避免单纯强调实例教学，而造成知识体系的不完整，只见树木，不见森林，这是很多实例教材的弊端。

本书实例新颖、实用性强。本书与企业联合编写，每个案例经过精心挑选编制而成，既能体现章节的知识点，又有一定的实际应用价值，避免了纯粹为了讲解知识点而编造实例的情况。

本书内容丰富、图文并茂。从易教易学的实际目标出发，用丰富的图例、通俗易懂的语言生动详细地介绍了影视制作的特效及合成方法。

本书配套资源齐全。配套资源中包含了所有实例的素材及工程文件，在学习使用之前，请确保已经安装了After Effects CS6或更高版本，另外，本书配备了PPT便于教师的教学和学生的学习。本书部分素材来源于网络，版权归原作者所有。

本书由柯健、周德富任主编，由周燕华、肖卓任副主编。全书由苏州市职业大学柯健策划并统稿，其中，哈尔滨职业技术学院肖卓编写了第1章、第2章，上海农林职业技术学院周燕华编写了第3章，苏州市职业大学柯健编写了第4～9章，苏州斯派索数码影像设计公司古明星编写了第10章，苏州市职业大学周德富收集了编写案例并对全书进行了审阅。本书在编写过程中得到了苏州市职业大学教务处和电子工业出版社的指导和帮助，在此表示衷心感谢，也感谢田凤秋、戴敏利、刘畅、杨永娟、杨静波等老师在编写过程中提供的各种支持。最后，也感谢父母与家人的默默支持，才能让本书得以完稿。

本书在编写过程中参考了书后所附参考文献的部分内容，在此向原作者表示衷心感谢。由于编写水平有限，加上时间仓促，书中难免有疏漏错误之处，恳请读者和专家批评指正。

编　者

目　　录

第1篇　基　础　篇

第2篇　合　成　篇

第3篇 特 效 篇

第4篇 综 合 篇

第1章 基础知识

本章学习目标

◆ 了解电视制式，视频编码与格式的区别，常用的图像、音频格式。
◆ 熟悉 After Effects 工作界面及工作流程。
◆ 掌握几种不同类型的素材的导入方法。
◆ 掌握渲染参数设置及视频、图像序列、单帧图像的输出方法。

1.1 影视特效与合成简介

在影视作品中，人工制造出来的假象和幻觉，被称为影视特效。影视摄制者利用它们避免让演员处于危险的境地、减少电影电视的制作成本，或者只是利用它们来让影视效果更加扣人心弦。在早期影视拍摄中，经常会使用人、怪物、建筑物等微型模型，来实现影视作品中特效的需要。现在伴随着计算机图形学技术的发展，使影视特效的制作速度和质量有了巨大的进步，制作者可以在电脑中完成更细腻、真实、震撼的画面效果，比如可以使用三维软件来制作风雨雷电、山崩地裂、幽灵出没、异形、房屋倒塌、火山爆发、海啸等用实际拍摄或道具无法完成的效果。《霍比特人 3：五军之战》中的特效场景如图 1-1 和图 1-2 所示。

图 1-1

图 1-2

后期合成是将实拍内容、三维软件渲染的素材进行叠加，组成一个新的场景，得到最终的效果。《美国队长 2：冬日战士》中的合成场景如图 1-3～图 1-5 所示。

图 1-3

图 1-4

图 1-5

1.2 基本概念

1.2.1 电视制式

电视信号的标准简称为制式，可以简单地理解为用来实现电视图像或声音信号所采用的一种技术标准。各国的电视制式不尽相同，制式的区分主要在于其帧频的不同、分辨率的不同、信号带宽及载频的不同、色彩空间的转换关系不同等。

国际上主要有 3 种常用制式。

第一种是正交平衡调幅制——National Television Systems Committee（美国全国电视系统委员会），简称为 NTSC 制，采用这种制式的国家有美国、加拿大、日本等。NTSC 制的帧频为 29.97 帧/秒，每帧 525 行 262 线，标准分辨率为 720×480 像素。

第二种是正交平衡调幅逐行倒相制——Phase Alternative Line（逐行倒相），简称为 PAL 制，采用这种制式的国家有中国、德国、英国和一些西北欧国家。PAL 制的帧频为 25 帧/秒，每帧 625 行 312 线，标准分辨率为 720×576 像素。

第三种是行轮换调频制——Sequential Coleur Avec Memoire（顺序传送与存储彩色），简称为 SECAM 制，采用这种制式的国家有法国、前苏联和东欧一些国家。

只有遵循一样的技术标准，才能实现电视机正常接收电视信号，播放电视节目。因此在制作过程中，如果影片针对的是中国市场，在 After Effects 中进行合成的时候，就要建立 PAL 制的文件，如果是美国市场，就要建立 NTSC 制的文件。

1.2.2 视频编码

在制作影片的时候，经常会发现有些视频文件无法导入到软件中进行编辑，一般情况下，这些问题是由于软件不支持视频文件的编码而引起的。那么什么是编码呢？编码其实就是一种压缩标准，视频文件一般在播放前都要根据需要进行必要的压缩，未经压缩的视频文件数据量会非常庞大，会带来存储、传输等方面的问题。

这里以 1 秒钟的 PAL 制视频为例来解释说明未经压缩的视频在理论上的数据量。PAL 制的帧速率为 25fps，即每秒播放 25 个画面，分辨率为 720×576 像素，每个像素的 RGB 值为 24bit，那么 1 秒钟的数据量为 25*720*576*24/8/1024/1024MB，约为 29MB，1 小时的数据量大概为 104GB，可以看到数据量非常惊人，因此有必要对视频进行压缩。这里所说的压缩，就是一个编码的过程，编码算法的好坏可以从这几方面来衡量：一是压缩比是否高，二是画面质量是否清晰，三是编码解码速度是否快，一般情况下很难全部达到这三个要求，这时需要综合考虑。

目前视频编码主要有国际电信联盟（ITU）制定的 H.261、H.263、H.264、H.265 等标准，运动图像专家组（Moving Picture Expert Group，MPEG）和国际标准化组织（ISO）制定的 MPEG 系列标准，以及 Apple 公司、Microsoft 公司等一些有影响力的大企业推出的编码标准。下面对一些比较常用的编码标准作一下简单介绍。

（1）MPEG-1。MPEG-1 是 MPEG 组织制定的第一个视频和音频的有损压缩标准。1992 年年底，MPEG-1 正式被批准成为国际标准。MPEG-1 是为 CD 光碟介质定制的视频和音频压缩格式。一张 70 分钟的 CD 光碟传输速率大约在 1.4Mbps。MPEG-1 曾经是 VCD 的主要压缩标准，是实时视频压缩的主流，可适用于不同带宽的设备，如 CD-ROM、Video-CD、CD-I。

MPEG-1 存在着诸多不足。一是压缩比还不够大，在多路监控情况下，录像所要求的磁盘空间过大。二是图像清晰度还不够高，由于 MPEG-1 最大清晰度仅为 352×288，考虑到容量、模拟数字量化损失等其他因素，回放清晰度不高，这也是市场反映的主要问题。三是对传输图像的带宽有一定的要求，不适合网络传输，尤其是在常用的低带宽网络上无法实现远程多路视频传送。四是 MPEG-1 的录像帧数固定为每秒 25 帧，不能丢帧录像，使用灵活性较差。

（2）MPEG-2。与 MPEG-1 标准相比，MPEG-2 标准具有更高的图像质量、更多的图像格式和传输码率。MPEG-2 标准不是 MPEG-1 的简单升级，而是在传输和系统方面做了更加详细的规定和进一步的完善，它是针对标准数字电视和高清晰电视在各种应用下的压缩方案，编码率从 3Mbit/s～10Mbit/s。

MPEG-2 可提供一个较广的范围改变压缩比，以适应不同画面质量、存储容量及带宽的要求。MPEG-2 标准特别适用于广播质量的数字电视的编码和传送，被用于无线数字电视、DVB（Digital Video Broadcasting，数字视频广播）、数字卫星电视、DVD（Digital Video Disk，数字化视频光盘）等技术中。

（3）MPEG-4。MPEG-4 是为移动通信设备在 Internet 上实时传输视音频信号而制定的低速率、高压缩比的视音频编码标准。MPEG-4 标准是面向对象的压缩方式，不是像 MPEG-1 和 MPEG-2 那样简单地将图像分为一些像块，而是根据图像的内容，其中的对象（物体、人物、背景）分离出来，分别进行帧内、帧间编码，并允许在不同的对象之间灵活分配码率，对重要的对象分配较多的字节，对次要的对象分配较少的字节，从而大大提高了压缩比，在较低的码率下获得较好的效果，MPEG-4 支持 MPEG-1、MPEG-2 中大多数功能，提供不同的视频标准源格式、码率、帧频下矩形图形图像的有效编码。总之，MPEG-4 有三个方面的优势：①具有很好的兼容性；②MPEG-4 比其他算法提供更好的压缩比，最高达 200 : 1；③MPEG-4 在提供高压缩比的同时，对数据的损失很小。所以，MPEG-4 的应用能大幅度地降低录像存储容量，获得较高的录像清晰度，特别适用于长时间实时录像的需求，同时具备在低带宽上优良的网络传输能力。

（4）H.264。H.264 是 ISO 和 ITU 共同提出的继 MPEG-4 之后的新一代数字视频压缩格式。H.264 是 ITU 以 H.26x 系列为名称命名的视频编解码技术标准之一。H.264 是 ITU 的 VCEG（视频编码专家组）和 ISO/IEC 的 MPEG 的联合视频组（Joint Video Team，JVT）开发的一个数字视频编码标准。

国际上制定视频编解码技术的组织主要有两个：一个是国际电信联盟（ITU），它制定的标准有 H.261、H.263、H.264、H.265 等；另一个是国际标准化组织（ISO），它制定的标准有 MPEG-1、MPEG-2、MPEG-4 等。而 H.264 则是由两个组织联合组建的联合视频组（JVT）共同制定的新数字视频编码标准，所以它既是 ITU 的 H.264，又是 ISO/IEC 的 MPEG-4 高级视频编码（Advanced Video Coding，AVC）的第 10 部分。因此，不论是 MPEG-4 AVC、MPEG-4 Part 10，还是 ISO/IEC 14496-10，都是指 H.264。

H.264 的优势有以下几个方面。

① 低码率：和 MPEG-2 和 MPEG-4 等压缩技术相比，在同等图像质量下， H.264 的压缩比是 MPEG-2 的 2 倍以上，是 MPEG-4 的 1.5～2 倍。

② 高质量的图像：H.264 能提供连续、流畅的高质量图像。

③ 容错能力强：H.264 提供了解决在不稳定网络环境下容易发生的丢包等错误的必要工具。

④ 网络适应性强：H.264 提供了网络抽象层，使得 H.264 的文件能容易地在不同网络上传输，例如 Internet、CDMA、GPRS、WCDMA、CDMA2000 等。

正因为 H.264 在具有高压缩比的同时还拥有高质量流畅的图像，所以经过 H.264 压缩的视频数据，在网络传输过程中所需要的带宽更少，也更加经济。目前，H.264 是广泛使用的编码压缩技术。

（5）H.265。H.265 是 ITU VCEG 继 H.264 之后所制定的新的视频编码标准。H.265 标准围绕着现有的视频编码标准 H.264，保留原来的某些技术，同时对一些相关的技术加以改进。新技术使用先进的技术用以改善码流、编码质量、延时和算法复杂度之间的关系，达到最优化设置。H.264 由于算法优化，可以低于 1Mbps 的速度实现标清数字图像传送；H.265 则可以实现利用 1～2Mbps 的传输速度实现 720P（分辨率 1280×720 像素）普通高清音视频传送。

ITU 在 2013 年正式批准通过了 H.265/HEVC 标准，该标准全称为高效视频编码（High Efficiency Video Coding），H.265/HEVC 的编码架构大致上和 H.264/AVC 的架构相似，比起 H.264/AVC，H.265/HEVC 提供了更多不同的工具来降低码率，在相同的图像质量下，相比于 H.264，通过 H.265 编码的视频大小将减少 39%～44%。

目前，有线电视和数字电视广播主要采用的仍旧是 MPEG-2 标准，单从长远角度看，H.265 标准将会成为超高清电视（UHDTV）的 4K 和 8K 分辨率的选择。

1.2.3 视频格式

After Effects 常用的一些视频格式及说明。

（1）MOV：美国 Apple 公司制定的视频格式，可用于 Mac 及 PC，这种视频格式能被大多数视频编辑合成软件所识别，它具有文件容量小，质量高的特点，在 PC 上使用需要安装 Windows 版的播放器 QuickTime Player。

（2）AVI：美国 Microsoft 公司制定的一种视频格式，它的优点是视频质量好，缺点是文件太大，而且由于不同的公司和组织提供了非常多的编码方式，导致采用这种视频格式的压缩标准不统一，经常会出现 AVI 无法导入进行编辑的情况。

（3）WMV：美国 Microsoft 公司制定的一种主要用于网络的视频格式，它具有高压缩比，而且与视频编辑软件的兼容性也比较好，它的缺点是视频清晰度不高。

（4）MPEG：用于 VCD、DVD 等编码，应用比较广泛，但由于其编码不是针对视频编辑，容易出现问题。

1.2.4 图像格式

（1）JPG：这是一种使用非常广泛的图像压缩格式，它的优点是体积小巧，兼容性好，能被大部分软件识别，缺点是压缩比较严重，而且不支持透明。

（2）PNG：可移植网络图像格式，其目的是试图替代 GIF 格式，它的特点是压缩比较高，并且支持透明。

（3）PSD：Adobe Photoshop 软件的专用格式，这种格式可以存储图层、Alpha 通道等信息，与 After Effects 软件可进行无缝结合。

（4）TIFF：一种主要用来存储包括照片和艺术图在内的图像文件格式，它最初由 Aldus 公司与

Microsoft 公司一起为 PostScript 打印开发，它广泛地应用于对图像质量较高的图像存储和转换，可存储 Alpha 通道等信息。

（5）TGA：美国 Truevision 公司开发的一种图像文件格式，被国际上的图形、图像工业所接受，TGA 格式使用不失真的压缩算法，可生成高质量的图像文件，并且支持透明，是计算机生成的图像向电视转换的一种首选格式。

1.2.5 音频格式

（1）WAV：Microsoft 公司开发的一种声音文件格式，被 Windows 平台及其应用程序所广泛支持，标准格式化的 WAV 文件和 CD 格式一样，也是 44.1kHz 的取样频率，16 位量化位数，因此声音文件质量和 CD 相差无几，但是它的文件体积过大。

（2）MP3：是一种有损压缩声音文件格式，对高频部分加大压缩比，对低频部分使用小压缩比，其压缩率可以达到 1∶10 甚至 1∶12，MP3 文件较小，音质也不错，在网络上广泛流行。

（3）WMA：是 Microsoft 公司力推的一种音频格式，其压缩率一般可以达到 1∶18，生成的文件大小只有相应 MP3 文件的一半而音质不变。

1.3 After Effects 的工作界面

After Effects 软件界面被划分成多个大小不一的区域，这些区域通常称为窗口，每个窗口负责相应的功能和实现不同的效果。

1. Project 窗口

Project【项目】窗口：用于存放和管理素材及合成的窗口。所有用于合成的素材必须先导入到 Project【项目】窗口中，用户可以在 Project【项目】窗口对素材及合成进行分类管理。

2. Footage 窗口

Footage【素材】窗口：在 Project【项目】窗口中双击某个素材，可以打开素材窗口，在素材窗口中查看素材。

3. Composition 窗口

Composition【合成】窗口：合成窗口主要有两个功能，一是预览合成效果，二是使用工具窗口中的工具在合成窗口中对影片进行编辑。

4. Timeline 窗口

Timeline【时间线】窗口：时间线窗口可以实现对合成中图层的管理，也可以实现对图层参数和动画关键帧的设置，是一个最为重要的工作窗口。

时间线窗口与合成窗口关系密切，素材在时间线窗口进行制作处理，而图像同时在合成窗口中显示。

5. Layer 窗口

Layer【图层】窗口：在时间线窗口中双击某个图层，可以将此图层在图层窗口中显示。

6. Effects&Presets 窗口

Effects&Presets【特效和预设】窗口：该窗口包含了 After Effects 中的所有特效，并且带有很多动画预设，用户可以直接使用这些动画预设，非常方便。

7. Effect Controls 窗口

Effect Controls【特效控制】窗口：该窗口主要用于修改特效参数，时间线窗口也能显示特效参数，但是仅限于部分参数，而特效控制窗口是完整的特效参数操作控制窗口。

8. Preview 窗口

Preview【预览】窗口：主要用于控制影片播放的窗口。

1.4 After Effects 的工作流程

After Effects 的工作流程主要包括以下几个步骤。

（1）创建项目和导入素材、组织素材。

（2）创建合成和排列图层。

（3）添加关键帧动画和特效。

（4）预览合成效果。

（5）渲染并输出最终作品。

1.5 素材导入及管理

1.5.1 素材导入

执行菜单栏中的“File→Import【文件→导入】”命令或者在 Project【项目】窗口中空白处双击鼠标，都会打开一个“Import File【导入文件】”对话框，把素材导入到 After Effects 中。但是由于素材种类繁多，包括视频文件、音频文件、图像文件、带 Alpha 通道的图像文件、PSD 文件及图像序列文件，导入时的选项也有所区别，下面针对几种比较特殊的素材作逐一解释说明。

1. 带有 Alpha 通道的素材导入

有些文件格式，例如 TGA、TIFF 等文件格式，可能包含 Alpha 通道，导入这些带有 Alpha 通道的文件时，会弹出“Interpret Footage【解释素材】”对话框，如图 1-6 所示。

其中，“Ignore”选项表示忽略透明信息。

Straight Alpha 通道是将素材透明信息保存在独立的 Alpha 通道中，所以它也被称为 Unmatted Alpha【不带遮罩的 Alpha】通道，Straight Alpha 通道在高标准、高精度颜色要求的电影中能产生较好的效果，但它只能在少数程序中创建。

Premultiplied Alpha 通道不仅保存了 Alpha 通道中的透明信息，还包含了有背景 RGB 通道的透明度，也被称为 Matted Alpha【带背景遮罩的 Alpha】通道，它的优点是拥有广泛的兼容性，大多数视频处理软件能够产生这种 Alpha 通道。

一般情况下，单击“Guess”按钮，软件会自动检测 Alpha 通道的类型。

2. PSD 文件导入

Photoshop 生成的 PSD 文件，是 After Effects 中比较常用的图像文件，PSD 文件被广泛应用，主要由于其具有几个优点：支持分层，支持透明信息。

在导入 PSD 文件时，在 Import File【导入文件】对话框中，Import As【导入为】下拉列表中有 3 个选项，分别是 Footage【素材】、Composition【合成】、Composition-Retain Layer Size【合成-保持图层

大小】。

当选择了"Footage"选项时，解释素材对话框如图 1-7 所示。

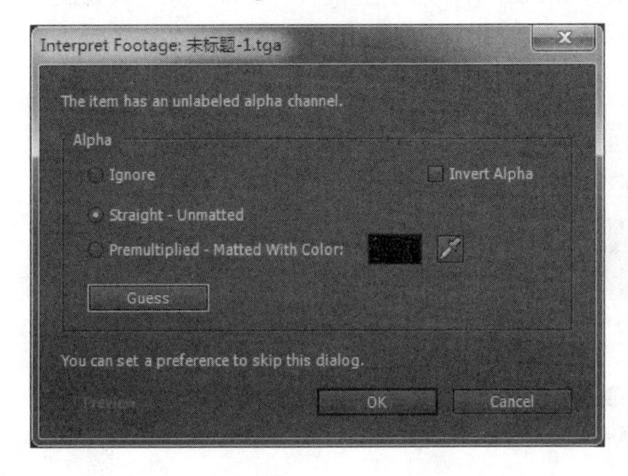

图 1-6

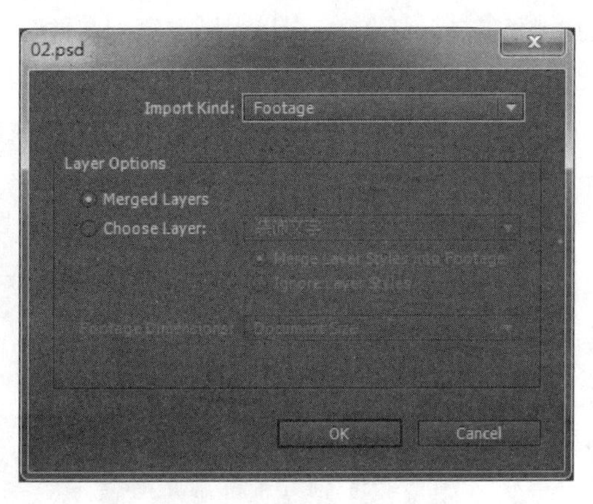

图 1-7

Merged Layers【合并图层】：将 PSD 文件中的所有图层全部合并为一个图层导入到 After Effects 中。

Choose Layer【选择图层】：选择 PSD 文件中的一个图层导入到 After Effects 中，选择了该选项，可以激活"Footage Dimensions【素材尺寸】"选项，Layer Size【图层大小】表示导入的素材以 PSD 文件中各图层的原始尺寸为标准，Document Size【文档大小】表示导入的素材以 PSD 文档大小为标准。

当选择了"Composition"选项时，解释素材对话框如图 1-8 所示：

"Composition"选项可以将 PSD 文件中的所有图层都导入进来，每个图层都以 PSD 文档大小为标准。如果选择了"Editable Layer Styles【可编辑图层样式】"，可以将 PSD 中的图层样式导入到 After Effects 中继续编辑，如果选择了"Merge Layer Styles into Footage【合并图层样式到素材中】"，则 PSD 中的图层样式导入到 After Effects 中不可继续编辑。

当选择了"Composition-Retain Layer Size"选项时，解释素材对话框如图 1-9 所示。

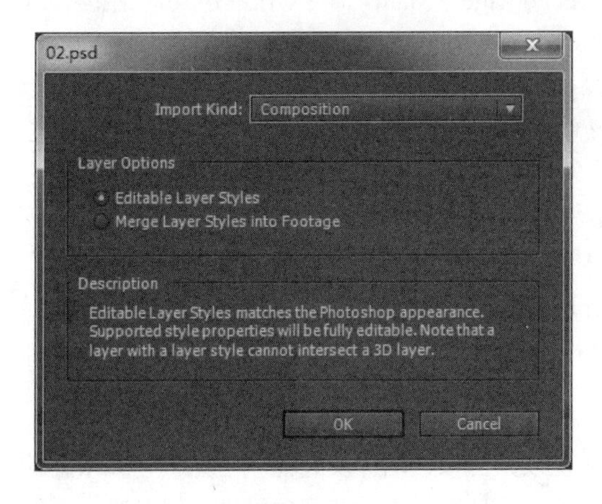

图 1-8

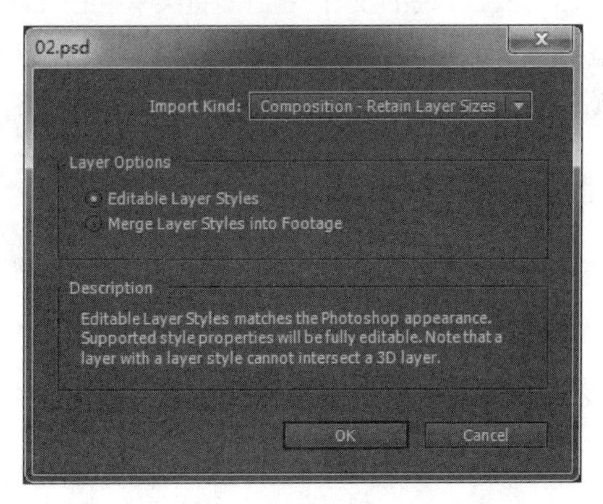

图 1-9

"Composition-Retain Layer Size"选项可以将 PSD 文件中的所有图层都导入进来，但每个图层都以 PSD 文件中各图层的原始尺寸为标准。如果选择了"Editable Layer Styles【可编辑图层样式】"选项，可以将 PSD 中的图层样式导入到 After Effects 中继续编辑，如果选择了"Merge Layer Styles into Footage【合并图层样式到素材中】"选项，则 PSD 中的图层样式导入到 After Effects 中不可继续编辑。

3. 图像序列文件导入

图像序列文件指的是名称连续的文件，它们可以组成一个独立完整的视频，每个文件代表视频中的1帧，在After Effects中导入图像序列文件时，只需要选择序列中的第1个文件，并且勾选“Sequence”选项，即可把序列文件作为一个素材导入到项目中，如图1-10和图1-11所示。

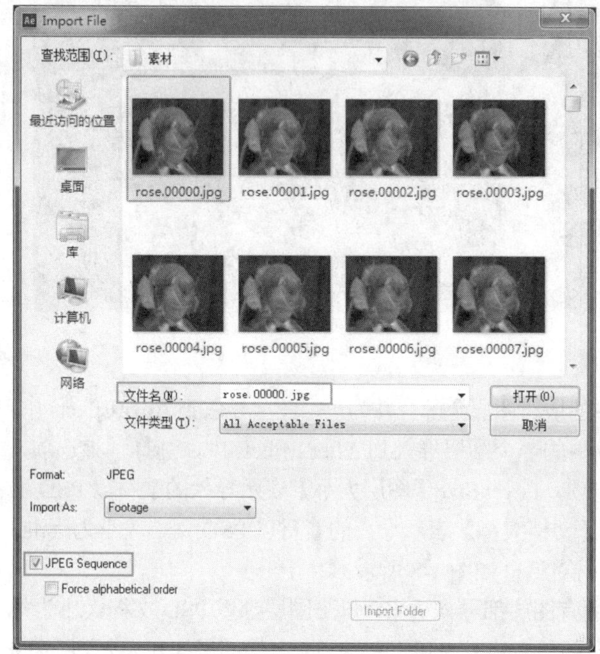

图1-10

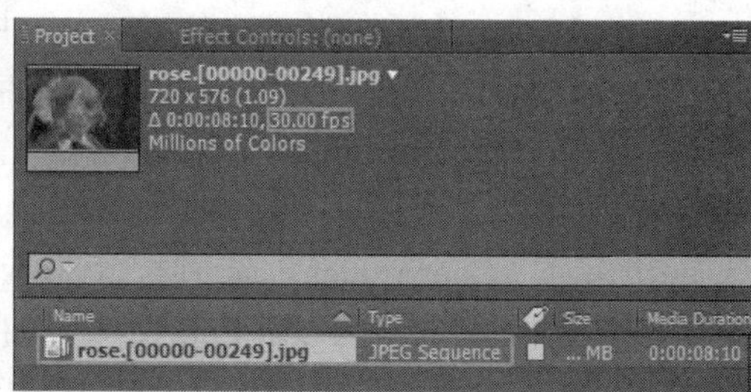

图1-11

导入的图像序列文件，默认帧速率是“30.00fps”，一般需要重新设置帧速率，在Project【项目】窗口中选择图像序列文件，执行右键菜单中的“Interpret Footage→Main”命令，在弹出的对话框“Frame Rate【帧速率】”部分重新设置即可，如图1-12所示。

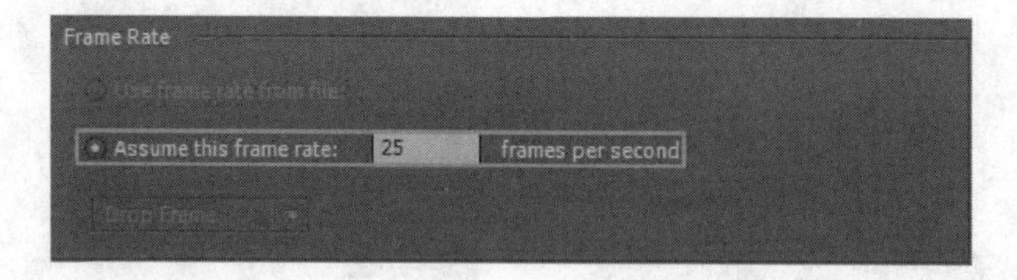

图1-12

1.5.2 素材管理

在项目制作过程中会面对各种各样的素材，包括视频、音频、图片及其他一些元素，如果对这些东西不加以管理，而是杂乱无章地放在一起，那么过了一段时间，想再打开项目进行修改时，会发现很多项目文件丢失，不知去向了，这时就知道对素材进行分类管理有多么重要了。一般在硬盘上会建立视频素材、音频素材、图片库、模型库等目录，而且在每个目录下还会建立更多的子目录进行管理，尽量大家分类的方法会有所不同，但是如果没有分类管理，肯定会对项目制作带来诸多不便。

在After Effects中制作项目时，要用到几十个素材也是常有的事，那么对导入到Project【项目】窗口的素材也要进行分类管理，放置到不同的Bin【文件夹】中，视频文件放置到Video文件夹中，音频文件放置到 Audio 文件夹中，矢量图形文件放置到 Vector 文件夹中，Photoshop 文件放置到 PSD 文件夹中，合成放置到 Comp 文件夹中，固态层放置到 Solid 文件夹中，大家也可以按照自己的习惯进行命名和分类管理，文件夹尽量用英文或者拼音命名，少用或者不用中文命名。在 After Effects 中对使用的素材、合成等进行分类管理，虽然会花一些时间，但是可以提高工作效率，节约的时间也许是没有进行管理所花时间的几倍甚至几十倍。

1.5.3 项目管理

1. 整理素材

有时在项目窗口中进行素材的导入时，可能会先后导入和使用一些重复的素材，这时候可以对导入项目中的素材进行整理，对多个重复导入的素材进行合并，只保留一份素材，这样可以精简项目中的文件数量。这个问题可以通过执行菜单栏中的“File→Consolidate All Footage【文件→整理素材】”命令来解决，执行后可以看到项目窗口中重复的素材都被合并整理，并且对当前的项目文件不产生影响。

2. 移除未使用素材

有时项目窗口存在一些导入进来但没有被使用的素材，这些素材如果没有用，可以将其从项目中移除。这里执行菜单栏中的“File→Remove Unused Footage【文件→移除未使用的素材】”命令即可自动移除未使用的素材。一般在整个项目完成后，对导入到项目中但未使用的素材进行一次清理工作。

3. 精简项目

精简项目比整理素材和移除未使用素材的清理范围更大，是将项目中所指定合成中未使用的素材、合成、文件夹删除。操作时首先要选择一个合成，然后执行菜单栏中的“File→Reduce Project【文件→精简项目】”命令，将自动统计并给出该合成没有直接或间接引用的素材和文件夹的数目，确定后即可进行精简删除。

4. 打包文件

由于导入的素材文件并没有复制到项目中，而只是一个引用，所以如果素材文件被删除、移动，或者仅复制项目文件到另一台电脑，这时打开项目文件时，会出现素材文件丢失找不到的错误，这个问题可以通过执行菜单栏中的“File→Collect Files【文件→打包文件】”命令来解决，文件打包可以将项目中的素材、文件夹、项目文件等放到一个统一的文件夹中，保证项目及其所有素材的完整性。在保存的文件夹中，有一个是项目文件，还有一个 Footage 文件夹，所有的素材文件都会保存在 Footage 文件夹下面。

1.6 影片渲染与输出

在制作完成一个项目后，如何在 After Effects 中渲染输出呢？方法是使用 File【文件】菜单下面的 Export【输出】功能，如图 1-13 所示。

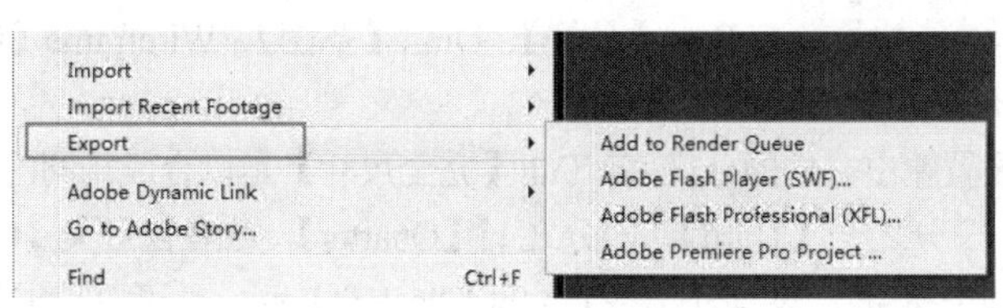

图 1-13

这里可以选择输出为Flash格式或者输出到Premiere中，还可以选择Add to Render Queue【添加到渲染队列】，这个功能与Composition菜单下Add to Render Queue功能是相同的，是After Effects输出的高级模块，在这个模块中可以进行详细的设置。After Effects 提供各种输出格式和压缩选项。要选择哪种格式和压缩选项取决于用户的输出的使用方式。例如，如果从 After Effects 渲染的影片是将直接向观众播放的最终产品，则需要考虑将用于播放影片的媒体，以及文件大小和数据传输速率的限制。如果从 After Effects 创建的影片是将用作输入到视频编辑系统的半成品，则应当输出到与视频编辑系统兼容的格式而不进行压缩。

下面主要介绍Add to Render Queue这种输出方式。

1.6.1 渲染输出视频

在项目窗口中选择要渲染输出的合成后，不管是选择“File→Export→Add to Render Queue”命令，还是“Composition→Add to Render Queue”命令，都会打开渲染队列窗口，并将该合成加入到渲染队列中。After Effects 允许将多个合成添加到渲染队列窗口，并按照每个合成的渲染设置进行渲染。

1. 渲染状态

在渲染队列中的每个渲染任务，都有一行文字用于说明该项渲染任务的状态，如图1-14所示。

图1-14

其中“Render”选项是否勾选，表示是否要渲染该项渲染任务。

“Comp Name”表示要渲染的合成名。

“Status”有以下几种状态。

（1）Unqueued：表示该渲染任务还没有设置渲染参数。

（2）Queued：表示该渲染任务已经设置渲染参数，单击“Render【渲染】”按钮后，即可把该项渲染任务加入到渲染队列中进行渲染。

（3）Needs Output：表示还没有指定输出文件名。

（4）Failed：表示该项渲染任务失败。

（5）User Stopped：表示用户停止了渲染。

（6）Done：表示该项渲染任务已经顺利完成。

“Started”表示该项渲染任务的开始时间。

“Render Time”表示该项渲染任务花费的渲染时间。

2. 渲染设置

在渲染队列窗口中展开某个渲染任务，单击“Render Settings【渲染设置】”右侧的“Best Settings”按钮，弹出渲染设置窗口，如图1-15所示。其中参数说明如下。

（1）Quality：表示渲染质量，有Best【最好】、Draft【草图】、Wireframe【线框】三种质量，一般情况下选择默认Best质量。

（2）Resolution：设置输出文件的分辨率，Full【完全尺寸】是以合成相同的尺寸输出，也可以以合成的二分之一【Half】、三分之一【Third】、四分之一【Quarter】，或者自定义【Custom】的尺寸输出。

（3）Frame Blending：帧融合设置，选择On for Checked Layers，可以根据每个图层的帧融合开关是否打开来决定是否进行渲染；选择Off for All Layers，可以关闭所有图层的帧融合渲染。

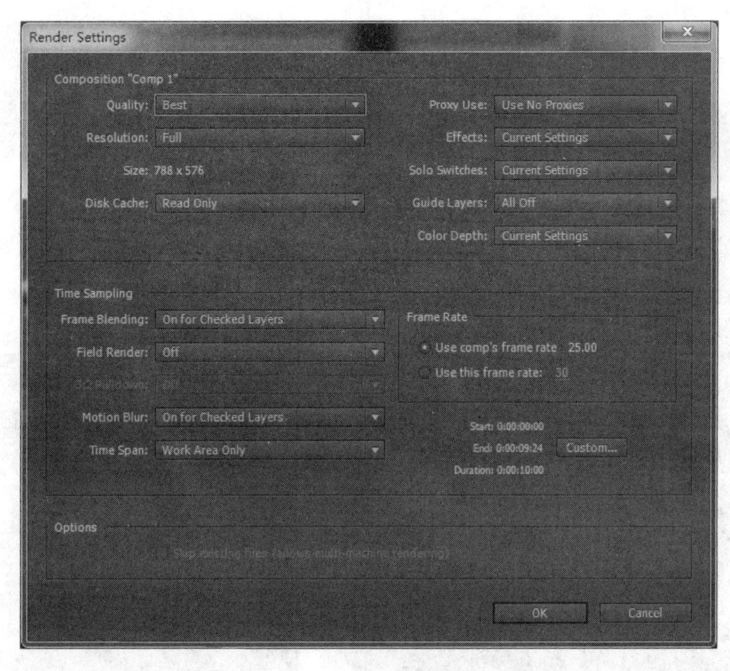

图 1-15

（4）Field Render：选择 Off，为关闭场渲染；选择 Upper Field First，为上场优先渲染；选择 Lower Field First，为下场优先渲染。

（5）Motion Blur：运动模糊设置，选择 On for Checked Layers，为打开运动模糊的图层进行运动模糊渲染；选择 Off for All Layers，关闭所有图层的运动模糊渲染。

（6）Time Span：设置渲染的时间间隔。选择 Length of Comp，表示按照合成的时间长度进行渲染；选择 Work Area Only，表示只渲染时间线窗口的工作区；也可以选择 Custom，自定义渲染的开始帧、结束帧。

（7）Frame Rate：帧速率设置，选择 Use comp's frame rate，表示按照合成的帧速率渲染；选择 Use this frame rate，可以自定义帧速率。

3. 输出模块设置

在渲染队列窗口中展开某个渲染任务，单击"Output Module【输出模块】"右侧的"Lossless"按钮，弹出"Output Module Settings【输出模块设置】"窗口，如图 1-16 所示。其中参数说明如下。

（1）Format：选择输出格式。如果输出的是最终成品，并且包含视频和音频，那么可以选择 AVI、H.264、MPEG4、QuickTime、Windows Media 等格式，当选择其中一种输出格式后，单击"Format Options【格式选项】"按钮，在弹出对话框中可以选择该输出格式的具体设置。

Format 中选择 AVI 格式，AVI 编码格式非常多，并不是所有的编码都可以被非线性编辑软件支持的。选择 AVI 格式后，再单击"Format Options【格式选项】"按钮，在"Video Codec【视频编码】"下拉列表中可以看到非常多的编码方式，如图 1-17 所示。

None 是 AVI 默认的编码方式，表示无压缩，是质量最高、数据量最大的 AVI 编码方式，几分钟甚至几十秒的影片就会输出几个 GB 的视频文件，无压缩编码方式不适用于时间较长的影片输出。

DV NTSC/DV PAL 编码在实际输出中被广泛使用，DV NTSC/DV PAL 的画面尺寸是以电视格式来设定的，通常为 NTSC 制或 PAL 制，而不能随便设置画面尺寸。DV NTSC/DV PAL 编码的数据量与 None 相比要小很多，一般在拍摄大量视频的时候可以采用这种编码方式。

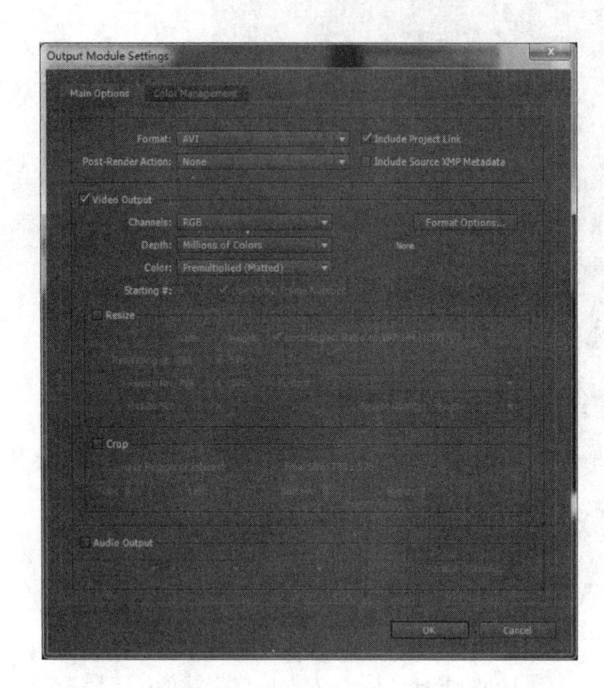

图 1-16

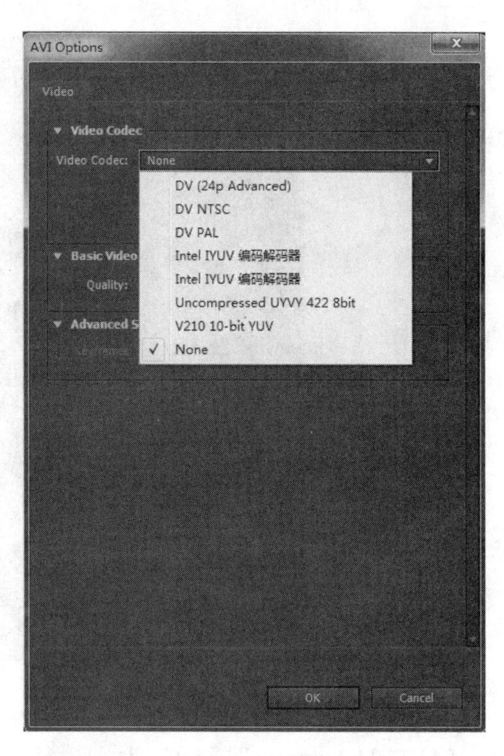

图 1-17

Format 中选择 QuickTime 格式，QuickTime 是 Apple 公司开发的视频文件格式，以.mov 作为文件后缀，它的优点是在 Windows 和 Mac 平台上都可以使用，文件小而且品质高，适用于后期合成软件，但前提是必须安装 QuickTime 播放器。选择 QuickTime 格式后，再单击“Format Options【格式选项】”按钮，在“Video Codec【视频编码】”下拉列表中可以看到非常多的编码方式，如图 1-18 所示。

这里介绍一种文件较小、质量较高的编码方式——H.264 编码，然后根据需要调整 Quality【质量】即可，质量越高，生成的视频清晰度越高，文件也越大。

（2）Video Output：设置视频输出。

Channels：通道设置。Channels 为 RGB，表示只输出颜色通道，Channels 为 Alpha，表示只输出 Alpha 通道，Channels 为 RGB+Alpha，表示输出颜色和 Alpha 通道。

Depth：颜色深度。颜色数越多，色彩越丰富，但文件的尺寸也会随之增加。

Color：颜色设置，Color 为 Straight（Unmatted），表示将透明信息保存在独立的 Alpha 通道中。Color 为 Premultiplied（Matted），表示 Alpha 通道除了保存 Alpha 通道中的透明信息外，也可以保存可见的 RGB 通道中的相同信息。

Resize：重新设置画面的尺寸。它可能会造成画面变形，一般情况下不设置。

Crop：对输出画面进行裁剪。

（3）Audio Output：设置音频输出。

4. 输出路径及文件名

在渲染队列窗口中展开某个渲染任务，单击“Output To【输出到】”右侧的“Comp1.avi”按钮，弹出保存文件对话框，即可设置输出文件的文件名及所在路径。

在渲染设置、输出模块设置及指定输出文件名和路径后，单击“Render”按钮，就可以开始渲染输出了。

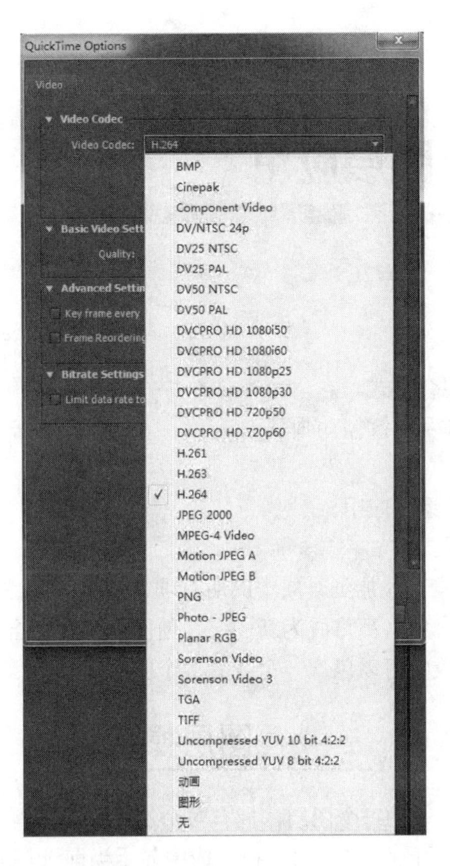

图 1-18

1.6.2　渲染输出图像序列

如果在 After Effects 中渲染输出的不是整个项目的最后一道工序，而是中间步骤，还需要在其他软件中再进行处理，那么可以考虑输出为序列文件。输出序列文件的参数设置与输出视频参数设置类似，稍有不同的是在 Output Module Settings【输出模块设置】窗口中，Format【格式】选择带“Sequence”后缀的格式，例如“JPEG Sequence”格式，它适合用于对图像清晰度要求不是很高，并且不需要保存 Alpha 通道的场合。“PNG Sequence”格式，它适合用于对图像清晰度要求不是很高，并且需要保存 Alpha 通道的场合。如果要保存为高清晰度的图像，并且有 Alpha 通道，可以选择“TIFF Sequence”或者“TGA Sequence”格式。

1.6.3　渲染输出单帧

After Effects 可以对合成中的某一帧进行渲染输出，首先在时间线窗口定位到要渲染的单帧处，执行菜单栏中的“Composition→Save Frame As→File【合成→保存单帧为→文件】”命令，会在渲染队列窗口中添加一个渲染任务，在 Output Module Settings【输出模块设置】窗口中，Format【格式】选择带“Sequence”后缀的格式，注意这里并不渲染序列文件，只是渲染输出这种格式的单帧文件，其他设置与输出序列文件基本类似。

如果输出的单帧要保留 After Effects 中的图层信息，那么执行菜单栏中的“Composition→Save Frame As→Photoshop Layers【合成→保存单帧为→Photoshop 图层】”命令，即可将单帧保存为 Photoshop 的 PSD 文件，它里面的图层与 After Effects 中的图层保持一致。

第 2 章　图层应用

本章学习目标

◆ 了解图层操作。
◆ 掌握常用的几种图层混合模式。
◆ 掌握图层基本变换属性及关键帧动画基础。
◆ 掌握合成嵌套及应用。
◆ 掌握图层之间的父子关系及应用。
◆ 掌握曲线编辑器及应用。

图层是构成合成的基本元素，添加到合成中的所有项，包括静态图像、图像序列、视频、音频、灯光、摄像机，甚至是另一个合成，都将成为新图层。使用图层，在合成中处理某些素材就不会影响到合成中的其他素材，一个合成中可以包含一个或者多个图层。

2.1　图层操作

在 Timeline【时间线】窗口中的每个图层，拥有多个选项可以设置，说明如下。

（1）隐藏或显示图层：打开该选项，可以在合成中显示当前选择的图层中的内容，关闭该选项，则隐藏该图层中的内容。

（2）Solo：打开该选项，除了被选择的图层外，其他图层的内容不在合成中显示，也可以同时打开多个需要该功能的图层。经常用于查看各个图层的内容。

（3）锁定图层：打开该选项，可以锁定选择的图层，被锁定的图层不能进行任何编辑操作。经常用于多个图层编辑时，防止图层误操作。

（4）Shy：配合时间线窗口上方的一起使用，可以将打开该选项的图层在时间线窗口中隐藏，但不会影响图层在合成窗口中的显示。在进行有很多图层的项目编辑时，可以整理出时间线窗口中的空间，方便对需要进行编辑的图层进行操作。

（5）画质：包含和两种选项，表示低画质，表示高画质，这里可以根据需要进行选择，当视频内容过多影响运行速度的时候，可以使用低画质，减轻系统运行负载，而在高画质下，可以对操作对象进行精确的查看和编辑。

（6）特效：打开该选项，可以查看图层上添加的特效效果，反之，则关闭图层上的特效效果。

（7）运动模糊：配合时间线窗口上方的一起使用，可以为打开该选项的图层添加运动模糊效果。

（8）调整图层：可以将选择的图层设置为调整图层。

（9）3D 图层：可以将选择的图层设置为三维图层，进行 3D 编辑操作。

2.2 图层混合模式

2.2.1 图层混合模式概述

图层之间可以通过图层混合模式来控制上层与下层的融合效果，当某一图层选用图层混合模式时，会根据混合模式的类型，与下层进行融合，产生相应的合成效果。

After Effects 中，设置图层混合模式的方式为设置上层的模式，使上层与下层进行叠加，Mode【模式】位于 Timeline【时间线】窗口功能按钮区的右侧。默认情况下每个图层的模式均为 Normal【正常】模式，单击 Normal 旁边的小三角按钮，可以看到有多种混合模式，如图 2-1 所示。

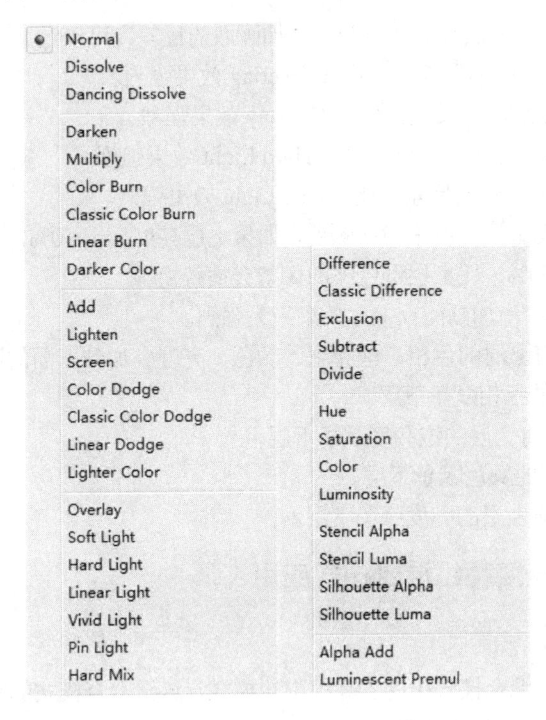

图 2-1

下面对常用的图层混合模式进行解释。

Normal【正常】：默认的图层混合模式，即不发生混合，上面的图层会遮挡住下面的图层。

下面这些混合模式可以称为变暗组，上面图层与下面图层混合在一起后画面效果都比原始的画面更暗。

Darken【变暗】：对上下图层相同位置的像素进行比较，保留较暗的像素，舍弃较亮的像素。

Multiply【正片叠底】：图层混合时取暗值，这种模式可以过滤上层的白色，只保留较暗的部分。

Color Burn【颜色加深】：增加上下两层的对比度。

Classic Color Burn【经典颜色加深】：增加上下两层的对比度，优化版的 Color Burn。

Linear Burn【线性加深】：与 Multiply 类似，但是画面更偏暗一些。

Darker Color【颜色变暗】：与 Multiply 类似，但是画面更偏亮一些。

下面这些混合模式可以称为变亮组，上面图层与下面图层混合在一起后画面效果都比原始的画面更亮。

Add【相加】：将上下两个图层相同位置的像素进行相加，得到的混合效果比原始的画面更亮。

Lighten【变亮】：对上下两个图层相同位置的像素进行比较，保留较亮的像素，舍弃较暗的像素。

Screen【滤色】：图层混合时取亮值，这种模式可以过滤上层的黑色，只保留较亮的部分。

Color Dodge【颜色减淡】：通过减少对比度的方式增亮画面。

Classic Color Dodge【经典颜色减淡】：优化版的 Color Dodge。

Linear Dodge【线性减淡】：上下两个图层的亮度相加后，得到的效果比原始的亮度要稍亮，与 Add 模式的效果相似。

Lighter Color【颜色变亮】：与 Screen 效果类似，但上层的中间偏暗部分容易变得透明。

下面这些混合模式可以称为叠加组，上层与下层混合在一起后画面效果都比原始的画面亮的部分更亮，暗的部分更暗。

Overlay【叠加】：将上下两层叠加在一起，增加画面的反差，可以过滤掉上层 50%亮度的灰色。

Soft Light【柔光】：增加画面反差，但不如 Overlay 效果强烈。

Hard Light【强光】：增加画面反差，但比 Overlay 效果强烈。

Linear Light【线性光】：增加画面反差，比 Hard Light 效果强烈。

Vivid Light【亮光】：增加画面反差，比 Linear Light 效果强烈。

Pin Light【点光】：根据上层亮度来替换颜色，如果上层亮度高于 50%，比上层颜色暗的像素会被替换，如果上层亮度低于 50%，比上层颜色亮的像素会被替换。

Hard Mix【强烈混合】：增加画面反差，效果最为强烈。

下面这些混合模式是将上层的色相、饱和度、颜色、亮度叠加到下面的图层。

Hue【色相】：将上层的色相赋予下层。

Saturation【饱和度】：将上层的饱和度赋予下层。

Color【颜色】：将上层的颜色赋予下层。

Luminosity【亮度】：将上层的亮度赋予下层。

2.2.2 边学边做——变亮组混合模式应用

知识与技能

本例主要学习应用图层混合模式中的变亮组中的模式，该组混合模式的特点是可以过滤上面图层中亮度为 0%的区域，即过滤纯黑的部分。

（1）新建工程，执行菜单栏中的“File→Import→File【文件→导入→文件】”命令，打开“Import File【导入文件】”对话框，选择“烟花.psd”，在“Import As【导入为】”下拉列表中选择“Composition-Retain Layer Size”选项，然后单击“打开”按钮，以合成方式将 PSD 中图层按原始尺寸导入到 Project【项目】窗口中，如图 2-2 所示。

（2）在 Project【项目】窗口中双击“烟花”合成，把它在 Composition【合成】窗口中打开，如图 2-3 所示。

可以看到烟花的颜色为黑色，遮挡住了下面的背景。现在需要将烟花图层的黑色背景透明化，显示出下面的图层来。

（3）在 Timeline【时间线】窗口中设置“烟花”图层的混合模式 Mode 为 Screen，如图 2-4 和图 2-5 所示。

仔细观察设置混合模式后的画面效果，可以看到烟花的背景基本消失，并露出了后面的夜景来，但是烟花的背景没有完全去掉，这是由于 Screen 可以过滤掉黑色，但是没有过滤干净是由于烟花的背景并不完全是纯黑的。

图 2-2

图 2-3

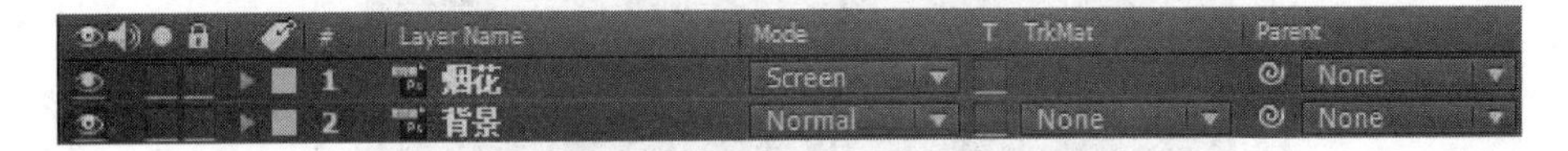

图 2-4

图 2-5

（4）选择 Timeline【时间线】窗口中的“烟花”图层，执行菜单栏中的“Effect→Color Correction → Curves【特效→色彩校正→曲线】”命令，在曲线的中间位置添加一个节点，为了尽量避免压暗暗部的时候会影响到图像的亮部，在暗部再添加一个节点，压暗烟花的背景，使背景达到纯黑的效果，这样 Screen 模式就可以将背景过滤，如图 2-6 和图 2-7 所示。

（5）最后调整“烟花”图层的位置及适当缩小“烟花”图层，效果如图 2-8 所示。

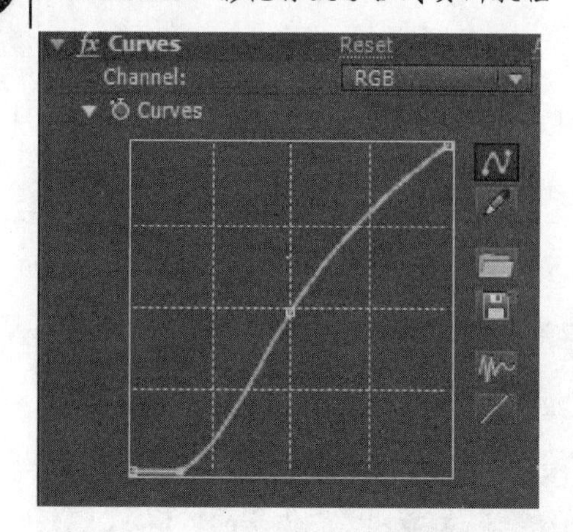

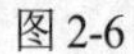
图 2-6

图 2-7

图 2-8

2.2.3 边学边做——变暗组混合模式应用

知识与技能

本例主要学习应用图层混合模式中的变暗组中的模式，该组混合模式的特点是可以过滤上面图层中亮度为100%的区域，即过滤纯白的部分。

（1）新建工程，在“Project【项目】”窗口中的空白处双击鼠标，打开“Import File【导入文件】”对话框，选择“Girl.jpg”和“花纹.jpg”文件导入到Project【项目】窗口中。本例的画面大小与“Girl.jpg”相同，可以以“Girl.jpg”的参数建立新合成，将“Girl.jpg”拖到Project【项目】窗口底部的“Create a New Composition【创建一个新合成】”按钮上，建立一个新的合成。原始素材如图2-9所示。

（2）把素材“花纹.jpg”从Project【项目】窗口拖到Timeline【时间线】窗口的合成中，把它放置到合成的顶部，展开“花纹.jpg”图层下面的参数，调整Scale【比例】为（3.0%，2.0%），Rotation【旋转】为“-46”，把“花纹.jpg”图层移到人物的背部，如图2-10所示。

（3）现在要过滤掉花纹的白色背景，在Timeline【时间线】窗口中设置“花纹.jpg”图层的图层混合模式为Multiply【正片叠底】，就可以把白色部分过滤掉，如图2-11和图2-12所示。

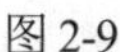
图 2-9

图 2-10

图 2-11

图 2-12

2.2.4　边学边做——叠加组混合模式应用

知识与技能

本例主要学习应用图层混合模式中的叠加组中的模式，该组混合模式的特点是可以过滤上面图层中亮度为 50%的区域，即过滤中间的部分。

（1）新建工程，在 Project【项目】窗口中的空白处双击鼠标，打开“Import File【导入文件】”对话框，选择“man.jpg”和“texture.jpg”文件导入到 Project【项目】窗口中。本例的画面大小与“man.jpg”相同，可以以“man.jpg”的参数建立新合成，将“man.jpg”拖到 Project【项目】窗口底部的“Create a New Composition【创建一个新合成】”按钮上，建立一个新的合成。原始素材如图 2-13 所示。

（2）把素材“texture.jpg”从 Project【项目】窗口拖到 Timeline【时间线】窗口合成的顶部，对它进行适当缩小，移动位置到人物的头部。

在 Timeline【时间线】窗口中选择“texture.jpg”图层，使用工具栏中的 Pen Tool【钢笔工具】绘制一个不规则的 Mask，如图 2-14 所示。

展开 Mask 下面的 Mask Feather【遮罩羽化】，设置值为“50”。设置“texture.jpg”图层的图层混合模式为“Overlay”，如图 2-15 所示。

图 2-13

图 2-14

Overlay 模式可以将纹理很好地叠加到下面的图层，但是亮的地方更亮，暗的地方更暗，暗的地方显示了疤痕，但是变亮的部分是不需要的。Overlay 模式有一个特性，就是可以过滤掉 50%的灰色，所以只要把变亮的部分调整为 50%的灰色，就可以把它过滤掉，而不会影响下面的图层。

（3）在 Timeline【时间线】窗口中选择“texture.jpg”图层，执行菜单栏中的“Effect→Color Correction→Curves【特效→色彩校正→曲线】”命令，调整曲线如图 2-16 所示。

图 2-15

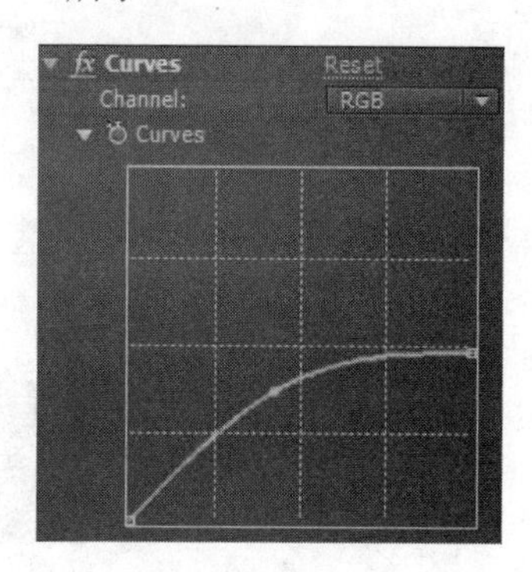

图 2-16

最终效果如图 2-17 所示。

图 2-17

2.2.5 边学边做——颜色组混合模式应用

知识与技能

本例主要学习应用图层混合模式中的颜色组中的模式，该组混合模式的特点是可以把上面图层的颜色、色相、饱和度、亮度等叠加到下面的图层。

（1）新建工程，在 Project【项目】窗口中的空白处双击鼠标，打开“Import File【导入文件】”对话框，选择“Girl.jpg”文件导入到 Project【项目】窗口中。本例的画面大小与“Girl.jpg”相同，可以以“Girl.jpg”的参数建立新合成，将“Girl.jpg”拖到 Project【项目】窗口底部的“Create a New Composition【创建一个新合成】”按钮上，建立一个新的合成。原始素材如图 2-18 所示。

图 2-18

（2）执行菜单栏中的“Layer→New→Solid【图层→新建→固态层】”命令，新建一个固态层，颜色为 RGB（248，227，176）。

在 Timeline【时间线】窗口设置固态层的图层混合模式为“Color”，如图 2-19 和图 2-20 所示。

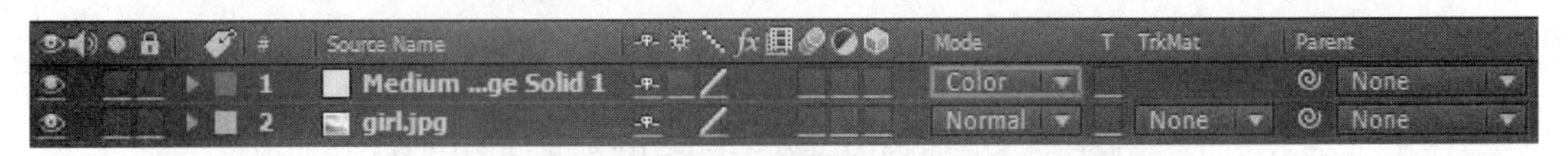

图 2-19

图 2-20

（3）这里只需要调整背景的颜色，人物还是保留原来的色调，在 Timeline【时间线】窗口选择固态层，使用工具栏中的 Pen Tool【钢笔工具】绘制一个 Mask，如图 2-21 所示。

展开固态层 Mask 下面的参数，勾选“Inverted”选项，把 Mask 反向，设置 Mask Feather【遮罩羽化】为“150”，最终效果如图 2-22 所示。

图 2-21

图 2-22

2.3 图层基本变换属性

在 Timeline【时间线】窗口展开图层前面的小三角，再次展开 Transform【变换】前面的小三角，可以看到图层的 5 个基本属性。

（1）Anchor Point【轴心点】：设置图层的轴心点，默认情况为图层的中心，轴心点是图层进行旋转或缩放的坐标中心点。

（2）Position【位置】：设置图层的坐标位置。

（3）Scale【比例】：设置图层的缩放比例，默认为等比例缩放，如果断开链接，则可以在不同坐标轴进行不等比例的缩放。

（4）Rotation【旋转】：设置图层的旋转角度。正数为顺时针旋转，负数为逆时针旋转。

（5）Opacity【不透明度】：设置图层的不透明度，0%时图层完全透明，会显示该图层下面的内容，100%时图层完全不透明，会遮挡该图层下面的内容，0%～100%之间图层为半透明效果。

2.4 关键帧动画基础

After Effects 中有多种设置动画的方法，可以通过对图层、特效属性添加关键帧来设置动画，也可以通过设置表达式或者使用动画预设的方法来设置动画。

After Effects 中最常用的动画设置方式就是制作关键帧动画，这里动画是指广泛意义上的动画，凡是能随时间产生变化的属性都可以制作动画，在 After Effects 中凡是左侧有码表的属性，都可以为该属性制作关键帧动画。关键帧标记一个定义了特定值（如位置、不透明度或音量等）的时间点，制作关键帧动画需要满足以下 3 个基本条件。

（1）必须先单击属性左侧的码表才能记录关键帧动画。

（2）必须在不同的时间点设置 2 个或 2 个以上的关键帧才能产生动画。

（3）属性在不同的时间点应该具有变化。

当某属性左侧的码表未打开时，其数值固定不变，当码表被打开时，其数值可能受关键帧的影响而发生变化，如图 2-23 所示。

在第 1 秒和第 2 秒处，Scale【比例】左侧的码表被打开，设置了 2 个关键帧，第 1 秒处关键帧数值为 100%，第 2 秒处关键帧数值为 200%，第 1 秒前面因为没有其他关键帧，所以数值固定在 100%，第 1 秒之后，由于在第 2 秒还有 1 个关键帧，所以在第 1 秒和第 2 秒之间，数值逐渐由 100%变化为 200%，而在第 2 秒之后，数值又固定为 200%。

图 2-23

当时间线窗口中某个属性有多个关键帧时，为了更快捷、准确地选择关键帧，After Effects 为每一关键帧都显示关键帧导航图标，称为关键帧导航器。关键帧导航器由 3 个按钮组成，只有为属性添加了关键帧，关键帧导航器才会显示出来，按钮为将时间指示器移到前一关键帧，按钮为在当前时间点添加或删除关键帧，按钮为将时间指示器移到后一关键帧，如图 2-24 所示。

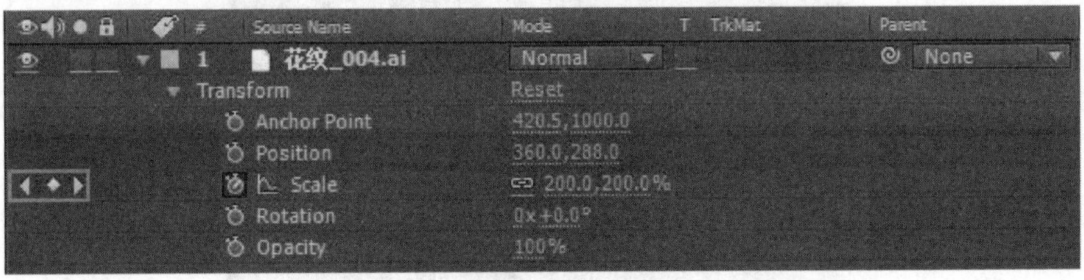

图 2-24

下面的例子为对图层的基本变换属性设置关键帧，制作动画效果。

（1）新建工程，执行菜单栏中的“File→Import→File【文件→导入→文件】”命令，打开“Import File【导入文件】”对话框，选择“瓢虫.psd”、“树叶.jpg”文件，在 Import As【导入为】下拉列表中选择“Footage”，然后单击“打开”按钮，以素材方式导入到 Project【项目】窗口中，如图 2-25 所示。

图 2-25

（2）本例的画面大小与“树叶.jpg”相同，可以以“树叶.jpg”的参数创建合成，在 Project【项目】窗口中，把“树叶.jpg”拖到 Project【项目】窗口底部的“Create a New Composition【创建一个新合成】”按钮上，会创建一个宽度、高度与素材“树叶.jpg”相同的名为“树叶”的合成，在 Project【项目】窗口中选中“树叶”合成，执行菜单栏中的“Composition→Composition Settings【合成→合成设置】”命令，在弹出的“Composition Settings【合成设置】”对话框中，设置 Pixel Aspect Radio【像素宽高比】为“Square Pixels【正方形像素】”，即像素宽高比为 1:1，Frame Rate【帧速率】为“24”fps，Duration【持续时间】为“0:00:20:00”，其他为默认设置，如图 2-26 所示。

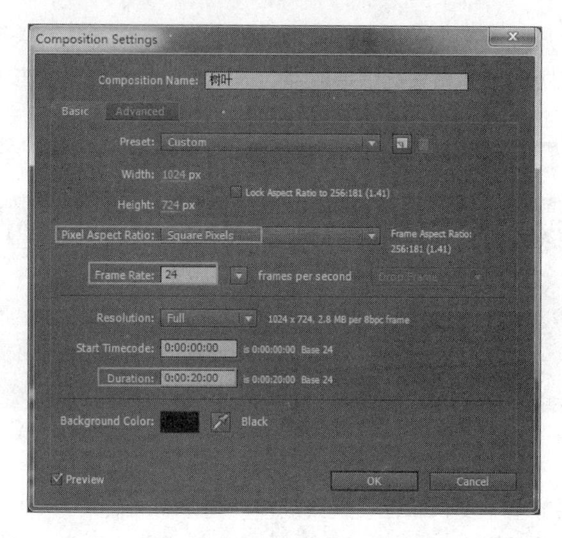

图 2-26

（3）把素材“瓢虫.psd”从 Project【项目】窗口拖到 Timeline【时间线】窗口的“树叶”合成中，把它放置到“树叶.jpg”图层的上面，如图 2-27 所示。

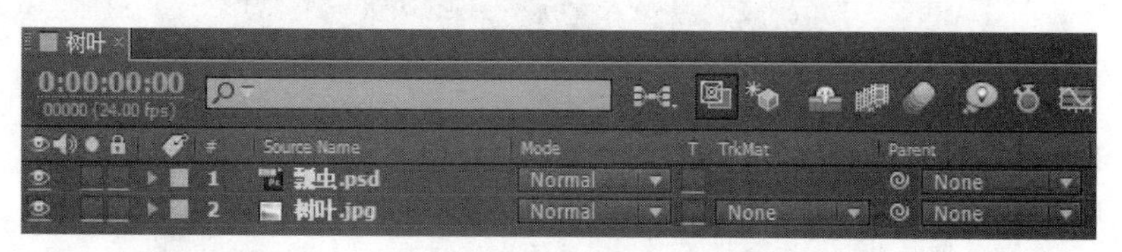

图 2-27

（4）展开“瓢虫.psd”图层下面的 Transform【变换】参数，设置 Scale【比例】为“5%”，适当缩小瓢虫的比例，使它与场景相匹配，效果如图 2-28 所示。

图 2-28

（5）下面开始制作瓢虫在树叶上爬行的动画，这主要是通过制作瓢虫的位置关键帧动画来实现的。展开“瓢虫.psd”图层下面的 Transform【变换】参数，在 Timeline【时间线】窗口把当前时间指示器设置为“0:00:00:00”，单击 Position【位置】左侧的码表，就会在当前时间点创建一个关键帧，使用工具栏中的 Selection Tool【选择工具】调整瓢虫的位置，如图 2-29 和图 2-30 所示。

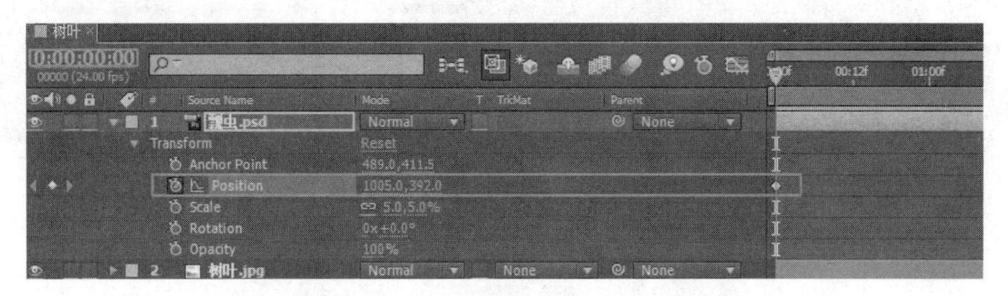

图 2-29

图 2-30

在 Timeline【时间线】窗口把当前时间指示器设置为“0:00:04:00”，使用工具栏中的 Selection Tool【选择工具】调整瓢虫的位置，这次不需要单击 Position【位置】左侧的码表，会自动在当前时间点创建一个关键帧，如图 2-31 和图 2-32 所示。

图 2-31

图 2-32

在 Timeline【时间线】窗口把当前时间指示器设置为“0:00:08:00”，使用工具栏中的 Selection Tool【选择工具】调整瓢虫的位置，会自动在当前时间点创建一个关键帧，如图 2-33 和图 2-34 所示。

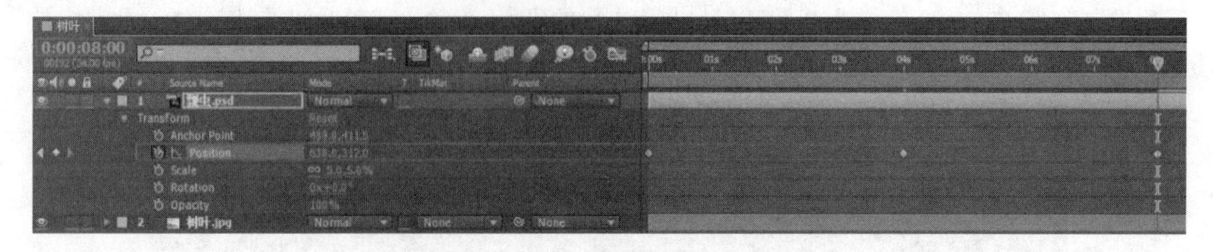

图 2-33

图 2-34

在 Timeline【时间线】窗口把当前时间指示器设置为“0:00:12:00”，使用工具栏中的 Selection Tool【选择工具】调整瓢虫的位置，会自动在当前时间点创建一个关键帧，如图 2-35 和图 2-36 所示。

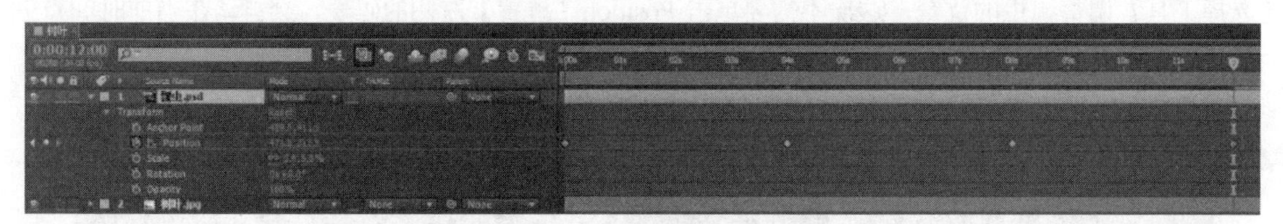

图 2-35

图 2-36

在 Timeline【时间线】窗口把当前时间指示器设置为“0:00:16:00”，使用工具栏中的 Selection Tool【选择工具】调整瓢虫的位置，会自动在当前时间点创建一个关键帧，如图 2-37 和图 2-38 所示。

图 2-37

图 2-38

在 Timeline【时间线】窗口把当前时间指示器设置为“0:00:19:23”，使用工具栏中的 Selection Tool【选择工具】调整瓢虫的位置，会自动在当前时间点创建一个关键帧，如图 2-39 和图 2-40 所示。

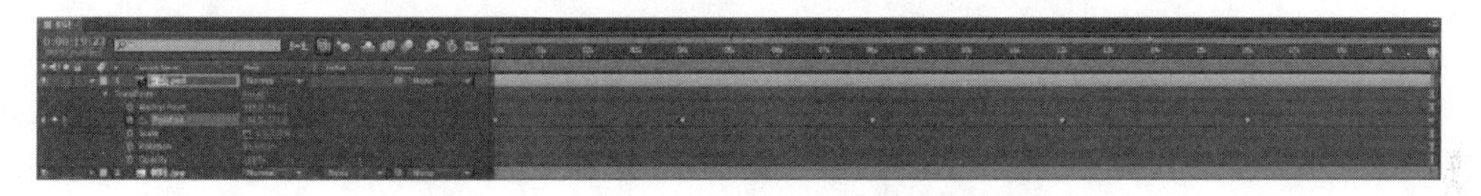

图 2-39

图 2-40

（6）现在单击 Preview【预览】窗口中的“播放”按钮进行预览，可以看到瓢虫沿着树枝在爬行，但是有一个奇怪的地方，瓢虫不管朝哪个方向爬行，头始终朝同一个方向不发生任何变化，而不是面向前进的方向。如果想让瓢虫爬行动画更自然，那么需要调整瓢虫爬行时头部的朝向，这里有两种方法可以解决这个问题：一是再制作瓢虫旋转的关键帧动画，使它头部始终朝向前进的方向；二是设置自动方向调整。这里采用第二种方法，这种方法更简便快捷。

在 Timeline【时间线】窗口选择 “瓢虫.psd”图层，执行菜单栏中的“Layer→Transform→Auto-Orient【图层→变换→自动方向】”命令，在弹出的对话框中选择“Orient Along Path【沿着路径方向】”选项，如图 2-41 所示。

（7）单击 Preview【预览】窗口中的“播放”按钮预览，瓢虫的头部会随着路径而发生改变，但是瓢虫头部还是没有朝向前进的方向，这个问题可以通过在瓢虫开始爬行的初始位置调整瓢虫的朝向来解决。

把当前时间指示器设置为“0:00:00:00”，也就是瓢虫开始爬行的时间点，选择 Timeline【时间线】窗口中的“瓢虫.psd”图层，展开它下面的 Transform【变换】参数，调整 Rotation【旋转】参数值使瓢虫在动画开始位置就朝向前进的方向，如图 2-42 所示。

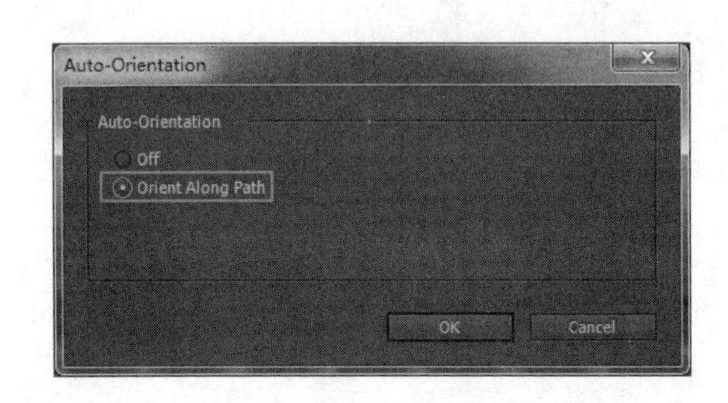

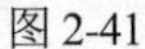
图 2-41

图 2-42

（8）现在单击 Preview【预览】窗口中的“播放”按钮预览，可以看到瓢虫随着设置好的路径在树叶上爬行，但是瓢虫在爬行过程中还是有一点偏离路径，这是由于瓢虫的轴心点稍微有些偏，并不在它的头部中心位置，展开“瓢虫.psd”图层下面的 Transform【变换】参数，调整 Anchor Point【轴心点】参数值，使瓢虫的轴心点位于它头部中间位置，最终如图 2-43 所示。

图 2-43

2.5 典型应用——鱼戏莲叶间

知识与技能

本例主要学习关键帧的制作方法和木偶工具的使用。

2.5.1 制作鱼尾摆动效果

（1）新建工程，双击 Project【项目】窗口的空白处，打开“Import File【导入文件】”对话框，选择“莲叶.psd”、“蝶尾金鱼.psd”、“兰寿金鱼.psd”、“墨龙睛.psd”、“狮子头金鱼.psd”文件，在“Import As【导入为】”下拉列表中选择“Footage”，然后单击“打开”按钮，以素材方式导入，如图 2-44 所示。

（2）执行菜单栏中的“Composition→New Composition【合成→新建合成】”命令，在弹出的“Composition Settings【合成设置】”对话框中，设置 Composition Name【合成名】为“Final Comp”，Preset【预设】为“PAL D1/DV”，Duration【持续时间】为“0:00:20:00”，Background Color【背景色】为“白色”，如图 2-45 所示。

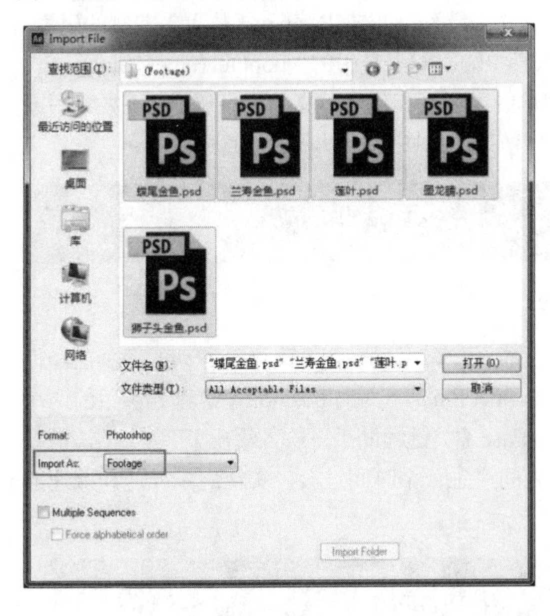

图 2-44

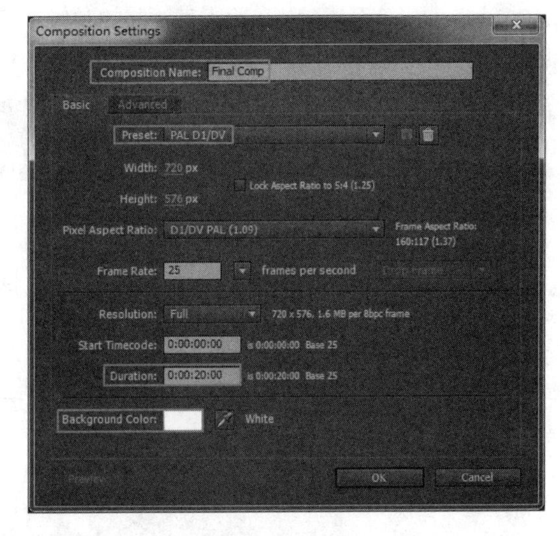

图 2-45

（3）把素材“蝶尾金鱼.psd”从 Project【项目】窗口拖到 Timeline【时间线】窗口的“Final Comp”合成中，展开“蝶尾金鱼.psd”图层下面的参数 Scale【比例】，设置它的值为“25%”，适当调整蝶尾金鱼的大小，使它与场景相匹配。

（4）选择工具栏中的 Puppet Pin Tool【木偶工具】，在 Composition【合成】窗口中金鱼的头部、身体及尾部处单击添加 3 个控制点，如图 2-46 所示。

（5）在 Timeline【时间线】窗口中，把时间指示器设置为“0:00:00:00”。在 Composition【合成】窗口中使用工具栏中的 Selection Tool【选择工具】把金鱼尾部的控制点向左移动一些，使金鱼尾部呈现向左摆动的效果，如图 2-47 所示。

（6）在 Timeline【时间线】窗口中，把时间指示器设置为“0:00:00:10”。在 Composition【合成】窗口中使用工具栏中的 Selection Tool【选择工具】把金鱼尾部的控制点向右移动一些，使金鱼尾部呈现向右摆动的效果，如图 2-48 所示。

图 2-46　　图 2-47　　图 2-48

（7）现在金鱼尾部摆动动画中的一个循环动作已经完成，在通过关键帧创建动画时，一般只需要制作一个循环动画，其他的循环可以通过表达式来实现。

展开“蝶尾金鱼.psd”图层下面的参数，找到金鱼尾部的控制点，这里是 Puppet Pin 3，可以看到它的 Position【位置】参数已经添加了两个关键帧，按住【Alt】键，单击 Position【位置】左侧的码表，为此参数添加表达式，在 Position【位置】的表达式输入栏中输入双引号中的“loopOut (type="pingpong", numKeyframes=0)”语句，在输入表达式的时候注意字母的大小写和使用英文的标点符号，不要错写或漏写任何一个字符，否则表达式会报错或无法产生循环效果，如图 2-49 所示。

图 2-49

（8）单击 Preview【预览】窗口中的“播放”按钮进行预览，可以看到金鱼尾部摆动的动画已经循环起来，但是金鱼尾部摆动的动画还稍嫌生硬，选中 Puppet Pin 3 下面的 Position【位置】参数的两个关键帧，执行右键菜单中的“Keyframe Assistant→Easy Ease【关键帧助手→缓入缓出】”命令，该命令是对关键帧动画进行平滑操作，在动画的静止和运动之间产生一个时间过渡，实现逐步加速和减速的效果，如图 2-50 所示。

图 2-50

2.5.2 制作金鱼游动动画

（1）金鱼的游动动画是通过对图层的 Position【位置】参数做关键帧来实现的。在 Timeline【时间线】窗口，把时间指示器设置为 0:00:00:00 处，展开“蝶尾金鱼.psd”图层下面的 Transform【变换】参数，单击 Position【位置】左侧的码表，会在 0:00:00:00 处为 Position【位置】参数创建一个关键帧，如图 2-51 所示。

在 0:00:05:00 处，移动金鱼到如图 2-52 所示位置，会自动添加一个 Position 关键帧。

继续在 0:00:10:00、0:00:15:00、0:00:19:24 等处，移动金鱼位置，创建关键帧。这里 Position 关键帧所在时间点及金鱼位置可以自行设置，其目的就是为金鱼创建一条不规则的运动路径。

图 2-51

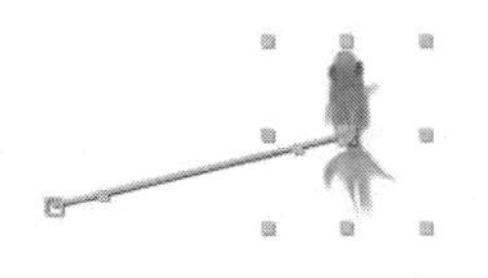

图 2-52

（2）单击 Preview【预览】窗口中的“播放”按钮进行预览，可以看到金鱼一边摆动尾部一边游动，但是有一个奇怪的地方，就是金鱼在游动的过程中，头始终朝着同一个方向，这个问题需要解决，正确的应该是头始终面向前进的方向。

选择 Timeline【时间线】窗口中的“蝶尾金鱼.psd”图层，执行菜单栏中的“Layer→Transform→Auto-Orient【图层→变换→自动方向】”命令，在弹出的对话框中选择“Orient Along Path【沿着路径方向】”选项，如图 2-53 所示。

（3）单击 Preview【预览】窗口中的“播放”按钮进行预览，金鱼的头部会随着路径而发生改变，但是金鱼头部还是没有朝向前进的方向，这个问题可以通过调整金鱼在初始位置的朝向来解决。

把时间指示器设置为“0:00:00:00”，也就是金鱼开始游动的时间点，选择 Timeline【时间线】窗口中的“蝶尾金鱼.psd”图层，展开它下面的 Transform【变换】参数，调整 Rotation【旋转】参数值使金鱼在动画开始位置就面向前进的方向，如图 2-54 所示。

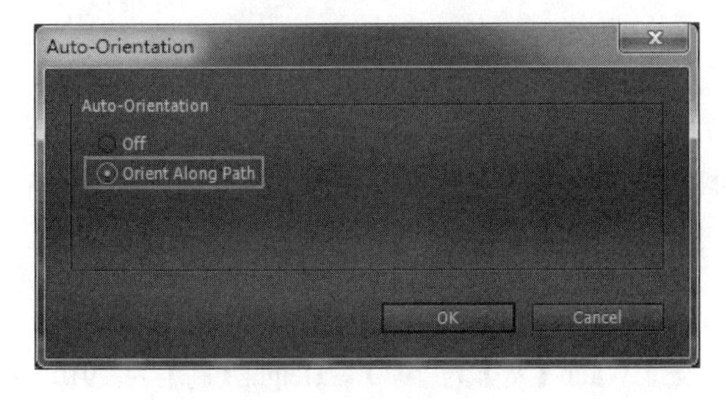

图 2-53

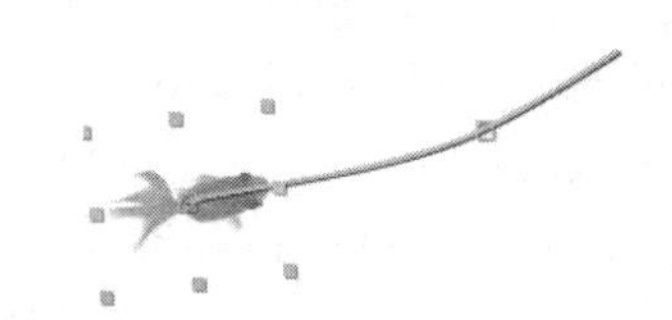

图 2-54

（4）现在单击 Preview【预览】窗口中的“播放”按钮进行预览，可以看到金鱼随着设置好的路径悠闲地游来游去，但是当路径角度较小时，明显可以看到金鱼大幅度地转动身体，使得金鱼游动效果不是很真实，这是由于金鱼的轴心点在它身体上而不是在头部，展开“蝶尾金鱼.psd”图层下面的 Transform【变换】参数，调整 Anchor Point【轴心点】参数值，使金鱼的轴心点在它头部，如图 2-55 所示。

（5）其他金鱼的游动效果可以参照前面的方法制作，这里不再一一叙述了。在制作完所有金鱼的游动效果后，把素材“莲叶.psd”从 Project【项目】窗口中拖到 Timeline【时间线】窗口中合成的最上面，形成一种鱼戏莲叶间的动画效果，如图 2-56 所示。

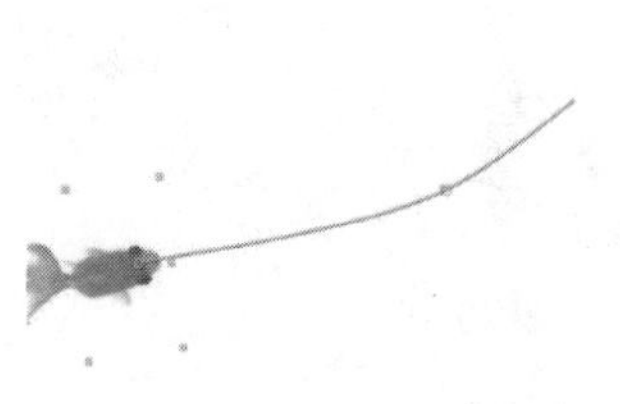

图 2-55

图 2-56

2.6 典型应用——指间照片

知识与技能

本例主要学习合成的嵌套使用。

一个项目中的素材可以分别提供给不同的合成使用，而一个项目中的合成可以是各自独立的，也可以是相互之间存在引用的关系。合成之间的关系不可以是互相引用的，只存在一个合成使用另一个合成，即一个合成嵌套另一个合成。合成嵌套在使用中有很重要的意义，因为并不是所有制作都在一个合成中就能完成，稍微复杂一点的制作都可能由多个合成来嵌套完成。有些虽然可以在一个合成中完成，不过利用合成嵌套会事半功倍。例如，在对多个图层进行相同的设置时，利用合成嵌套制作起来会比较简单。

2.6.1 照片合成

（1）新建工程，在 Project【项目】窗口的空白处双击鼠标，打开“Import File【导入文件】”对话框，把素材“01.jpg”、“02.jpg”、“03.jpg”、“04.jpg”、“hand.psd”分别导入到 Project【项目】窗口中，把素材“Blank Slide.tga”导入到 Project【项目】窗口中，由于它包含 Alpha 通道，在弹出的对话框中单击“Guess”按钮后确定，如图 2-57 所示。

（2）执行菜单栏中的“Composition→New Composition【合成→新建合成】”命令，新建一个合成，在弹出的对话框中重命名为“Slide In Left Hand”，设置 Width【宽】为“970”，Height【高】为“910”，Pixel Aspect Ratio【像素宽高比】为“Square Pixels【正方形】”，即像素宽高比为 1:1，Frame Rate【帧速率】为“25”，Duration【持续时间】为“0:00:05:00”，如图 2-58 所示。

（3）把素材“hand.psd”、“Blank Slide.tga”从 Project【项目】窗口中拖到 Timeline【时间线】窗口中的“Slide In Left Hand”合成中，调整图层的上下位置关系，把“hand.psd”图层放到“Blank Slide.tga”图层的上面，调整“Blank Slide.tga”图层的位置及大小，调整“hand.psd”图层的位置，使它位于两指之间，如图 2-59 所示。

（4）在 Project【项目】窗口中选择“Slide In Left Hand”合成，把它拖到 Project【项目】窗口下面的“Create a New Composition【创建一个新合成】”按钮上，会创建一个宽度、高度与“Slide In Left Hand”相同的合成，按【Enter】键重命名为“Slide In Right Hand”。“Slide In Left Hand”合成包含在“Slide In Right Hand”合成中，这里就形成了一种合成嵌套的关系。当向合成中添加素材时，这些素材就成为新图层的源素材，合成中可以包含任意多个图层，也可以将一个合成作为图层包含在另一个合成中，这称为合成嵌套。

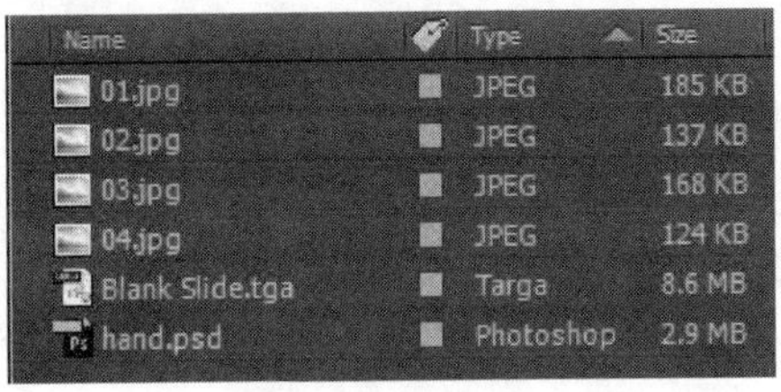

图 2-57

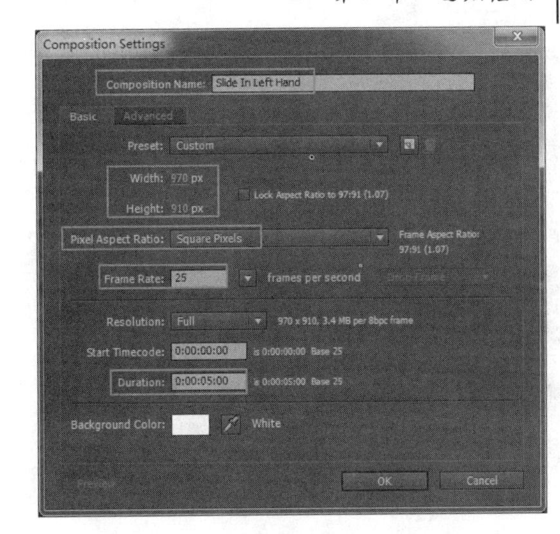

图 2-58

在 Project【项目】窗口中鼠标双击“Slide In Right Hand”合成，在 Timeline【时间线】窗口打开“Slide In Right Hand”合成，选中“Slide In Left Hand”图层，展开它下面的 Transform【变换】参数，设置 Scale【比例】为（-100%，100%），让手在水平方向翻转，如图 2-60 所示。

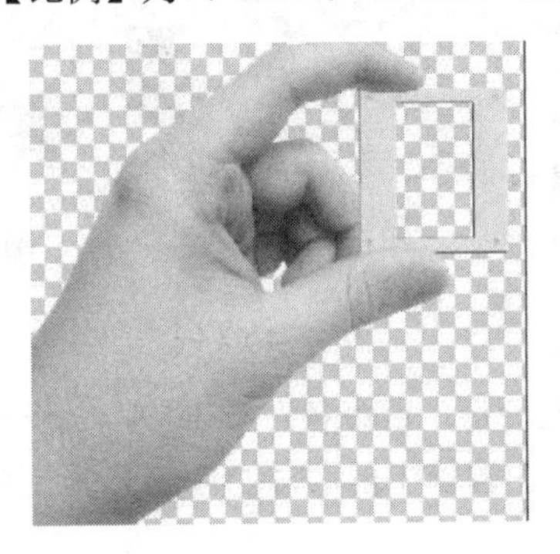

图 2-59

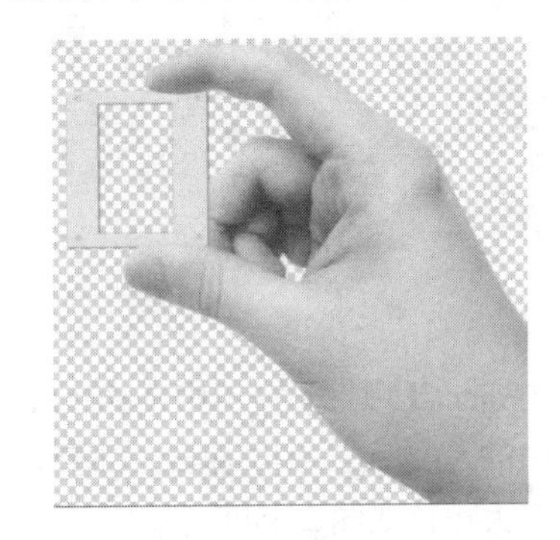

图 2-60

（5）执行菜单栏中的“Composition→New Composition【合成→新建合成】”命令，新建一个合成，在弹出的对话框中重命名为“Slide1”，设置 Width【宽】为“1920”，Height【高】为“1080”，Pixel Aspect Ratio【像素宽高比】为“Square Pixels【正方形】”，即像素宽高比为 1:1，Frame Rate【帧速率】为“25”，Duration【持续时间】为“0:00:05:00”，如图 2-61 所示。

（6）把“Slide In Left Hand”合成从 Project【项目】窗口拖到 Timeline【时间线】窗口中的“Slide1”合成中，再把素材“01.jpg”从 Project【项目】窗口拖到 Timeline【时间线】窗口中的“Slide1”合成中，把它放置到“Slide In Left Hand”图层的下面，调整“Slide In Left Hand”图层的位置，再调整“01.jpg”图层的位置及大小，使它位于相框的内部，如图 2-62 所示。

（7）在 Project【项目】窗口中选择“Slide1”合成复制一份，重命名为“Slide2”，打开“Slide2”合成，把其中的“01.jpg”图层删除，重新从 Project【项目】窗口中把素材“02.jpg”拖到合成中，调整图层位置及大小，如图 2-63 所示。

（8）在 Project【项目】窗口中选择“Slide1”合成复制一份，重命名为“Slide3”，打开“Slide3”合成，删除原来的两个图层，重新从 Project【项目】窗口中把“Slide In Right Hand”合成和素材“03.jpg”拖到合成中，调整图层位置及大小，如图 2-64 所示。

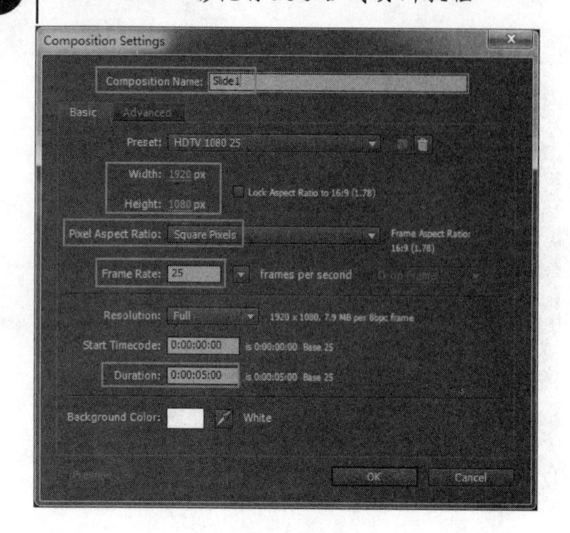

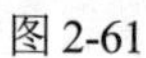
图 2-61

图 2-62

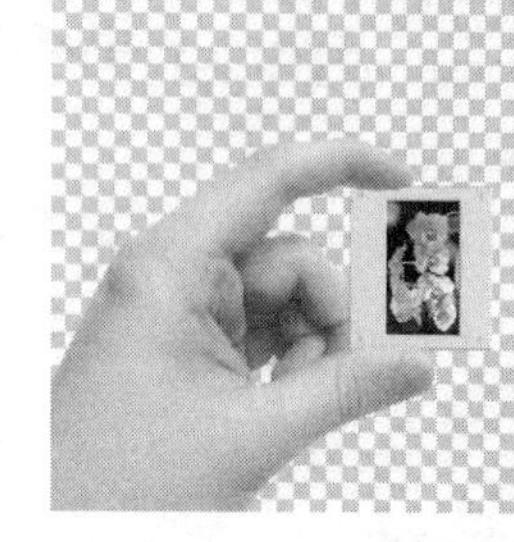
图 2-63

图 2-64

（9）在 Project【项目】窗口中选择“Slide3”合成复制一份，重命名为“Slide4”，打开“Slide4”合成，把其中的“03.jpg”图层删除，重新从 Project【项目】窗口中把素材“04.jpg”拖到合成中，调整图层位置及大小，如图 2-65 所示。

图 2-65

2.6.2 关键帧动画

（1）执行菜单栏中的“Composition→New Composition【合成→新建合成】”命令，新建一个合成，在弹出的对话框中重命名为“Final Comp”，设置 Width【宽】为“1280”，Height【高】为“720”，Pixel Aspect Ratio【像素宽高比】为“Square Pixels【正方形】”，即像素宽高比为 1:1，Frame Rate【帧速率】为“25”，Duration【持续时间】为“0:00:20:00”，如图 2-66 所示。

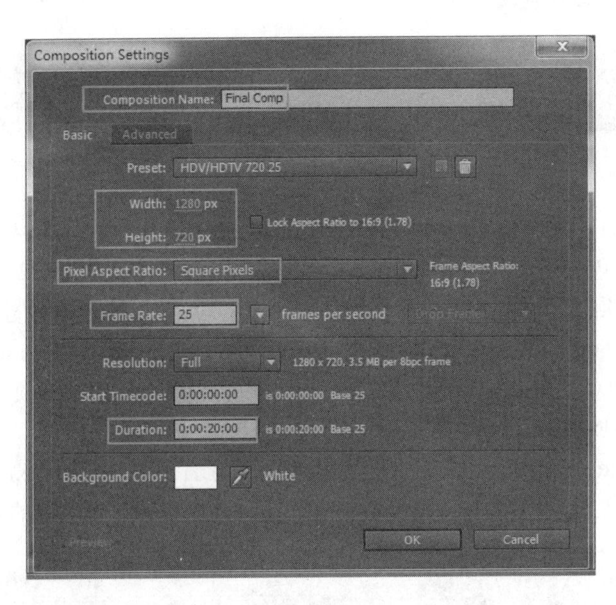

图 2-66

（2）把“Slide1”合成从 Project【项目】窗口拖到 Timeline【时间线】窗口的“Final Comp”合成中，为它制作从画面左侧移到画面中，上下抖动后消失的效果。

展开“Slide1”图层下面的参数，在 0:00:00:15 处，单击 Position【位置】、Scale【比例】、Rotation【旋转】左侧的码表，创建一个关键帧，参数值为默认值，在 0:00:00:00 处，设置 Position 值为（-187，442），Scale 值为“85%”，Rotation 值为“-5”，为它们创建关键帧，在 0:00:04:10 处，设置 Position 值为（640，360），创建关键帧，0:00:04:12 处，设置 Position 值为（640，400），创建关键帧，0:00:04:14 处，设置 Position 值为（640，320），创建关键帧，0:00:04:16 处，设置 Position 值为（640，400），创建关键帧，在 0:00:04:18 处，设置 Position 值为（640，320），创建关键帧，在 0:00:04:20 处，设置 Position 值为（640，400），创建关键帧，在 0:00:04:22 处，设置 Position 值为（640，320），创建关键帧，在 0:00:04:24 处，设置 Position 值为（640，360），创建关键帧。为 Opacity【不透明度】参数设置关键帧动画，在 0:00:04:18 处，设置 Opacity 值为“100%”，创建关键帧，在 0:00:04:24 处，设置 Opacity 值为“0%”，创建关键帧，形成消失的效果。

选中 Position、Scale、Rotation 参数的所有关键帧，执行右键菜单中的“Keyframe Assistant→Easy Ease 关键帧助手→缓入缓出】”命令，使关键帧之间的动画有一种缓入缓出的效果，如图 2-67 所示。

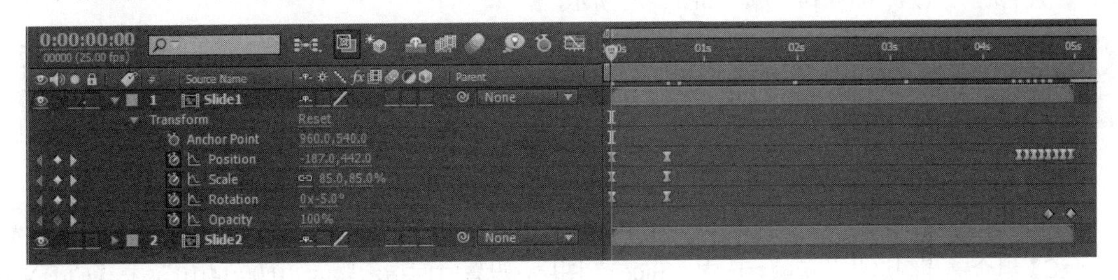

图 2-67

（3）把“Slide2”合成从 Project【项目】窗口拖到 Timeline【时间线】窗口的“Final Comp”合成中，设置它的入点为“0:00:04:18”，如图 2-68 所示。

图 2-68

展开“Slide2”图层下面的参数，在 0:00:04:18 处，设置 Position 值为（640，320），创建关键帧，在 0:00:04:20 处，设置 Position 值为（640，400），创建关键帧，在 0:00:04:22 处，设置 Position 值为（640，320），创建关键帧，在 0:00:04:24 处，设置 Position 值为（640，360），创建关键帧，在 0:00:09:02 处，设置 Position 值为（640，360），创建关键帧，在 0:00:09:17 处，设置 Position 值为（-185，442），创建关键帧。在 0:00:09:02 处，单击 Scale、Rotation 左侧的码表，创建关键帧，参数采用默认值，在 0:00:09:17 处，设置 Scale 值为“85%”，Rotation 值为“-5”。

选中 Position、Scale、Rotation 参数的所有关键帧，执行右键菜单中的“Keyframe Assistant→Easy Ease【关键帧助手→缓入缓出】”命令，使关键帧之间的动画有一种缓入缓出的效果，如图 2-69 所示。

图 2-69

（4）把 “Slide3”合成从 Project【项目】窗口拖到 Timeline【时间线】窗口的“Final Comp”合成中，设置它的入点为“0:00:09:17”，如图 2-70 所示。

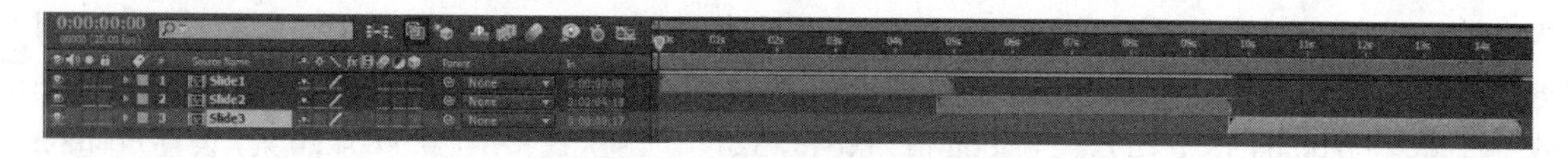

图 2-70

选中“Slide1”图层，按【U】键展开它下面所有已经设置了关键帧的参数，选中所有关键帧，按【Ctrl+C】组合键复制这些关键帧，选中“Slide3”图层，设置时间指示器为“0:00:09:17”，按【Ctrl+V】组合键粘贴这些关键帧。在 0:00:09:17 处，设置 Position 值为（1440，442），Rotation 值为“+5”。

（5）把“Slide4”合成从 Project【项目】窗口拖到 Timeline【时间线】窗口的“Final Comp”合成中，设置它的入点为“0:00:14:10”，如图 2-71 所示。

图 2-71

选中“Slide2”图层，按【U】键展开它下面所有已经设置了关键帧的参数，选中所有关键帧，按【Ctrl+C】组合键复制这些关键帧，选中“Slide4”图层，设置时间指示器为“0:00:14:10”，按【Ctrl+V】组合键粘贴这些关键帧。在 0:00:19:09 处，设置 Position 值为（1440，442），Rotation 值为“+5°”。

至此，动画设置完毕，单击 Preview【预览】窗口中的“播放”按钮进行预览，可以看到照片在指间变幻。

2.7　典型应用——天使

知识与技能

本例主要学习图层之间父子关系的使用。

父子关系可以将对一个图层所做的变换赋予另一个图层，父子关系可以影响除 Opacity【不透明度】以外的所有属性。一个图层只能有一个父图层，但一个图层可以是同一个合成中任意多个图层的父图层。一旦将一个图层指定为另一个图层的父图层，另一个图层就被称为子图层。在图层之间建立父子关系后，对父图层所作的修改将带动子图层相应属性值的同步改变。

（1）新建工程，在 Project【项目】窗口空白处双击鼠标，打开“Import File【导入文件】”对话框，选择“背景.jpg”把它导入到 Project【项目】窗口中。再次打开“Import File【导入文件】”对话框，选择“天使.psd”文件，在“Import As【导入为】”下拉列表中选择“Composition-Retain Layer Size【合成-保留图层大小】”选项，这样可以把“天使.psd”中的图层按照原始大小导入到 After Effects 中，如图 2-72 所示。

（2）执行菜单栏中的“Composition→New Composition【合成→新建合成】”命令，在弹出的“Composition Settings【合成设置】”对话框中，设置 Composition Name【合成名】为“Final Comp”，Preset【预设】为“PAL D1/DV”，Duration【持续时间】为“0:00:05:00”，Background Color【背景色】为“黑色”，如图 2-73 所示。

图 2-72

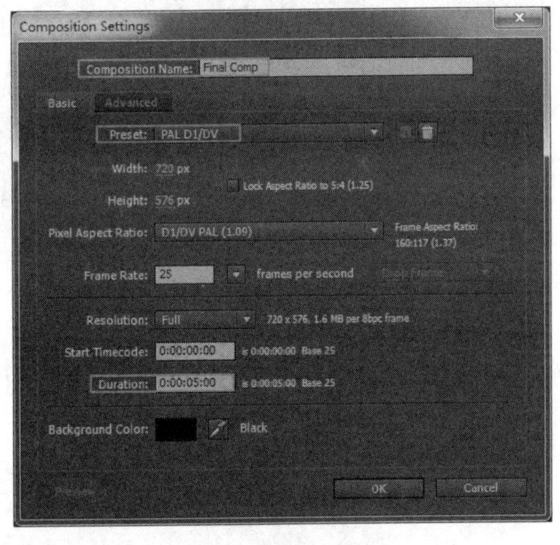

图 2-73

（3）把“背景.jpg”从 Project【项目】窗口中拖动 Timeline【时间线】窗口的“Final Comp”合成中，在 Project【项目】窗口中双击打开“天使”合成，在 Timeline【时间线】窗口中选择“天使”合成中的 3 个图层，按【Ctrl+C】组合键复制，切换到“Final Comp”合成，按【Ctrl+D】组合键粘贴，把天使的 3 个图层复制到“Final Comp”中。

（4）制作翅膀扇动效果。

在 Timeline【时间线】窗口中只显示“左翅膀/天使.psd”图层，隐藏其他 3 个图层，使用工具栏中的 Pan Behind Tool，把轴心点设置到左翅膀的根部，如图 2-74 所示。

在 Timeline【时间线】窗口中只显示“右翅膀/天使.psd”图层，隐藏其他 3 个图层，使用工具栏中的 Pan Behind Tool，把轴心点设置到右翅膀的根部，如图 2-75 所示。

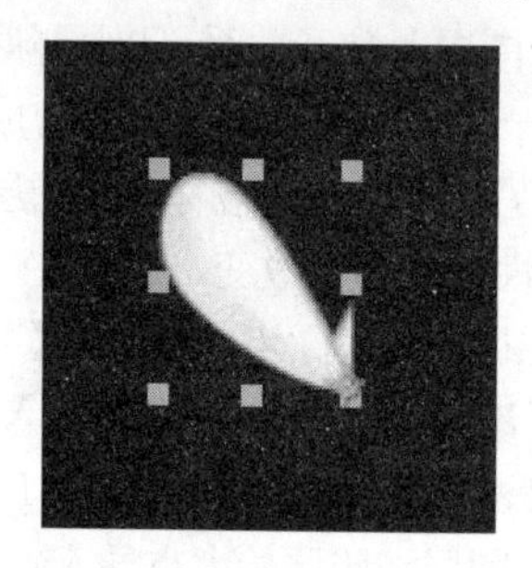

图 2-74

图 2-75

在 Timeline【时间线】窗口中显示所有隐藏的图层。把时间指示器设为“0:00:00:00”，按住【Shift】键同时选择“左翅膀/天使.psd”和“右翅膀/天使.psd”图层，按【R】键展开它们下面的 Rotation【旋转】属性，单击“左翅膀/天使.psd”图层 Rotation 左侧的码表，创建关键帧，设置 Rotation 值为“+6.0°”，单击“右翅膀/天使.psd”图层 Rotation 左侧的码表，创建关键帧，设置 Rotation 值为“−6.0°”，如图 2-76 和图 2-77 所示。

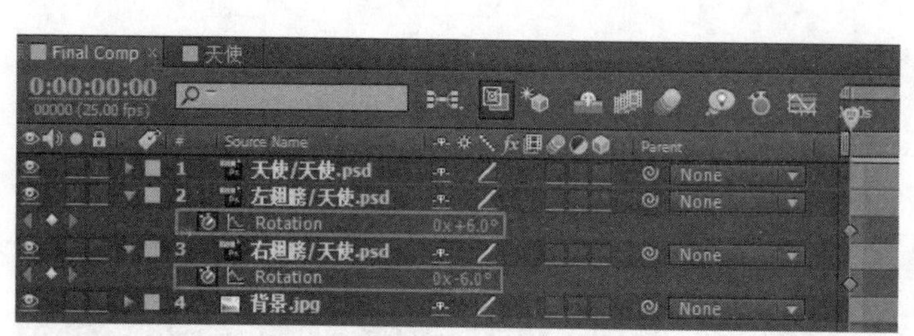

图 2-76

图 2-77

把时间指示器设为“0:00:00:05”，设置“左翅膀/天使.psd”图层 Rotation 值为“−6.0°”，自动创建一个关键帧，设置“右翅膀/天使.psd”图层 Rotation 值为“+6.0°”，自动创建一个关键帧，如图 2-78 和图 2-79 所示。

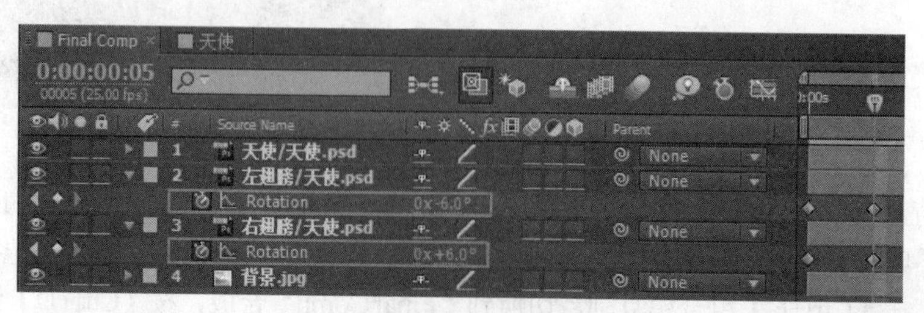

图 2-78

图 2-79

（5）现在天使翅膀扇动动画中的一个循环动作已经完成，在通过关键帧创建动画时，一般只需要制作一个循环动画，其他的循环可以通过表达式来实现。

按住【Alt】键，单击“左翅膀/天使.psd”图层下面的 Rotation 左侧的码表，为此参数添加表达式，在 Rotation 的表达式输入栏中输入“loopOut(type="pingpong",numKeyframes=0)”语句，在输入表达式的时候应注意字母的大小写和使用英文的标点符号，不要错写或漏写任何一个字符，否则表达式会报错或无法产生循环效果，如图 2-80 所示。

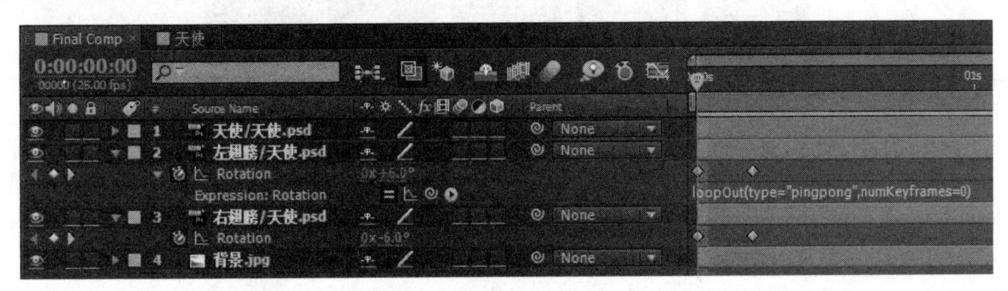

图 2-80

用同样的方法，为“右翅膀/天使.psd”图层下面的 Rotation 属性添加表达式。

（6）在本例中，天使有移动的效果，而翅膀一边扇动一边跟随天使移动，这里只需要设置翅膀和天使的父子关系即可实现这种效果。

在 Timeline【时间线】窗口中设置“左翅膀/天使.psd”和“右翅膀/天使.psd”图层的父对象为“天使/天使.psd”图层，如图 2-81 所示。

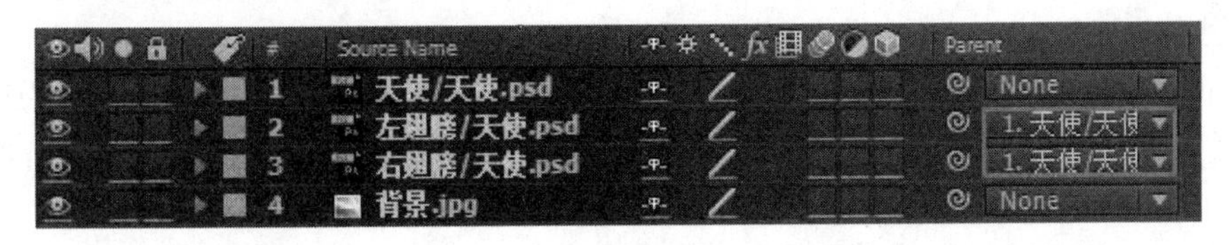

图 2-81

（7）制作天使的移动效果。由于已经在天使和翅膀之间建立了父子关系，所以只需要对天使制作移动效果，就可以实现带动翅膀一起移动。

把时间指示器设为“0:00:00:00”，把“天使/天使.psd”图层移动到画面的左侧，单击它下面的 Position 左侧的码表，创建关键帧。中间可以改变时间指示器，调整“天使/天使.psd”图层的位置，创建一些关键帧，实现天使从画面左侧进入到画面右侧离开的效果。

2.8 典型应用——霓裳丽人

知识与技能

本例主要学习曲线编辑器的使用、关键帧插值及运动模糊的制作。

After Effects 通过对关键帧插值方式的调节来控制运动的状态，不同的关键帧插值可以产生不同的运动状态。

关键帧的插值有 5 种类型。当在图层中设置了关键帧动画时，在 Timeline【时间线】窗口中，可以看到关键帧的插值类型显示为以下几种状态，如图 2-82 所示。

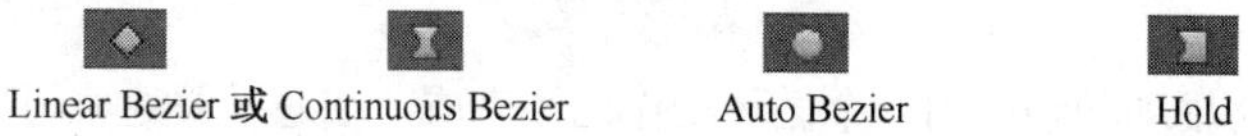

Linear Bezier 或 Continuous Bezier　　Auto Bezier　　Hold

图 2-82

在 Timeline【时间线】窗口的上方，单击“Graph Editor”按钮，打开曲线编辑器，不同关键帧插值类型如图 2-83 所示。

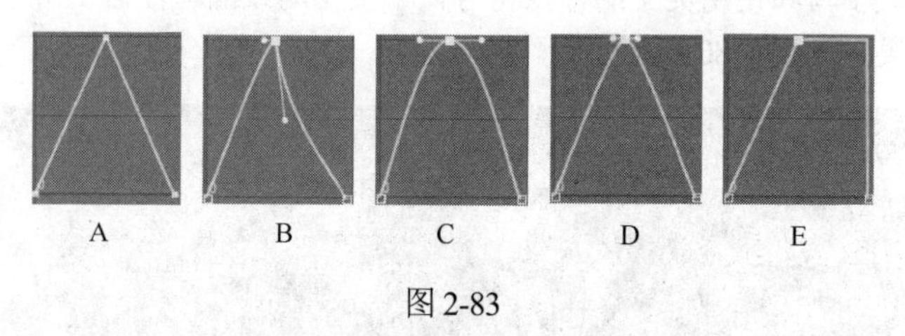

图 2-83

A 为 Linear【线性插值】：两个线性插值的关键帧之间是直线，运动方式是匀速运动。

B 为 Bezier【贝塞尔插值】：关键帧的左右句柄可以独立进行调节。

C 为 Continuous【连续贝塞尔插值】：关键帧的左右句柄可以独立进行调节，但是句柄总是保持在一条直线上。

D 为 Auto Bezier【自动贝塞尔插值】：自动贝塞尔插值左右句柄都是水平的，当手动调节句柄时，自动贝塞尔插值转变为连续贝塞尔插值。

E 为 Hold【静止插值】：可以使属性值随时间发生跳跃性的变化，中间没有过渡，直接跳到下一个关键帧。

调整关键帧插值的方法有两种：一种是 Keyframe Interpolation【关键帧插值】窗口，另一种是 Graph Editor【曲线编辑器】窗口。

（1）Keyframe Interpolation【关键帧插值】窗口。在 Timeline【时间线】窗口中选择要应用插值的关键帧，单击鼠标右键，在弹出的快捷菜单中选择命令“Keyframe Interpolation”，弹出“Keyframe Interpolation【关键帧插值】”对话框，如图 2-84 所示。

对于 Temporal Interpolation【时间插值】，有 6 个选项：Current Settings【当前设置】、Linear【线性插值】、Bezier【贝塞尔插值】、Continuous Bezier【连续贝塞尔插值】、Auto Bezier【自动贝塞尔插值】、Hold【静止插值】，如图 2-85 所示。

对于 Spatial Interpolation【空间插值】，有 5 个选项：Current Settings【当前设置】、Linear【线性插值】、Bezier【贝塞尔插值】、Continuous Bezier【连续贝塞尔插值】、Auto Bezier【自动贝塞尔插值】。与时间插值不同，它只针对 Position【位置】和 Anchor Point【轴心点】关键帧有效。如图 2-86 所示。

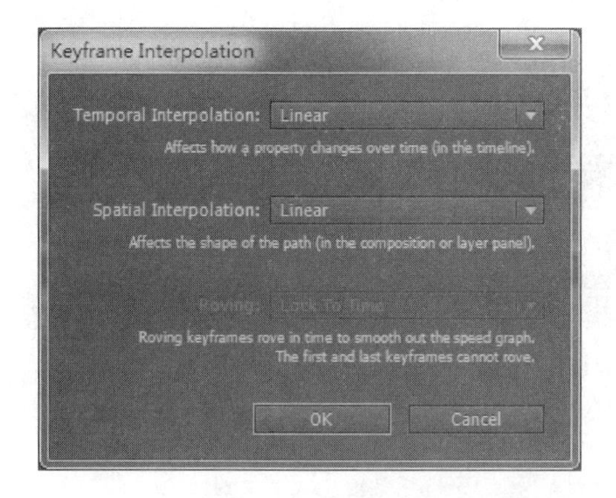

图 2-84

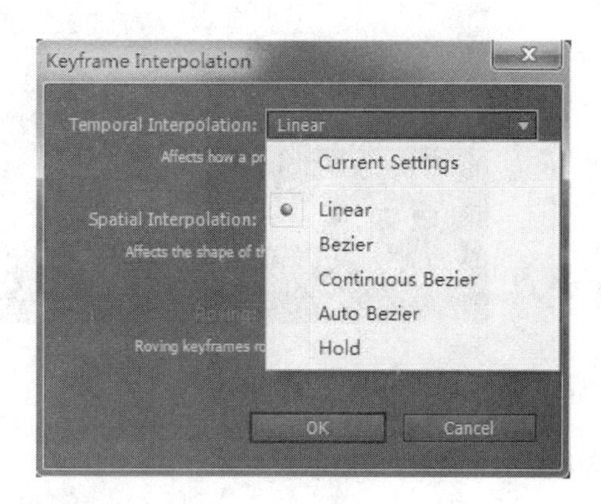

图 2-85

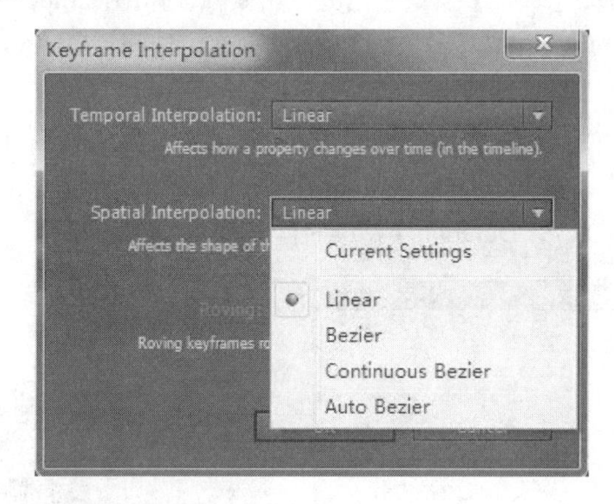

图 2-86

（2）Graph Editor【曲线编辑器】窗口。在 Timeline【时间线】窗口上方单击“Graph Editor”图标，打开 Graph Editor【曲线编辑器】，Graph Editor【曲线编辑器】以图表的形式显示效果和动画的改变情况，可以很方便地对属性的关键帧、关键帧插值、关键帧速率进行查看和操作。

Graph Editor 中有两种曲线：一种是 Value Graph【数值曲线】，用于表现各属性的数值，Value Graph【数值曲线】提供了所有非空间值（如 Rotation、Opacity 等）在合成的任何帧上的变化的全部信息及值的控制。如图 2-87 所示为 Opacity【不透明度】的 Value Graph【数值曲线】。

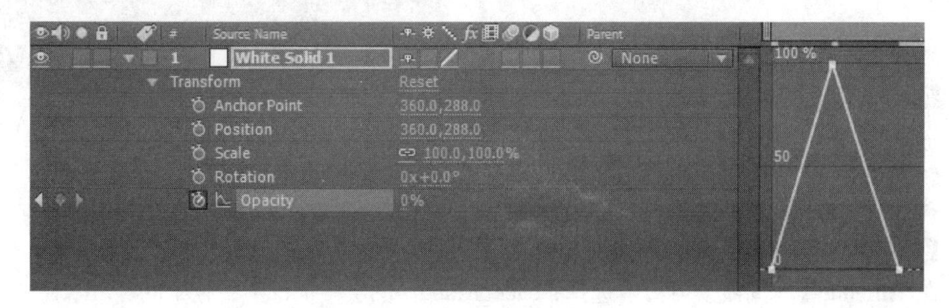

图 2-87

另一种是 Speed Graph【速率曲线】，用于表现各属性值改变的速率，Speed Graph【速率曲线】提供了所有空间值（如 Position、Anchor Point 等）在合成的任何帧上的变化率的信息及变化率的控制。如图 2-88 所示为 Position【位置】的 Speed Graph【速率曲线】。

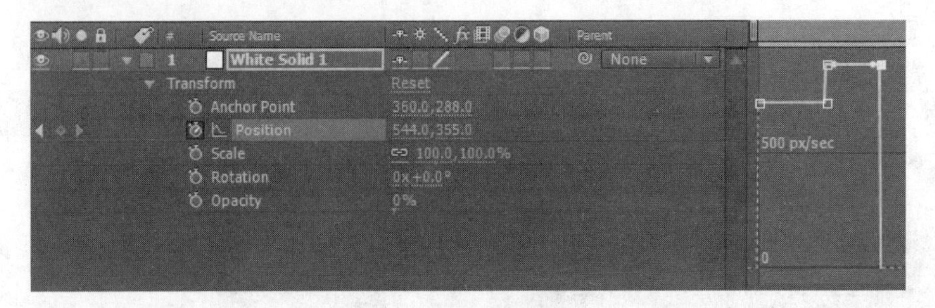

图 2-88

2.8.1 制作背景

（1）新建工程，在 Project【项目】窗口空白处双击鼠标，弹出“Import File【导入文件】”对话框，选择“girls.psd”文件，在“Import As【导入为】”下拉列表中选择“Composition-Retain Layer Size【合成-保留图层大小】”选项，如图 2-89 所示。

（2）执行菜单栏中的“Composition→New Composition【合成→新建合成】”命令，在弹出的“Composition Settings【合成设置】”对话框中，设置 Composition Name【合成名】为“Final Comp”，Preset【预设】为“PAL D1/DV”，Duration【持续时间】为“0:00:10:00”，如图 2-90 所示。

图 2-89

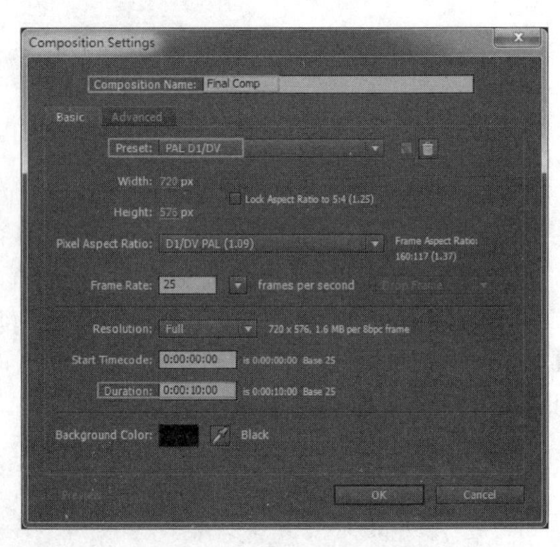

图 2-90

（3）执行菜单栏中的“Layer→New-Solid【图层→新建→固态层】”命令，在弹出的对话框中，设置 Name【层名】为“background”，如图 2-91 所示。

（4）在 Timeline【时间线】窗口中选择“background”图层，执行菜单栏中的“Effect→Generate→Ramp【特效→生成→渐变】”命令，在 Effect Controls【特效控制】窗口设置 Ramp Shape【渐变形状】为“Radial Ramp【放射状渐变】”，Start of Ramp【渐变开始位置】为（360,288），Start of Color【开始颜色】为“淡蓝色”，End of Ramp【渐变结束位置】为（360,700），End of Color【结束颜色】为“深蓝色”，如图 2-92 和图 2-93 所示。

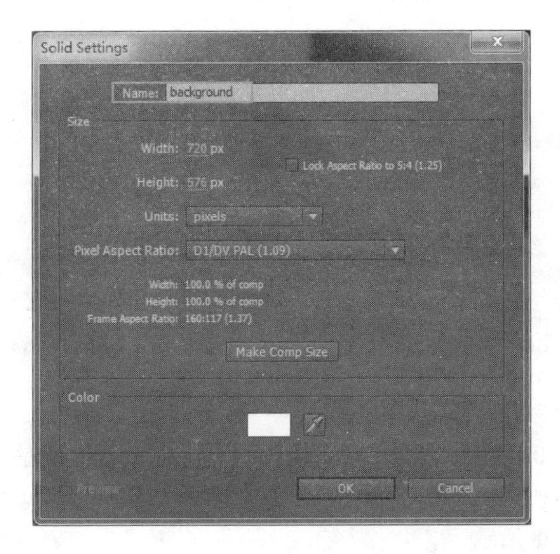

图 2-91

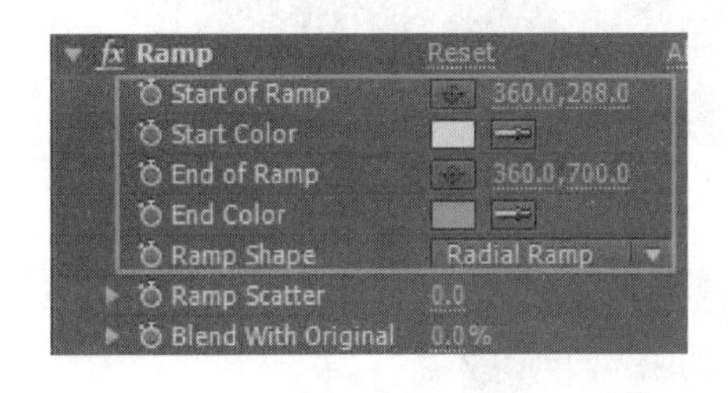

图 2-92

图 2-93

2.8.2　关键帧动画

（1）在 Project【项目】窗口中选择导入的“girls.psd”文件中的 7 个图层，把它们拖到 Timeline【时间线】窗口，如图 2-94 所示。

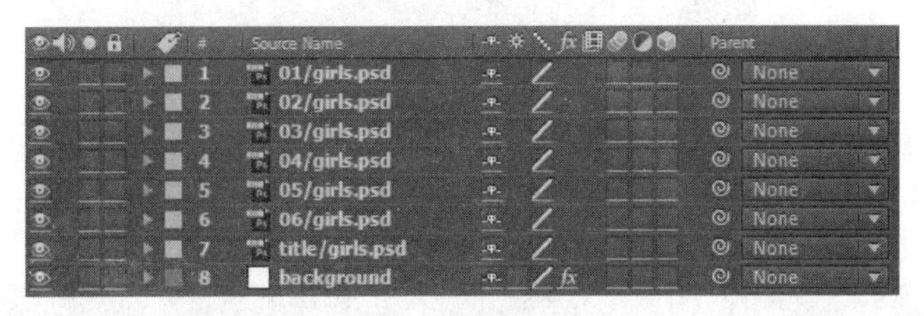

图 2-94

（2）制作人物快速进入画面，在画面中停留一段时间及快速移出画面的动画效果。在 Timeline【时间线】窗口显示“01/girls.psd”和“background”图层，隐藏其他 6 个图层。

展开“01/girls.psd”图层下面的属性，把时间指示器设为“0:00:05:00”，单击 Position【位置】、Scale【比例】、Opacity【不透明度】左侧的码表，为它们创建关键帧，属性值为默认值，如图 2-95 和图 2-96 所示。

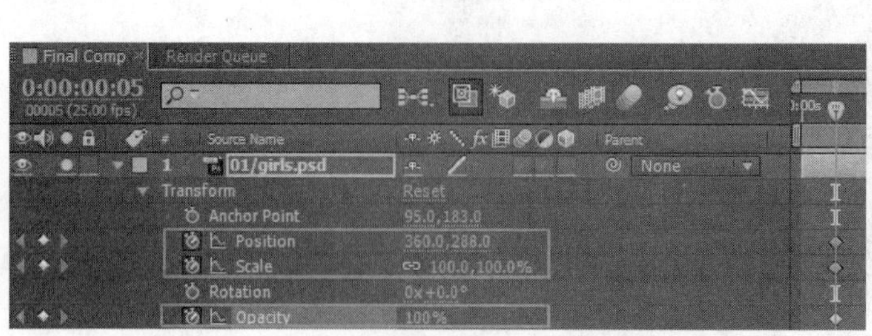

图 2-95　　　　图 2-96

把时间指示器设为“0:00:00:00”，把“01/girls.psd”图层移到画面的左边，自动为 Position 创建一个关键帧，设置 Scale 属性值为（250%,250%），创建一个关键帧，Opacity 属性值为“0%”，创建一个关键帧，如图 2-97 和图 2-98 所示。

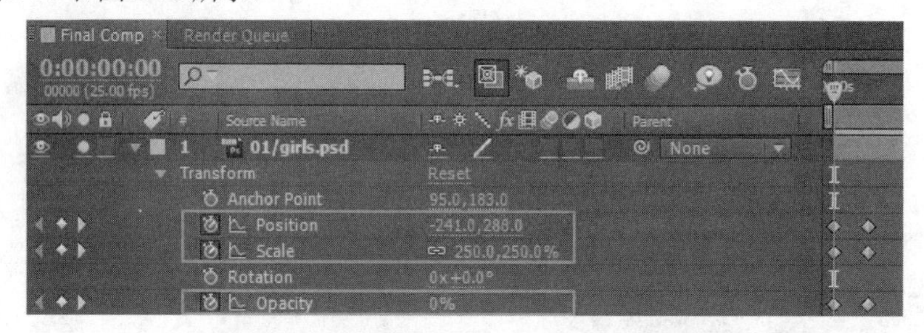

图 2-97

图 2-98

把时间指示器设为“0:00:01:10”，把“01/girls.psd”图层向右稍微移动一些距离，为 Position 自动创建一个关键帧，如图 2-99 和图 2-100 所示。

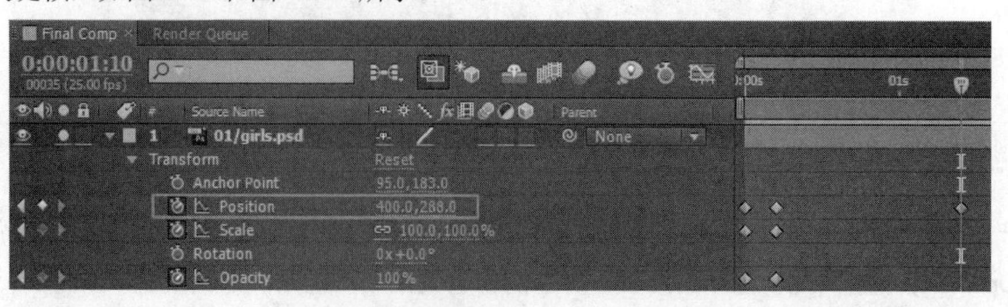

图 2-99

图 2-100

把时间指示器设为“0:00:01:15”，把“01/girls.psd”图层移到画面右边，为 Position 自动创建一个关键帧，如图 2-101 和图 2-102 所示。

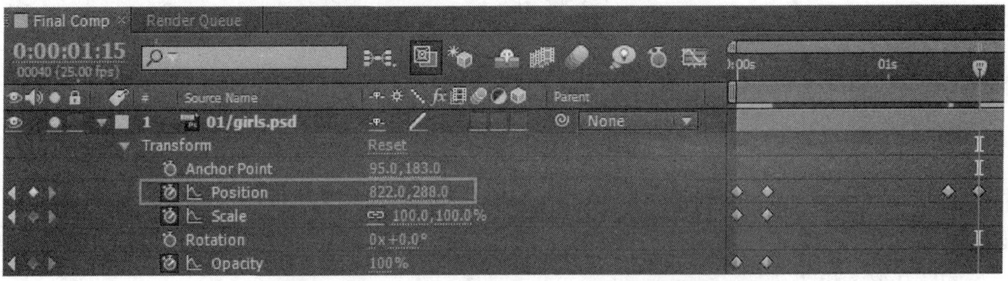

图 2-101

图 2-102

（3）在 Timeline【时间线】窗口显示“02/girls.psd”和“background”图层，隐藏其他 6 个图层。

展开“02/girls.psd”图层下面的属性，把时间指示器设为“0:00:02:00”，单击 Position【位置】、Scale【比例】、Opacity【不透明度】左侧的码表，为它们创建关键帧，属性值为默认值，如图 2-103 和图 2-104 所示：

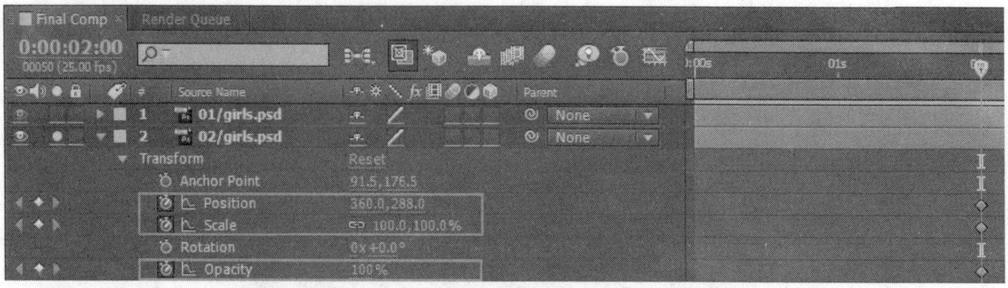

图 2-103

图 2-104

把时间指示器设为“0:00:01:20”，把“02/girls.psd”图层移到画面的左边，自动为 Position 创建一个关键帧，设置 Scale 属性值为（250%,250%），创建一个关键帧，Opacity 属性值为“0%”，创建一个关键帧，如图 2-105 和图 2-106 所示。

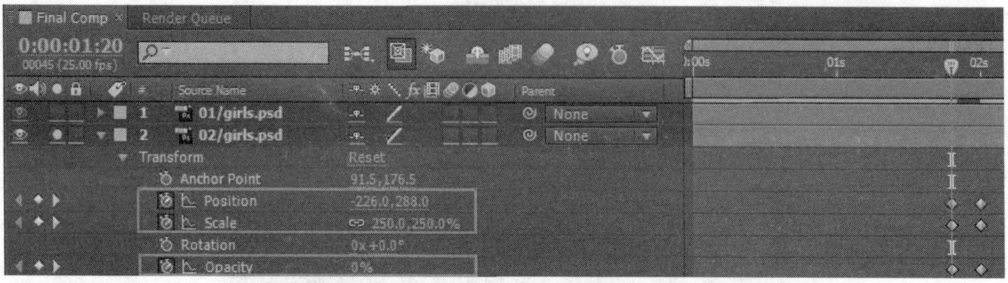

图 2-105

图 2-106

把时间指示器设为“0:00:03:05”，把“02/girls.psd”图层向右稍微移动一些距离，为 Position 自动创建一个关键帧，如图 2-107 和图 2-108 所示。

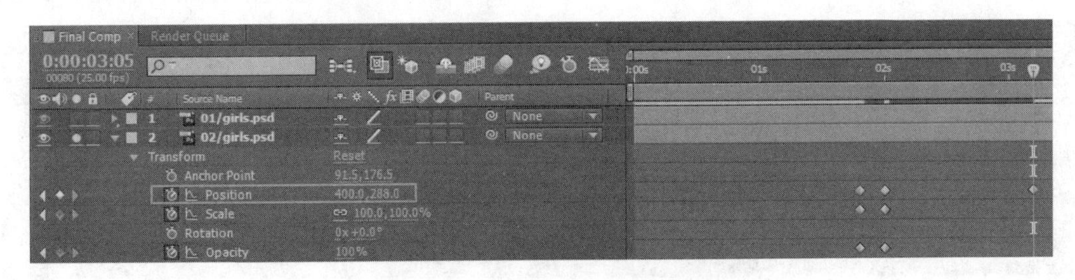

图 2-107

图 2-108

把时间指示器设为“0:00:03:10”，把“02/girls.psd”图层移到画面右边，为 Position 自动创建一个关键帧，如图 2-109 和图 2-110 所示。

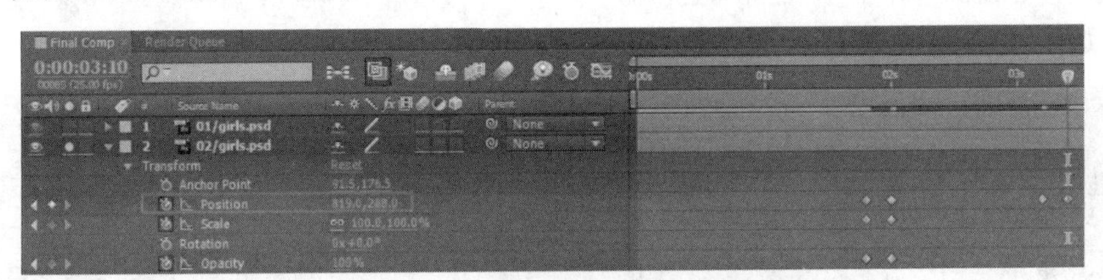

图 2-109

图 2-110

（4）在 Timeline【时间线】窗口显示“03/girls.psd”和“background”图层，隐藏其他 6 个图层。展开“03/girls.psd”图层下面的属性，把时间指示器设为“0:00:03:20”，单击 Position【位置】、Scale

【比例】、Opacity【不透明度】左侧的码表，为它们创建关键帧，属性值为默认值，如图 2-111 和图 2-112 所示。

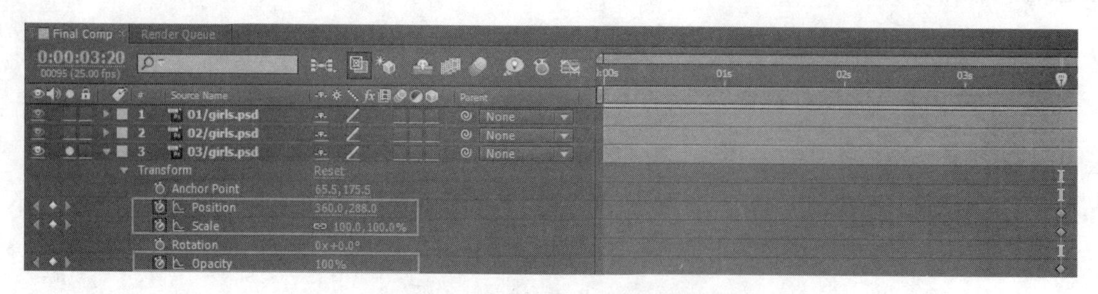

图 2-111

图 2-112

把时间指示器设为“0:00:03:15”，把“03/girls.psd”图层移到画面的右边，自动为 Position 创建一个关键帧，设置 Scale 属性值为（250%,250%），创建一个关键帧，Opacity 属性值为“0%”，创建一个关键帧，如图 2-113 和图 2-114 所示。

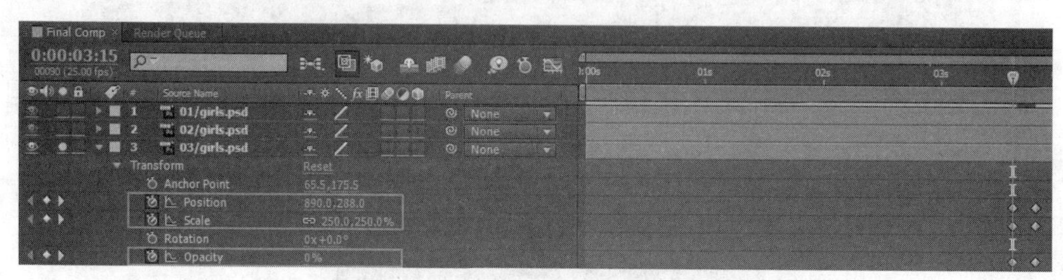

图 2-113

图 2-114

把时间指示器设为“0:00:05:00”，把“03/girls.psd”图层向左稍微移动一些距离，为 Position 自动创建一个关键帧，如图 2-115 和图 2-116 所示。

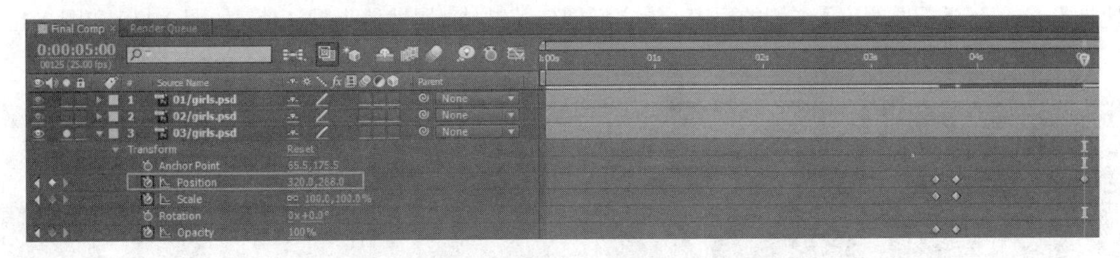

图 2-115

图 2-116

为时间指示器设为“0:00:05:05”，把“03/girls.psd”图层移到画面左边，为 Position 自动创建一个关键帧，如图 2-117 和图 2-118 所示。

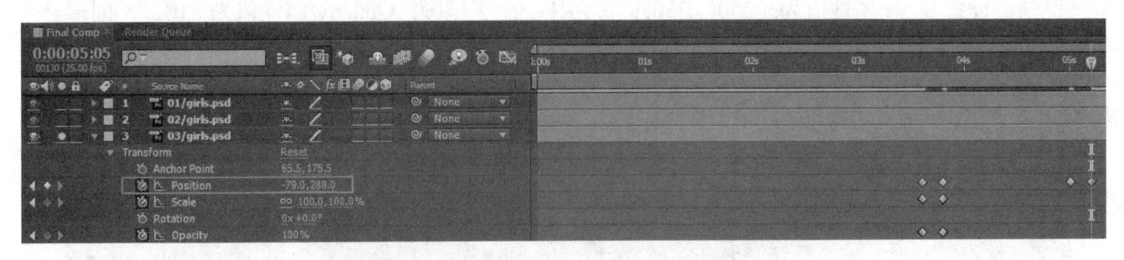

图 2-117

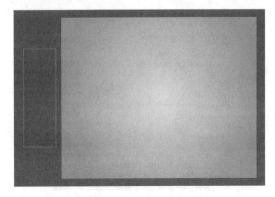

图 2-118

（5）在 Timeline【时间线】窗口显示“04/girls.psd”和“background”图层，隐藏其他 6 个图层。展开“04/girls.psd”图层下面的属性，把时间指示器设为“0:00:05:15”，单击 Position【位置】、Scale【比例】、Opacity【不透明度】左侧的码表，为它们创建关键帧，属性值为默认值，如图 2-119 和图 2-120 所示。

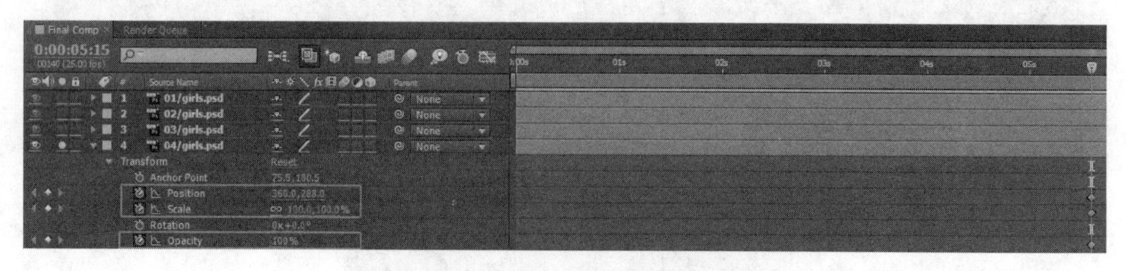

图 2-119

图 2-120

把时间指示器设为“0:00:05:10”，把“04/girls.psd”图层移到画面的右边，自动为 Position 创建一个关键帧，设置 Scale 属性值为（250%,250%），创建一个关键帧，Opacity 属性值为“0%”，创建一个关键帧，如图 2-121 和图 2-122 所示。

图 2-121

图 2-122

把时间指示器设为“0:00:06:20”，把“04/girls.psd”图层向左稍微移动一些距离，为 Position 自动创建一个关键帧，如图 2-123 和图 2-124 所示。

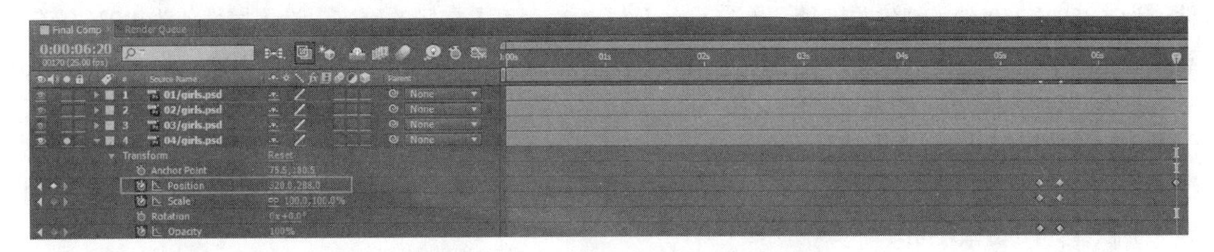

图 2-123

图 2-124

把时间指示器设为“0:00:07:00”，把“04/girls.psd”图层移到画面左边，为 Position 自动创建一个关键帧，如图 2-125 和图 2-126 所示。

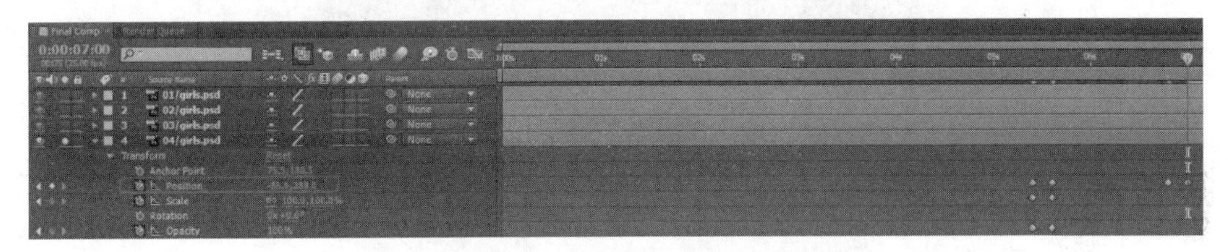

图 2-125

图 2-126

（6）在 Timeline【时间线】窗口显示“05/girls.psd”、“06/girls.psd”和“background”图层，隐藏其他 5 个图层。

展开“05/girls.psd”图层下面的属性，把时间指示器设为“0:00:07:05”，单击 Position【位置】左侧的码表，把“05/girls.psd”移到画面的右边，创建关键帧。单击 Scale【比例】左侧的码表，设置属性值为（250%,250%），创建关键帧。单击 Opacity【不透明度】左侧的码表，设置属性值为“0%”，创建关键帧。

展开“06/girls.psd”图层下面的属性，把时间指示器设为“0:00:07:05”，单击 Position【位置】左侧的码表，把“06/girls.psd”移到画面的左边，创建关键帧。单击 Scale【比例】左侧的码表，设置属性值为（250%,250%），创建关键帧。单击 Opacity【不透明度】左侧的码表，设置属性值为“0%”，创建关键帧。如图 2-127 和图 2-128 所示。

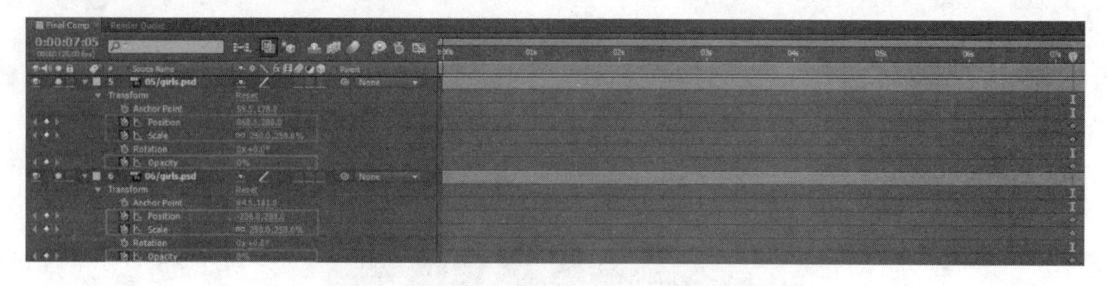

图 2-127

图 2-128

把时间指示器设为“0:00:07:10”，把“05/girls.psd”图层移到画面的中间偏右位置，自动为 Position 创建关键帧，设置 Scale 属性值为（100%,100%），创建关键帧，Opacity 属性值为 0%，创建关键帧。

把“06/girls.psd”图层移到画面的中间偏左位置，自动为 Position 创建关键帧，设置 Scale 属性值为（100%,100%），创建关键帧，Opacity 属性值为“0%”，创建关键帧，如图 2-129 和图 2-130 所示。

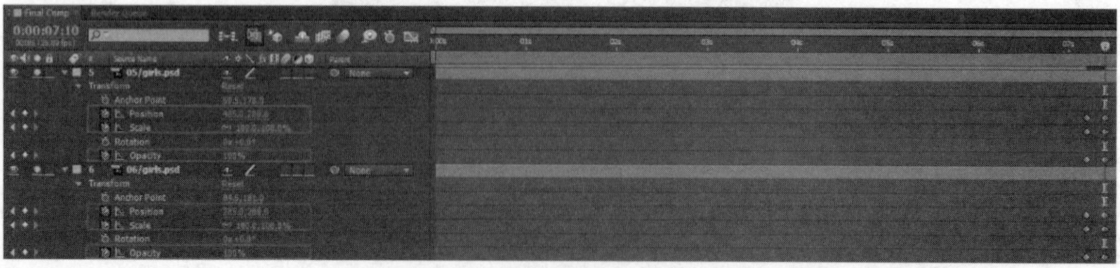

图 2-129

图 2-130

把时间指示器设为“0:00:08:15”，把“05/girls.psd”图层移到画面的中间位置，自动为 Position 创建关键帧，把“06/girls.psd”图层移到画面的中间位置，自动为 Position 创建关键帧，如图 2-131 和图 2-132 所示。

图 2-131

图 2-132

把时间指示器设为“0:00:08:20”，把“05/girls.psd”图层移到画面的右边，自动为 Position 创建关键帧，把“06/girls.psd”图层移到画面的左边，自动为 Position 创建关键帧，如图 2-133 和图 2-134 所示。

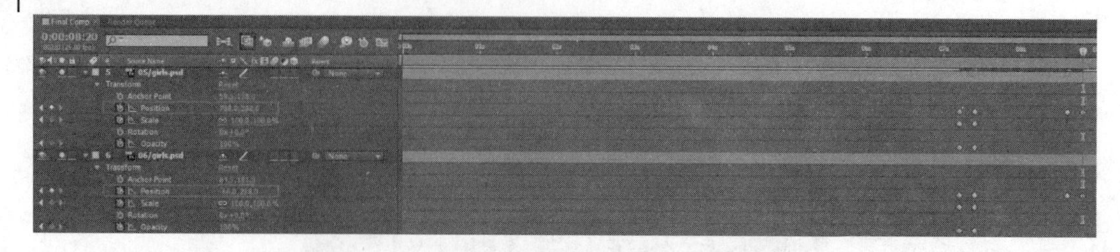

图 2-133

图 2-134

（7）在 Timeline【时间线】窗口显示“title/girls.psd”和“background”图层，隐藏其他 6 个图层。

展开“title/girls.psd”图层下面的属性，把时间指示器设为“0:00:09:05”，单击 Position【位置】、Scale【比例】、Opacity【不透明度】左侧的码表，为它们创建关键帧，属性值为默认值，如图 2-135 和图 2-136 所示。

图 2-135

图 2-136

把时间指示器设为“0:00:09:00”，把“title/girls.psd”图层移到画面的上面，自动为 Position 创建关键帧，设置 Scale 属性值为（5%,5%），创建关键帧，Opacity 属性值为“0%”，创建关键帧，如图 2-137

和图 2-138 所示。

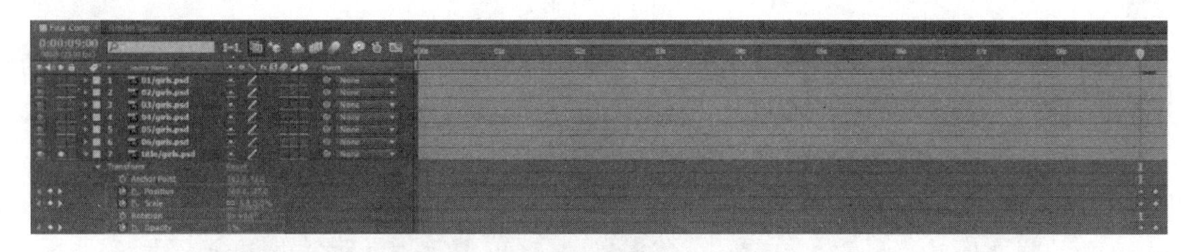

图 2-137

图 2-138

2.8.3　关键帧插值

（1）播放预览动画效果，发现人物向前移动过程中会出现向后退的问题，这是由于关键帧之间的插值默认是曲线，下面对此问题进行调整。

在 Timeline【时间线】窗口中同时选择“01/girls.psd”～“title/girls.psd”7 个图层，按【P】键展开图层下面的 Position 属性，依次选择每个图层的 Position 属性的所有关键帧，执行右键快捷菜单中的“Keyframe Interpolation【关键帧插值】”命令，在弹出的对话框中，设置 Spatial Interpolation【空间插值】为“Linear【线性】”，即可解决上述问题，如图 2-139 所示。

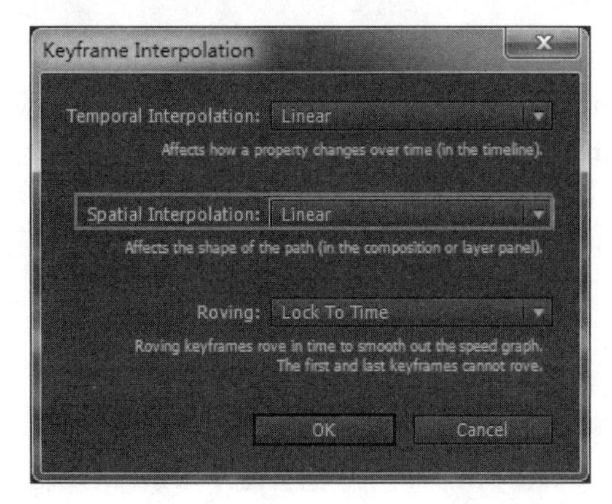

图 2-139

（2）播放预览动画，发现人物的运动基本是匀速运动，动画效果很单调，下面调整人物的运动方式。

在 Timeline【时间线】选择“01/girls.psd”图层的 Position 属性，单击 Timeline【时间线】上方的“Graph Editor”图标，打开曲线编辑器，如图 2-140 所示。

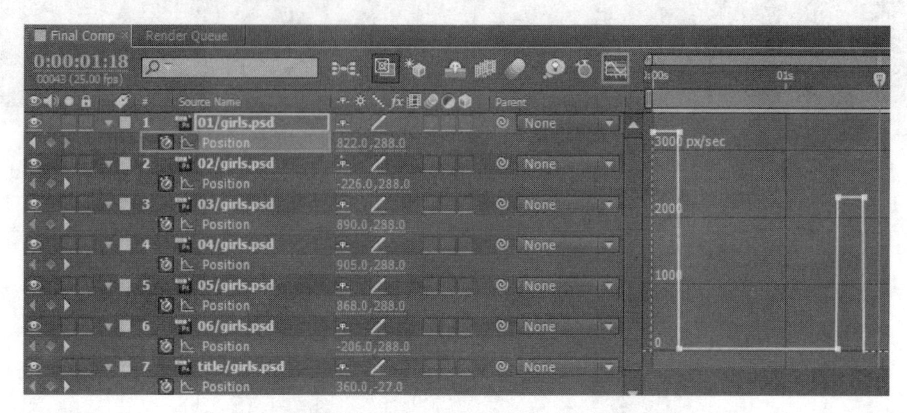

图 2-140

这里可以设置关键帧的缓入缓出，使关键帧之间有一个加速和减速的过程，先关闭曲线编辑器，选择“01/girls.psd”图层的 Position 属性的所有关键帧，执行右键快捷菜单中的“Keyframe Assistant→Easy Ease【关键帧助手→缓入缓出】”命令，再打开曲线编辑器，如图 2-141 所示。

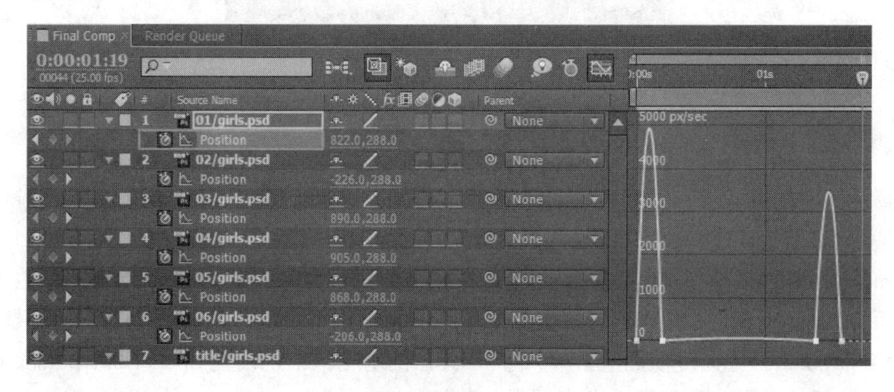

图 2-141

其他几个图层的 Position 属性的关键帧也按照同样的方法设置，这里不再一一叙述。

2.8.4 运动模糊

Motion Blur【运动模糊】是视频编辑领域内的一个重要概念，当回放拍摄的视频时，会看到快速运动物体的成像是不清晰的，这种由于运动产生的模糊效果，称为运动模糊。

开启运动模糊需要满足以下 3 个条件。

（1）图层的运动由关键帧产生。

（2）打开图层的运动模糊开关。

（3）打开合成的运动模糊开关。

下面对“01/girls.psd”～“title/girls.psd”7 个图层设置运动模糊效果，在 Timeline【时间线】窗口中打开每个图层的 Motion Blur【运动模糊】开关，在 Timeline【时间线】窗口的上方打开合成的运动模糊开关，如图 2-142 和图 2-143 所示。

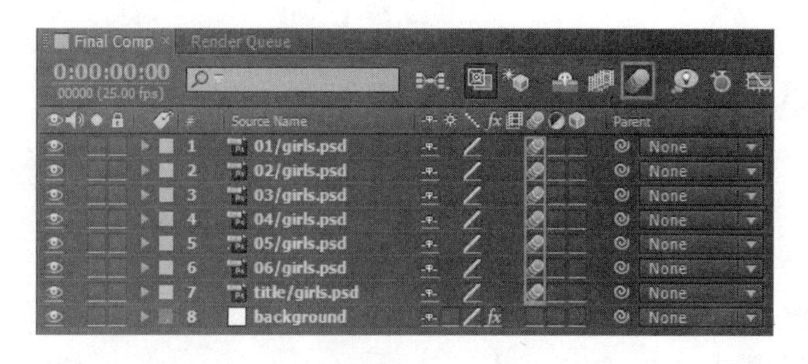

图 2-142

图 2-143

第3章 Mask应用

本章学习目标

- ◆ 了解Mask的用途及熟悉绘制Mask的工具。
- ◆ 掌握Mask的属性及Mask的多种模式。
- ◆ 掌握Mask绘制图形及路径。

3.1 初步了解Mask

Mask一般称为遮罩，用于抠像，但是Mask除了作为遮罩外，还有其他的用途，如绘制矢量图形或被特效使用等。Mask的用途主要如下。

（1）进行矢量绘图。

（2）绘制封闭的或者不封闭的路径，跟特效结合使用。

（3）封闭的Mask能对图层产生遮罩作用，用于抠像。

Mask的抠像功能参见后面的章节，本章只讲解Mask的前两种用途。

Mask的创建方法，必须要先选择图层，才能在图层上绘制Mask，否则，Mask工具会创建一个新的Shape Layer【形状层】。

Mask工具位于工具栏中，可以绘制规则的Mask，如图3-1所示。

（1）Rectangle Tools：矩形工具，按住【Shift】键绘制正方形。

（2）Rounded Rectangle Tool：圆角矩形工具。

（3）Ellipse Tool：椭圆工具，按住【Shift】键绘制圆。

（4）Polygon Tool：多边形工具。

（5）Star Tool：星形工具。

使用Mask工具绘制的规则Mask如图3-2所示，也可以绘制不规则的Mask，如图3-3所示。

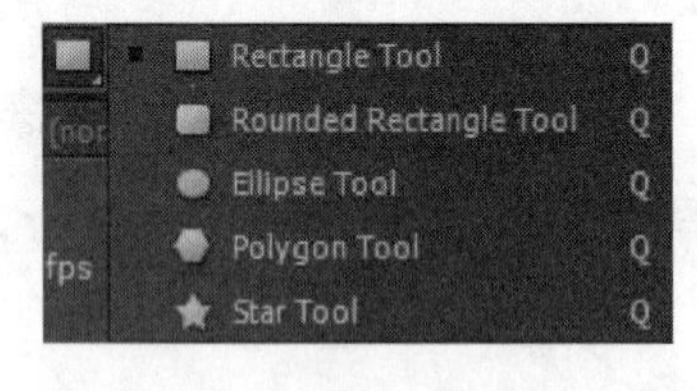

图3-1

图3-2

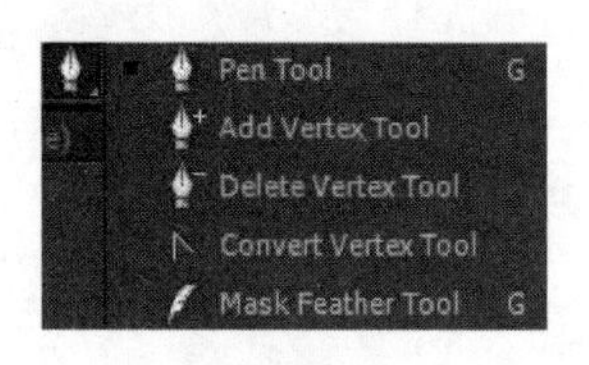

图3-3

（1）Pen Tool：钢笔工具，可以绘制任意形状的封闭或不封闭的Mask。

（2）Add Vertex Tool：添加节点工具，可以在绘制的Mask上面添加节点。

（3）Delete Vertex Tool：删除节点工具，可以在绘制的Mask上面删除节点。

（4）Convert Vertex Tool：转换节点工具，可以在直线与曲线之间进行转换。

（5）Mask Feather Tool：Mask羽化工具，可以对Mask进行羽化操作。

使用钢笔工具绘制的不规则Mask如图3-4所示。

图3-4

3.2 Mask的属性及模式

3.2.1 Mask属性

在Timeline【时间线】窗口中展开应用了Mask的图层，单击图层左侧的小三角，会展开Mask属性，如图3-5所示。

（1）Mask Path：对Mask的形状进行控制。

（2）Mask Feather：对Mask的边缘进行羽化操作。设置一个适当的羽化值，可以让它和背景融合得更好。

（3）Mask Opacity：可以控制Mask内部的不透明度，它只影响图层上Mask内部区域的不透明度，而不影响图层上Mask外部区域的不透明度。

（4）Mask Expansion：可以对当前Mask进行扩展或收缩，当数值为正时，Mask的范围在原始基础上进行扩展；当数值为负时，Mask的范围在原始基础上进行收缩。

默认情况下，图层在Mask内部正常显示，在Mask外部透明，可以通过勾选Inverted反转Mask来改变Mask的显示区域。

3.2.2 Mask模式

Mask模式决定了Mask如何在图层上起作用，在默认情况下，Mask模式为Add。当一个图层上有多个Mask时，通过设置Mask模式来产生复杂的几何形状。单击Mask右侧的下拉列表，可以选择Mask的不同模式，如图3-6所示。

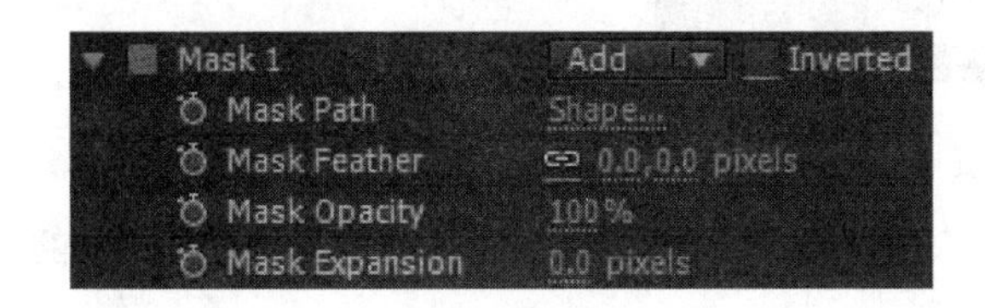

图3-5

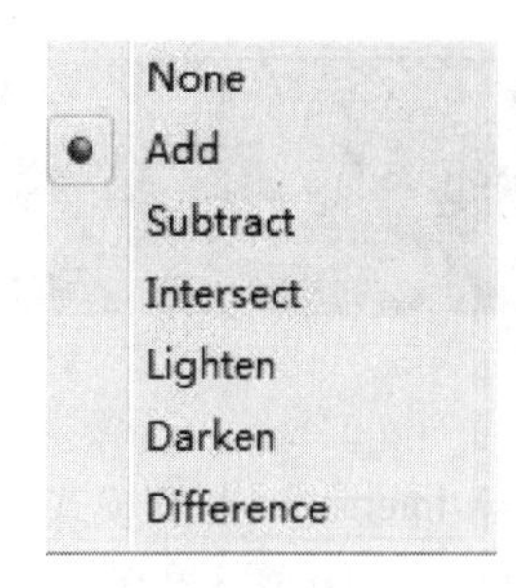

图3-6

在图层上使用工具栏中的Ellipse Tool【椭圆工具】绘制一个椭圆“Mask 1”，不透明度为60%，再使用工具栏中的Rectangle Tool【矩形工具】绘制一个矩形“Mask 2”，不透明度为30%，下面通过设置“Mask 2”的不同模式来查看 Mask 在不同模式下的特点。

（1）None：无效模式。Mask 的这种模式不会在图层上产生透明区域，系统会忽略 Mask 效果，如果需要为某种特效指定一个路径，就可以将 Mask 的模式设为 None，如图 3-7 和图 3-8 所示。

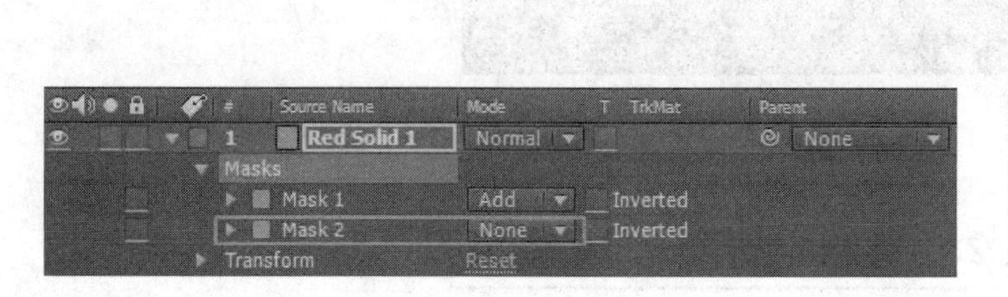

图 3-7

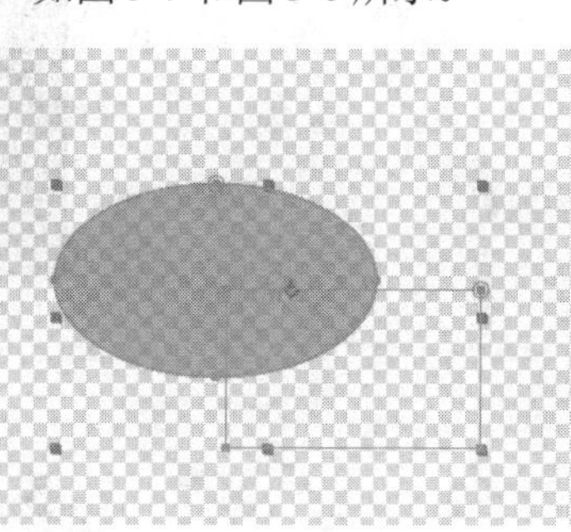

图 3-8

（2）Add：相加模式。显示所有 Mask 内容，Mask 相交部分不透明度相加，如图 3-9 和图 3-10 所示。

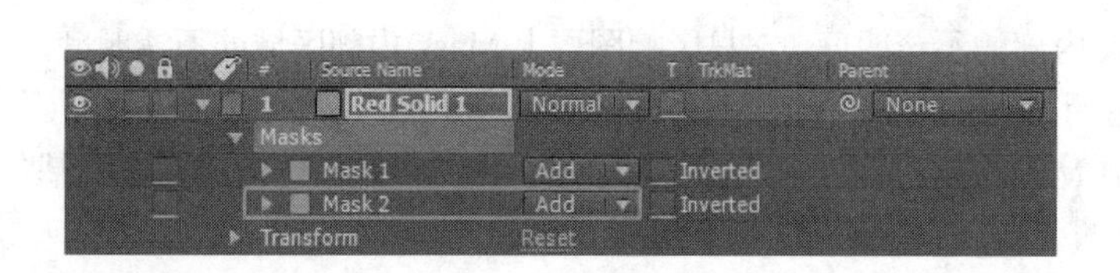

图 3-9

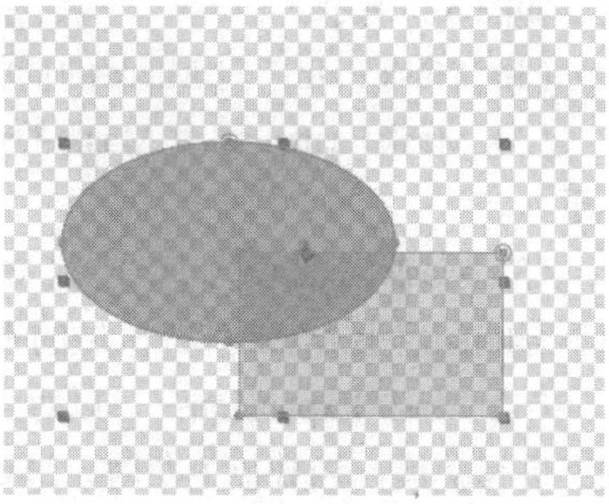

图 3-10

（3）Subtract：相减模式。上面的 Mask 减去下面的 Mask，被减去区域的内容不显示，相交部分的不透明度相减。如图 3-11 和图 3-12 所示。

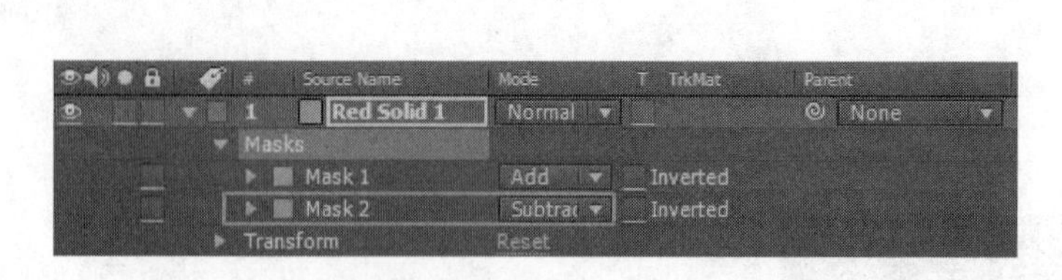

图 3-11

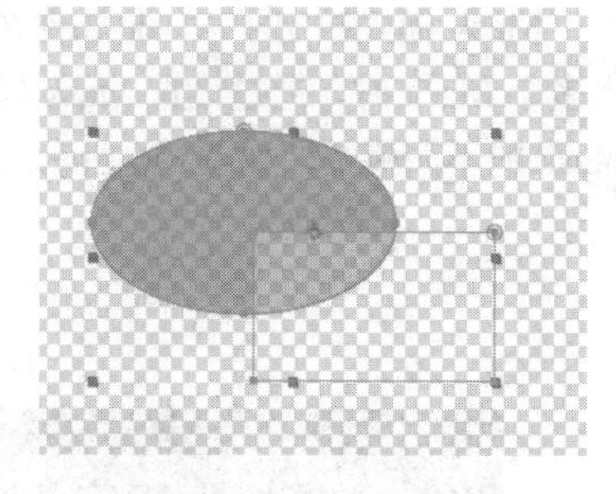

图 3-12

（4）Intersect：相交模式。只显示所选 Mask 与其他 Mask 相交部分的内容，所有相交部分的不透明度相减，如图 3-13 和图 3-14 所示。

（5）Lighten：变亮模式。与 Add 模式相似，但 Mask 相交部分的不透明度以 Mask 的不透明度值大的为准，如图 3-15 和图 3-16 所示。

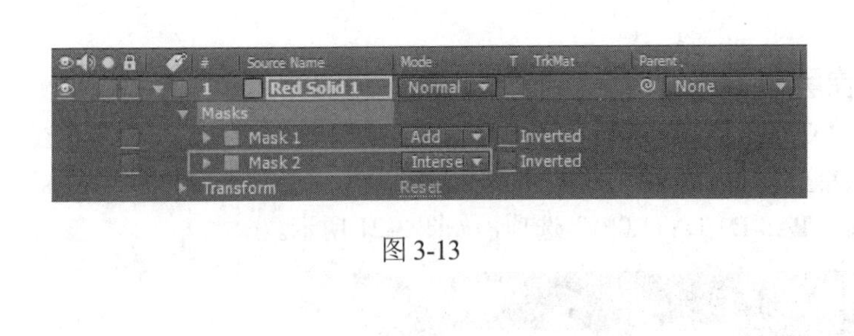

图 3-13

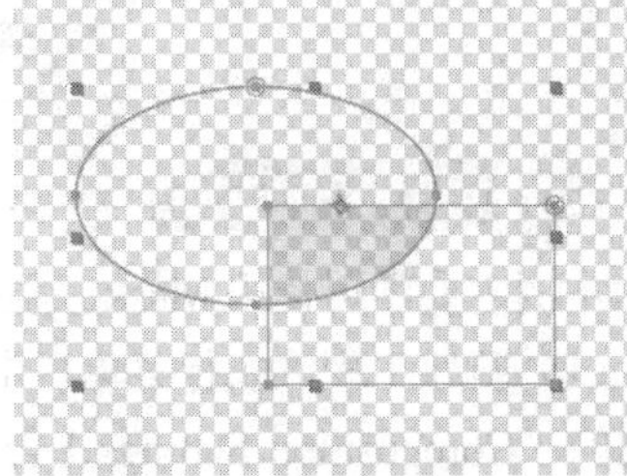

图 3-14

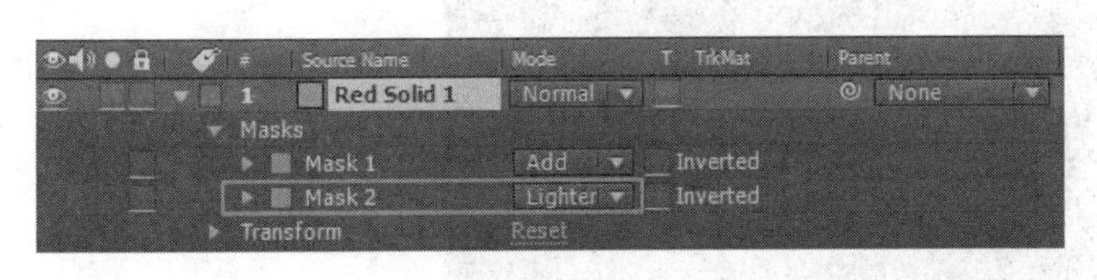

图 3-15

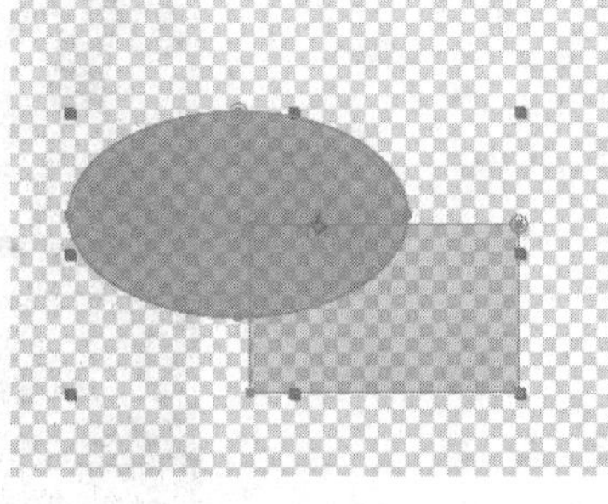

图 3-16

（6）Darken：变暗模式。与 Intersect 模式相似，但 Mask 相交部分的不透明度以 Mask 的不透明度值小的为准，如图 3-17 和图 3-18 所示。

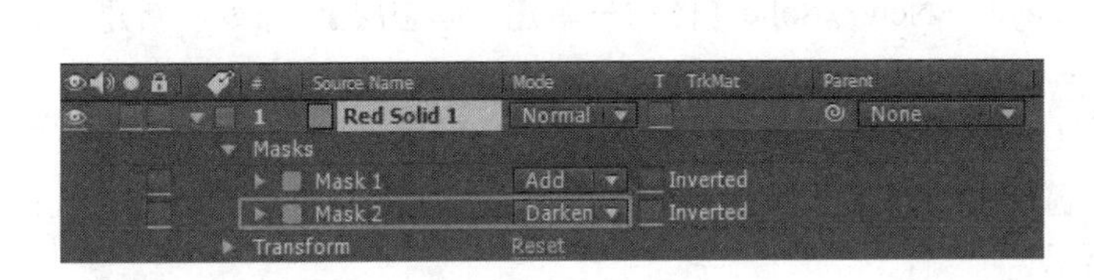

图 3-17

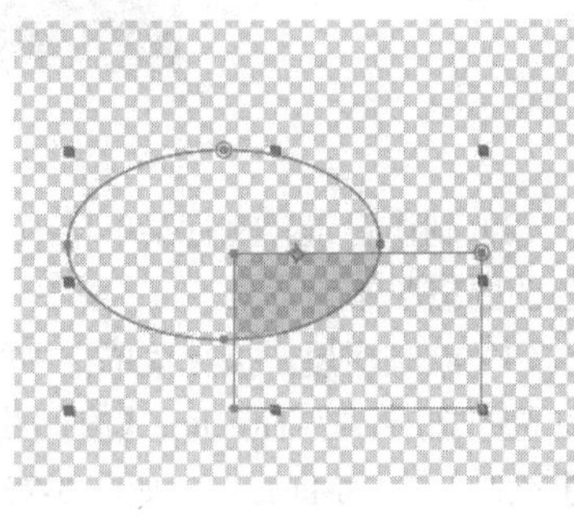

图 3-18

（7）Difference：差值模式。显示相交部分以外的所有 Mask 区域，相交部分的不透明度相减，如图 3-19 和图 3-20 所示。

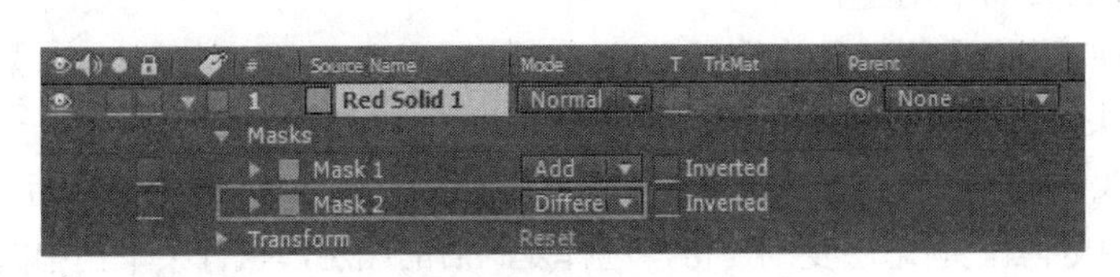

图 3-19

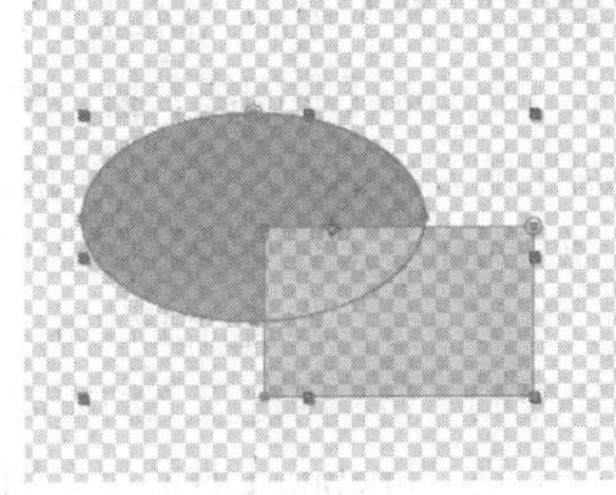

图 3-20

3.3 边学边做——云间城堡

知识与技能

本例主要学习使用 Mask 及同一图层上的多个 Mask 之间的操作制作矢量图形。

（1）新建工程，执行菜单栏中的“Composition→New Composition【合成→新建合成】”命令，在弹出的“Composition Settings【合成设置】”对话框中，设置 Composition Name【合成名】为“House Comp”，Preset【预设】下拉列表选择“PAL D1/DV(1.09)”选项，如图 3-21 所示。

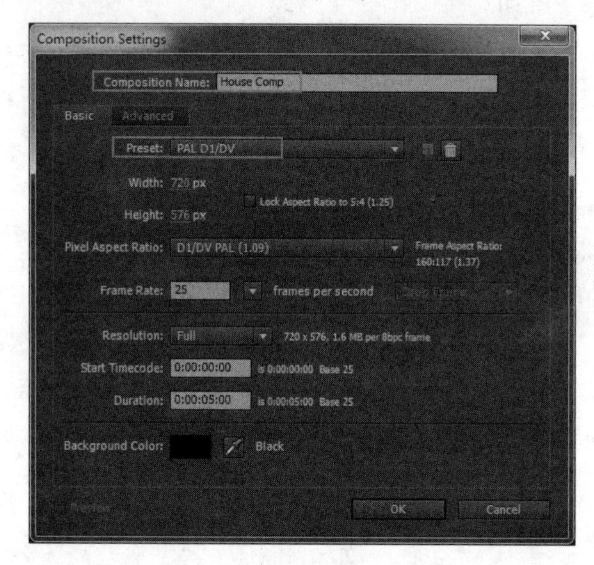

图 3-21

（2）制作背景。执行菜单栏中的“Layer→New→Solid【图层→新建→固态层】”命令，新建一个白色的固态层作为背景。

（3）绘制房屋。执行菜单栏中的“Layer→New→Solid【图层→新建→固态层】”命令，新建一个橘红色固态层。在 Timeline【时间线】窗口中选择该固态层，使用工具栏中的 Rectangle Tool【矩形工具】绘制一个“Mask 1”，如图 3-22 所示。

使用工具栏中的 Ellipse Tool【椭圆工具】绘制一个“Mask 2”，如图 3-23 所示。

使用工具栏中的 Pen Tool【钢笔工具】绘制一个“Mask 3”，如图 3-24 所示。

（4）执行菜单栏中的“Layer→New→Solid【图层→新建→固态层】”命令，新建一个黑色固态层。在 Timeline【时间线】窗口中选择该固态层，为了便于绘制，暂时把它隐藏，使用工具栏中的 Rectangle Tool【矩形工具】绘制“Mask 1”，如图 3-25 所示。

在 Timeline【时间线】窗口中选择黑色固态层上的“Mask 1”，按【Ctrl+D】组合键复制三份，使用键盘上的方向箭头，移动它们到如图 3-26 所示位置。

在 Timeline【时间线】窗口中按住【Shift】键，依次选择“Mask 1”～“Mask 4”，按【Ctrl+D】组合键复制一份，用键盘上的方向箭头，移动它们到如图 3-27 所示位置。

再复制一份，用键盘上的方向箭头，移动它们到合适位置后，显示该黑色固态层，如图 3-28 所示。

（5）把 Timeline【时间线】窗口中的黑色固态层复制一份，选择复制后的图层，执行菜单栏中的“Layer→Solid Settings【图层→固态层设置】”命令，在弹出对话框中设置固态层颜色为白色。

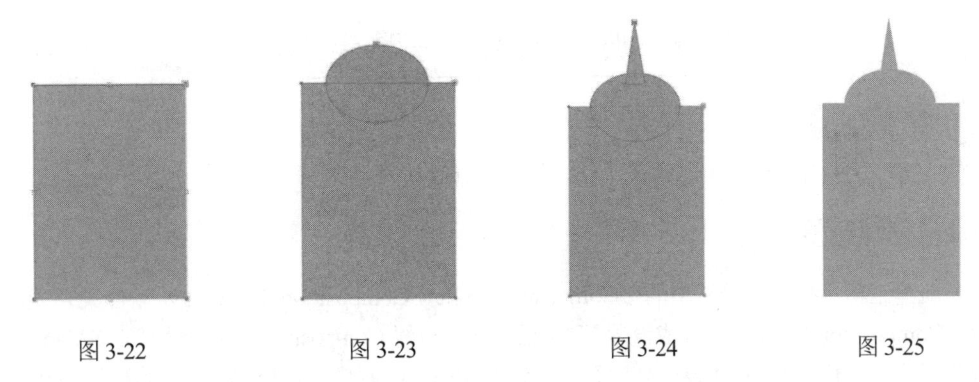
图 3-22　图 3-23　图 3-24　图 3-25

选择该图层下面的所有 Mask，设置 Mask Expansion 值为“-5”，使 Mask 向内收缩，如图 3-29 所示。

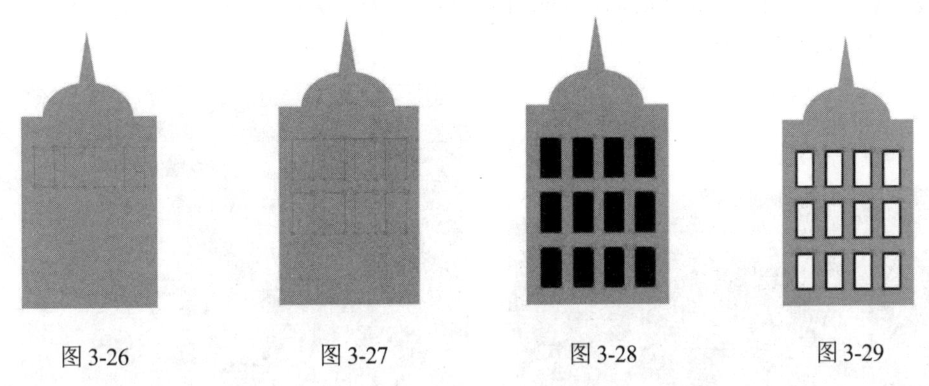
图 3-26　图 3-27　图 3-28　图 3-29

（6）绘制云朵。执行菜单栏中的“Layer→New→Solid【图层→新建→固态层】”命令，新建一个黑色固态层。选择该固态层，使用工具栏中的 Pen Tool【钢笔工具】绘制一个 Mask，如图 3-30 所示。

（7）在 Timeline【时间线】窗口中选择云朵图层，按【Ctrl+D】组合键复制一份，选择复制后图层，执行菜单栏中的“Layer→Solid Settings【图层→固态层设置】”命令，在弹出对话框中设置固态层颜色为“白色”。

（8）在 Timeline【时间线】窗口中选择黑色的云朵图层，展开它下面的 Mask Feather，设置遮罩羽化值为“75”，最终效果如图 3-31 所示。

图 3-30　图 3-31

3.4 典型应用——移走迷宫

知识与技能

本例主要学习使用 Mask 绘制路径，结合特效一起使用。

3.4.1 创建吃豆人

（1）新建工程，执行菜单栏中的“Composition→New Composition【合成→新建合成】”命令，在弹出的“Composition Settings【合成设置】”对话框中，设置 Composition Name 为“Pac Man”，Width【合成宽度】为“50”，Height【合成高度】为“50”，Pixel Aspect Ratio【像素宽高比】为“D1/DV PAL (1.09)”，Frame Rate【帧速率】为“25”，Duration【持续时间】为“0:00:05:00”，如图 3-32 所示。

（2）执行菜单栏中的“Layer→New→Solid【图层→新建→固态层】”命令，在弹出的“Solid Settings【固态层设置】”对话框中，单击“Make Comp Size”按钮使固态层的大小和合成相同，设置 Color【颜色】为“黄色”，如图 3-33 所示。

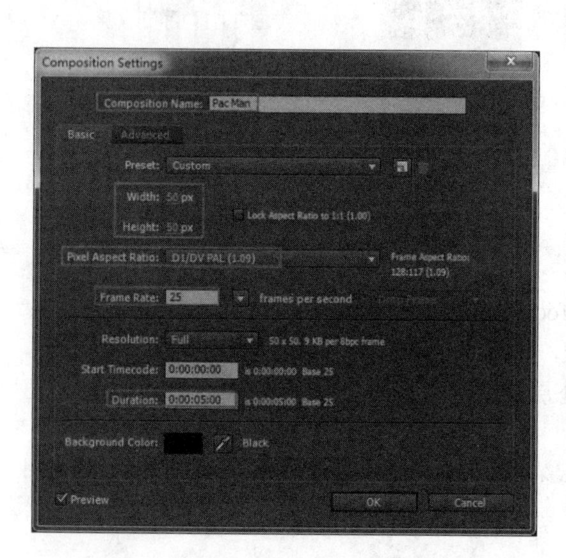

图 3-32

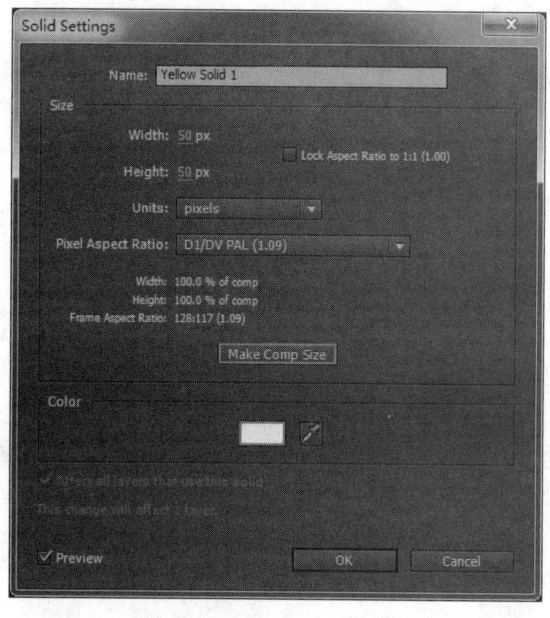

图 3-33

（3）在 Timeline【时间线】窗口中选择该固态层，使用工具栏中的 Ellipse Tool【椭圆工具】按住【Shift】键绘制一个圆形“Mask 1”，如图 3-34 所示。

使用工具栏中的 Pen Tool【钢笔工具】在该固态层上绘制嘴巴“Mask 2”，在 Timeline【时间线】窗口中展开固态层下面的“Mask 2”，设置它的 Mode【模式】为“Subtract”，使它与“Mask 1”相减，如图 3-35 和图 3-36 所示。

（4）制作贪吃人吞吃豆子的动画。展开 Timeline【时间线】窗口中固态层下面的“Mask 2”，把时间指示器设为“0:00:00:00”，单击“Mask 2”下面的 Mask Path 左侧的码表，创建一个关键帧，把时间指示器设为“0:00:00:10”，调整“Mask 2”的形状为嘴巴闭合，自动创建一个关键帧，如图 3-37 所示。

（5）现在已经制作了一个嘴巴从张开到闭合的动画，这只是嘴巴张合动画中的一个循环动作，后面的动画只是重复前面两个关键帧的状态，只需要把刚才制作的两个关键帧同时选中，进行多次复制粘贴操作即可实现，如图 3-38 所示。

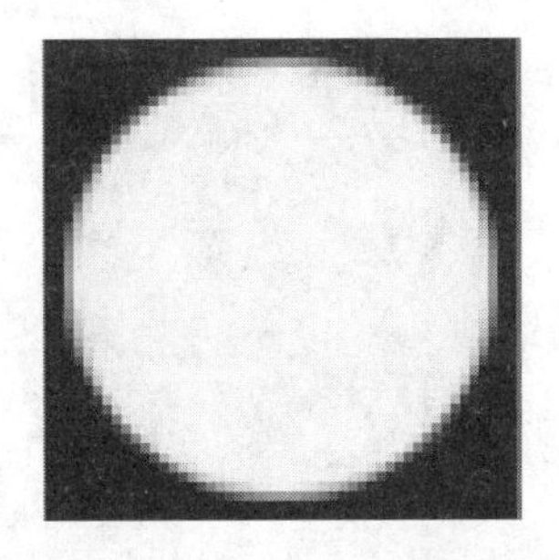

图 3-34

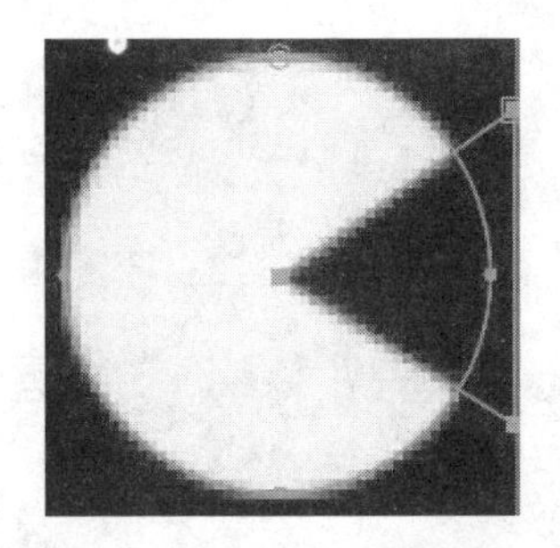

图 3-35

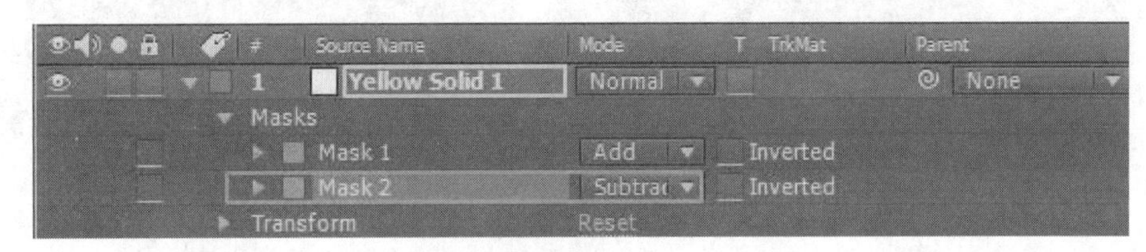

图 3-36

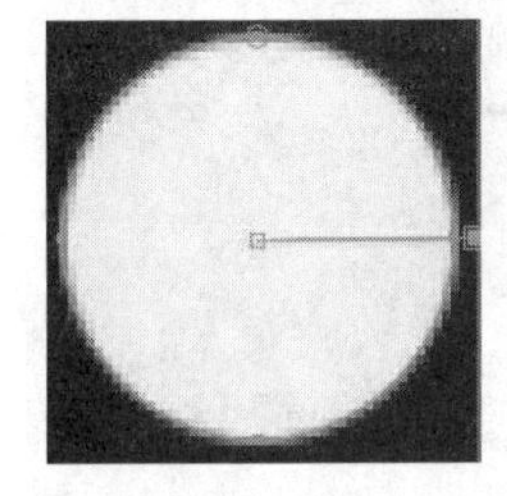

图 3-37

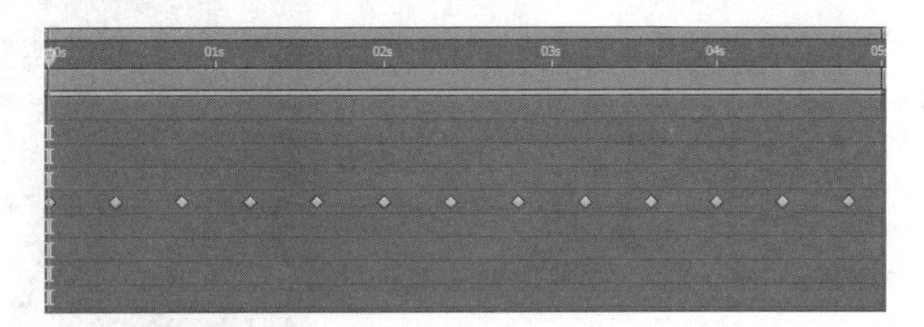

图 3-38

3.4.2 创建怪物

（1）执行菜单栏中的“Composition→New Composition【合成→新建合成】”命令，在弹出的“Composition Settings【合成设置】”对话框中，设置 Composition Name【合成名】为“Monster”，Width【宽】为“50”，Height【高】为“50”，Pixel Aspect Ratio【像素宽高比】为“D1/DV PAL (1.09)”，Frame Rate【帧速率】为“25”，Duration【持续时间】为“0:00:05:00”，如图 3-39 所示。

（2）执行菜单栏中的“Layer→New→Solid【图层→新建→固态层】”命令，在弹出的“Solid Settings【固态层设置】”对话框中，单击“Make Comp Size”按钮，使固态层的大小与合成相同，设置颜色为“紫色”，如图 3-40 所示。

（3）在 Timeline【时间线】窗口中选择紫色固态层，使用工具栏中的 Pen Tool【钢笔工具】绘制一个怪物身体的 Mask，如图 3-41 所示。

（4）执行菜单栏中的“Layer→New→Solid【图层→新建→固态层】”命令，在弹出的“Solid Settings【固态层设置】”对话框中，单击“Make Comp Size”按钮，使固态层的大小与合成相同，设置颜色为“白色”，如图 3-42 所示。

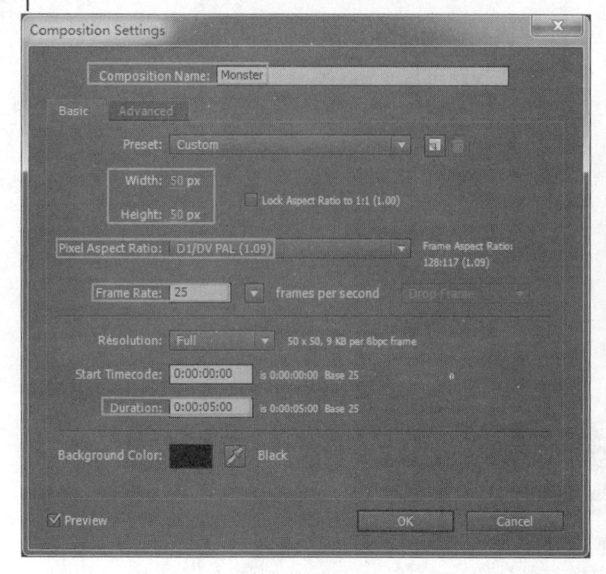

图 3-39

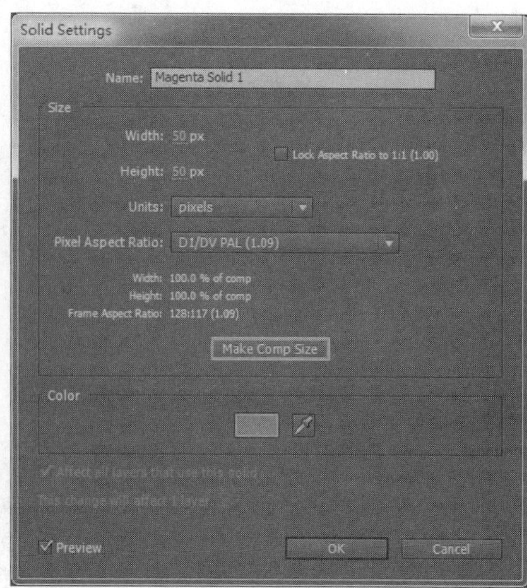

图 3-40

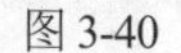

图 3-41

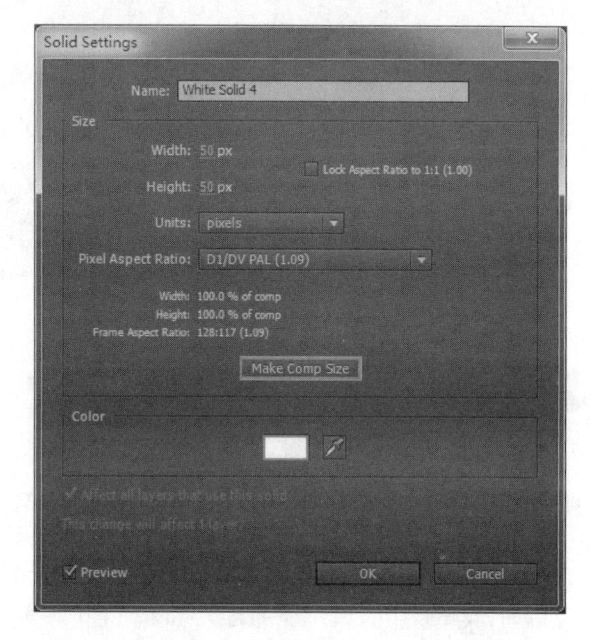

图 3-42

（5）在 Timeline【时间线】窗口中选择白色固态层，使用工具栏中的 Ellipse Tool【椭圆工具】绘制怪物的两只眼睛的 Mask，如图 3-43 所示。

（6）执行菜单栏中的“Layer→New→Solid【图层→新建→固态层】”命令，在弹出的“Solid Settings【固态层设置】”对话框中，单击“Make Comp Size”按钮，使固态层的大小与合成相同，设置颜色为“蓝色”，如图 3-44 所示。

（7）在 Timeline【时间线】窗口中选择蓝色固态层，使用工具栏中的 Ellipse Tool【椭圆工具】绘制怪物的两个眼球的 Mask，如图 3-45 所示。

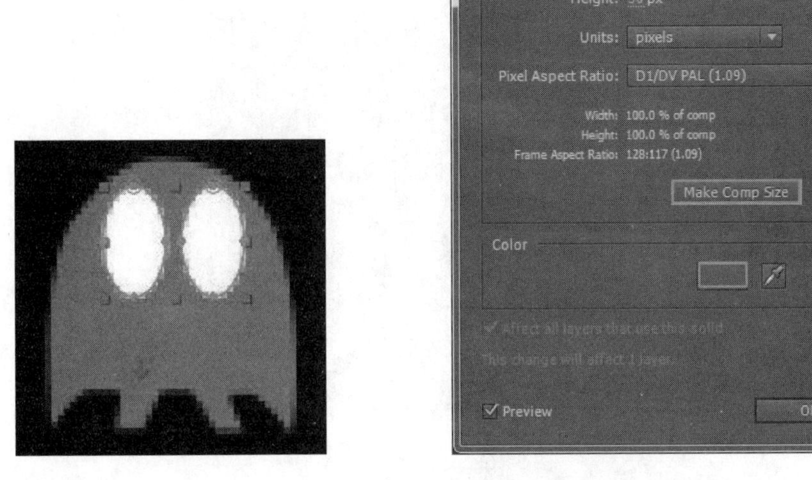

图 3-43　　　　图 3-44

图 3-45

3.4.3　创建背景

（1）执行菜单栏中的“Composition→New Composition【合成→新建合成】”命令，在弹出的“Composition Settings【合成设置】”对话框中，设置 Composition Name【合成名】为“Final Comp”，Preset【预设】下拉列表选择“PAL D1/DV(1.09)”选项，Duration【时长】为“0:00:05:00”，如图 3-46 所示。

（2）执行菜单栏中的“Layer→New→Solid【图层→新建→固态层】”命令，在弹出的“Solid Settings【固态层设置】”对话框中，单击“Make Comp Size”按钮，使固态层的大小与合成相同，设置颜色为“白色”，如图 3-47 所示。

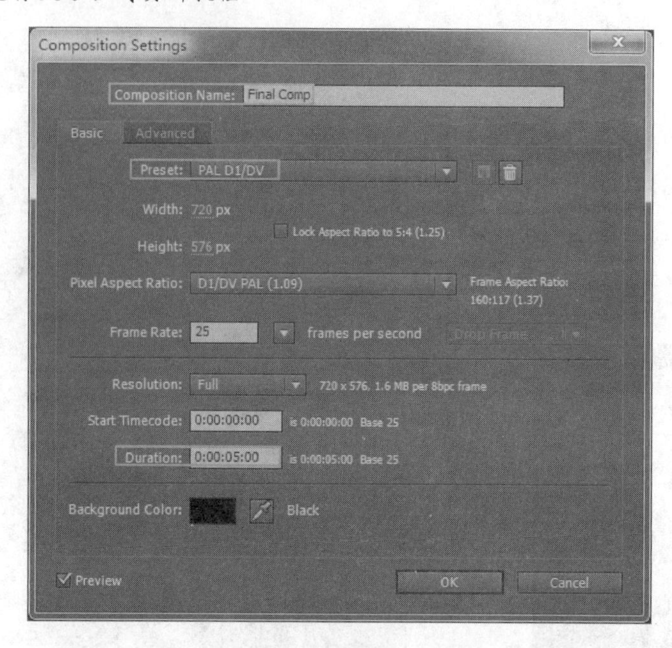

图 3-46

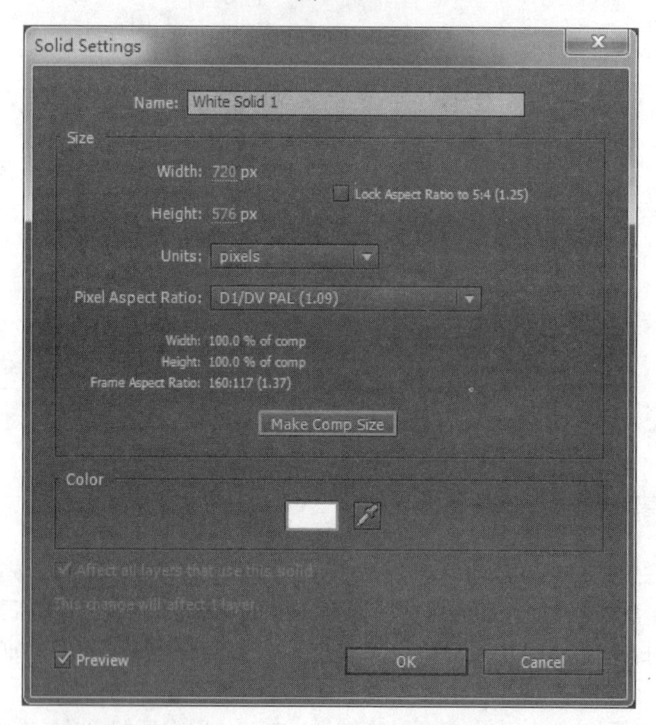

图 3-47

（3）在 Timeline【时间线】窗口选择固态层，使用工具栏中的 Rectangle Tool【矩形工具】绘制迷宫的 Mask，如图 3-48 所示。

（4）在 Timeline【时间线】窗口选择固态层，执行菜单栏中的“Effect→Generate→Stroke【特效→生成→描边】”命令。在 Effect Controls【特效控制】窗口中设置 Stroke 的参数，勾选“All Masks”选项，对所有 Mask 都进行描边，Color【描边颜色】设置为“蓝色”，Paint Style【画笔样式】为“On

Transparent”，便在透明固态层上进行描边，如图 3-49 和图 3-50 所示。

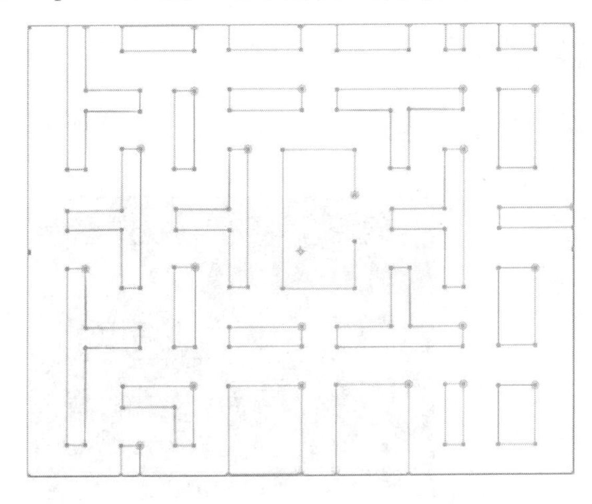

图 3-48

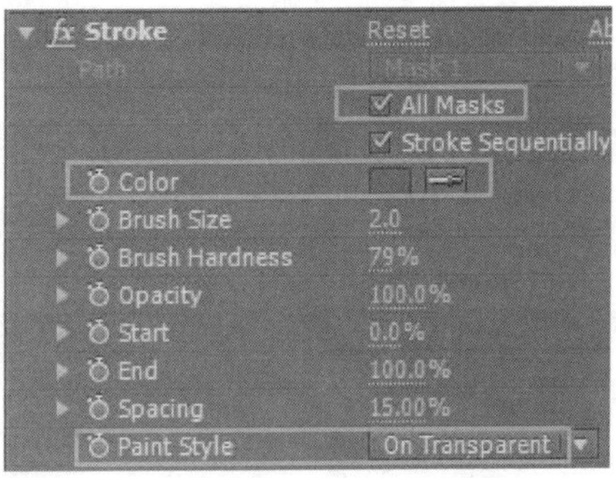

图 3-49

（5）执行菜单栏中的“Layer→New→Solid【图层→新建→固态层】”命令，在弹出的“Solid Settings【固态层设置】”对话框中，单击“Make Comp Size”按钮，使固态层的大小与合成相同，设置颜色为“白色”，如图 3-51 所示。

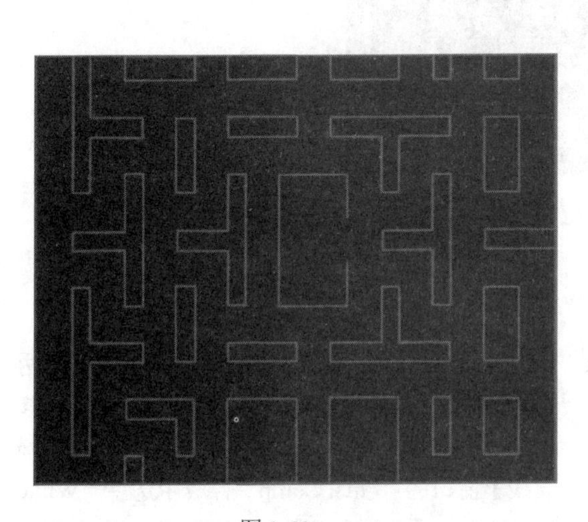

图 3-50

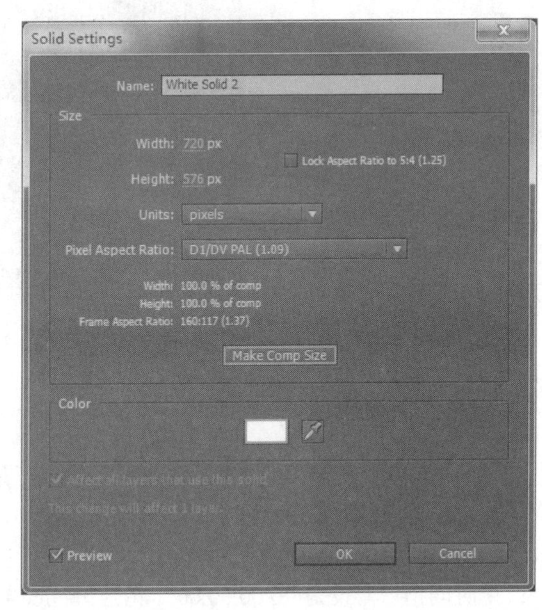

图 3-51

（6）在 Timeline【时间线】窗口选择固态层，使用工具栏中的 Pen Tool【钢笔工具】绘制豆子的 Mask，如图 3-52 所示。

这里绘制 Mask 的时候要注意，首先要绘制吃豆子动画的 Mask，而且该 Mask 必须连续不间断。

（7）在 Timeline【时间线】窗口选择固态层，执行菜单栏中的“Effect→Generate→Stroke【特效→生成→描边】”命令。在 Effect Controls【特效控制】窗口中设置 Stroke 的参数，勾选“All Masks”选项，对所有 Mask 都进行描边，Color【描边颜色】设置为“黄色”，Brush Size【画笔大小】为“6”，Spacing【画笔间隔】为“100%”，Paint Style【画笔样式】为“On Transparent”，便在透明固态层上进行描边，如图 3-53 和图 3-54 所示。

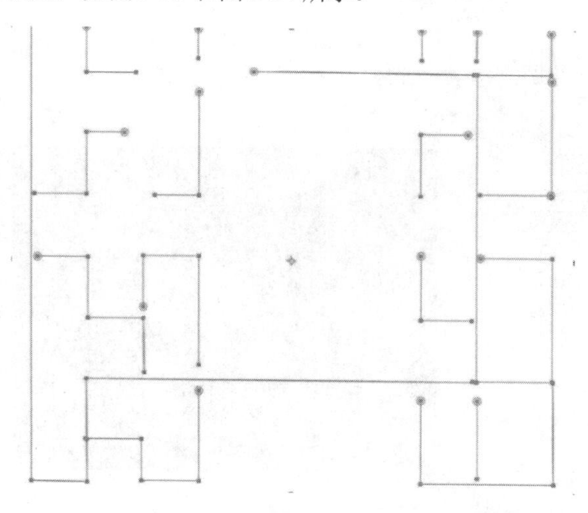

图 3-52

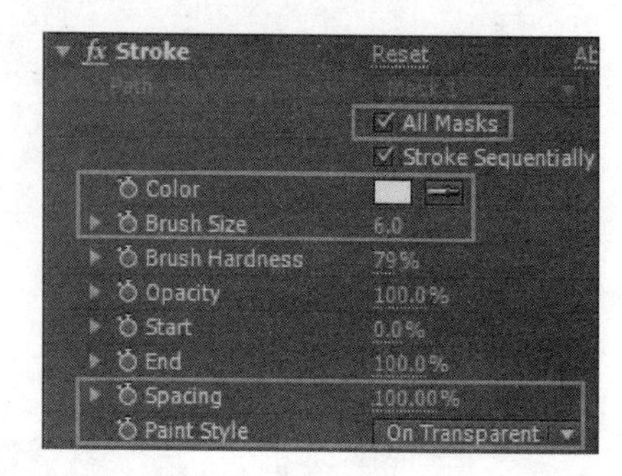

图 3-53

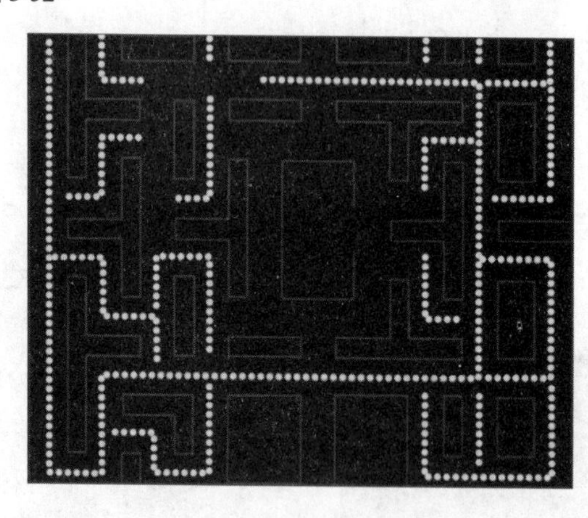

图 3-54

3.4.4 制作动画

（1）先制作豆子消失的动画，这里要了解豆子是由 Stroke【描边】特效产生的，Stroke 特效中有两个参数 Start【开始】和 End【结束】，可以设置描边的开始长度和结束长度。这里可以通过设置 Start 参数制作关键帧使豆子产生消失的效果。

把时间指示器设为“0:00:00:00”，在 Timeline【时间线】窗口的“Final Comp”合成中选择“White Solid 2”固态层，在 Effect Controls【特效控制】窗口中单击 Start【开始】参数左侧的码表，为它创建一个关键帧，参数值为“0%”，把时间指示器设为“0:00:04:24”，设置 Start【开始】参数的值为“20%”，自动创建一个关键帧，如图 3-55 所示。

（2）制作吃豆人在迷宫中移动的动画。把“Pac Man”合成从 Project【项目】窗口拖到 Timeline【时间线】窗口的“Final Comp”合成中，适当调整“Pac Man”图层的大小。为了制作吃豆人移动动画，需要对“Pac Man”图层的 Position【位置】制作关键帧。把时间指示器设为“0:00:00:00”，单击“Pac Man”图层下面的 Position【位置】参数左侧的码表，创建一个关键帧，用工具栏中的 Selection Tool【选择工具】把它移到开始位置，如图 3-56 所示。

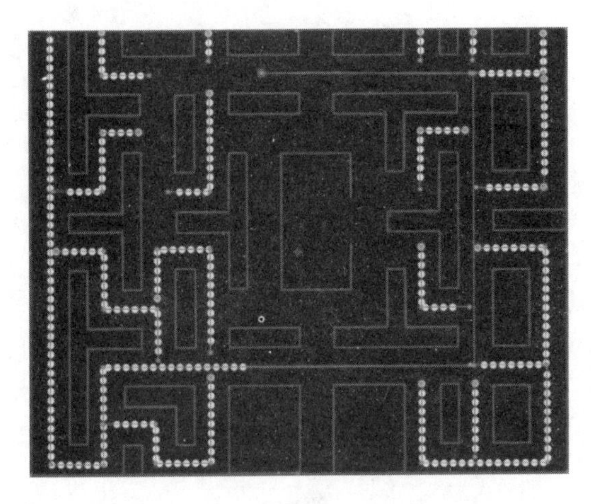

图 3-55

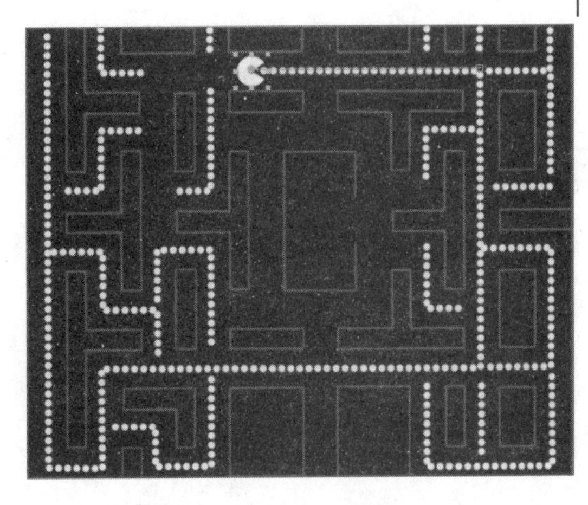

图 3-56

移动时间指示器，查找豆子在第 1 个拐角处消失所在的帧，把吃豆人“Pac Man”移到第 1 个拐角处，Position【位置】参数自动创建一个关键帧，如图 3-57 所示。

移动时间指示器，查找豆子在第 2 个拐角处消失所在的帧，把吃豆人“Pac Man”移到第 2 个拐角处，Position【位置】参数自动创建一个关键帧，如图 3-58 所示。

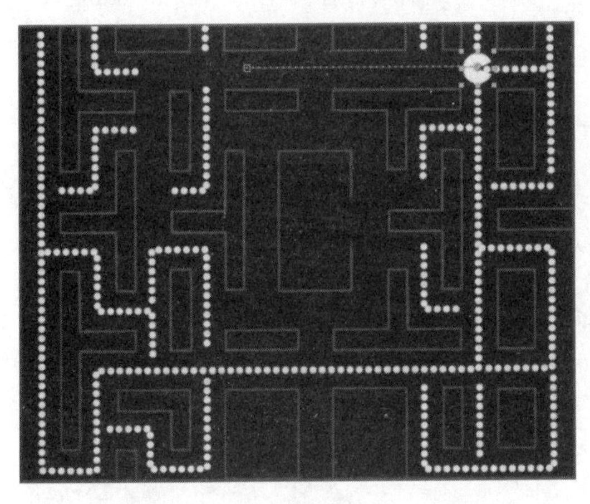

图 3-57

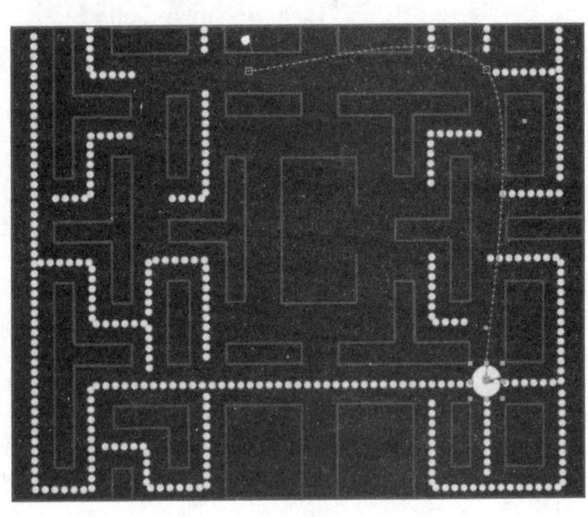

图 3-58

移动时间指示器为“0:00:04:24”，把吃豆人“Pac Man”移到豆子消失动画的结束位置，Position【位置】参数自动创建一个关键帧，如图 3-59 所示。

（3）现在播放预览，可以看到吃豆人经过的地方豆子随着消失，但是这个动画还有两个问题：一是吃豆人经过的路线并不是我们预想的直线段，而是曲线；二是吃豆人的嘴巴始终向右，并没有随着路线的前进方向而进行调整。先解决第 1 个问题，在 Timeline【时间线】窗口中选择“Pac Man”图层下面的 Position【位置】参数的所有关键帧，执行右键快捷菜单中的“Keyframe Interpolation【关键帧插值】”命令，在弹出的对话框中设置 Spatial Interpolation【空间插值】为“Linear【线性】”，这样两个关键帧之间的路线就是直线段了，如图 3-60 所示。

第 2 个问题可以通过自动调整吃豆人的朝向来解决。选择“Pac Man”图层，执行菜单栏中的“Layer→Transform→Auto-Orient【图层→变换→自动方向】”命令，在弹出的对话框中选择“Orient Along Path【沿着路径方向】”选项，如图 3-61 所示。

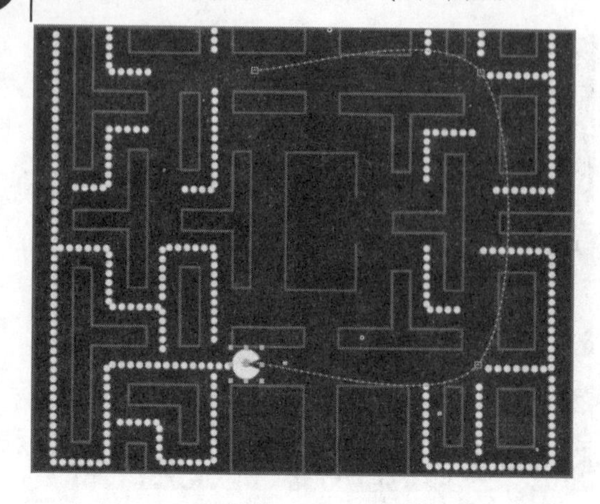

图 3-59

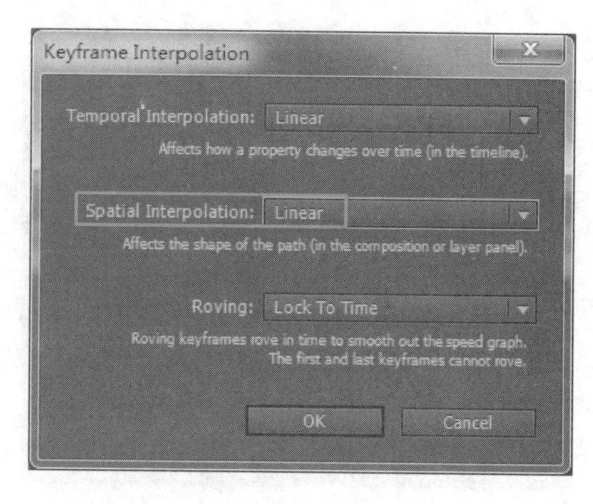

图 3-60

（4）制作怪物追赶吃豆人的动画效果。把“Monster”合成从 Project【项目】窗口拖到 Timeline【时间线】窗口的“Final Comp”合成的顶部。怪物追赶吃豆人的动画就是为“Monster”图层制作 Position【位置】参数的关键帧动画，由于怪物移动的路线比较复杂，如果直接为 Position 参数设置关键帧会比较繁琐，这里通过绘制 Mask 来解决。

执行菜单栏中的“Layer→New→Solid【图层→新建→固态层】”命令，在弹出的“Solid Settings【固态层设置】”对话框中，重命名 Name【固态层名】为“Path”，单击“Make Comp Size”按钮，使固态层的大小与合成相同，如图 3-62 所示。

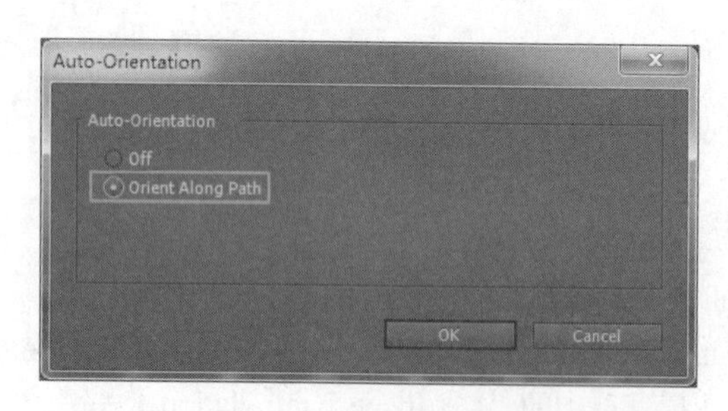

图 3-61

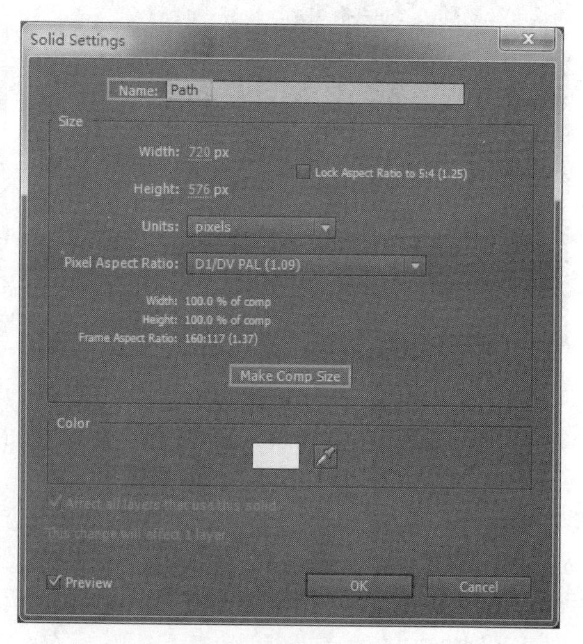

图 3-62

隐藏“Path”图层，显示它下面的场景作为参考来绘制 Mask。选择“Path”图层，使用工具栏中的 Pen Tool【钢笔工具】绘制怪物移动路线的 Mask，注意在拐角处添加节点，按住【Shift】键可以绘制水平和垂直的线条，如图 3-63 所示。

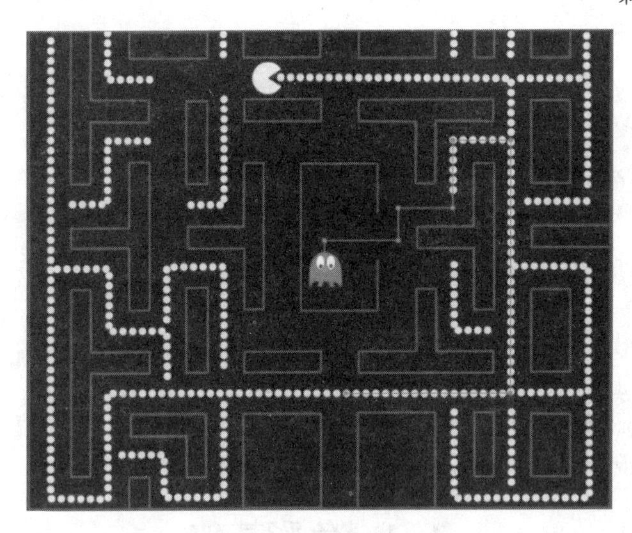

图 3-63

把时间指示器设为“0:00:00:00”，展开“Path”图层下面的“Mask 1”，选择 Mask Path 参数，按【Ctrl+C】组合键复制，展开“Monster”图层下面的 Position 参数，按【Ctrl+V】组合键粘贴，如图 3-64 所示。

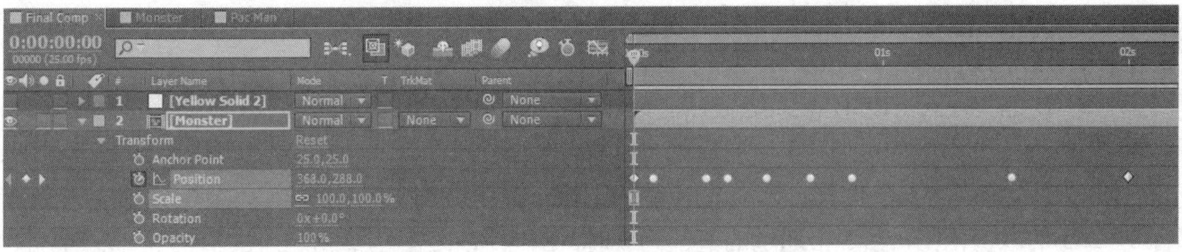

图 3-64

选择“Monster”图层下面的 Position 参数的最后一个关键帧，拖到 0:00:04:24 处，播放预览可以看到怪物在追赶吃豆人，效果如图 3-65 所示。

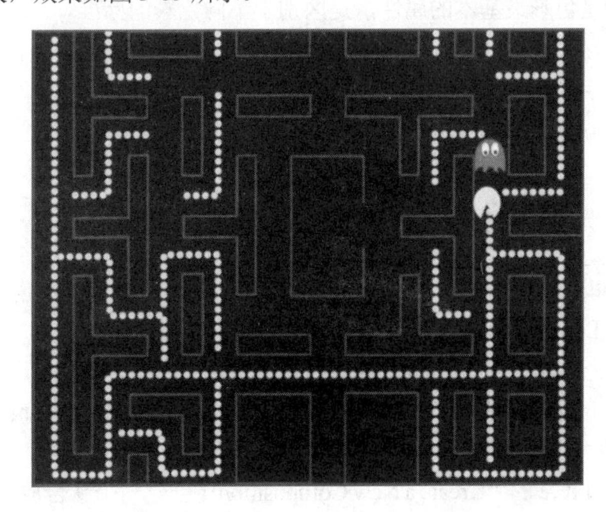

图 3-65

第 4 章　调色

本章学习目标

◆ 了解几种色彩模式。
◆ 掌握使用内置工具调整亮度、校正颜色、创意调色、二级调色的方法。
◆ 掌握使用 Color Finesse 调整亮度、校正偏色、创意调色、二级调色的方法。
◆ 掌握使用 Magic Buttet Looks 校正颜色、创意调色的方法。

4.1　色彩基础

色彩校正是一种改变或协调图像颜色的方法。色彩校正可以用来优化原始素材、将人们的注意力吸引到图像的关键元素上、校正白平衡和曝光中的错误、确保不同图像之间颜色的一致，或者为了人们所需的特效视觉效果进行艺术性调色。

当我们拿到一段原始视频素材后，如何知道画面存在哪些问题，又如何去解决这些问题呢？软件仅仅是实现我们想法的工具，在实际操作之前，需要知道一些色彩原理知识。

（1）RGB 色彩模式。RGB 模式是由红、绿、蓝三原色组成的色彩模式，RGB 图像中的每个通道可包含 2^8（256）个不同的色调，3 个通道就可以有 2^{24}（约 1670 万）种不同的颜色。在 After Effects 中，可以对红、绿、蓝 3 个通道的数值进行调节，来改变图像的色彩。红、绿、蓝三原色，每个通道都有 0～255 的取值范围，当 3 个通道的值都为 0 时，图像为黑色，当 3 个通道的值都为 255 时，图像为白色。

（2）HSB 色彩模式。HSB 模式基于人眼对颜色的感觉而制定，它将颜色看成是由色相、饱和度、亮度组成的。

Hue（色相）：色相是色彩最基本的属性，是区别于不同色彩的标准。

Saturation（饱和度）：饱和度是色彩的鲜艳程度，也称为色彩的纯度。饱和度越高，色彩越鲜艳，饱和度越低，色彩越不容易被感知。

Brightness（亮度）：亮度也称为明度，物体在不同强弱的光线下会产生明暗的差别。

4.2　边学边做——调整亮度

知识与技能

本例主要学习使用 Levels【色阶】调整画面的亮度。

原始素材是一个曝光过度的视频，如图 4-1 所示。

（1）新建工程，在 Project【项目】窗口空白处双击鼠标，把素材“shot.mov”导入到 Project【项目】窗口中，本例的画面大小与“shot.mov”相同，可以以“shot.mov”的参数建立新合成，将“shot.mov”拖到 Project【项目】窗口底部的“Create a New Composition【创建一个新合成】”按钮上，建立一个新的合成。

（2）执行菜单栏中的“Layer→New→Adjustment Layer【图层→新建→调整层】”命令，新建一个调整层，按【Enter】键，将调整层重命名为“Fixing Exposure”。

调整层是一种比较特殊的图层，添加后没有任何效果，必须在调整层上添加特效后才能起作用。添加在调整层上面的特效会影响它下面的所有图层。一般会在两种情况下使用调整层：一种是对多个图层进行统一处理，但是不想将它们进行合并，则会在这些图层的上面添加一个调整层，为调整层添加特效，可以影响其下面的所有图层；另一种是不希望特效完全显示在画面中，如希望调色效果只作用于部分画面的时候，也会添加一个调整层，然后对调整层绘制 Mask，创建选区，使调色效果只作用于 Mask 的选区范围内。

（3）选择 Timeline【时间线】窗口中的“Fixing Exposure”图层，执行菜单栏中的“Effect→Color Correction→Levels【特效→色彩校正→色阶】”命令，为画面添加色阶特效，如图 4-2 所示。

图 4-1

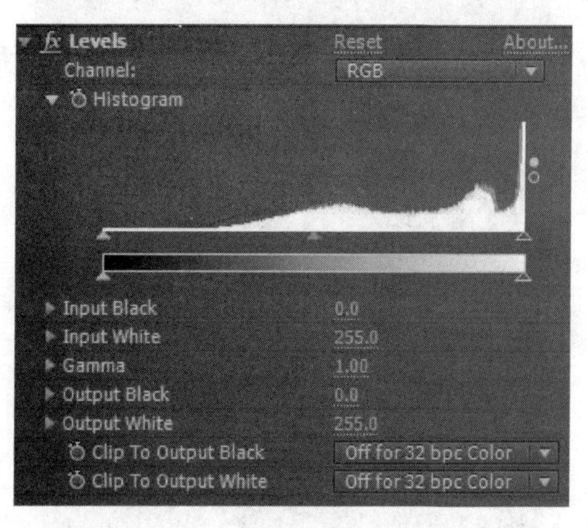

图 4-2

在 Effect Controls【特效控制】窗口中观察 Levels 的属性面板，其中有一个名为 Histogram 的图示，叫做直方图，色阶能够方便快捷地调整画面亮度，主要就是根据直方图，它能直观地显示调整参数的变化。

直方图上有 5 个控制滑块，它们分别对应直方图下面的 5 个参数，这 5 个参数从上到下依次介绍如下。

Input Black【输入纯黑值】：把原图像中亮度值为多少定义为纯黑，默认值为 0.0，即纯黑。

Input White【输入纯白值】：把原图像中亮度值为多少定义为纯白，默认值为 255.0，即纯白。

Gamma【中间调】：画面中间调亮度的调整，默认值为 1.00。

Output Black【输出纯黑值】：调整后的画面把纯黑值定义为多少，默认值为 0.0。

Output White【输出纯白值】：调整后的画面把纯白值定义为多少，默认值为 255.0。

对于当前图像来说，像素主要集中在中间比较灰的部分及亮部，整个画面缺少暗部，把左侧的黑色小三角（Input Black）向右拖动，可以看到逐渐变暗，画面中有了暗部，这时 Input Black 的值为“69”，这一步调整是将画面中 69 的亮度定义为纯黑，那么画面中亮度值低于 69 的当然也是纯黑，所以画面会出现暗部，如图 4-3 和图 4-4 所示。

继续拖动灰色小三角（Gamma）向右移动，画面中的中间调逐渐变暗，这时 Gamma 值为“0.67”，如图 4-5 和图 4-6 所示。

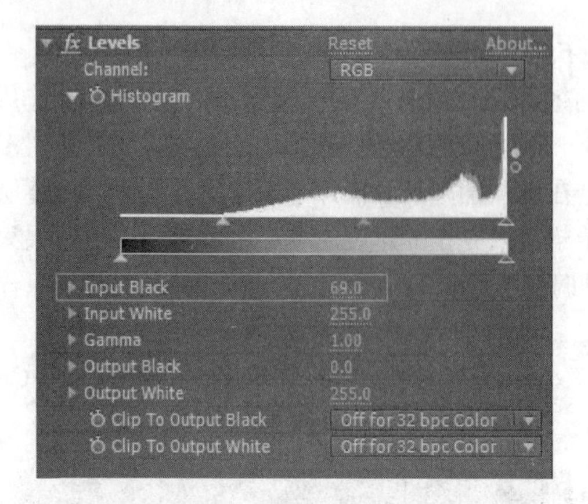

图 4-3

图 4-4

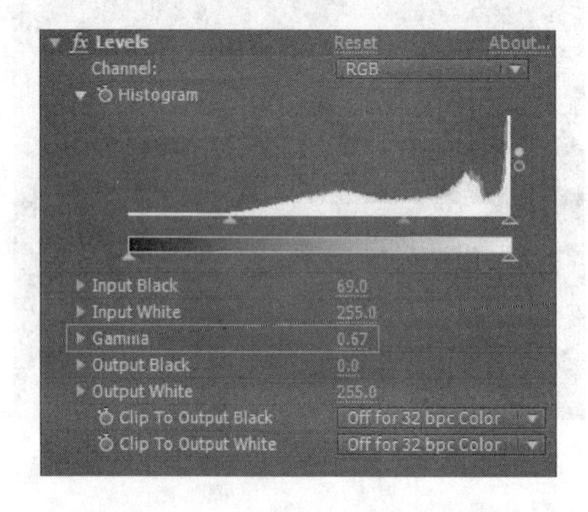

图 4-5

图 4-6

把右侧的白色小三角（Output White）向左拖动，可以看到画面中的亮部逐渐变暗了一些，这时Output White值为“234”，这一步调整是将画面中纯白定义为234，那么画面中低于255值的亮度当然小于234了，所以画面中的亮部变暗了一些，如图4-7和图4-8所示。

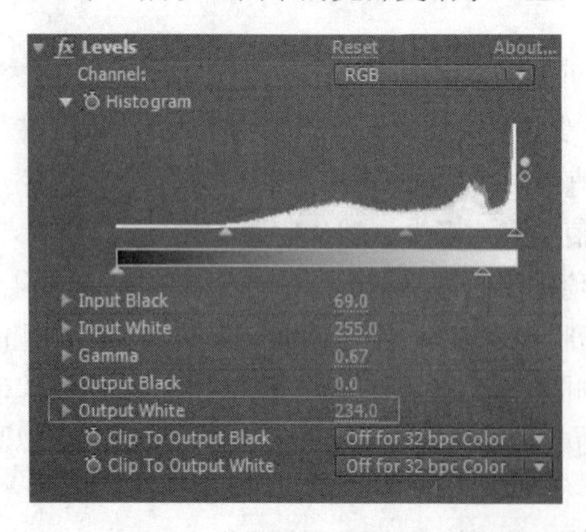

图 4-7

图 4-8

（4）选择Timeline【时间线】窗口中的“Fixing Exposure”图层，执行菜单栏中的“Effect→Color Correction→Vibrance【特效→色彩校正→自然饱和度】”命令。设置Vibrance【自然饱和度】参数值为“30”，Saturation【饱和度】参数值为“30”，提高画面的饱和度，使画面中的树叶更加苍翠欲滴，如

图 4-9 所示。

图 4-9

4.3　边学边做——校正颜色

知识与技能

本例主要学习使用 Levels【色阶】、Shadow/Highlight【阴影/高光】、Curves【曲线】调整画面的颜色及亮度等。

4.3.1　校正白平衡

（1）新建工程，把素材“eagle.mov”导入到 Project【项目】窗口中，本例的画面大小与“eagle.mov”相同，可以以“eagle.mov”的参数建立新合成，将“eagle.mov”拖到 Project【项目】窗口底部的“Create a New Composition【创建一个新合成】”按钮上，建立一个新的合成。

（2）执行菜单栏中的“Layer→New→Adjustment Layer【图层→新建→调整层】”命令，新建一个调整层，按【Enter】键，将调整层重命名为“Fixing White Balance”，把它放置在“eagle.mov”图层的上面。

（3）选择 Timeline【时间线】窗口中的“Fixing White Balance”图层，执行菜单栏中的“Effect→Color Correction→Levels (Individual Controls)【特效→色彩校正→色阶（单独控制）】”命令。

把当前时间指示器设置为“0:00:15:19”，在 Effect Controls【特效控制】窗口中，切换到“Red【红色】”通道，设置 Red Input White 为“235”，这一步的调整是将红色通道中亮度为 235 的像素定义为最亮，即图像中的亮部增加红色，设置 Red Gamma 为“0.95”，这一步的调整是将红色通道中的中间调降低亮度，即图像中的中间调减少一些红色，如图 4-10 和图 4-11 所示。

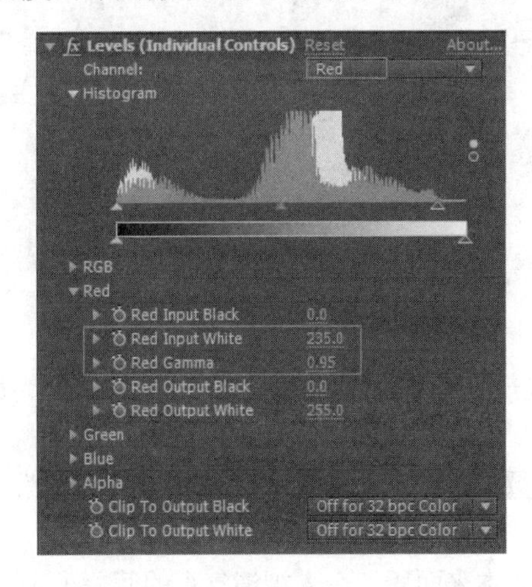

图 4-10

图 4-11

切换到“Green【绿色】”通道，设置 Green Input White 为“209”，这一步的调整是将绿色通道中亮度为 209 的像素定义为最亮，即图像中的亮部增加绿色，设置 Green Gamma 为“0.70”，这一步的调整是将绿色通道中的中间调降低亮度，即图像中的中间调减少一些绿色，如图 4-12 和图 4-13 所示。

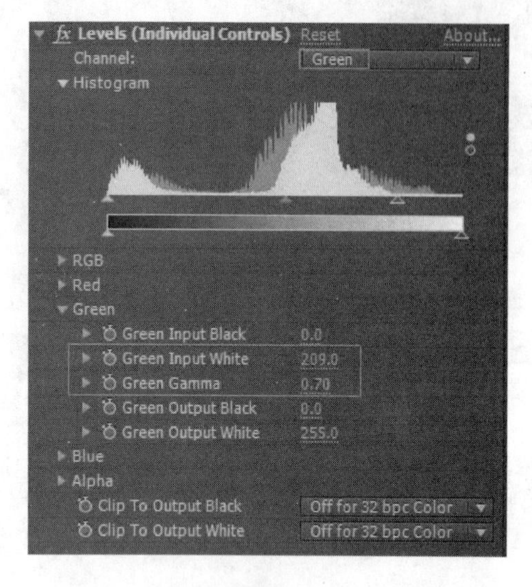

图 4-12

图 4-13

切换到“Bluc【蓝色】”通道，设置 Blue Input White 为“183”，这一步的调整是将蓝色通道中亮度为 183 的像素定义为最亮，即图像中的亮部增加蓝色，设置 Green Gamma 为“0.80”，这一步的调整是将蓝色通道中的中间调降低亮度，即图像中的中间调减少一些蓝色，如图 4-14 和图 4-15 所示。

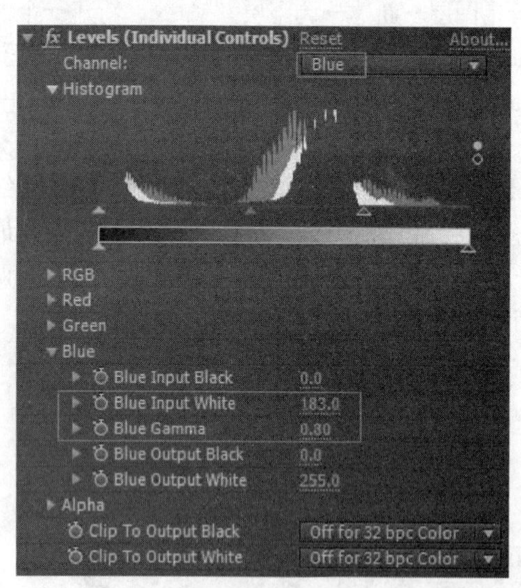

图 4-14

图 4-15

切换到“RGB”通道，设置 Input White 为“236”，这一步的调整是将亮度为 236 的像素定为最亮，即提高画面中亮部的亮度，如图 4-16 和图 4-17 所示。

观察到画面中还是有一点偏红，切换到“Red【红色】”通道，设置 Red Gamma 为“0.67”，适当减少画面中的红色，如图 4-18 和图 4-19 所示。

使用 Levels 色阶调整后，天空又恢复到了我们熟悉的本来面貌，令人神清气爽的蓝色了。

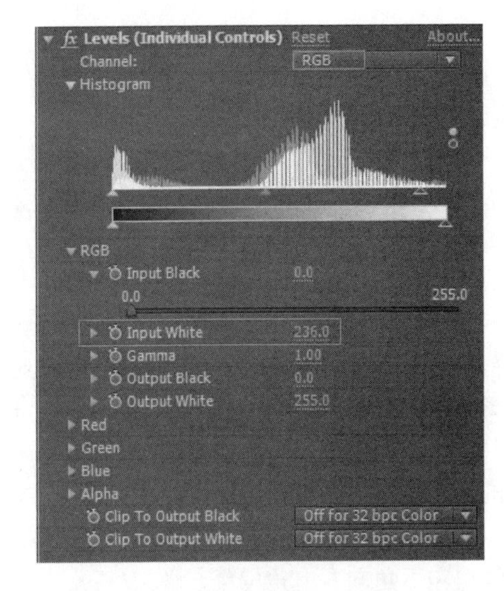

图 4-16

图 4-17

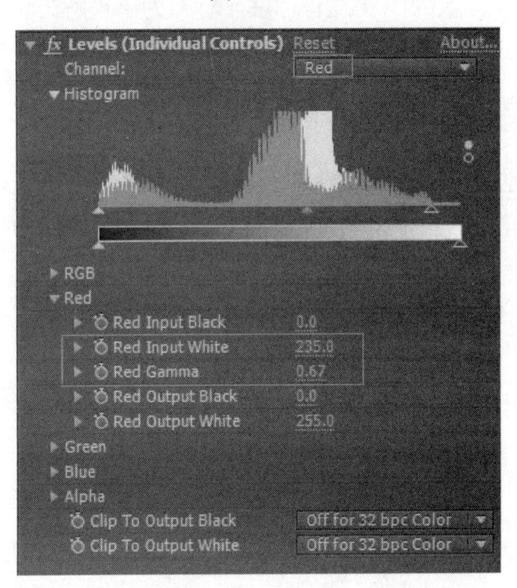

图 4-18

图 4-19

4.3.2 调整曝光

（1）执行菜单栏中的“Layer→New→Adjustment Layer【图层→新建→调整层】”命令，新建一个调整层，按【Enter】键，将调整层重命名为“Fixing Shadow Highlight”，把它放置到合成的顶部。

（2）选择 Timeline【时间线】窗口中的“Fixing Shadow Highlight”图层，执行菜单栏中的“Effect→Color Correction→Shadow/Highlight【特效→色彩校正→阴影/高光】”命令。

在 Effect Controls 窗口中，取消选择“Auto Amounts【自动数量】”选项，手工调整阴影和高光值，设置 Shadow Amount【阴影数量】参数值为“63”，提高阴影的亮度，设置 Hightlight Amount【高光数量】参数值为“17”，降低高光的亮度，如图 4-20 和图 4-21 所示。

（3）执行菜单栏中的“Layer→New→Adjustment Layer【图层→新建→调整层】”命令，新建一个调整层，按【Enter】键，将调整层重命名为“Fixing Exposure”，把它放置到合成的顶部。

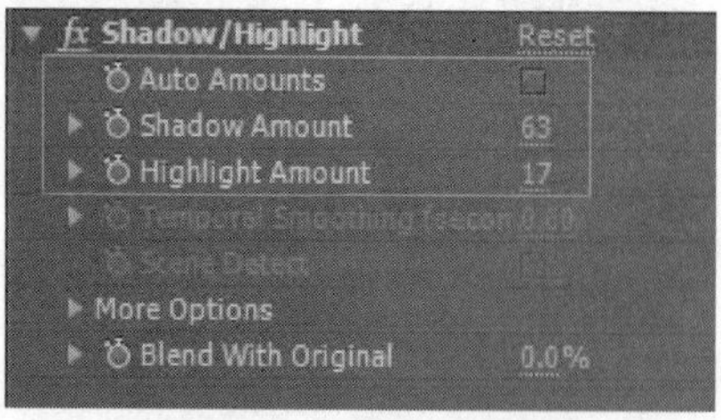

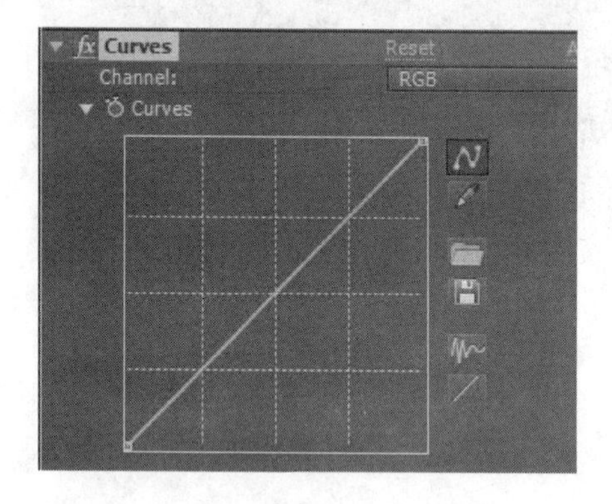

图 4-20

图 4-21

(4)选择 Timeline【时间线】窗口中的“Fixing Exposure”图层，执行菜单栏中的“Effect→Color Correction→Curves【特效→色彩校正→曲线】”命令，如图 4-22 所示。

图 4-22

观察 Effect Controls【特效控制】窗口，Curves 特效没有任何参数，只有一个由纵横分别为 4 行线组成的方格子，其中一根斜线自左下角向右上角贯穿方格。

Curves 特效的图表没有标注坐标，为了理解方便，可以人为标注。X 轴，即水平轴，方向向右，代表输入的亮度，也就是原始画面的亮度，这个亮度从左到右代表了 0～255 的亮度范围，越往右，代表原始画面中越亮的区域。Y 轴，即垂直轴，方向向上，代表输出的亮度，也就是调整之后画面的亮度，这个亮度从下到上代表了 0～255 的亮度范围，越往上，代表调整之后画面中越亮的区域。

在曲线的任意位置添加一个点，可以看到该点的输入值和输出值是一样的，也就是说这个点的调整前亮度和调整后亮度是一致的，即当前画面没有经过任何调整，如图 4-23 和图 4-24 所示。

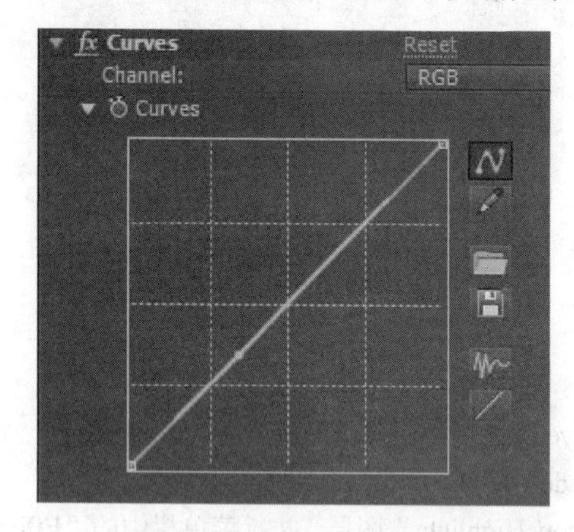

图 4-23

图 4-24

拖动这个点向上移动，发现图像变亮了，这是由于该点的输出值和输入值不相等了，也就是调整后的值大于调整前的值，所以画面就变亮了，如图 4-25 和图 4-26 所示。

(5) 单击 Effect Controls【特效控制】窗口中 Curves 特效属性面板中的“Reset【重置】”按钮，把曲线恢复到默认状态。使用 Curves 特效属性面板右侧的画笔工具绘制一条曲线，降低高光部分的亮度，提高一点阴影部分的亮度，如图 4-27 所示。

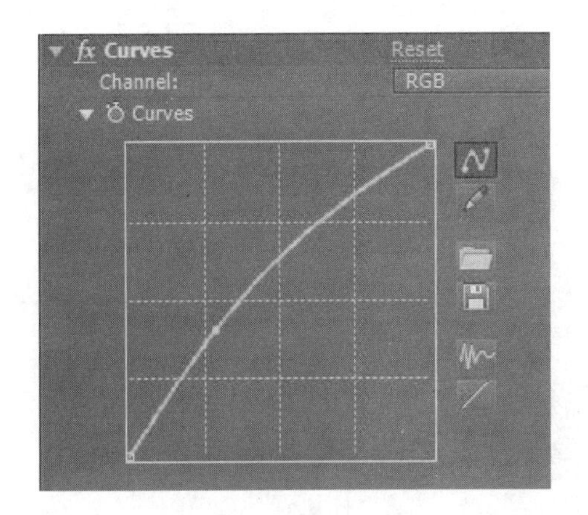

图 4-25

图 4-26

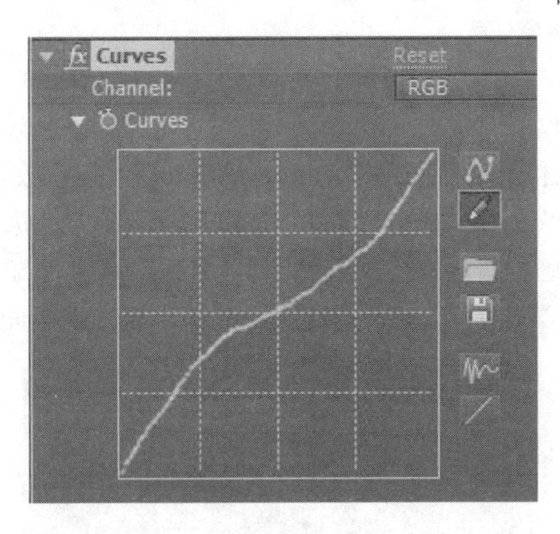

图 4-27

使用 Curves 特效属性面板右侧的曲线工具把它转换成曲线，如图 4-28 和图 4-29 所示。

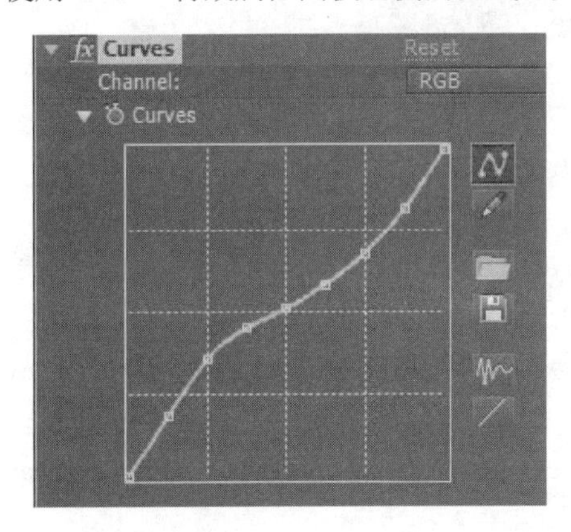

图 4-28

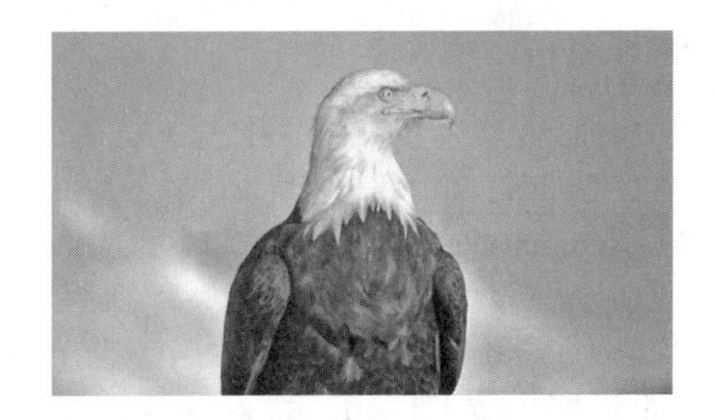

图 4-29

适当降低阴影较暗部分的亮度，使阴影部分有些层次感，如图 4-30 和图 4-31 所示。

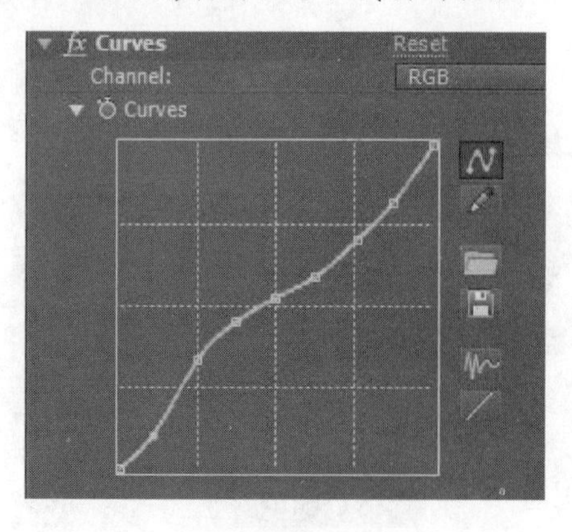

图 4-30

图 4-31

4.3.3 调整饱和度

（1）执行菜单栏中的“Layer→New→Adjustment Layer【图层→新建→调整层】”命令，新建一个调整层，按【Enter】键，将调整层重命名为“Adjusting Color”，把它放置到合成的顶部。

（2）选择 Timeline【时间线】窗口中的“Adjusting Color”图层，执行菜单栏中的“Effect→Color Correction→Vibrance【特效→色彩校正→自然饱和度】”命令。设置 Vibrance【自然饱和度】参数值为“40”，Saturation【饱和度】参数值为“20”，提高画面的饱和度，使画面更加鲜艳，如图 4-32 所示。

图 4-32

4.3.4 边角压暗

（1）执行菜单栏中的“Layer→New→Adjustment Layer【图层→新建→调整层】”命令，新建一个调整层，按【Enter】键，将调整层重命名为“Blur”，把它放置到合成的顶部。

（2）选择 Timeline【时间线】窗口中的“Blur”图层，执行菜单栏中的“Effect→Blur&Sharpen→Fast Blur【特效→模糊&锐化→快速模糊】”命令。

在 Effect Controls【特效控制】窗口中，设置 Blurriness【模糊程度】为“18”，勾选“Repeat Edge Pixels【重复边界像素】”选项。

在 Timeline【时间线】窗口中，设置“Blur”图层的图层混合模式为“Soft Light”，设置图层的 Opacity【不透明度】为“50%”，为画面增加一些模糊效果，如图 4-33 所示。

（3）执行菜单栏中的“Layer→New→Solid【图层→新建→固态层】”命令，新建一个黑色的固态层，按【Enter】键，将固态层重命名为“Vignette”，把它放置到合成的顶部。

选择固态层，在工具栏中双击“Ellipse Tool【椭圆工具】”，绘制一个椭圆 Mask，如图 4-34 所示。

图 4-33

图 4-34

在 Timeline【时间线】窗口，展开“Vignette”图层下面的“Mask1”的参数，勾选“Inverted【反向】”选项，把 Mask 选区反向，设置 Mask Feather【遮罩羽化】为“280”，为 Mask 选区设置羽化效果。

最后在 Timeline【时间线】窗口设置“Vignette”图层的图层混合模式为“Multipy”，Opacity【不透明度】为“30%”，为画面创建边角压暗的效果，如图 4-35 所示。

图 4-35

4.4 边学边做——二级调色

知识与技能

本例主要学习使用 Leave Color【分离颜色】、Vibrance【自然饱和度】对画面进行二级调色。

电影《辛德勒的名单》，冲锋队屠杀犹太人的场景中，穿红衣的小女孩与黑白画面形成了极其强烈的对比，产生极具冲击力的视觉效果。这里我们模仿该艺术表现手法，对画面进行二级调色，二级调色指的是针对画面的某个色调范围来改变它的颜色，这里把画面中的变色龙从绿色的树叶中突显出来，原始画面如图 4-36 所示。

图 4-36

4.4.1 分离前景

（1）新建工程，把素材“chameleon.mov”导入到 Project【项目】窗口中，本例的画面大小与“chameleon.mov”相同，可以以“chameleon.mov”的参数建立新合成，将“chameleon.mov”拖到 Project【项目】窗口底部的“Create a New Composition【创建一个新合成】”按钮上，建立一个新的合成。

（2）执行菜单栏中的“Layer→New→Adjustment Layer【图层→新建→调整层】”命令，新建一个调整层，按【Enter】键，将调整层重命名为“Leave Color”，把它放置到合成的顶部。

（3）选择 Timeline【时间线】窗口中的“Leave Color”，执行菜单栏中的“Effect→Color Correction→Leave Color【特效→色彩校正→分离颜色】”命令。

在 Effect Controls【特效控制】窗口中，使用 Color To Leave【分离颜色】右侧的吸管在画面中吸取变色龙身体的颜色，设置 Amount to Decolor【去色数量】为“100”，可以看到画面中除了变色龙保留原来的颜色，树叶等周围的环境都变成了黑白色调，效果如图 4-37 所示。

图 4-37

上图中部分树叶还保留了一些绿色，需要继续调整，Match Color【匹配颜色】设置“Using Hue”，根据色相分离颜色，降低 Tolerance【容差】值为“0”，Edge Softness【边界柔化】为“5”，如图 4-38 和图 4-39 所示。

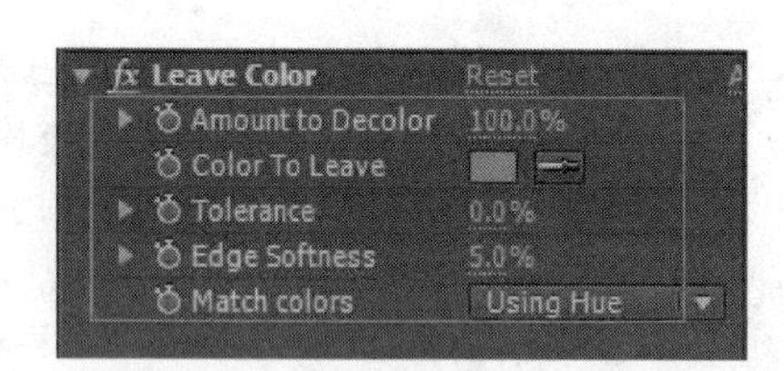

图 4-38

图 4-39

（4）执行菜单栏中的“Layer→New→Adjustment Layer【图层→新建→调整层】”命令，新建一个调整层，按【Enter】键，将调整层重命名为“Vibrance”，把它放置到合成的顶部。

（5）选择 Timeline【时间线】窗口中的“Vibrance”图层，执行菜单栏中的“Effect→Color Correction→Vibrance【特效→色彩校正→自然饱和度】”命令。设置 Vibrance【自然饱和度】参数值为“-50”，Saturation【饱和度】参数值为“-100”，效果如图 4-40 所示。

（6）上图中整个画面都调成了黑白色调，这个问题可以通过创建一个 Mask 选区来解决。选择“Vibrance”图层，使用工具栏中的“Ellipse Tool”【椭圆工具】在调整层上绘制一个椭圆形 Mask，效果如图 4-41 所示。

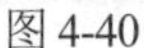

图 4-40

图 4-41

在 Mask 选区内，添加在调整层上的特效会影响到下面的图层，这个效果正好与我们希望的效果相反，展开“Vibrance”图层下面的“Mask1”参数，勾选“Inverted”选项，把 Mask 选区反向，设置 Mask Feather【遮罩羽化】值为“240”，效果如图 4-42 所示。

（7）执行菜单栏中的“Layer→New→Adjustment Layer【图层→新建→调整层】”命令，新建一个调整层，按【Enter】键，将调整层重命名为“Vibrance2”，把它放置到合成的顶部。

（8）选择 Timeline【时间线】窗口中的“Vibrance2”图层，执行菜单栏中的“Effect→Color Correction→Vibrance【特效→色彩校正→自然饱和度】”命令。设置 Vibrance【自然饱和度】参数值为“100”，Saturation【饱和度】参数值为“20”，提高一些变色龙的饱和度，效果如图 4-43 所示。

图 4-42

图 4-43

4.4.2　虚化背景

（1）执行菜单栏中的“Layer→New→Adjustment Layer【图层→新建→调整层】”命令，新建一个调整层，按【Enter】键，将调整层重命名为“Exposure Blur”，把它放置到合成的顶部。

（2）选择 Timeline【时间线】窗口中的“Exposure Blur”图层，执行菜单栏中的“Effect→Color Correction→Exposure【特效→色彩校正→曝光】”命令。设置 Exposure【曝光】值为“-1.94”，Gamma Correction【中间调校正】值为“0.79”，调暗画面，效果如图 4-44 所示。

（3）选择 Timeline【时间线】窗口中的“Exposure Blur 图层”，执行菜单栏中的“Effect→Blur&Sharpen→Camera Lens Blur【特效→模糊&锐化→摄像机镜头模糊】”命令。设置 Blur Radius【模糊半径】值为“20”，勾选“Repeat Edge Pixels【重复边缘像素】”选项，效果如图 4-45 所示。

这里添加了镜头模糊后，整个画面都产生了模糊效果，但是我们只需要对变色龙周围的环境进行模糊，这个问题可以通过把“Vibrance”图层上的“Mask1”复制到“Exposure Blur”图层上，即可得到解决，效果如图 4-46 所示。

调整“Exposure Blur”图层上“Mask1”的参数，提高 Mask 的羽化值，设置 Mask Feather【遮罩羽化】值为“725”，扩大 Mask 的范围，设置 Mask Expansion 值为“260”，最终效果如图 4-47 所示。

图 4-44　图 4-45

图 4-46　图 4-47

4.5 典型应用——创意调色

知识与技能

本例主要学习使用 Hue/Saturation【色相/饱和度】、Curves【曲线】、CC Spotlight【CC 聚光灯】对场景进行创意调色，实现昼夜颠倒的效果。

4.5.1 调暗场景

（1）新建工程，把素材“truck.mov”导入到 Project【项目】窗口中，本例的画面大小与“truck.mov”相同，可以以“truck.mov”的参数建立新合成，将“truck.mov”拖到 Project【项目】窗口底部的“Create a New Composition【创建一个新合成】”按钮上，建立一个新的合成。

（2）选择 Timeline【时间线】窗口中的“truck.mov”图层，执行菜单栏中的“Effect→Color Correction→Hue/Saturation【特效→色彩校正→色相/饱和度】”命令，设置 Master Saturation【整体饱和度】为“-30”，降低饱和度，可以稍微减少画面的蓝色调。

再执行菜单栏中的“Effect→Color Correction→Curves【特效→色彩校正→曲线】”命令，在 Effect Controls【特效控制】窗口中把 RGB 通道的曲线往下拉，降低整体亮度，切换到 Red【红色】通道，把曲线往下拉，减少红色，切换到 Blue【蓝色】通道，把曲线往上拉，增加蓝色，提高输出最大值，给天空更多的蓝色，如图 4-48 和图 4-49 所示。

（3）在 Timeline【时间线】窗口中选择“truck.mov”图层，按【Ctrl+D】组合键复制一份，选中上面复制出的图层，在 Effect Controls【特效控制】窗口中把该图层的 Hue/Saturation 和 Curves 特效参数 Reset【重置】，把 Curves 特效移到 Hue/Saturation 特效的上面，把 Curves 特效中的 RGB 曲线往下调，调暗画面，如图 4-50 所示。

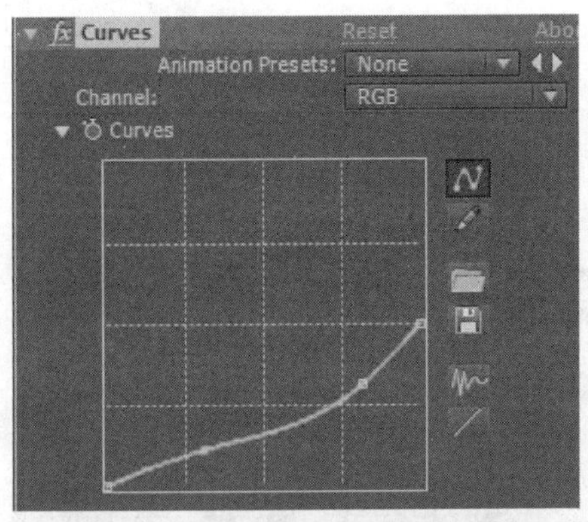

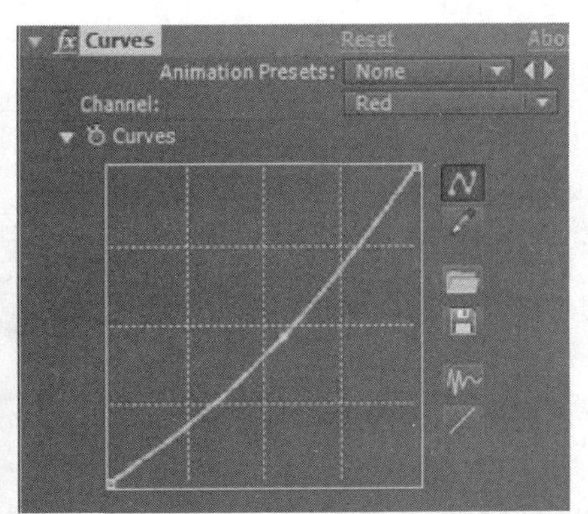

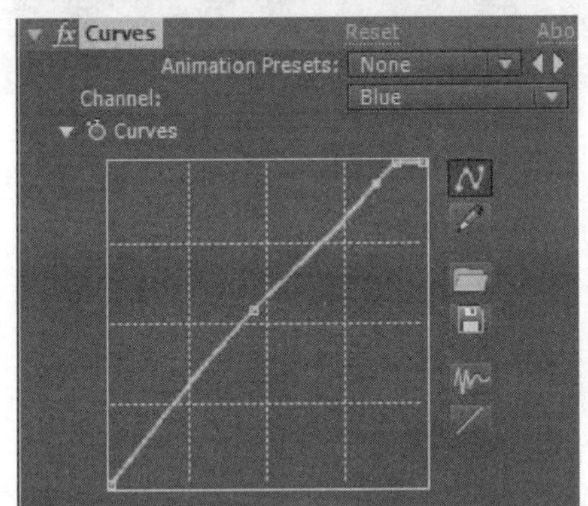

图 4-48

图 4-49

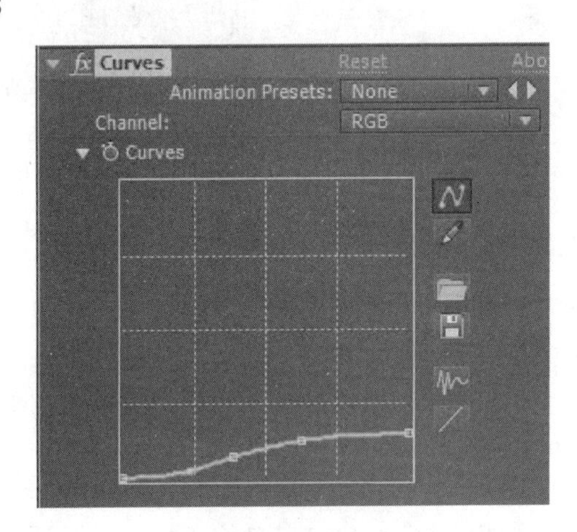

图 4-50

在 Effect Controls【特效控制】窗口中展开 Hue/Saturation 下的参数，勾选“Colorize【着色】”选项，设置 Colorize Hue 为“204”，Colorize Saturation 为“73”，赋予画面蓝色色调，并提高饱和度，如图 4-51 和图 4-52 所示。

在该图层上用工具栏中的 Rectangle Tool【矩形工具】，在天空部分绘制一个矩形 Mask，设置 Mask Feather【遮罩羽化】为“335”，这样好像给天空增加了滤镜，使背景和天空都能很好地展现出来，如图 4-53 所示。

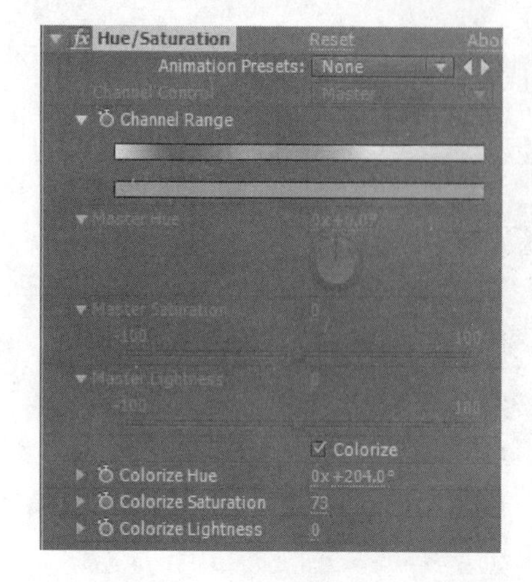

图 4-51

图 4-52

图 4-53

4.5.2 创建车灯效果

（1）执行菜单栏中的“Layer→New→Solid【图层→新建→固态层】”命令，创建一个固态层，重命名为“Spot Right”。

（2）在 Timeline【时间线】窗口中选择“Spot Right”图层，执行菜单栏中的“Effect→Perspective→CC Spotlight【特效→透视→CC 聚光灯】”命令，创建一个聚光灯，它能产生一个边缘柔和衰减的聚光灯效果，并且具有类似真实灯光的照射特性。

在 Effect Controls【特效控制】窗口中设置 From 为(640,-175)，To 为(640,165)，Height【高度】为“21”，Cone Angle【锥角】为“15”，Edge Softness【边缘柔化】为“98”，Render【渲染】为“Light Only【只有光照】”，如图图 4-54 所示。

在 Timeline【时间线】窗口中设置“Spot Right”的图层混合模式为“Classic Color Dodge【经典颜色减淡】”，打开“Spot Right”图层的 3D Layer 开关，把它转换为三维图层，展开“Spot Right”图层下面的参数，设置 Orientation【方向】的 X 坐标，使“Spot Right”图层绕 X 轴旋转，把它放置到车前的地面上，同时提高灯光强度为“170”，用来模拟右车灯投射在地面上的效果。

在 Timeline【时间线】窗口中选择“Spot Right”图层，按【Ctrl+D】组合键把它复制一份，重命名为“Spot Left”，用来模拟左车灯投射在地面上的效果，如图 4-55 所示。

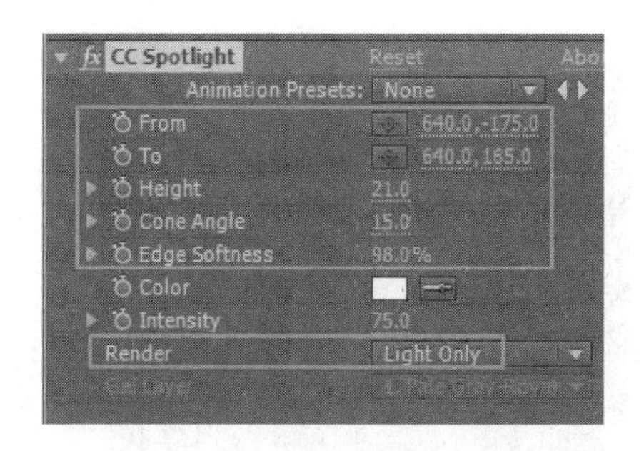

图 4-54

图 4-55

（3）执行菜单栏中的“Layer→New→Null Object【图层→新建→空对象】”命令，创建一个空对象，在 Timeline【时间线】窗口打开空对象图层的 3D Layer 开关，把它转换为三维图层，在顶视图中把它与灯光对齐，效果如图 4-56 所示。

图 4-56

（4）在 Timeline【时间线】窗口中选择“Spot Right”和“Spot Left”图层，设置它们的 Parent【父对象】为空对象“Null 1”，使其与空对象之间建立一个父子关系，这样灯光就会跟着空对象一起移动了。

（5）现在有个问题，汽车在前进的过程中，投射在地面上的灯光没有跟随运动，为了解决这个问题，需要对空对象的 Position、Scale、Orientation 制作关键帧，以便灯光能跟随汽车运动。这里需要花较多的时间去调整，让灯光对齐到汽车前面的地面，在需要的时候可以移动甚至缩放它，来达到较好的透视效果。

（6）下面制作车前灯光晕效果。

执行菜单栏中的“Layer→New→Solid【图层→新建→固态层】”命令，新建一个黑色固态层。

在 Timeline【时间线】窗口选择刚建的黑色固态层，执行菜单栏中的“Effect→Generate→Lens Flare【特效→生成→镜头光晕】”命令。在 Effect Controls【特效控制】窗口中设置 Lens Type【镜头类型】为“105mm Prime”，Flare Center【光晕中心】为(640,360)，把光晕放在中间。

再执行菜单栏中的“Effect→Color Correction→Curves【特效→色彩校正→曲线】”命令，增加一点暗部，使光晕周围不再那么亮了，如图 4-57 所示。

再执行菜单栏中的“Effect→Color Correction→Hue/Saturation【特效→色彩校正→色相/饱和度】”命令，在 Effect Controls【特效控制】窗口展开 Hue/Saturation 下的参数，勾选“Colorize【着色】”选项，设置 Colorize Hue 为“35”，Color Saturation 为“15”，使光晕有轻微的黄色，如图 4-58 所示。

在 Timeline【时间线】窗口设置固态层的图层混合模式为“Add”，过滤掉黑色背景部分。然后展开固态层下面的 Scale【比例】参数，把它缩小。这里我们不想看到光晕的边界，所以继续调整曲线，直到边缘消失，也可以在曲线中间添加一个点，把它往下拉，使高光部分更明显。

把光晕放到汽车的大车灯位置，进行适当的缩放，把该固态层复制一份，放到另一边，让其中一个适当小一些，看上去好像没有正对着镜头，效果会更加真实一些，效果如图 4-59 所示。

然后在 Timeline【时间线】窗口展开这两个光晕图层的 Position【位置】和 Scale【比例】参数，设置关键帧，使光晕跟随汽车运动。当汽车转向一定程度时，汽车的右前灯在会被遮挡，这时可以利用图层的 Opacity【不透明度】使它淡出。

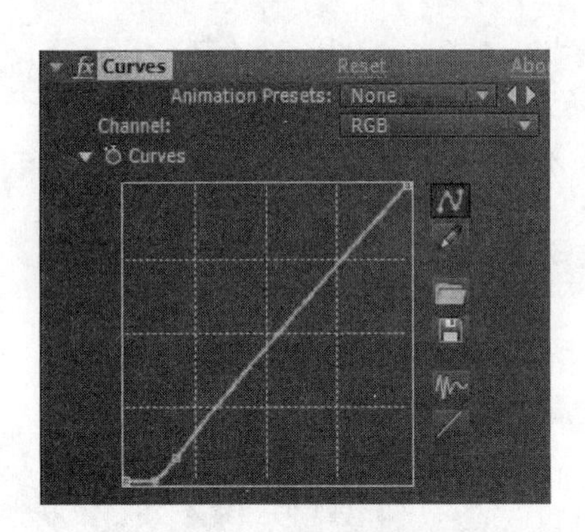

图 4-57

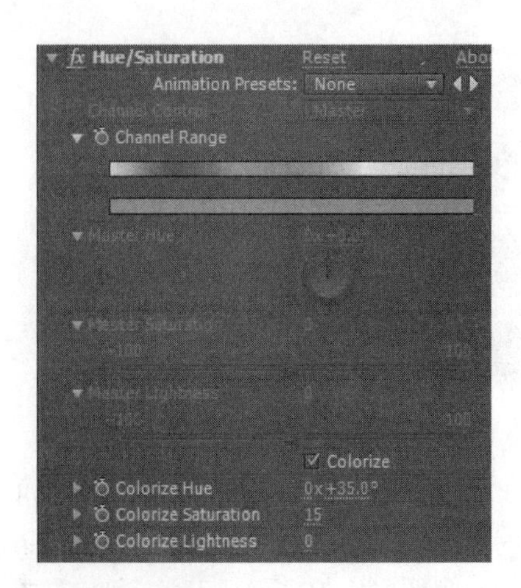

图 4-58

图 4-59

4.6 典型应用——Color Finesse

知识与技能

本节主要学习使用 Color Finesse 这款插件调整画面亮度、校正偏色及进行创意调色、二级调色等。

Color Finesse 是一款适用于 After Effects 的专业调色插件，它提供了独立的操作界面及专业的色彩调节工具。Color Finesse 的操作界面如图 4-60 所示。

图 4-60

其中界面左上方为示波器的显示窗口，右上方为预览窗口，下方为调色工具，下面结合实例来学习 Color Finesse 进行调色操作。

4.6.1　调整亮度

下面这个素材是两个女孩走动的慢镜头，光线还不错，但是颜色在整体上还不够理想，比如暗部看起来有些乳白色，色彩饱和度也偏高，看起来不太正确，如图 4-61 所示。

图 4-61

（1）新建工程，导入素材“SlowWalk.mov”到 Project【项目】窗口中，把它拖到 Project【项目】窗口底部的“Create a New Composition【创建一个新合成】”按钮上，创建一个画面尺寸与它相同的合成。这里需要注意的是素材文件名及路径中不能有中文，否则可能导致软件崩溃。

（2）选择 Timeline【时间线】窗口中的“SlowWalk.mov”图层，执行菜单栏中的“Effect→Synthetic Aperture→SA Color Finesse 3”命令。

（3）在 Effect Controls【特效控制】窗口中，单击“Full Interface【完整界面】”按钮，打开 Color Finesse 的工作界面，如图 4-62 所示。

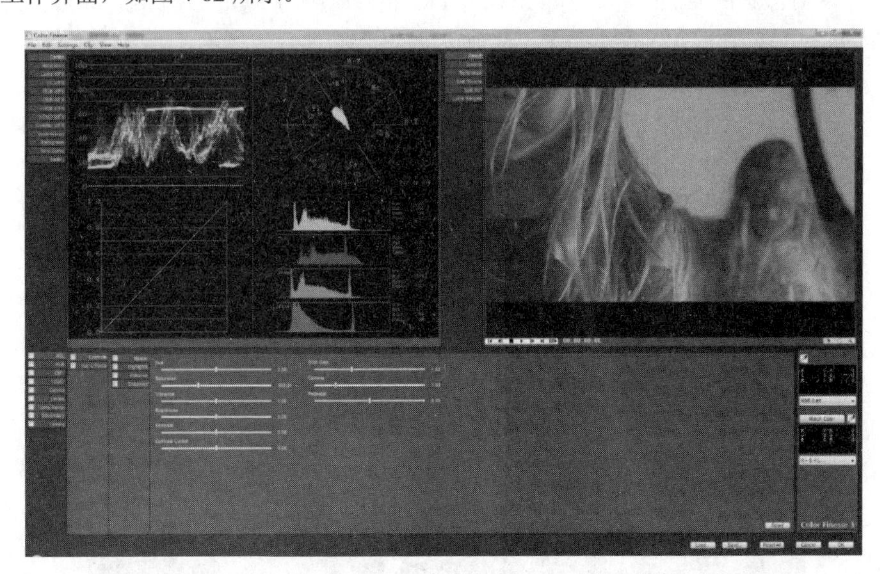

图 4-62

（4）在左侧的窗口中切换到“RGB WFM”标签页，这里的指示图展示了图像中红色、绿色、蓝色的分布情况，如图 4-63 所示。

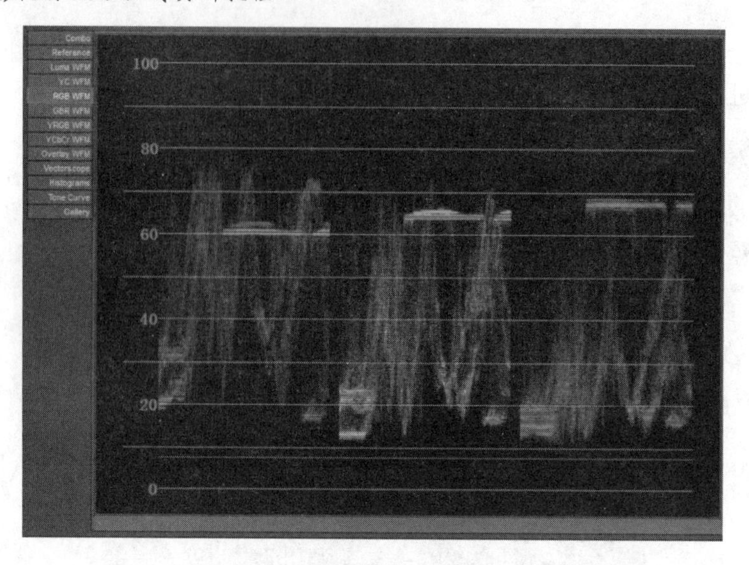

图 4-63

这个图展示的是图像中的亮度值是如何分布的，其中红色、绿色、蓝色分别代表的是 RGB 的红绿蓝 3 个通道的亮度分布。图中的 0 线表示的是图像中黑色或阴影的部分，100 线表示的是图像中白色或高光的部分，如果图像的色调看起来是比较正常的，则图像中的暗部应该接近 0 线，亮部应该接近 100 线，而这个素材中明显缺失暗部和亮部，这也是我们需要调节的地方。

（5）在界面下方的窗口中有很多控制方式可以调节图像，用的较多的是 RGB 控制参数，单击“RGB”标签，右侧会出现相应的参数面板。在参数面板中单击“Master”标签，这里是对颜色整体的调节，Master Pedestal 代表的是画面中的阴影和暗部，向左移动这个参数，会使得画面暗部的色调变得更暗，这正是我们希望的效果，画面的暗部就应该是暗的，而不是之前的乳白色。观察上面的 RGB WFM 指示图，同时调节 Master Pedestal 值，使得 RGB WFM 指示图中的 RGB 底部接近 0 线，这时 Master Pedestal 的值为“-0.12”，RGB WFM 如图 4-64 所示，效果如图 4-65 所示。

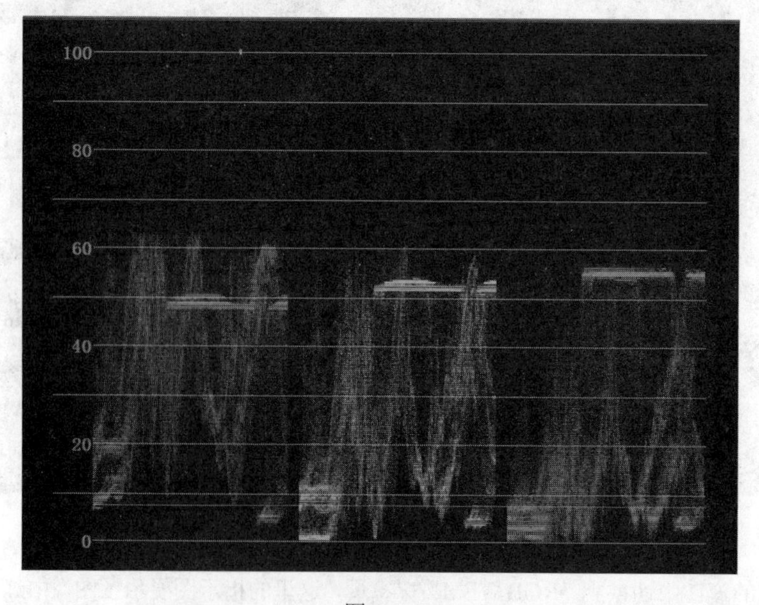

图 4-64

图 4-65

但是现在又有个问题，整体画面变暗了，如何调节使它变亮呢？这时需要调节 Master Gain 参数，它代表的是图像的亮部，调节 Master Gain 参数向右移动可以提升画面的亮度，观察上面的 RGB WFM 指示图，同时调节 Master Gain 值，使得 RGB WFM 指示图中的 RGB 顶部接近 100 线，这时 Master Gain 的值为“1.48”，RGB WFM 如图 4-66 所示，效果如图 4-67 所示。

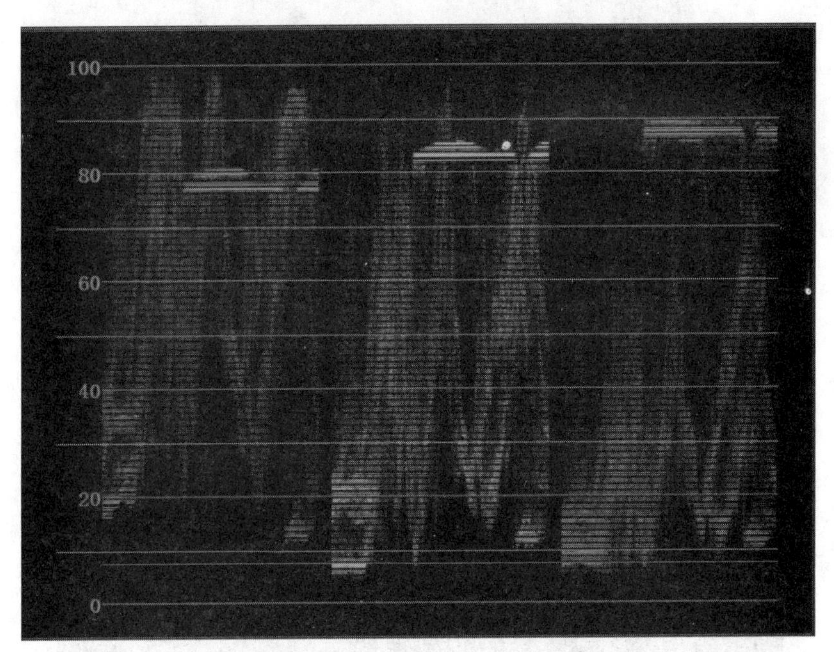

图 4-66

最后是中间色调的调节，需要调节 Master Gamma，它代表的是图像的中间色调，调节 Master Gamma 参数向左移动，画面稍微有些变暗，画面中的颜色也更加丰富了，这只是轻微的调节，但是效果却很明显，这时 Master Gamma 参数的值为“0.80”，RGB WFM 如图 4-68 所示，效果如图 4-69 所示。

现在对这个调色效果比较满意了，但是还需要注意的一点是，图像的亮度分布图并没有完全接近 0 线，这是调色过程中的一个权衡问题，当增加 Gain 值的时候，就会抵消 Pedestal 值，因此需要再降低一些 Pedestal 值，设置为“-0.16”，增加一些 Gain 值，设置为“1.55”，这样便有了一个在 0 线和 100 线之间的亮度分布图。RGB WFM 如图 4-70 所示，效果如图 4-71 所示。

图 4-67

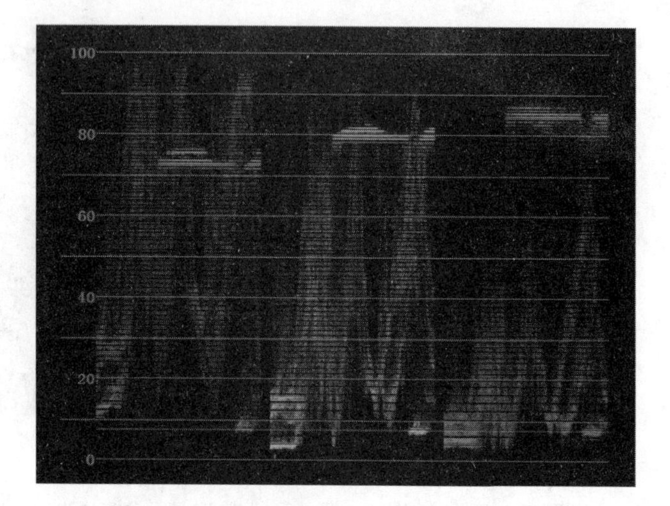

图 4-68

图 4-69

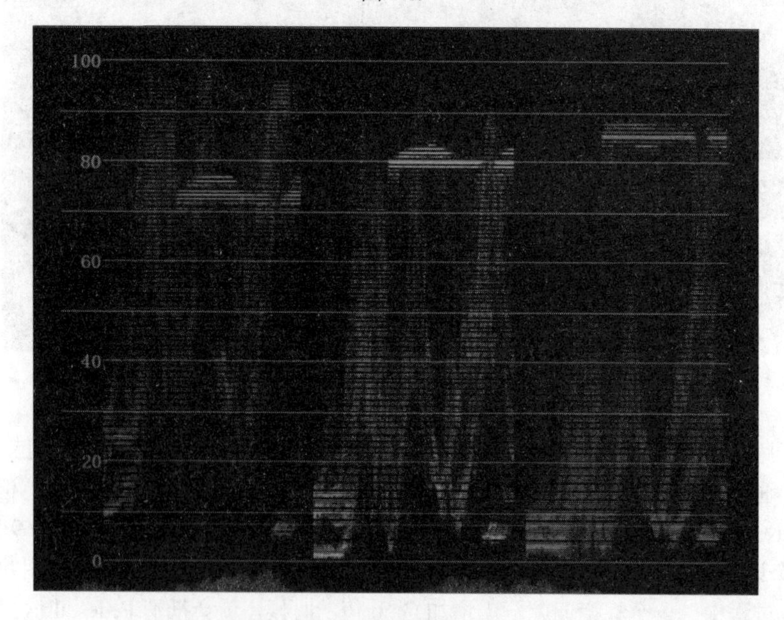

图 4-70

图 4-71

完成调色工作后，单击“OK”按钮，返回 After Effects 工作界面，查看调色后的效果。

4.6.2　调整阴影

先来分析如图 4-72 所示这个素材，手臂周围的木头及树干是阴影部分，手指处是高光部分，绿色的树叶及皮肤是中间色调，画面整体色调还不错，但是对比度还是有些强。

图 4-72

（1）新建工程，导入素材“FingerWalk.mov”到 Project【项目】窗口中，把它拖到 Project【项目】窗口底部的“Create a New Composition【创建一个新合成】”按钮上，创建一个画面尺寸与它相同的合成。这里需要注意的是素材文件名及路径中不能有中文，否则可能导致软件崩溃。

（2）选择 Timeline【时间线】窗口中的“FingerWalk.mov”图层，执行菜单栏中的“Effect→Synthetic Aperture→SA Color Finesse 3”命令。

（3）在 Effect Controls【特效控制】窗口中，单击“Full Interface【完整界面】”按钮，打开 Color Finesse 的工作界面。

（4）单击左上方的“RGB WFM”标签，如图 4-73 所示。

从 RGB WFM 图上，可以看到红绿蓝很好地分布在 0 线到 100 线之间，这种情况下，在下方的 RGB 控制方式中，Master 标签内参数没有什么需要调整的。但是这个图像的颜色是不正确的，我们需要使阴影部分更加的亮，如果增加 Pedestal 值，就会使图像整体变亮，这个效果不是我们所希望的。

这里要做的是，将图像中的阴影部分分离出来，然后单独对它进行调色。单击 RGB 下面的“Shadows【阴影】”标签，这里仍然有 Gamma、Pedestal、Gain 的控制，但是现在的调色是针对分离出来的阴影部分进行调整。当调节 Pedestal 的时候，影响的是阴影的底部，调节 Gain 的时候，影响的是阴影的顶部，调节 Gamma 的时候，影响的是阴影的中间调。

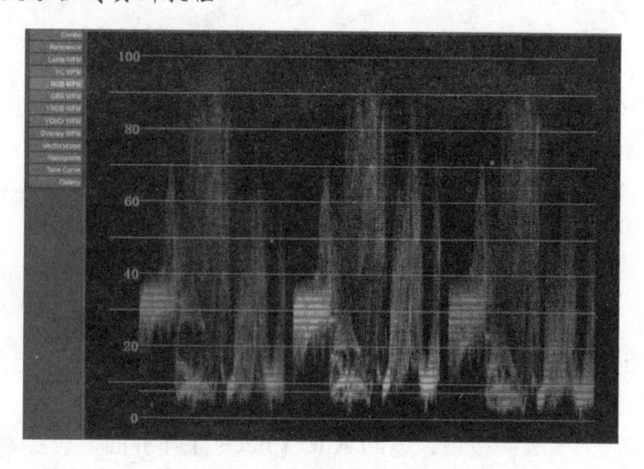

图4-73

增加Shadows下面的Gain值为“2.13”，指示图还是大致分布在0到100线之间，原来阴影部分也提高了亮度，可以看到木头和树干的细节更加丰富了，而原来这些地方是很黑的。RGB WFM如图4-74所示，效果如图4-75所示。

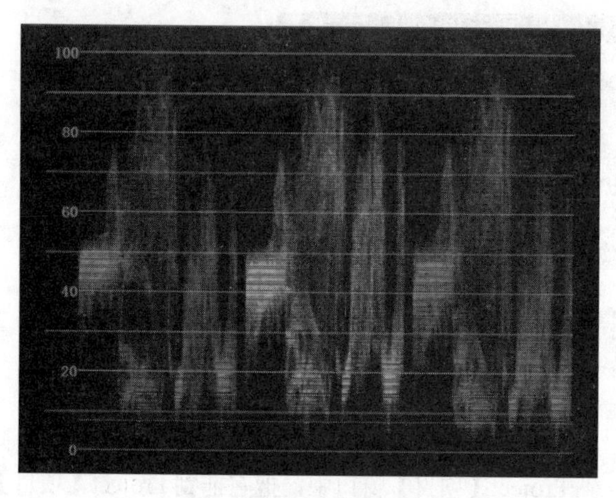

图4-74

图4-75

再切换到“Master”标签进行整体调节，降低Pedestal值为“-0.02”，增加Gain值为“1.03”，RGB WFM如图4-76所示，效果如图4-77所示。

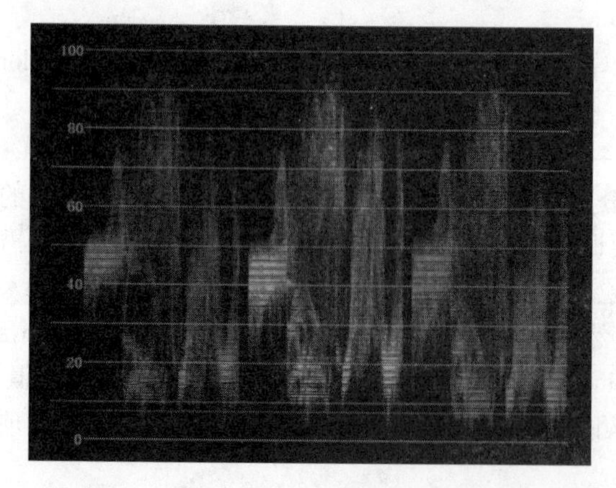

图4-76

图4-77

由于原始图像对比度很强，需要稍微降低图像的对比度，就可以看到图像中更多的细节了。

4.6.3 调整高光

这个素材是一个在板上的蛋糕，但是画面偏暗，如图 4-78 所示。

图 4-78

（1）新建工程，导入素材“Plate.mov”到 Project【项目】窗口中，把它拖到 Project【项目】窗口底部的“Create a New Composition【创建一个新合成】”按钮上，创建一个画面尺寸与它相同的合成。这里需要注意的是素材文件名及路径中不能有中文，否则可能导致软件崩溃。

（2）选择 Timeline【时间线】窗口中的“Plate.mov”图层，执行菜单栏中的“Effect→Synthetic Aperture →SA Color Finesse 3”命令。

（3）在 Effect Controls【特效控制】窗口中，单击“Full Interface【完整界面】”按钮，打开 Color Finesse 的工作界面。

（4）单击左上方的“RGB WFM”标签，如图 4-79 所示。

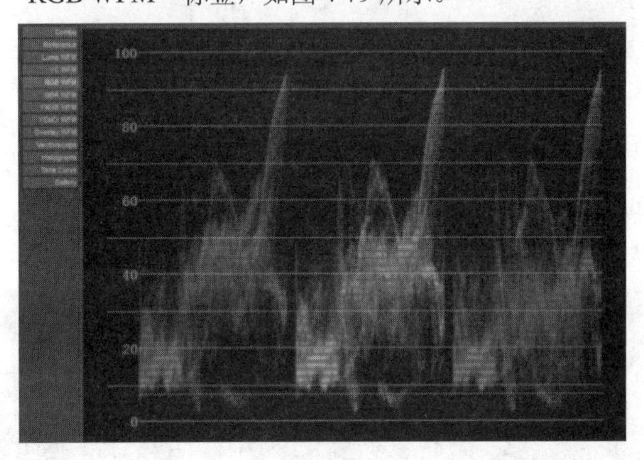

图 4-79

在 RGB WFM 图上，在高光部分有一个很尖的突出，几乎接近 100，这部分对应的是图像的右下角，这部分的图像曝光过度了，几乎全白，如果调节 Gain 值，红绿蓝分布图会很快超出 100 线，因此不能对它进行整体调节，也不能调节 Pedestal，因为它已经接近 0 线了，那么调节 Gamma 值呢，增加它会使画面变得很乳白，降低它会使画面变暗。

这里正确的做法是把高光部分分离出来，单击 RGB 控制方式下的“Highlights【高光】”标签，调节分布图的高光部分，这里的调节只影响图像的高光部分，降低 Gain 值为“0.71”，缩短分布图的突起部分，现在图像高光部分的颜色变暗了一些，和它周围的颜色基本保持一致，RGB WFM 如图 4-80 所示，效果如图 4-81 所示。

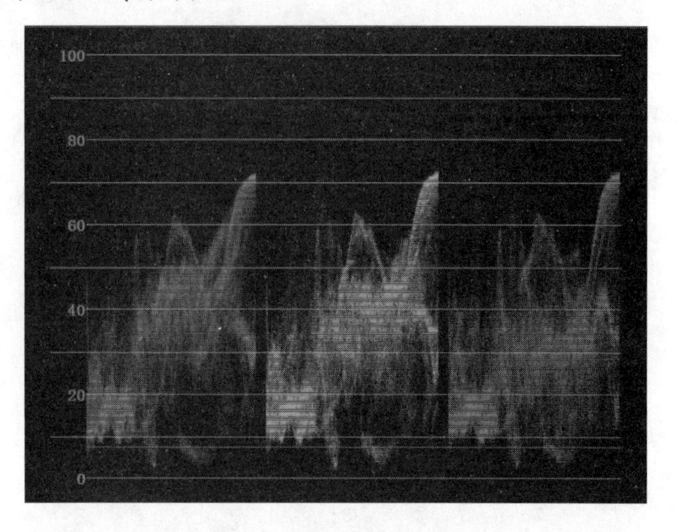

图 4-80

图 4-81

现在回到“Master”标签，做一些调节使得指示图在 0 到 100 线之间很好的分布，稍微降低 Pedestal 值为“-0.01”，增加 Gain 值为“1.37”，降低 Gamma 值为“0.93”，这样就得到了一个对比度很好的调色效果，而且右下方的颜色也没有过白了，显得比较自然。RGB WFM 如图 4-82 所示，效果如图 4-83 所示。

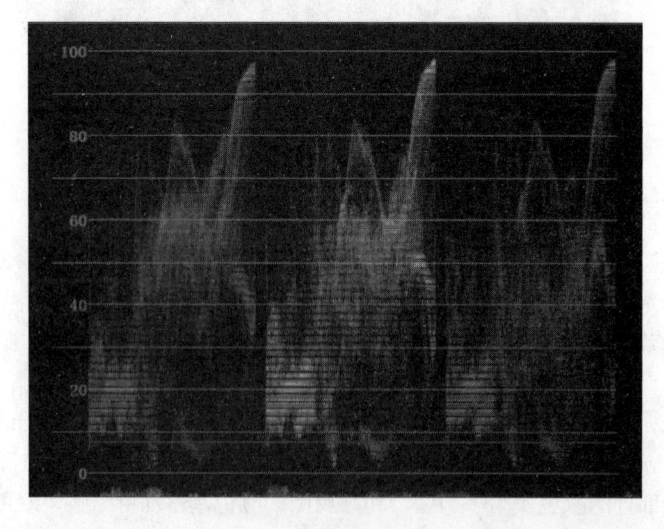

图 4-82

图 4-83

4.6.4　调整中间调

这个素材是一个女孩在一个房子前面，画面比较平淡，0:00:02:14 处的画面如图 4-84 所示。

图 4-84

（1）新建工程，导入素材“LookAcross.mov”到 Project【项目】窗口中，把它拖到 Project【项目】窗口底部的“Create a New Composition【创建一个新合成】”按钮上，创建一个画面尺寸与它相同的合成。这里需要注意的是素材文件名及路径中不能有中文，否则可能导致软件崩溃。

（2）选中 Timeline【时间线】窗口中的“LookAcross.mov”图层，执行菜单栏中的“Effect→Synthetic Aperture→SA Color Finesse 3”命令。

（3）在 Effect Controls【特效控制】窗口中，单击“Full Interface【完整界面】”按钮，打开 Color Finesse 的工作界面。

（4）单击上方的“RGB WFM”标签，如图 4-85 所示。

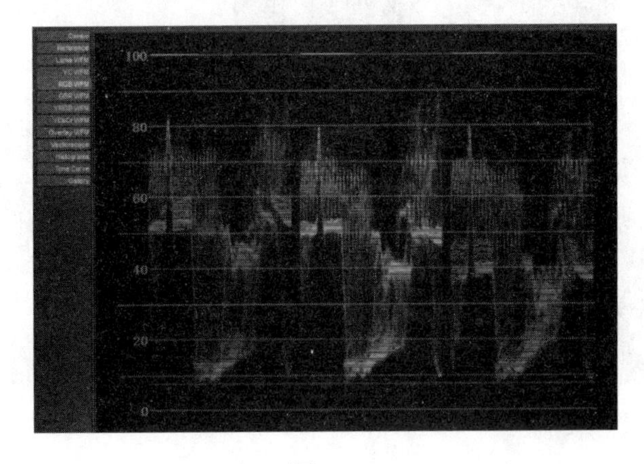

图 4-85

从RGB WFM指示图中可以看到，红绿蓝分布图在100线附近有单独的条状图像，这是拍摄素材的问题，造成图像的左上角曝光过度，这个错误没法修正它，对于这些游离的分布图，只能放弃它们，在调色时把注意力集中在主要的分布图上。

在下方的RGB控制方式下，单击“Master”标签，降低Pedestal值，增加Gain值，颜色有了一些提升，但是并不是想要的效果。原因是这个图像中的主体，也就是人脸部分已经在中间调部分了，除非将它分离出来单独进行调节，否则是不会有太大的改变的。

现在先不管Master，单击“Midtones【中间调】”标签，调节图像的中间调部分，增加Gain值为“1.53”，使人脸在色调上有所提升和增亮，再降低Pedestal值为“-0.22”，拉回一些对比度，RGB WFM如图4-86所示，效果如图4-87所示。

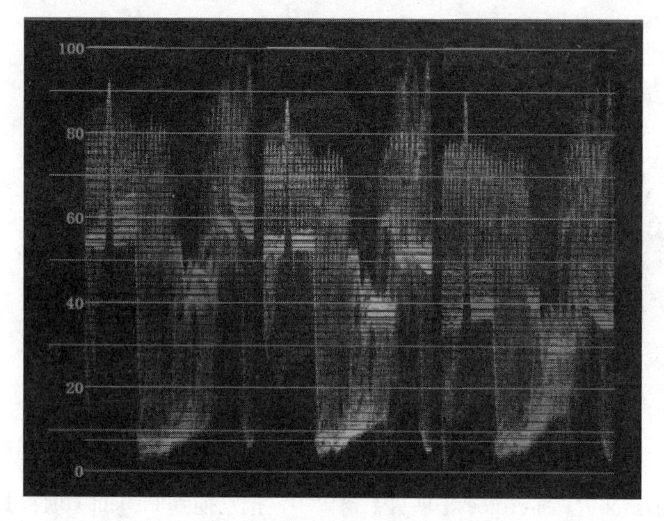

图4-86

图4-87

再回到“Master”标签，降低Pedestal值为“-0.02”，增加Gain值为“1.05”，现在图像整体上更加有层次了，中间调也得到了很好的调节，RGB WFM如图4-88所示，效果如图4-89所示。

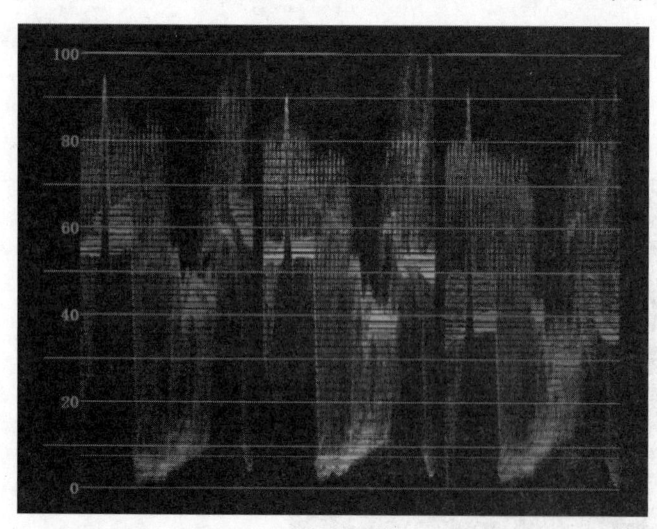

图4-88

图4-89

4.6.5 校正偏色

下面这个素材中纸的颜色应该是白色的，但是由于拍摄时相机白平衡不正确导致颜色偏黄，如图 4-90 所示。

图 4-90

（1）新建工程，导入素材“YellowPaper.mov”到 Project【项目】窗口中，把它拖到 Project【项目】窗口底部的“Create a New Composition【创建一个新合成】”按钮上，创建一个画面尺寸与它相同的合成。这里需要注意的是素材文件名及路径中不能有中文，否则可能导致软件崩溃。

（2）选中 Timeline【时间线】窗口中的“YellowPaper.mov”图层，执行菜单栏中的“Effect→Synthetic Aperture→SA Color Finesse 3”命令。

（3）在 Effect Controls【特效控制】窗口中，单击“Full Interface【完整界面】”按钮，打开 Color Finesse 的工作界面。

（4）这个素材如果不根据指示图去调色是比较困难的。单击左上方的“RGB WFM”标签，如图 4-91 所示。

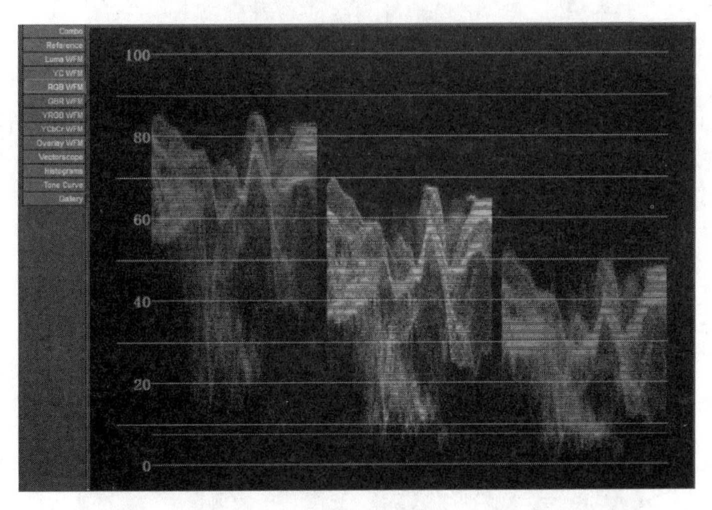

图 4-91

这里不能整体调节 Gamma、Pedestal、Gain 值，因为图像中蓝色分布图几乎接近 0 线，红色分布图接近 100 线，图像的对比度目前是正确的。这里需要分别调节 RGB 三个通道的值。在下方的窗口中选择 RGB 控制方式，单击 Master 标签，降低 Red Pedestal 的值为“-0.09”，使红色分布图的底部接近 0 线，增加 Red Gain 的值为“1.25”，使红色分布图的顶部接近 100 线，稍微降低 Red Gamma 的值为

“0.86”，这样尽可能使红色分布图在 0 到 100 线之间，RGB WFM 如图 4-92 所示，效果如图 4-93 所示。

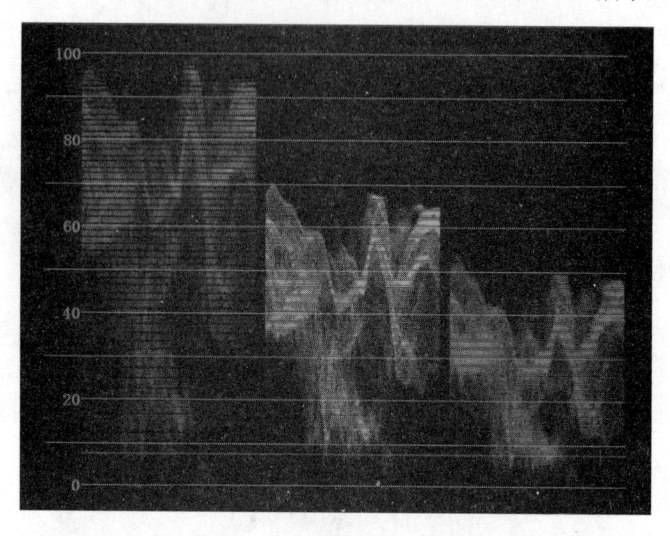

图 4-92

图 4-93

下面要做的是调节绿色和蓝色通道，使绿色分布图、蓝色分布图与红色分布图相匹配，同样降低 Green Pedestal 的值为“−0.03”，增加 Green Gain 的值为“1.43”，微调 Green Gamma 的值为 1.12，RGB WFM 如图 4-94 所示，效果如图 4-95 所示。

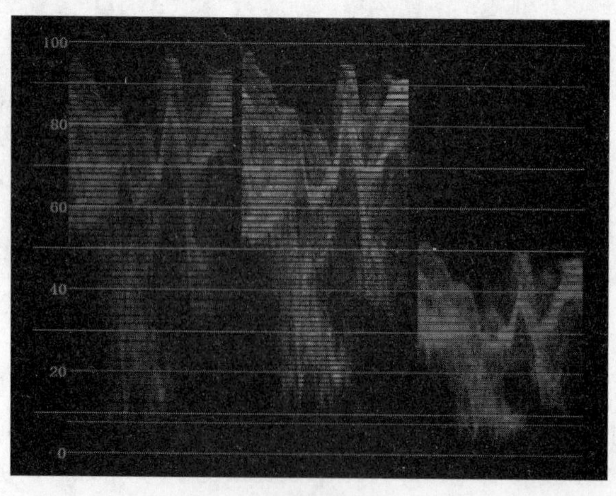

图 4-94

图 4-95

最后调节蓝色分布图，Blue Pedestal 已经接近 0 线，不需要调节了，所以直接调节 Blue Gain，增加 Blue Gain 的值为“1.87”，再微调 Blue Gamma 的值为“1.12”，可以看到纸变成白色了，RGB WFM 如图 4-96 所示，最后效果如图 4-97 所示。

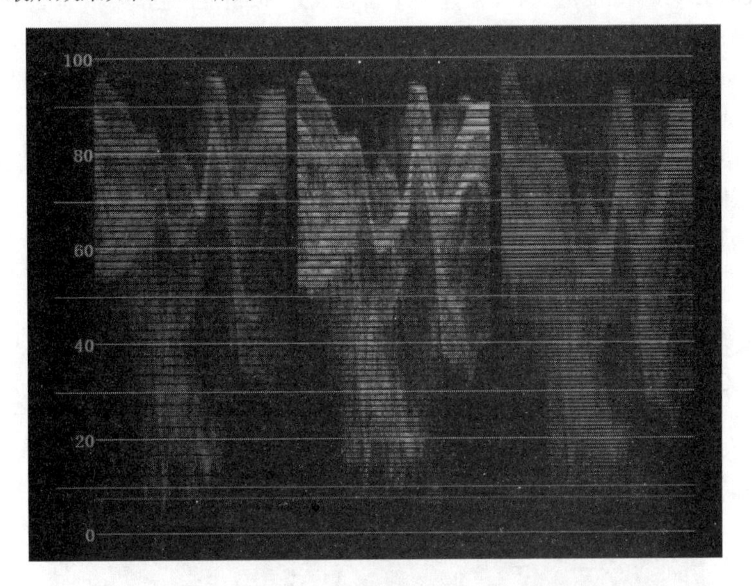

图 4-96

图 4-97

4.6.6　创意调色

这是一个河边的树的素材，绿色的树叶随风而动，一派恬静的气象，如图 4-98 所示。

图 4-98

（1）新建工程，导入素材“RiverTree.mov”到 Project【项目】窗口中，把它拖到 Project【项目】窗口底部的“Create a New Composition【创建一个新合成】”按钮上，创建一个画面尺寸与它相同的合成。这里需要注意的是素材文件名及路径中不能有中文，否则可能导致软件崩溃。

（2）选中 Timeline【时间线】窗口中的“RiverTree.mov”图层，执行菜单栏中的“Effect→Synthetic Aperture→SA Color Finesse 3”命令。

（3）在 Effect Controls【特效控制】窗口中，单击“Full Interface【完整界面】”按钮，打开 Color Finesse 的工作界面。

（4）单击上方的“RGB WFM”标签，如图 4-99 所示。

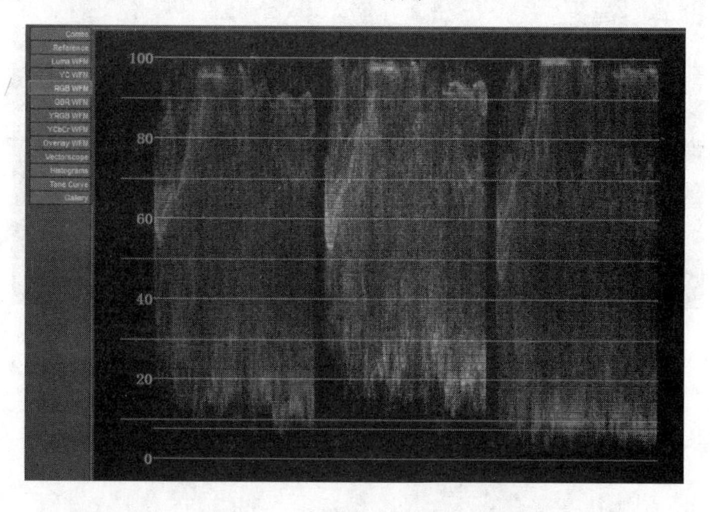

图 4-99

指示图中红绿蓝分布图大致在 0 到 100 线之间了，稍做调整，在下方的 RGB 控制方式中，单击“Master”标签，降低 Pedestal 值为“-0.04”，增加 Gamma 值为“1.05”，再增加 Gain 值为“1.02”，RGB WFM 如图 4-100 所示，效果如图 4-101 所示。

这个素材由于相机的设置，使得拍摄颜色比真实世界中的颜色更为明亮，需要适当降低饱和度。在下方窗口中切换到 HSL 控制方式，单击 Controls 下面的“Highlights【高光】”标签，降低图像高光部分的饱和度，设置 Saturation 值为“50.6”，单击 Controls 下面的“Midtones【中间调】”标签，降低图像中间部分的饱和度，设置 Saturation 值为“77.14”，效果如图 4-102 所示。

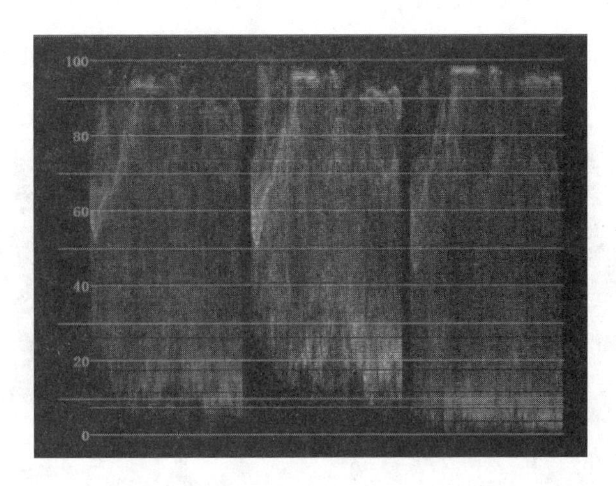

图 4-100

图 4-101　　　　图 4-102

原始画面整体看起来颜色比较单调，河水没有什么蓝色，树叶也是单调的绿色，而我们想要的效果是，树枝上有些许红色，河水是蓝色的，整个色调是黄色的，显得比较温暖。

回到 RGB 控制方式，我们想让树枝的颜色更红一些，需要增大图像阴影部分的 Red Gain 值，单击“Shadows【阴影】”标签，设置 Red Gain 值为“2.50”，效果如图 4-103 所示。

下面把黄色添加到画面中去，由于蓝色是黄色的补色，所以引入黄色最好的办法是减少画面中的蓝色，单击“Midtones【中间调】”标签，降低 Blue Gamma 值为“0.36”，整个画面变暖了，显示出阳光灿烂的效果，如图 4-104 所示。

图 4-103　　　　图 4-104

现在画面有些显得太红，降低中间调的 Red Gamma 值为“0.84”，Blue Gamma 值为“0.82”，这样相比原素材，在画面整体上显得更加尖锐，如图 4-105 所示。

单击“Highlights【高光】”标签，为河水添加一些蓝色，设置Blue Gain值为“1.03”，Blue Gamma值为“2.46”，效果如图4-106所示。

图4-105

图4-106

4.6.7 二级调色

下面这个素材中的瓶盖是红色的，我们希望把它调成蓝色，使它与笔的颜色相匹配，如图4-107所示。

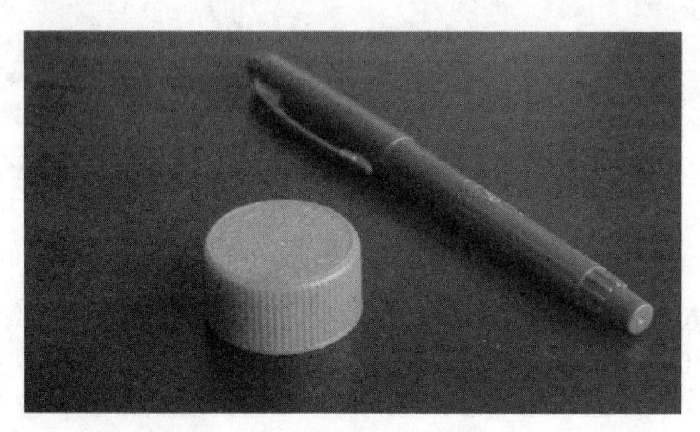

图4-107

（1）新建工程，导入素材“Pen.mov”到Project【项目】窗口中，把它拖到Project【项目】窗口底部的“Create a New Composition【创建一个新合成】”按钮上，创建一个画面尺寸与它相同的合成。这里需要注意的是素材文件名及路径中不能有中文，否则可能导致软件崩溃。

（2）选中Timeline【时间线】窗口中的“Pen.mov”图层，执行菜单栏中的“Effect→Synthetic Aperture→SA Color Finesse 3”命令。

（3）在Effect Controls【特效控制】窗口中，单击“Full Interface【完整界面】”按钮，打开Color Finesse的工作界面。

（4）首先进行基本的画面颜色调节，单击下方窗口RGB控制方式下的“Master”标签，降低Gamma值为“0.86”，使画面变得更暗些，高光部分有些超出100线，降低Gain值为“0.95”，增加Pedestal值为“0.03”，RGB WFM如图4-108所示，效果如图4-109所示。

单击下方窗口中的“Secondary【二级调色】”标签，在它下面有“ABCDEF”标签，可以选择很多不同的颜色进行二级调色，这里我们只需要选择瓶盖的颜色红色即可。选择颜色的方法就是使用Sample右侧的吸管，然后点击画面中代表瓶盖的红色进行采样，采样的颜色会显示在吸管右侧的矩形框中，现在采样的红色并不能代表整个瓶盖的颜色，瓶盖的左侧较暗，右边有些粉红，对这些地方都要进行采样才能获得整个瓶盖的颜色，另外桌面的瓶盖反光也要包含在里面，否则改变了瓶盖的颜色，而反光依旧是红色，会很奇怪的。继续采样瓶盖的左侧的暗红色，右侧的粉红色，现在再看参数界面，包含了瓶盖的一系列颜色，到此也完成了对瓶盖颜色的采样，如图 4-110 所示。

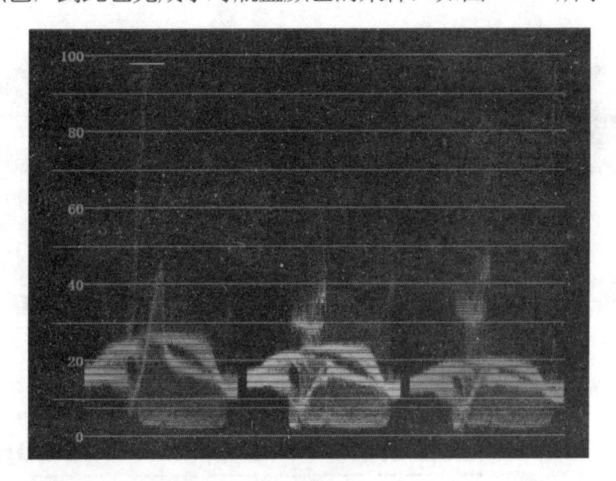

图 4-108

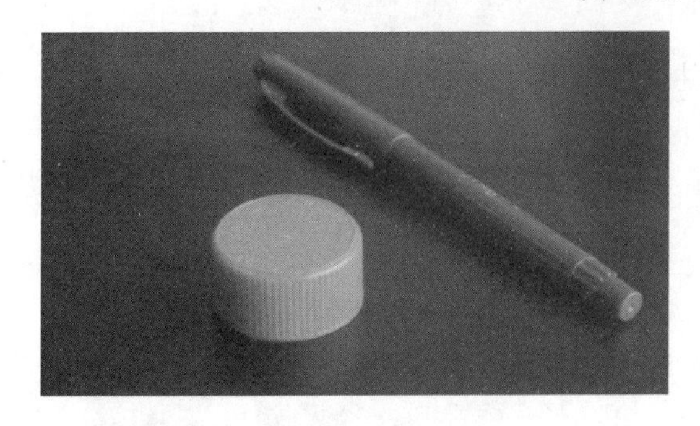

图 4-109

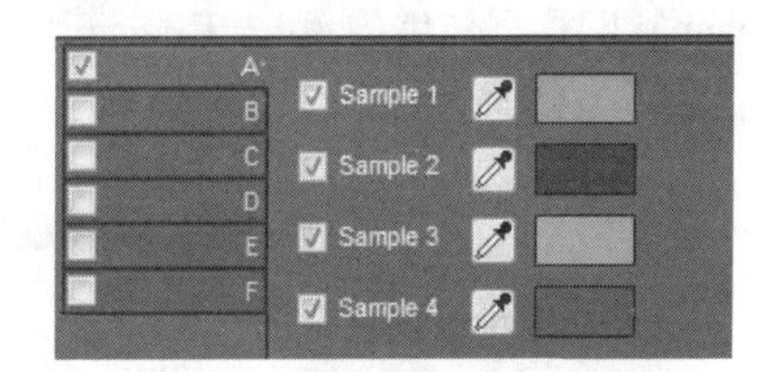

图 4-110

勾选“Show Preview【显示预览】”选项，Preview Style【预览风格】选择“Desaturate【去饱和度】”，这样未被选中的颜色显示为黑白色了，效果如图 4-111 所示。

现在我们选择的颜色已经有了结果，尽管不是很完美，但已经非常接近了，下面使用 Chroma Tolerance【色度容差】、Luma Tolerance【亮度容差】、Softness【柔化】参数进一步调节，增加 Chroma Tolerance 值为“0.18”，这样更多的颜色会被选择，同样的对于 Luma Tolerance，该参数尝试寻找和我们选择颜色亮度相似的颜色，增加该参数值为“0.22”的时候，一部分在亮度上和选择范围相似的颜色开始包含进来，稍微增加 Softness 的值为“0.14”，使对选择的颜色边缘进行模糊柔化，效果如图 4-112 所示。

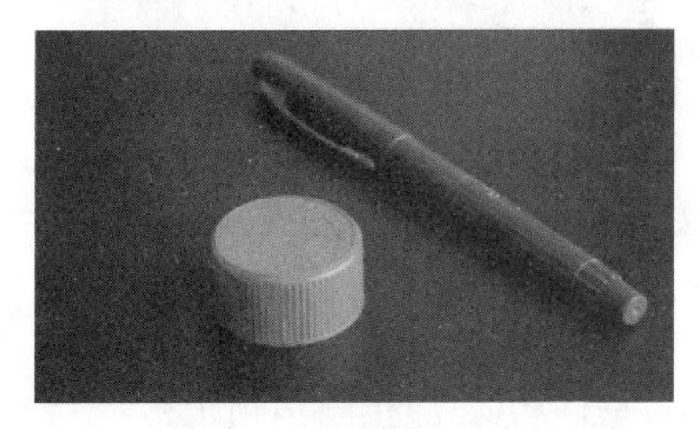

图 4-111

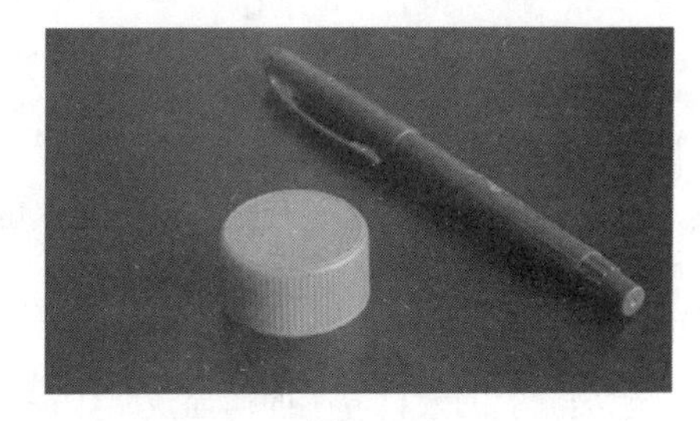

图 4-112

将预览模式设为 Alpha，这样图像就以黑白颜色显示，白色代表选择的区域，黑色代表未选择的区域，灰色代表之间的过渡，效果如图 4-113 所示。

关闭预览，设置 Hue【色相】为“224.82”，使得瓶盖颜色与笔的颜色相似，降低一些 Saturation【饱和度】为 79.59，效果如图 4-114 所示。

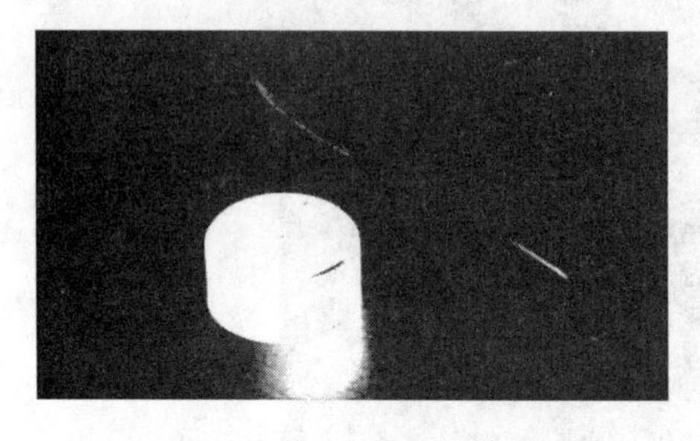

图 4-113

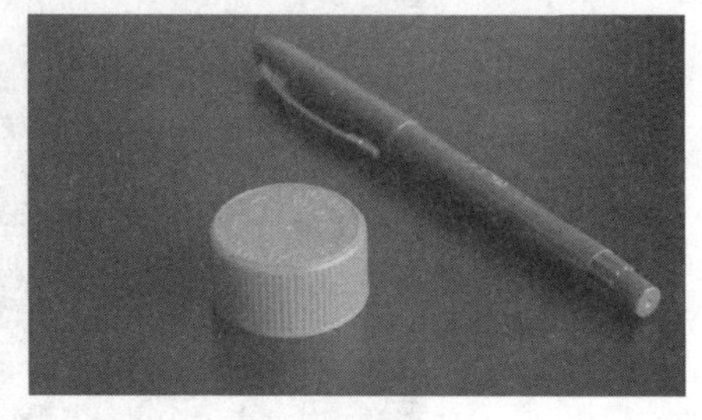

图 4-114

4.7 典型应用——Magic Bullet Looks

知识与技能

本节主要学习 Magic Bullet Looks 这款插件进行颜色校正及创意调色。

Magic Bullet Looks 是 Red Giant 公司出品的 Magic Bullet Suite 插件包中的一款调色工具，可以在 Red Giant 官网根据使用的 After Effects 版本下载安装相应的版本。安装完成后在 After Effects 中打开的界面如图 4-115 所示。

图 4-115

在上图中，界面左侧的 Scopes 为各类示波器，Looks 为隐藏的各类预设效果，界面下方为添加的各类工具，用于调整画面，界面右侧为添加工具的参数设置，Tools 为隐藏的各类工具。

4.7.1 校正颜色

这是一幅美洲豹的素材，画面略显灰暗，需要进行基础校色，如图 4-116 所示。

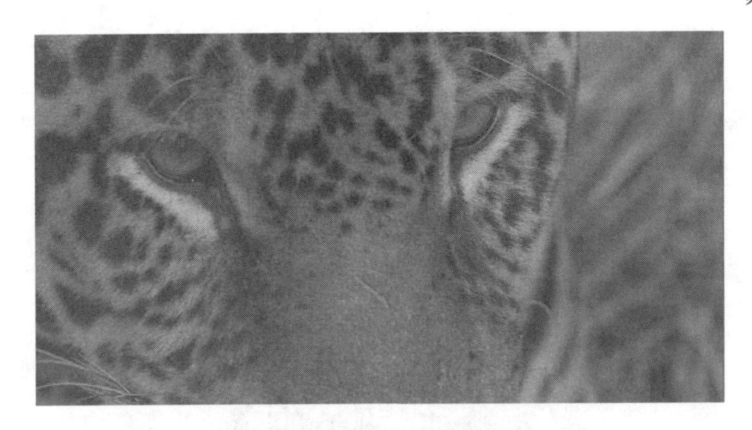

图 4-116

（1）新建工程，把素材“Leopard.R3D”导入到 Project【项目】窗口中，本例的画面大小与“Leopard. R3D”相同，可以以“Leopard. R3D”的参数建立新合成，将“Leopard. R3D”拖到 Project【项目】窗口底部的“Create a New Composition【创建一个新合成】”按钮上，建立一个新的合成。

（2）选择 Timeline【时间线】窗口中的“Leopard. R3D”图层，执行菜单栏中的“Effect→Red Giant Color Suite→Magic Bullet Looks”命令。

在 Effect Controls【特效控制】窗口中，单击“Edit【编辑】”按钮，打开 Magic Bullet Looks 的完整界面，如图 4-117 所示。

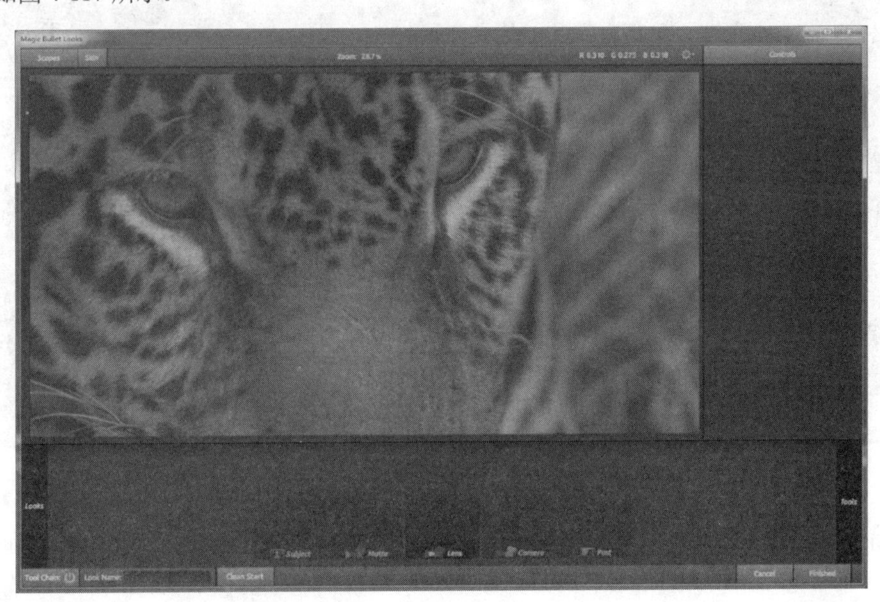

图 4-117

（3）单击“Scopes”按钮，打开示波器，展开 RGB Parade，可以看到有红色、绿色、蓝色 3 个分布图，如图 4-118 所示。

从该图中可以看到 RGB 分布图大致在 0.1～0.7 这个范围内，也就是说画面中缺少阴影和高光，对比度不够，整个画面处于比较灰暗的状态。RGB 分布图为我们提供了一种直观的方式来观察对画面进行调整后的效果，下面我们可以不看控制参数，不看画面，只看 RGB 分布图进行调整。

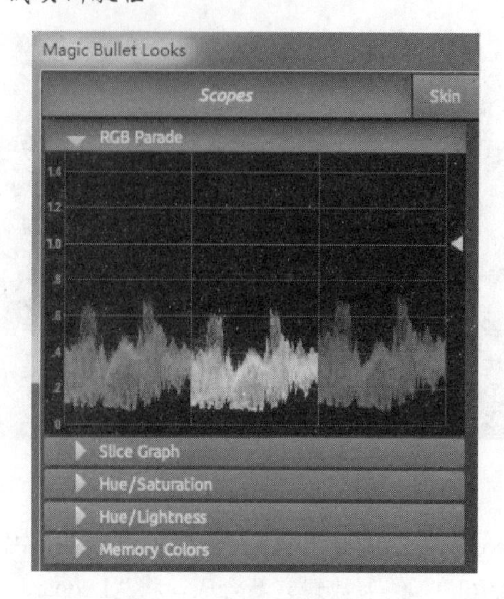

图 4-118

（4）在右侧 Tools 面板 Subject 页中，拖动 Colorista 3-Way 到下面的 Subject 中，如图 4-119 所示。

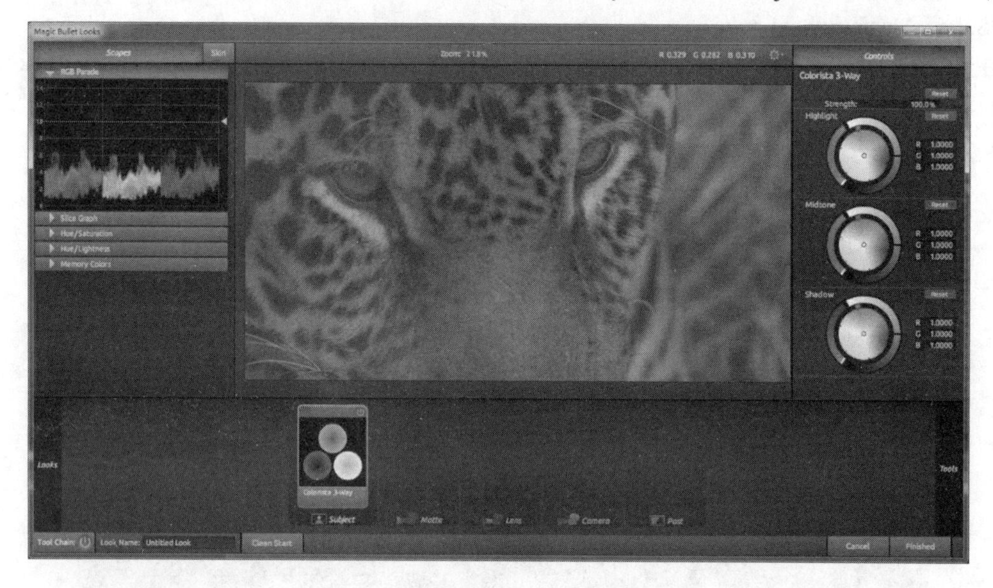

图 4-119

对画面进行调整，一般是先调阴影，再调高光，最后调中间部分。在右侧的 Controls 面板中调整 Colorista 3-Way 的参数，拖动 Shadow 的亮度滑杆，在 RGB Parade 窗口中观察，使 RGB 分布图的底部接近 0 线，这样画面中就有了阴影部分，如图 4-120 所示。

拖动 Highlight 的亮度滑杆，在 RGB Parade 窗口中观察，使 RGB 分布图的底部接近 1.0 线，这样画面中就有了高光部分，如图 4-121 所示。

拖动 Midtone 的亮度滑杆，在 RGB Parade 窗口中观察，增加一些中间调部分，由于提高中间调亮度的同时，不可避免地会影响到阴影部分，阴影部分亮度也会有所提高，再拖动 Shadow 滑杆，适当把阴影压暗一点，如图 4-122 所示。

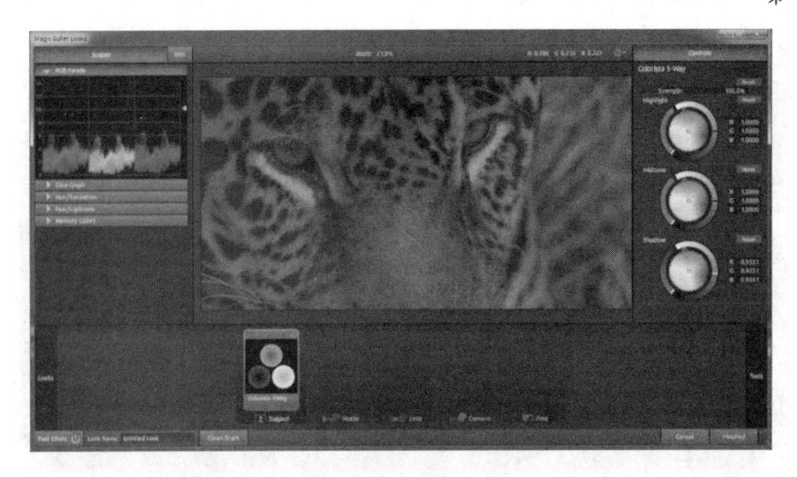

图 4-120

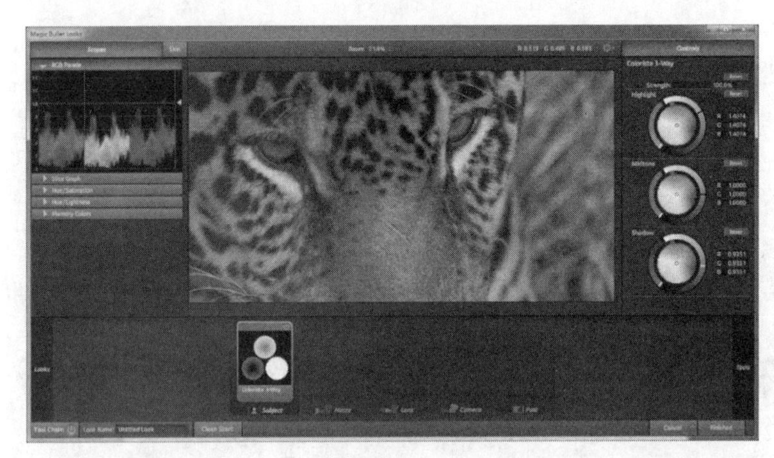

图 4-121

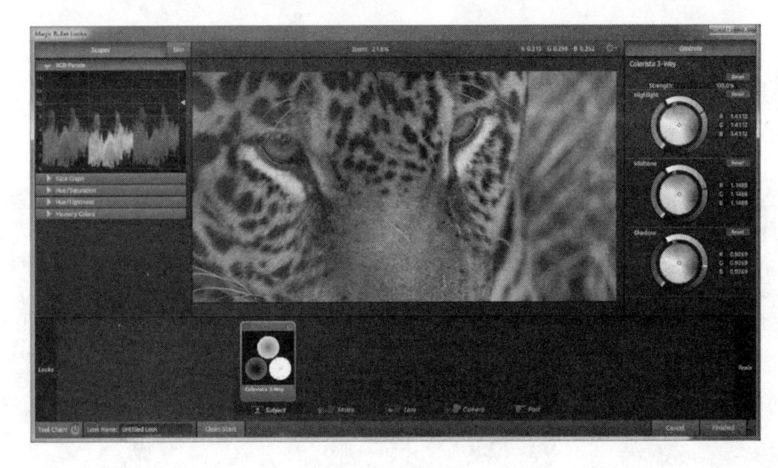

图 4-122

（5）画面对比度调整完成后，下面就可以进行创意调色了。

先给背景草丛添加一些绿色，在 Shadow 色轮中，推向绿色，如图 4-123 所示。

这时美洲豹也有了一些绿色，这可不是我们所希望的，在 Midtone 色轮中，推向黄色，做暖色处理，如图 4-124 所示。

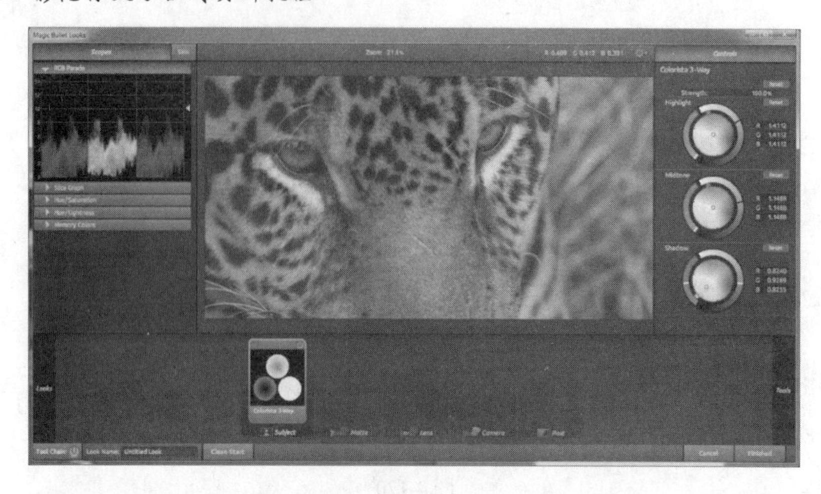

图 4-123

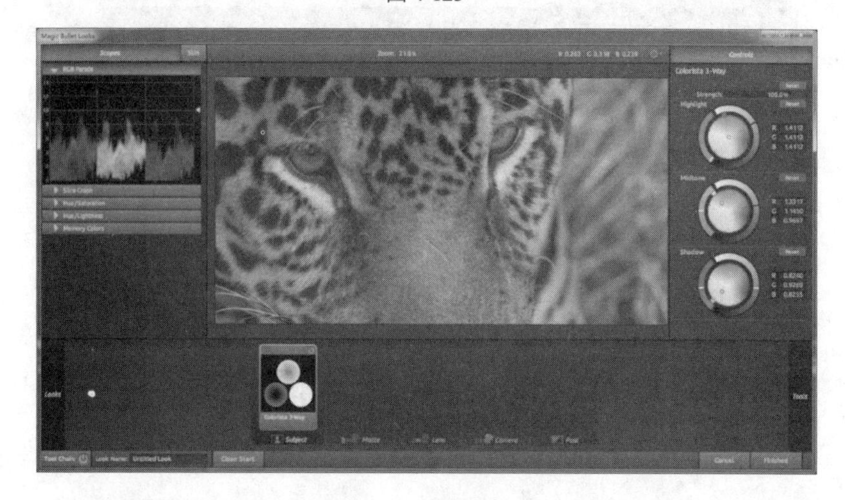

图 4-124

现在整个场景都呈暖色调了，包括后面背景中的草丛，调色就是不断的推拉操作，继续调整直到满意为止，使草丛带一点绿色，美洲豹带一点橙色，如图 4-125 所示。

图 4-125

4.7.2　创意调色

如图 4-126 所示的画面来自于电影《变形金刚》，画面整体色彩鲜艳，饱和度非常高，其中高光部分偏橙色，阴影部分偏蓝绿色。我们把它作为调色的示范，对如图 4-127 所示素材进行模仿调色。

图 4-126

图 4-127

（1）把素材“Girl.mpg”导入到 Project【项目】窗口中，本例的画面大小与“Girl.mpg”相同，可以以“Girl.mpg”的参数建立新合成，将“Girl.mpg”拖到 Project【项目】窗口底部的“Create a New Composition【创建一个新合成】”按钮上，建立一个新的合成。

（2）整个画面看起来有点灰，对比不够强烈，要先对画面的亮度对比度进行调整。

执行菜单栏中的“Layer→New→Adjustment Layer【图层→新建→调整层】”命令，新建一个调整层，按【Enter】键，将调整层重命名为“Basic Color Correction”，把它放置到合成的顶部。

选择 Timeline【时间线】窗口中的“Basic Color Correction”图层，执行菜单栏中的“Effect→Color Correction→Levels【特效→色彩校正→色阶】”命令。在 Effect Controls【特效控制】窗口中，观察画面的 Histogram 直方图，如图 4-128 所示。

从图上面的直方图中可以看到画面中缺少阴影部分，把 Input Black 黑色小三角向右拖动，画面中开始出现阴影部分，Input Black 的值变为“22”，这一步调整是将原始画面中 22 的亮度重新定义为纯黑，当画面中有了变为纯黑色的像素，阴影就出现了，效果如图 4-129 所示。

（3）执行菜单栏中的“Layer→New→Adjustment Layer【图层→新建→调整层】”命令，新建一个调整层，按【Enter】键，将调整层重命名为“Color Correction”，把它放置到合成的顶部。

（4）选择 Timeline【时间线】窗口中的“Color Correction”图层，执行菜单栏中的“Effect→Red Giant Color Suite→Magic Bullet Looks”命令。在 Effect Controls【特效控制】窗口中，单击“Edit【编辑】”按钮，打开 Magic Bullet Looks 的完整界面。

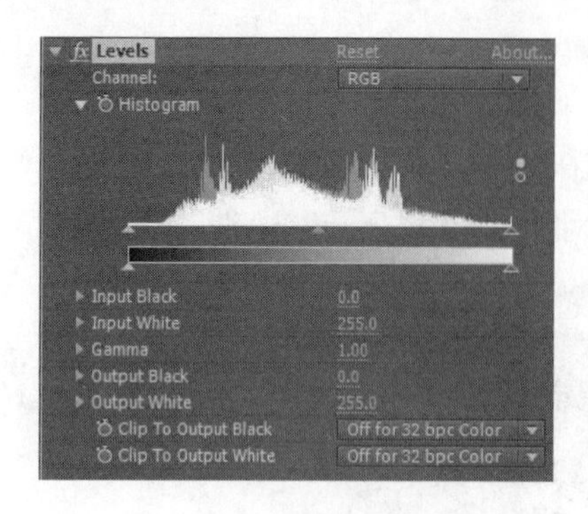

图 4-128

图 4-129

（5）调整颜色。把 Magic Bullet Looks 界面右侧 Tools 面板 Subject 页中的 Colorista 3-Way 拖到下面的 Subject 中。

下面先调整阴影部分的颜色，在 Shadow 色轮中，推向蓝绿色。再调整高光部分的颜色，在 Highlight 色轮中，推向橙色。最后调整中间调部分的颜色，在 Midtone 色轮中，稍微推向蓝色，如图 4-130 所示。

图 4-130

对阴影和高光的亮度做一些调整，拖动 Shadow 色轮的亮度滑杆，稍微把阴影部分调暗一些，拖动 Highlight 色轮的亮度滑杆，把高光的亮度提高一点，如图 4-131 所示。

图 4-131

（6）调整饱和度。把 Magic Bullet Looks 界面右侧 Tools 面板 Subject 页中的 Hue/Saturation 拖到下面的 Subject 中。在 Controls 面板中设置 Saturation 为“120”，提高画面的饱和度，如图 4-132 所示。

图 4-132

（7）在图片中我们的主体是女孩，但是画面中绿色的树非常醒目，容易使观众偏离视觉中心，下面要适当降低绿色的饱和度。

关闭 Magic Bullet Looks，在 Timeline【时间线】窗口隐藏“Color Correction”图层，选择“Basic Color Correction”图层，执行菜单栏中的“Effect→Color Correction→Hue/Saturation【特效→色彩校正→色相/饱和度】”命令。

在 Effect Controls【特效控制】窗口中，切换到 Greens【绿色】通道，在 Channel Range【通道范围】中拖动滑块，选择绿色的树的颜色范围，设置 Green Saturation【绿色饱和度】为“-85”，如图 4-133 和图 4-134 所示。

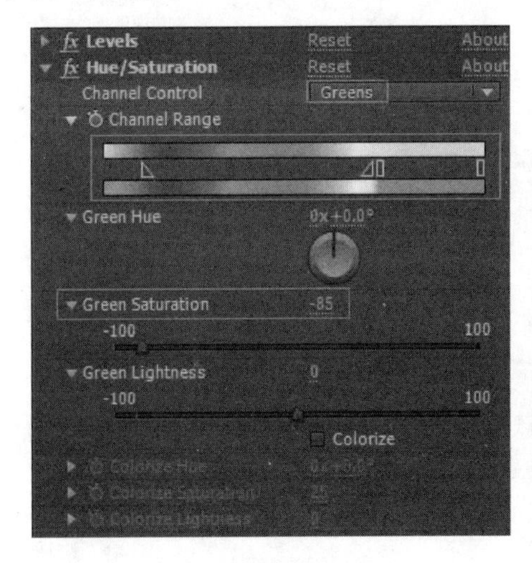

图 4-133

图 4-134

在 Timeline【时间线】窗口中显示“Color Correction”图层，背景中绿色的树没有那么醒目了，如图 4-135 所示。

图 4-135

（8）边角压暗。把 Magic Bullet Looks 界面右侧 Tools 面板 Lens 页中的 Vignette 拖到下面的 Lens 中。把 Vignette 的中心拖到女孩身上，在 Controls 面板中设置 Spread【扩展】为“0.528”，Falloff【衰减】为“0.500”，Strength【强度】为“50.0”，Exposure Compensation【曝光补偿】为“0.5”，最终效果如图 4-136 所示。

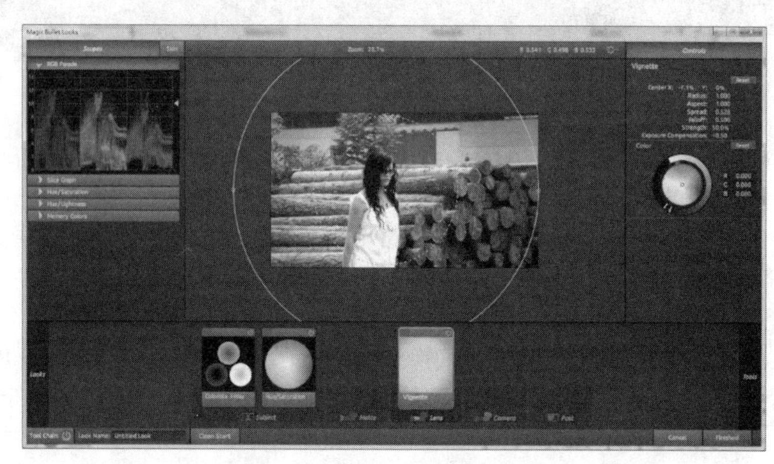

图 4-136

第5章 抠像

本章学习目标

- ◆ 掌握遮罩抠像、蒙版抠像、键控抠像和 Rotoscoping 抠像的原理及应用领域。
- ◆ 掌握遮罩抠像的方法。
- ◆ 掌握蒙版抠像的方法。
- ◆ 掌握键控抠像的方法。
- ◆ 掌握 Rotoscoping 抠像的方法。

在进行合成时，经常需要将不同的对象合成到一个场景中去，就需要进行抠像处理，抠像是合成中最常碰到的工作，是一个技巧性很强的工作，但抠像最重要的不是工具，也不是抠像技巧，而是素材，良好的布光、高精度的素材，都是保证抠像效果的前提，对于一段清晰度不高的片子任何人都会束手无策。

在 After Effects 中主要有 4 种抠像方法，即绘制 Mask 进行遮罩抠像、根据亮度或透明度进行蒙版抠像、选取画面中的特定颜色进行键控抠像，勾画物体边缘进行 Rotoscoping 抠像。下面的实例中主要使用了这 4 种方法进行抠像。

5.1 典型应用——超人起飞

知识与技能

本例主要学习使用 Mask 进行遮罩抠像。

5.1.1 制作背景

（1）新建工程，导入素材“Superman.mov”到 Project【项目】窗口，本例的画面大小与“Superman.mov”相同，可以以“Superman.mov”的参数建立新合成，将“Superman.mov”拖到 Project【项目】窗口底部的“Create a New Composition【创建一个新合成】”按钮上，建立一个新的合成。

（2）在 Preview【预览】窗口播放导入的视频，找到人跳起的瞬间时间点为“1:14:37:03”，在那之后要把人从背景中擦除。

在 Timeline【时间线】窗口中选择“Superman.mov”图层，按【Ctrl+D】组合键把它复制一份，把两个图层分别重命名为“Background”和“Clean Background”，把“Clean Background”图层的入点设置为“1:14:37:04”，如图 5-1 所示。

图 5-1

（3）把“Clean Background”图层替换成没有跳起的人的画面。把时间指示器设为“1:14:39:07”，执行菜单栏中的“Layer→Time→Freeze Frame【图层→时间→冻结帧】”命令，将整个图层冻结为该时间点的画面。但是这样操作后有一个问题，右边的人也不再动了，需要把他从画面中移除。

（4）在 Timeline【时间线】窗口中选择“Clean Background”图层，执行菜单栏中的“Layer→Pre-Compose【图层→预合成】”命令，在弹出的对话框中选中“Move all attributes into the new compositon【把所有属性移到新的合成中】”选项，New composition name【新合成名】为“Clean Background”，如图 5-2 所示。

选中“Clean Background”图层，使用工具栏中的 Rectangle Tool【矩形工具】在画面左边绘制一个矩形，使“Clean Background”图层的右半边透明，显示出它下面的图层，如图 5-3 所示。

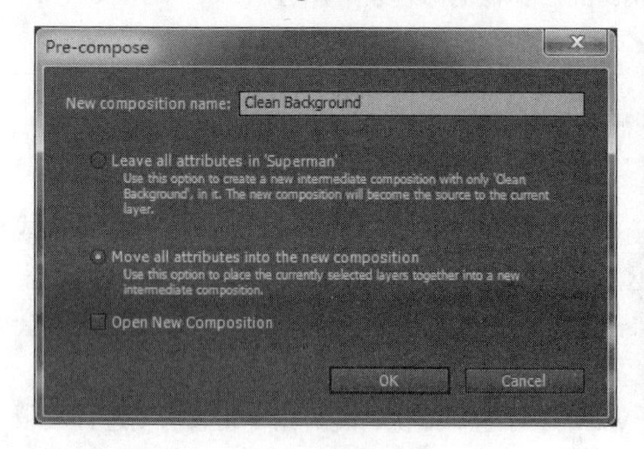

图 5-2

图 5-3

5.1.2 超人跳起效果

（1）在 Timeline【时间线】窗口中选择“Background”图层，按【Ctrl+D】组合键复制一份，并重命名为“Man Flying”，把它放置到合成的顶部，设置它的入点为“1:14:37:03”，把时间指示器设为“1:14:37:03”，执行菜单栏中的“Layer→Time→Freeze Frame【图层→时间→冻结帧】”命令，将整个图层冻结为该时间点的画面。

使用工具栏中的 Pen Tool【钢笔工具】制作 Mask，把人勾画出来，如图 5-4 所示。

图 5-4

Mask 可以是开放的路径，也可以是封闭的路径，开放路径 Mask 不能为图层创建透明区域，而封闭路径 Mask 可以为图层创建透明区域。

（2）制作人飞起来的动画是通过对“Man Flying”图层的 Position 属性设置关键帧来实现的。在 Timeline【时间线】窗口，展开“Man Flying”图层下面的参数，把时间指示器设为“1:14:37:03”，单击 Position【位置】参数左侧的码表，会创建一个关键帧，把时间指示器设为“1:14:37:09”，把“Man Flying”图层向上移动，Position 值为（942，-638），会自动创建一个关键帧。

在 Timeline【时间线】窗口选择 1:14:37:03 处的关键帧，执行右键快捷菜单中的“Keyframe Assistant→Easy Ease【关键帧助手→缓入缓出】”命令，使人向上飞起来有一个逐渐加速的效果。

（3）为了使人飞起来后有一种模糊的效果，需要为“Man Flying”图层设置 Motion Blur【运动模糊】，要打开 Enable Motion Blur【允许运动模糊】总开关，如图 5-5 所示。

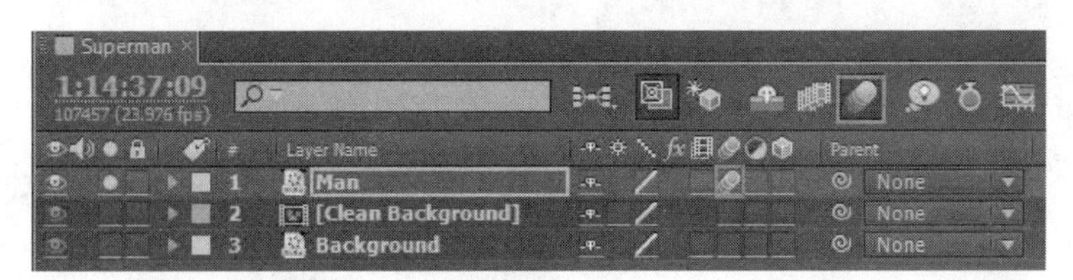

图 5-5

（4）人跳起后与他的阴影不同步，这样看起来不够真实，下面需要解决这个问题。

在 Timeline【时间线】窗口选择“Background”图层，按【Ctrl+D】组合键复制一份，并重命名为“Man Shadow”，把它放置到“Man Flying”图层的下面。

（5）选择“Man Shadow”图层，执行菜单栏中的“Layer→Time→Enable Time Remapping【图层→时间→允许时间重映射】”命令，会自动在图层的开始和结束处为 Time Remap 属性创建两个关键帧，把时间指示器移到 1:14:37:03，创建一个关键帧，再移到 1:14:38:03，创建一个关键帧，把该关键帧移到 1:14:37:09 处，这样阴影时间就与人跳起时间同步了，删除自动添加的开始和结束这两个关键帧。

再把阴影部分用工具栏中的 Pen Tool【钢笔工具】勾画出来，如图 5-6 所示。

图 5-6

最后设置“Man Shadow”图层的入点为“1:14:37:03”，把人跳起前的画面截掉。

5.1.3　超人落下效果

（1）在 Timeline【时间线】窗口选择“Man Flying”图层，按【Ctrl+D】组合键复制一份，并重命名为“Man Falling”，删除图层 Position 参数的所有关键帧，把人整体缩小，设置 Scale 为 32%。

设置人落下的动画。在 Timeline【时间线】窗口展开“Man Flying”图层下面的参数，把时间指示器设为“1:14:43:14”，单击“Man Flying”图层的 Position 参数左侧的码表，创建一个关键帧，参数值为（974,-500）。把时间指示器设为“1:14:44:02”，设置 Position 参数值为（974,512），自动创建一个关键帧。

（2）把时间指示器设为“1:14:44:02”，使用工具栏中的 Puppet Pin Tool【人偶工具】，创建 12 个 Puppet Pin，调整人落下时的姿态，使手下垂。如图 5-7 所示。

（3）执行菜单栏中的“Layer→New→Solid【图层→新建→固态层】”命令，新建一个名为“Man Falling Matte”的固态层，在 Timeline【时间线】窗口把它放置到“Man Falling”图层的上面，使用工具栏中的 Rectangle Tool【矩形工具】绘制一个矩形，如图 5-8 所示。

图 5-7

图 5-8

设置“Man Falling”图层的 TrkMat【轨道蒙版】为“Alpha Inverted Matte “Man Falling Matte””，这样人落到屋顶后就会消失。

（4）下面制作人落下来，在屋顶撞开的洞。

把“RoofHole.jpg”从 Project【项目】窗口拖到合成中，放置到“Man Falling”图层的下面，使用工具栏中的 Pen Tool【钢笔工具】绘制在图层上绘制 Mask，勾画出洞，如图 5-9 所示。

把“RoofHole.jpg”图层进行适当的缩小，并放置到人落到屋顶的位置，如图 5-10 所示。

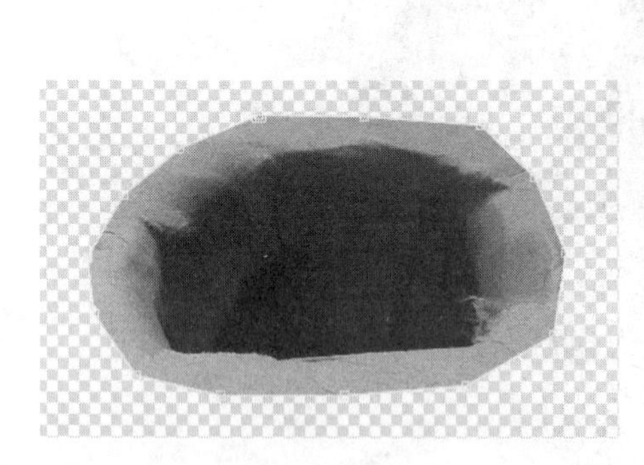

图 5-9

图 5-10

（5）在 Timeline【时间线】窗口中选择“RoofHole.jpg”图层，执行菜单栏中的“Effect→Color Correction→Hue/Saturation【特效→色彩校正→色相/饱和度】”命令，把 Master Saturation【整体饱和度】设置为“-100”，去掉彩色，Master Lightness【整体亮度】设置为“9”，提高一点亮度。

再执行菜单栏中的“Effect→Color Correction→Brightness&Contrast【特效→色彩校正→亮度&对比度】”命令，在 Effect Controls【特效控制】窗口中设置 Brightness【亮度】值为“33”，Contrast【对比

度】值为“30”，把洞的边缘提高亮度。

在 Timeline【时间线】窗口设置“RoofHole.jpg”图层的混合模式为“Darker”，这样把洞的白色边缘过滤掉，使洞更好地与屋顶融合起来。

屋顶的洞应该在人落到屋顶的瞬间开始出现，把时间指示器设为“1:14:43:23”，展开“RoofHole.jpg”图层下面的参数，单击 Opacity【不透明度】左侧的码表，设置参数值为“0”，创建一个关键帧，把时间指示器设为“1:14:44:00”，设置 Opacity【不透明度】参数值为“100”，自动创建一个关键帧。

5.1.4 后期处理

（1）调整画面颜色。在 Timeline【时间线】窗口中选择所有的图层，执行菜单栏中的“Layer→Pre-Compose【图层→预合成】”命令，创建一个新合成，重命名预合成为“Main Comp”。

执行菜单栏中的“Layer→New→Adjustment Layer【图层→新建→调整层】”命令，创建一个调整层。调整层是一种比较特殊的图层，必须在它上面添加特效后才能产生作用，调整层的作用是影响它下面的所有图层。选中该调整层，执行菜单栏中的“Effect→Color Correction→Curves【特效→色彩校正→曲线】”命令，调整红色通道和绿色通道，使整体环境呈红黄色，如图 5-11 所示。

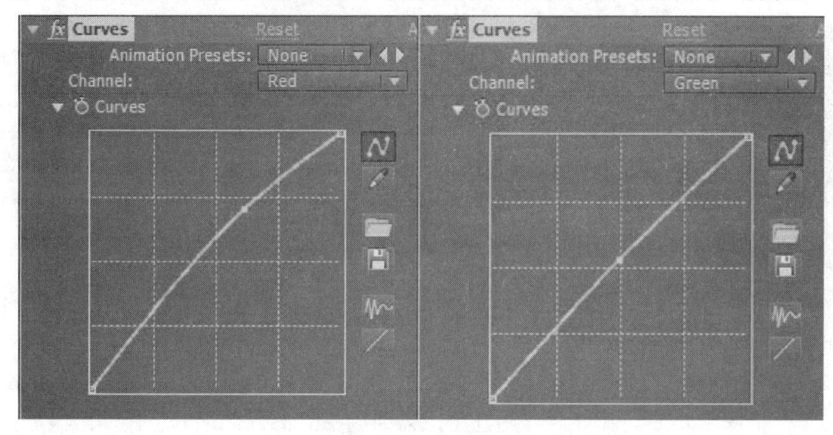

图 5-11

（2）压暗边角。执行菜单栏中的“Layer→New→Solid【图层→新建→固态层】”命令，新建一个黑色固态层，在 Timeline【时间线】窗口中选择固态层，使用工具栏中的 Ellipse Tool【椭圆工具】绘制一个椭圆形 Mask，勾选 Mask 右侧的“Inverted”选项，设置 Mask Feather【遮罩羽化】值为“250”，Mask Opacity【遮罩不透明度】值为“60”，最终效果如图 5-12 所示。

图 5-12

5.2 典型应用——肌肤美容

知识与技能

本例主要学习使用 Matte 进行蒙版抠像。

5.2.1 创建亮度蒙版

（1）新建工程，导入素材“bride.mov”到 Project【项目】窗口中，观察导入的素材，边缘有明显的锯齿状，在 Project【项目】窗口中选择“bride.mov”，执行右键快捷菜单“Interpret Footage→Main”命令，在弹出的对话框中，设置 Separate Fields【分离场】为“Lower Field First【下场优先】”，可以看到锯齿消失，如图 5-13 所示。

（2）把素材“bride.mov”拖到 Project【项目】窗口底部的“Create a New Composition【创建一个新合成】”按钮上，新建与它相同大小的合成。

（3）在 Timeline【时间线】窗口中选择“bride.mov”图层，按【Ctrl+D】组合键复制一份，把上面的图层重命名为“matte”，如图 5-14 所示。

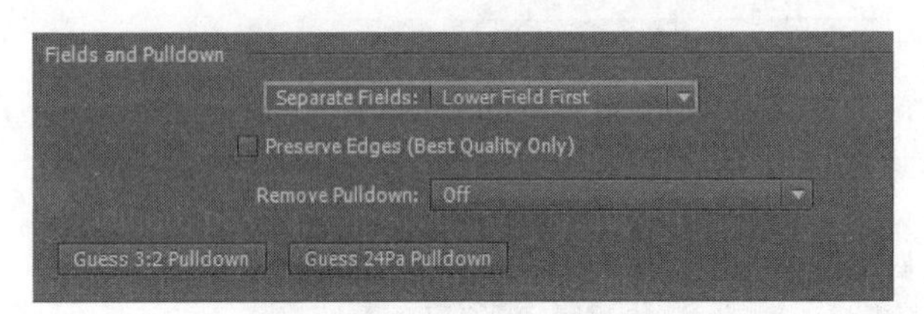

图 5-13

图 5-14

（4）在 Timeline【时间线】窗口中选择“matte”图层，执行菜单栏中的“Effect→Stylize→CC Threshold RGB【特效→风格化→CC RGB 阈值】”命令，在 Effect Controls【特效控制】窗口中设置 Red Threshold【红色阈值】参数值为“90”，Green Threshold【绿色阈值】参数值为 255，Blue Threshold【蓝色阈值】参数值为“255”，把属于脸部的部分调整为红色，需要剔除的部分调整为黑色，效果如图 5-15 所示。

再执行菜单栏中的“Effect→Color Correction→Hue/Saturation【特效→色彩校正→色相/饱和度】”命令，在 Effect Controls【特效控制】窗口中把 Master Saturation【整体饱和度】参数值降为“-100”，把素材调为灰度画面，效果如图 5-16 所示。

图 5-15

图 5-16

再执行菜单栏中的“Effect→Color Correction→Levels【特效→色彩校正→色阶】”命令，在 Effect

Controls【特效控制】窗口中把 Input White 参数值调为“47”，这样画面中亮度高于 47 的部分都会变为纯白，效果如图 5-17 所示。

（5）执行菜单栏中的“Layer→New→Adjustment Layer【图层→新建→调整层】”命令，新建一个调整层，对调整层添加的效果会作用于它下面所有的图层。

在 Timeline【时间线】窗口中把调整层移到“matte”图层的下面，设置调整层的 TrkMat【轨道蒙版】为“Luma Matte“matte”【亮度蒙版】”，这样在调整层上添加的效果只有在白色区域内才会对下面的图层起作用，如图 5-18 所示。

图 5-17

图 5-18

Track Matte【轨道蒙版】就是根据一个图层的亮度或透明度得到选区的，制作 Track Matte 最少需要两个图层，上层为 Matte 选区，下层为需要显示的内容。上层 Matte 一般最终设置为隐藏，它只为下层提供一个显示的选区，最终不会被输出。

当为一个图层设置 Track Matte 时，有 4 种选项如下。

① Alpha Matte【透明度蒙版】：根据上层的透明度来显示下层的内容，即上层透明的地方则下层对应位置透明，上层半透明的地方则下层对应位置半透明，上层不透明的地方则下层对应位置不透明。这里上层 Alpha 通道中黑色代表透明区域，灰色代表半透明区域，白色代表不透明区域。

② Alpha Inverted Matte【反转的透明度蒙版】：与 Alpha Matte 的功能相反，即上层透明的地方，下层对应位置不透明，上层不透明的地方，下层对应位置透明。也就是说上层 Alpha 通道中为黑色的地方，下层对应位置不透明，上层 Alpha 通道中为白色的地方，下层对应位置透明。

③ Luma Matte【亮度蒙版】：根据上层的亮度来显示下层的内容，即上层纯白的地方，下层对应位置不透明，上层纯黑的地方，下层对应位置透明，上层灰色的地方，下层对应位置半透明。

④ Luma Inverted Matte【反转的亮度蒙版】：与 Luma Matte 的功能相反，即上层纯白的地方，下层对应位置透明，上层纯黑的地方，下层对应位置不透明。

5.2.2 光滑皮肤

（1）在 Timeline【时间线】窗口中选择调整层，执行菜单栏中的“Effect→Noise&Grain→Remove Grain【特效→噪波与颗粒→移除颗粒】”命令。

在 Effect Controls【特效控制】窗口中，把 Viewing Mode【显示模式】改为“Final Output【最终输出】”，设置 Noise Reduction【噪波减少】参数值为“1.5”，开启 Temporal Filtering【临时过滤】，它的作用是分析前后帧并与当前帧比较，将一帧里相近颜色的像素融合到一起，使图像更平滑并减少颗粒，设置 Motion Sensitivity【动态灵敏度】参数值为“0.925”。

（2）下面再对蒙版进行修改，在 Timeline【时间线】窗口中选择“matte”图层，执行菜单栏中的“Effect→Blur&Sharpen→Fast Blur【特效→模糊&锐化→快速模糊】”命令，设置 Blurriness【模糊值】为“6”，这样在人物脸部与脸部周围部分就不会有锐利的边缘了，效果如图 5-19 所示。

图 5-19

5.2.3 后期修正

由于制作的蒙版问题，眼角和嘴角的部分区域没有被选中，这些区域没有被光滑处理，使得与周围光滑过的部位反差很大，下面要给脸部增加一些噪点，弥补这些部位的问题。

在 Timeline【时间线】窗口中选择调整层，执行菜单栏中的“Effect→Noise&Grain→Add Grain【特效→噪波与颗粒→增加颗粒】”命令，在 Effect Controls【特效控制】窗口中，把 Viewing Mode【显示模式】改为“Final Output【最终输出】”，Preset 为“Kodak vision 250D”，展开 Tweaking，降低 Intensity【密度】为“0.2”，Size【大小】为“1.2”，Softness 为“1.1”，Aspect Ratio【纵横比】为“0.9”，展开 Color，设置 Saturation【饱和度】为“0.25”。最终效果如图 5-20 所示。

图 5-20

5.3 典型应用——静帧人物合成

知识与技能

本例主要学习使用 Keylight 对静帧进行键控抠像。

5.3.1　Keylight 键控抠像

（1）新建工程，导入素材“background.jpg”和“curly_hair.tga”到 Project【项目】窗口中，本例的画面大小与“background.jpg”相同，可以以“background.jpg”的参数建立新合成，将“background.jpg”拖到 Project【项目】窗口底部的“Create a New Composition【创建一个新合成】”按钮上，建立一个新的合成“background”。

（2）把素材“curly_hair.tga”从 Project【项目】窗口拖到 Timeline【时间线】窗口新建的合成“background”中，放置到“background.jpg”图层的上面。

（3）执行菜单栏中的“File→Project Settings【文件→项目设置】”命令，在打开的“Project Settings”对话框中，Depth 设置为“32 bits per Channel”，使每个颜色通道为 32 位，增加颜色的可调节范围，如图 5-21 所示。

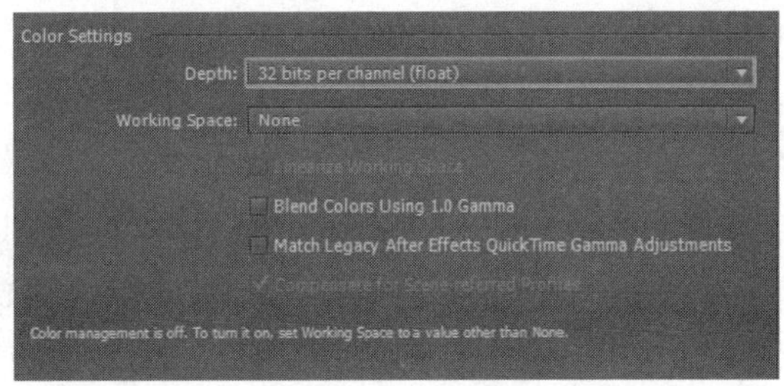

图 5-21

（4）在 Timeline【时间线】窗口中选择“curly_hair.tga”图层，执行菜单栏中的“Effect→Keying→Keylight【特效→键控→Keylight】”命令。

Keying【键控】是用图像中的某种颜色值或亮度值来定义透明区域的，当指定键出值后，图像中所有具有类似颜色或亮度值的像素都变为透明。使用键控技术可以很容易地用一幅图像替换颜色或亮度一致的背景，将纯色背景抠出的技术通常称为 Bluescreening【蓝屏】或 Greenscreening【绿屏】技术，但并不是一定要使用蓝色或绿色，可以使用任一纯色作背景。

在 Effect Controls【特效控制】窗口中选择 Screen Colour 右侧的吸管，在要抠掉的绿色背景上单击一下，可以看到在人的周围绿色背景基本被抠掉，但是还存在很多噪点，画面不够干净。

在 Timeline【时间线】窗口中选择“curly_hair.tga”图层，使用工具栏上的 Pen Tool【钢笔工具】在“curly_hair.tga”图层绘制一个 Mask，把人物隔离出来，这样使抠像更为方便，如图 5-22 所示。

把“Mask 1”的模式由 Add 改为 None，设置 Keylight 的 Outside Mask【外部遮罩】为“Mask 1”，并且选中“Inverted”选项。

（5）在 Effect Controls【特效控制】窗口，把 View【显示】模式改为“Status”，效果如图 5-23 所示。

图 5-22

图 5-23

把 Screen Gain 调为“105”，展开 Screen Matte 参数，把 Clip Black 参数值设为“11”，使原来亮度低于 11 的像素都变为黑色，把 Clip White 参数值设为“90”，使原来亮度高于 90 的像素都变为白色，把 Screen Softness 参数值设为“0.5”，效果如图 5-24 所示。

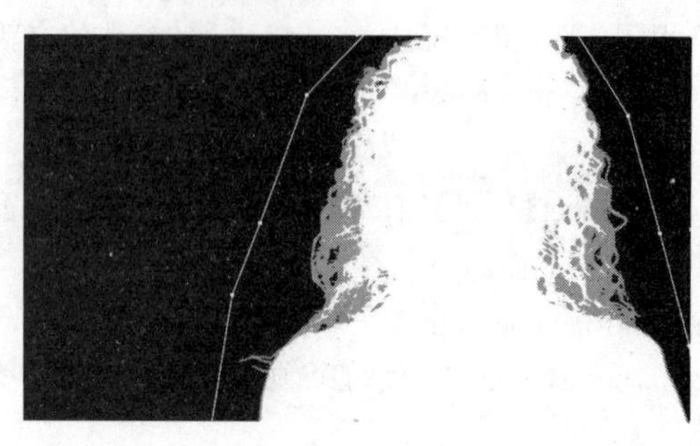

图 5-24

5.3.2 加亮头发

（1）在 Timeline【时间线】窗口选择“curly_hair.tga”图层，执行菜单栏中的“Layer→Pre-Compose【图层→预合成】”命令，把它放到一个新的合成中，在弹出的对话框中，设置 New composition name【新合成名】为“Keyed footage”，勾选“Move all attributes into the new composition【把所有属性移到新的合成中】”选项，如图 5-25 所示。

（2）在 Timeline【时间线】窗口选择“Keyed footage”图层，按【Ctrl+D】组合键把“Keyed footage”图层复制两份。

选中最上面的“Keyed footage”，执行菜单栏中的“Effect→Channel→Invert【特效→通道→反向】”命令，在 Effect Controls【特效控制】窗口中设置 Channel【通道】为“Alpha”，在 Timeline【时间线】窗口中隐藏最下面的两个图层，在 Composition【合成】窗口选择“Alpha”，显示合成的 Alpha 通道，效果如图 5-26 所示。

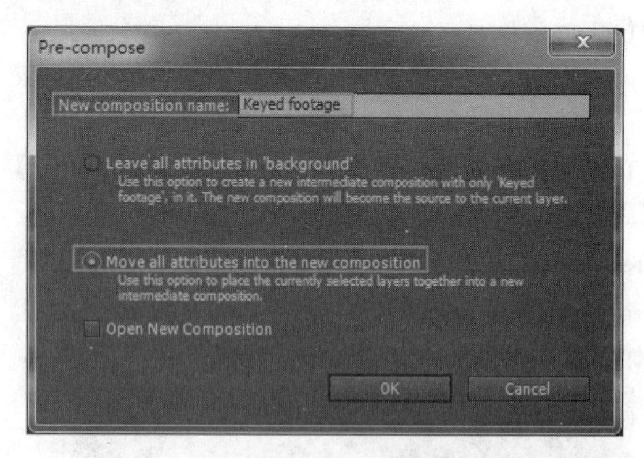

图 5-25

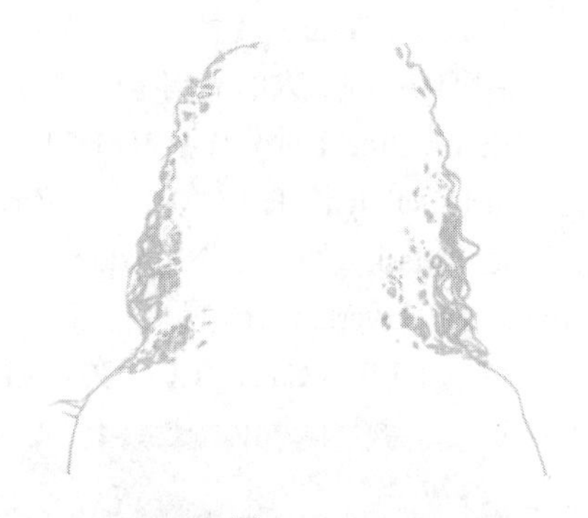

图 5-26

（3）在 Timeline【时间线】窗口设置第 2 个“Keyed footage”图层的 TrkMat 为“Alpha Matte“Keyed footage””，如图 5-27 和图 5-28 所示。

（4）在 Timeline【时间线】窗口选择最上面的“Keyed footage”图层，执行菜单栏中的“Effect→Blur&Sharpen→Channel Blur【特效→模糊&锐化→通道模糊】”命令，在 Effect Controls【特效控制】窗口中设置 Alpha Blurriness【Alpha 模糊】为“41”，勾选“Repeat Edge Pixels【重复边界像素】”

选项，效果如图 5-29 所示。

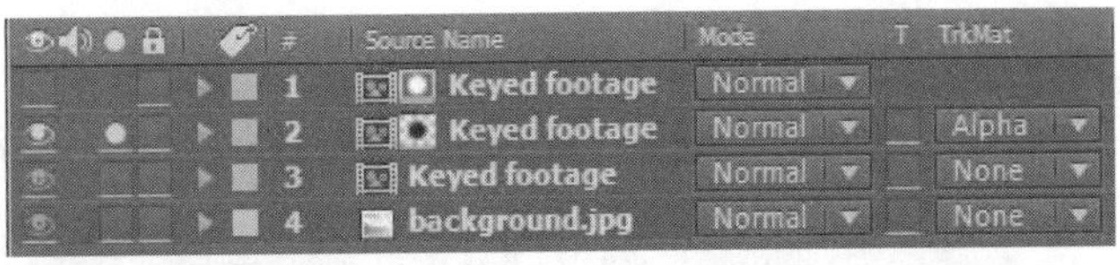

图 5-27

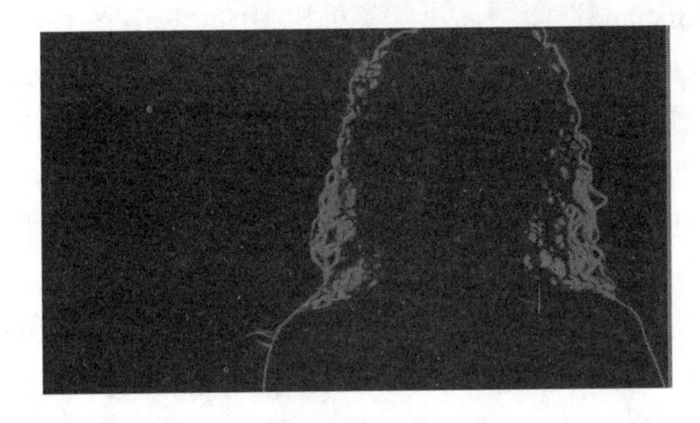

图 5-28

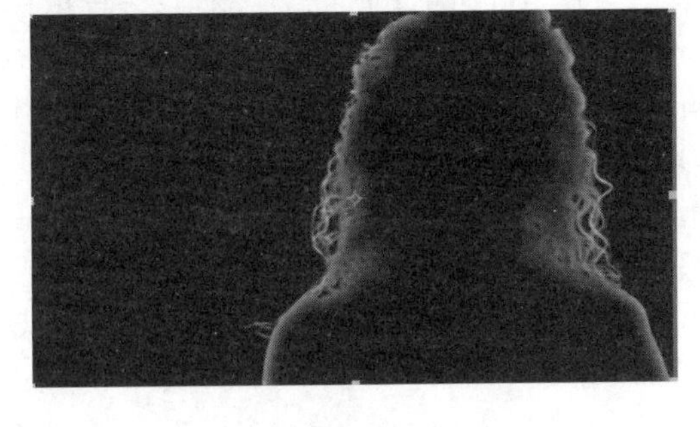

图 5-29

（5）在 Timeline【时间线】窗口显示最下面的两个图层，复制“background.jpg”图层，把复制后的图层移到第 2 个“Keyed footage”图层的下面，设置它的 TrkMat 为“Alpha Matte“Keyed footage””，在 Composition【合成】窗口选择“RGB”，如图 5-30 和图 5-31 所示。

图 5-30

图 5-31

（6）在 Timeline【时间线】窗口选择最上面的两个“Keyed footage”图层，执行菜单栏中的“Layer→Pre-Compose【图层→预合成】”命令，把它放到一个新的合成中，在弹出的对话框中，设合成名为“Light Warp”，勾选“Move all attributes into the new composition【把所有属性移到新的合成中】”选项。

打开 “Light Warp” 合成，显示下面的“Keyed footage”图层，这样在头发的边缘添加了一些光效，最终效果如图 5-32 所示。

图 5-32

5.3.3 背景处理

（1）在 Timeline【时间线】窗口选择复制出的“background”图层，执行菜单栏中的“Effect→Blur&Sharpen→Fast Blur【特效→模糊&锐化→快速模糊】”命令，在 Effect Controls【特效控制】窗口设置 Blurriness【模糊】为“20”，勾选“Repeat Edge Pixels【重复边界像素】”选项。设置该图层的混合模式为“Screen”，Opacity 值为“61%”，如图 5-33 所示。

（2）在 Timeline【时间线】窗口选择“Keyed footage”图层，执行菜单栏中的“Effect→Color Correction→Exposure【特效→色彩校正→曝光】”命令，在 Effect Controls【特效控制】窗口设置 Gramma Correction【Gramma 校正】为“1.13”，提高中间调亮度，设置 Exposure【曝光】为“0.09”，提高一些曝光度。

再执行菜单栏中的“Effect→Color Correction→Brightness&Contrast【特效→色彩校正→亮度&对比度】”命令，在 Effect Controls【特效控制】窗口设置 Contrast【对比度】为“-6”，稍微降低一些对比度。

（3）在 Timeline【时间线】窗口选择合成底部的“background.jpg”图层，执行菜单栏中的“Effect→Blur&Sharpen→Fast Blur【特效→模糊&锐化→快速模糊】”命令，在 Effect Controls【特效控制】窗口设置 Blurriness【模糊】为“7”，勾选“Repeat Edge Pixels【重复边界像素】”选项，这样画面有一定的空间层次感，突出了前面的人物主体。最终效果如图 5-34 所示。

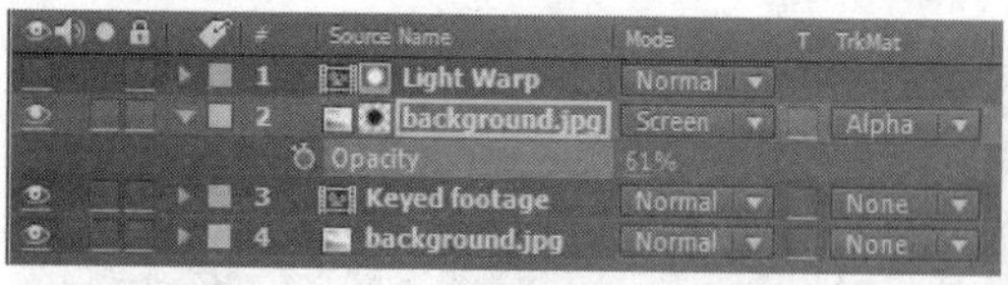

#	Source Name	Mode	T	TrkMat
1	Light Warp	Normal		
2	background.jpg	Screen		Alpha
	Opacity	61%		
3	Keyed footage	Normal		None
4	background.jpg	Normal		None

图 5-33

图 5-34

5.4 典型应用——三维场景合成

知识与技能

本例主要学习使用 Keylight 对图像序列进行键控抠像。

5.4.1 Keylight 键控抠像

（1）新建工程，在 Project【项目】窗口空白处双击鼠标，打开“Import File【导入文件】”对话框，选择图像序列中的第 1 个文件“green.0000.jpg”，勾选对话框下面的“JPEG Sequence【JPEG 序列】”选项，然后单击“打开”按钮，导入图像序列文件，如图 5-35 所示。

再次在 Project【项目】窗口空白处双击鼠标，导入素材“AO_BG.jpg”、“bg_zdepth.jpg”、“AO_FG.tga”、“BG_all.tga”、“color.tga”、“diffuse.tga”、“FG_color.tga”、“FG_zdepth.tga”，在导入包含 Alpha 通道的 TGA 文件时，会弹出一个对话框，单击“Guess”按钮自动检测 Alpha 通道类型，然后单击“OK”按钮导入到 Project【项目】窗口中。导入“specs.tga”文件时，选择忽略 Alpha 通道。

图 5-35

（2）本例的画面大小与“green.png”序列相同，可以以“green.png”的参数建立新合成，将“green.png”拖到 Project【项目】窗口底部的“Create a new Composition【新建一个合成】”按钮上，建立一个新的合成。

（3）在 Composition【合成】窗口中可以看到这是一个在绿屏环境下拍摄的视频，需要对绿屏背景进行抠像。

在 Timeline【时间线】窗口中选择“green.[0000-0323].jpg”图层，使用工具栏中的 PenTool【钢笔工具】在 Compositon【合成】窗口中绘制一个 Mask，把人物的大致轮廓从背景中分离出来，这样可以减少一些杂物对后续抠像的干扰，如图 5-36 所示。

单击“播放”按钮预览，可以看到在部分帧，人物的某些部分不在 Mask 范围内了，这个问题只需要对 Mask 制作关键帧即可解决。在 Timeline【时间线】窗口展开“green.[0000-0323].jpg”图层下面的“Mask 1”，单击 Mask Path 左侧的码表，创建一个关键帧，拖动时间指示器，找到出现问题的画面，如图 5-37 所示。

图 5-36

图 5-37

使用工具栏中的选择工具调整“Mask 1”上的控制点使人物包含到 Mask 范围内，会在该时间点自动创建一个 Mask Path 的关键帧，调整后效果如图 5-38 所示。

继续拖动时间指示器调整有问题的画面，最后把整个视频检查一遍，确保人物都在 Mask 范围内。

（4）在 Timeline【时间线】窗口中选择“green.[0000-0323].jpg”图层，执行菜单栏中的“Effect→Keying→Keylight【特效→键控→Keylight】”命令，在 Effect Controls【特效控制】窗口中设置 Keylight 的参数。使用 Screen Colour 右侧的吸管在 Composition【合成】窗口中吸取绿色背景，如图 5-39 所示。

图 5-38

图 5-39

在 Effect Controls【特效控制】窗口把 View【显示】模式设置为“Screen Matte”，这时在 Composition【合成】窗口中看到是一个黑白画面，其中白色部分表示对应的画面是不透明，保留下来的，黑色部分表示对应的画面是透明，抠掉的，灰色部分表示对应的画面是半透明的，如图 5-40 所示。

上图中可以看到在人物身体和背景还有些灰色，正常情况下人物身体应该是白色的，而背景应该是黑色的。设置 Screen Gain 值为“115”，去除黑色背景中的灰色杂质。展开 Screen Matte 参数，设置 Clip White 值为“70”，这样可以把画面中像素亮度值大于 70 调整为纯白，如图 5-41 所示。

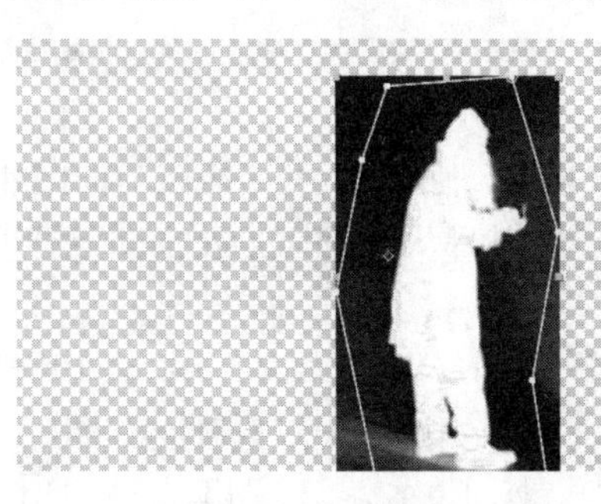

图 5-40

图 5-41

把 View【显示】模式设置为“Final Result”，查看抠像后的最终效果，如图 5-42 所示。

图 5-42

上图中人物基本从背景中分离出来，但是在细节上还存在一些问题，人物的边缘比较粗糙，这个问题可以通过设置 Screen Softness 值为“0.3”，对人物边缘做柔化处理即可解决。参数如图 5-43 所示。

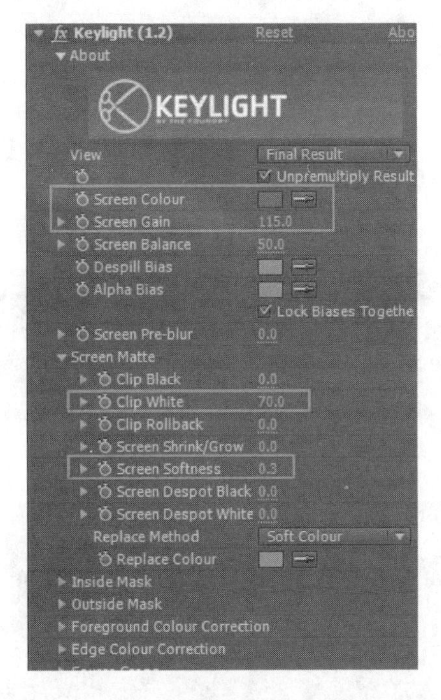

图 5-43

5.4.2　CG 场景合成

（1）把素材“BG_all.tga”从 Project【项目】窗口中拖到 Timeline【时间线】窗口中，放到“green.[0000-0323].jpg”图层的下面，展开该图层下面的 Transform【变换】参数，设置 Scale【比例】为“67%”，使背景图层的大小与合成相匹配。把素材“FG_color.tga”从 Project【项目】窗口中拖到 Timeline【时间线】窗口中，放到“green.[0000-0323].jpg”图层的上面，展开该图层下面的 Transform【变换】参数，设置 Scale 为“67%”，使前景图层的大小与合成相匹配。效果如图 5-44 所示。

图 5-44

（2）设置 AO 贴图。把素材“AO_BG.jpg”从 Project【项目】窗口中拖到 Timeline【时间线】窗口中，放到“BG_all.tga”图层的上面，展开该图层下面的 Transform【变换】参数，设置 Scale【比例】为“67%”，使它的大小与合成相匹配。设置“AO_BG.jpg”图层的 Mode【图层混合模式】为“Multiply【正片叠底】”。

把素材“AO_FG.tga”从 Project【项目】窗口中拖到 Timeline【时间线】窗口中，放到“FG_color.tga”图层的上面，展开该图层下面的 Transform【变换】参数，设置 Scale【比例】为“67%”，使它的大小与合成相匹配。设置“AO_FG.tga”图层的 Mode【图层混合模式】为“Multiply【正片叠底】”，如图 5-45 和图 5-46 所示。

#	Layer Name	Mode	T	TrkMat	Parent
1	[AO_FG.tga]	Multiply			None
2	[FG_color.tga]	Normal		None	None
3	[green....323].jpg]	Normal		None	None
4	[AO_BG.jpg]	Multiply		None	None
5	[BG_all.tga]	Normal		None	None

图 5-45

图 5-46

（3）设置高光贴图。把素材“specs.tga”从 Project【项目】窗口中拖到 Timeline【时间线】窗口中，放到“AO_BG.jpg”图层的上面，展开该图层下面的 Transform【变换】参数，设置 Scale【比例】为“67%”，使它的大小与合成相匹配。设置“specs.tga”图层的 Mode【图层混合模式】为“Add【加亮】”，适当降低高光的不透明，设置 Opacity 值为“60%”，如图 5-47 和图 5-48 所示。

（4）设置 ZDepth 景深贴图。把素材“FG_zdepth.tga”和“bg_zdepth.jpg”从 Project【项目】窗口中拖到 Timeline【时间线】窗口中，放到合成的底部，展开这两个图层下面的 Transform【变换】参数，设置 Scale【比例】为“67%”，使它们的大小与合成相匹配，如图 5-49 所示。

#	Layer Name	Mode	T	TrkMat	Parent
1	[AO_FG.tga]	Multiply			None
2	[FG_color.tga]	Normal		None	None
3	[green....323].jpg]	Normal		None	None
4	[specs.tga]	Add		None	None
5	[AO_BG.jpg]	Multiply		None	None
6	[BG_all.tga]	Normal		None	None

图 5-47

图 5-48

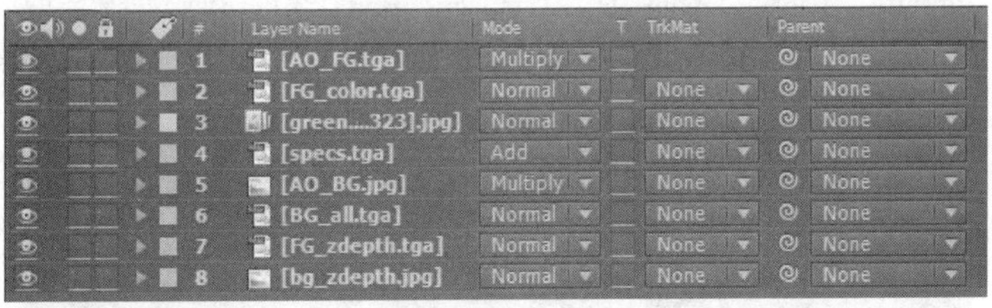

#	Layer Name	Mode	T	TrkMat	Parent
1	[AO_FG.tga]	Multiply			None
2	[FG_color.tga]	Normal		None	None
3	[green....323].jpg]	Normal		None	None
4	[specs.tga]	Add		None	None
5	[AO_BG.jpg]	Multiply		None	None
6	[BG_all.tga]	Normal		None	None
7	[FG_zdepth.tga]	Normal		None	None
8	[bg_zdepth.jpg]	Normal		None	None

图 5-49

在 Timeline【时间线】窗口选择“FG_zdepth.tga”和“bg_zdepth.jpg”图层，执行菜单栏中的“Layer→Pre-Compose【图层→预合成】”命令，在弹出的对话框中为新合成命名为“ZDepth”。

执行菜单栏中的“Layer→New→Adjustment Layer【图层→新建→调整层】”命令，把新建的调整层放置到“green”合成的顶部。

选择调整层，执行菜单栏中的“Effect→Blur&Sharpen→Camera Lens Blur【特效→模糊&锐化→摄像机镜头模糊】”命令，在 Effect Controls【特效控制】窗口，展开 Blur Map【模糊贴图】下面的 Layer，选择“ZDepth”，如图 5-50 所示。

图 5-50

（5）边角压暗。执行菜单栏中的“Layer→New→Solid【图层→新建→固态层】”命令，新建一个黑色固态层，命名为“Vignette”，把新建的固态层放置到“green”合成的顶部。使用工具栏中的 Ellipse Tool【椭圆工具】在该固态层上绘制一个椭圆形 Mask，如图 5-51 所示。

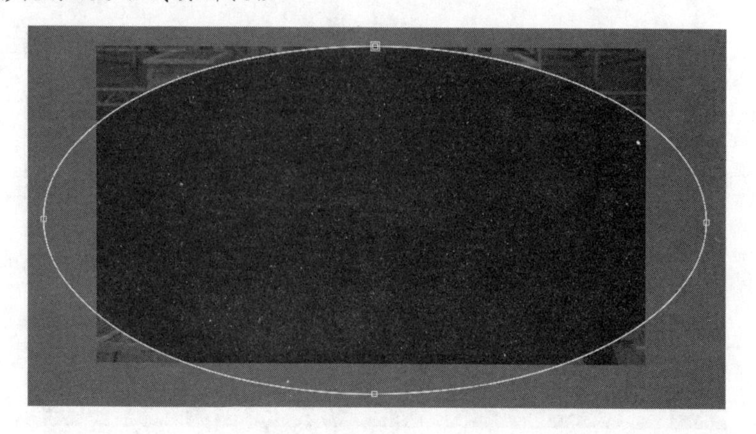

图 5-51

展开固态层“Vignette”下面的“Mask 1”，勾选“Inverted”选项，使 Mask 反向，设置 Mask Feather【遮罩羽化】为“75”，Mask Opacity【遮罩不透明度】为“65%”，效果如图 5-52 所示。

图 5-52

5.5 典型应用——翩然起舞

知识与技能

本例主要学习使用 Keylight 对视频进行键控抠像。

5.5.1 绿屏抠像

（1）新建工程，导入素材“background.mov”和“dancer.png”序列到 Project【项目】窗口中，本例的画面大小与“dancer.png”序列相同，可以以“dancer.png”的参数建立新合成，将“dancer.png”拖到 Project【项目】窗口底部的“Create a new Composition【新建一个合成】”按钮上，建立一个新的合成。

（2）在 Timeline【时间线】窗口中选择“dancer.[0001-0349].png”图层，执行菜单栏中的“Effect→Keying→Keylight【特效→键控→Keylight】”命令，使用 Keylight 进行绿屏抠像，在 Effect Control【特效控制】窗口中单击 Screen Colour 右侧的吸管按钮，在 Composition【合成】窗口中单击选择需要去除的绿屏背景色，可以看到 Screen Colour 右侧的色块由默认的黑色变为选择的绿色，同时在

Composition【合成】窗口中看到原来的绿屏部分已经变得透明，效果如图 5-53 所示。

（3）为了更好地观察画面的透明情况，在 Effect Controls【特效控制】窗口中，将 Keylight 中的 View【显示】参数由默认的“Final Result”设置为“Screen Matte”，效果如图 5-54 所示。

图 5-53

图 5-54

（4）以 Screen Matte 方式观察可以看到，在人物的脸部、手臂及身体部分存在一些灰色部分，这些地方应该是白色的（不透明），而不应该是灰色的（半透明），另外在黑色背景的右上方也存在一些灰色的杂质，这些地方应该是要去除的。

在 Effect Controls【特效控制】窗口，展开 Screen Matte 参数，设置 Clip Black 值为“4”，使暗的地方更暗（即透明），可以去除右上方的杂质，设置 Clip White 值为“90”，使亮的地方更亮（即不透明），可以避免人物的脸部、手臂、身体等部位被意外抠掉。View【显示】模式改为“Screen Color”时，效果如图 5-55 所示。

把 View【显示】模式设置为“Final Result”，最终抠像效果如图 5-56 所示。

图 5-55

图 5-56

5.5.2 美白皮肤

下面要对人物皮肤进行美白处理，如果人物的头发同时调整，进行提亮，画面效果会显得不自然，为了避免出现这种情况，需要在画面中设置一个选区，把脸部、手臂等皮肤设置在选区之内，这里使用 Matte 制作选区。

（1）在 Timeline【时间线】窗口中把 “dancer.[0001-0349].png” 图层复制一份，重命名为“Matte”，Matte 图层的亮度对选区起作用，一般要先对 Matte 图层进行去色处理，使画面变成黑白色调，在 Composition【合成】窗口中分别选择 Red、Green、Blue 通道查看画面，如图 5-57～图 5-59 所示。

图 5-57

图 5-58

可以看到在红色通道中皮肤部分最白，在蓝色通道中皮肤部分最暗，这里可以使用红色通道作为Matte。

（2）在 Timeline【时间线】窗口选择“Matte”图层，执行菜单栏中的“Effect→Channel→Shift Channels【特效→通道→偏移通道】”命令，在 Effect Controls【特效控制】窗口中设置 Take Green From【获取绿色来自于】为“Red”，Take Blue From【获取蓝色来自于】为“Red”，这一步操作的目的是把红绿蓝三个通道都设置为红色通道，当 RGB 的三个通道数值相同时，色调为灰色，如图 5-60 所示。

图 5-59

图 5-60

（3）现在虽然把“Matte”图层设置为黑白色调，但是效果并不完美，选择“Matte”图层，执行菜单栏中的“Effect→Color Correction→Curves【特效→色彩校正→曲线】”命令，对画面的亮度进行调节，这一步操作的目的是为了让皮肤所在的选区更亮一些，而头发、衣服部分不要太亮，如图 5-61 和图 5-62 所示。

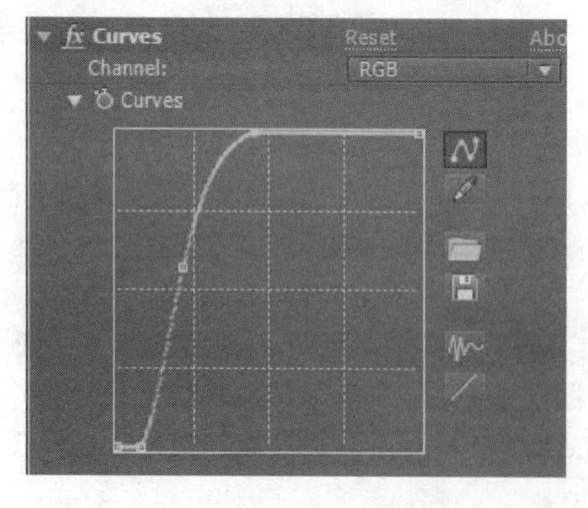

图 5-61

图 5-62

（4）执行菜单栏中的“Layer→New→Adjustment Layer【图层→新建→调整层】”命令，新建一个调整层，把调整层重命名为“皮肤美白”，调整层的特点是添加在调整层上的所有效果会影响到调整层下面的所有图层，把调整层“皮肤美白”拖到“Matte”图层的下面，设置“皮肤美白”图层的蒙版 TrkMat 为“Luma Matte“Matte””，把“Matte”图层的亮度作为“皮肤美白”图层的选区。这样对“皮肤美白”图层添加的效果，只有在选区范围内才会对它下面的图层产生影响。

（5）在 Timeline【时间线】窗口选择“皮肤美白”图层，执行菜单栏中的“Effect→Color Correction→Curves【特效→色彩校正→曲线】”命令，调整曲线如图 5-63 所示，对画面亮度进行调整，由于 Matte 选区的作用，皮肤部分产生比较明显的变化，效果如图 5-64 所示。

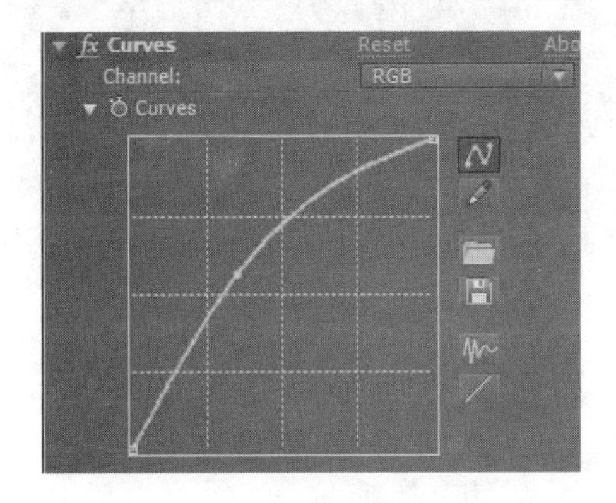

图 5-63

图 5-64

（6）在 Timeline【时间线】窗口选择“皮肤美白”图层，执行菜单栏中的“Effect→Color Correction→Hue/Saturation【特效→色彩校正→色相/饱和度】”命令，在 Effect Controls【特效控制】窗口中将 Channel Control【通道控制】设置为“Master【整体】”，将 Master Saturation【整体饱和度】设置为“-38”，降低整体的饱和度，再将 Channel Control【通道控制】设置为“Reds【红色通道】”，将 Reds Saturation【红色通道饱和度】设置为“20”，增加一些红色，效果如图 5-65 所示。

（7）在 Timeline【时间线】窗口选择“皮肤美白”图层，执行菜单栏中的“Effect→Noise & Grain→Remove Grain【特效→噪波&杂质→移除杂质】”命令，对画面进行降噪处理。

在 Effect Controls【特效控制】窗口展开 Sampling【采样】下面的参数，设置 Sample Selection【选择采样】为“Manual【手工】”，手工调整采样位置，如图 5-66 所示。

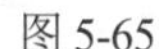

图 5-65

图 5-66

（8）设置完采样框位置后，将 Viewing Mode【显示模式】设置为“Final Output【最终输出】”，可以看到采样框不见了，皮肤部分得到了降噪处理，表现得比较光滑，效果如图 5-67 所示。

（9）展开 Noise Reduction Settings【降噪设置】参数，设置 Noise Reduction【降噪程度】为“2”，该值越大，模糊得越厉害。

展开 Fine Tuning【微调】参数，设置 Texture【纹理】为“0.35”，可以发现皮肤出现了淡淡的纹理。

展开 Unsharp Mask【USM 锐化】参数，对最终效果进行清晰化处理，设置 Amount【数量】为“0.9”，可以看到画面由于降噪造成的模糊处理已得到了一些改善，效果如图 5-68 所示。

图 5-67

图 5-68

5.5.3 背景处理

为了突出翩然起舞的主角，需要对背景做一些虚化处理。

（1）把“background.mov”从 Project【项目】窗口拖到 Timeline【时间线】窗口中，把它放置到合成的底部。为了便于观察背景图层，单击“background.mov”图层左侧的“Solo【单独显示】”图标，使得合成中只显示“background.mov”图层，而隐藏了其他图层，如图 5-69 所示。

图 5-69

（2）在 Timeline【时间线】窗口选择“background.mov”图层，执行菜单栏中的“Effect→Color Correction→Levels【特效→色彩校正→色阶】”命令，在 Effect Controls【特效控制】窗口中设置 Levels【色阶】参数，设置 Gamma【中间调】值为“1.44”，提亮画面的整体亮度，把 Channel【通道】切换到“Red【红色】”通道，设置 Red Gamma【红色中间调】值为“1.09”，为画面整体增加一些红色，把 Channel【通道】切换到“Blue【蓝色】”通道，设置 Blue Gamma【红色中间调】值为“0.94”，为画面整体减少一些蓝色，这样画面稍微有了一些黄色，效果如图 5-70 所示。

（3）在 Timeline【时间线】窗口选择“background.mov”图层，执行菜单栏中的“Effect→Blur&Sharpen→Camera Lens Blur【特效→模糊&锐化→摄像机镜头模糊】”命令，在 Effect Controls【特效控制】窗口中设置 Camera Lens Blur【摄像机镜头模糊】参数，增加 Blur Radius【模糊半径】为“15”，使得背景产生一种虚化的效果，如图 5-71 所示。

（4）在 Timeline【时间线】窗口单击“background.mov”图层左侧的“Solo【单独显示】”图标，单击“播放”按钮预览最终效果，如图 5-72 所示。

图 5-70

图 5-71

图 5-72

5.6 典型应用——刺客信条

知识与技能

本例主要学习使用 Rotoscoping 对图像序列进行键控抠像。

5.6.1 Rotoscoping 抠像

（1）新建工程，在 Project【项目】窗口的空白处双击鼠标，在弹出的“Import File【导入文件】”对话框中选择“Green_Screen.tif”序列的第 1 个文件，勾选对话框下面的“TIFF Sequence【TIFF 序列】”选项，单击“打开”按钮将“Green_Screen.tif”序列导入到 Project【项目】窗口中，如图 5-73 所示。

（2）重新解释导入的“Green_Screen.tif”序列帧速率为 25fps。在 Project【项目】窗口中选中“Green_Screen.tif”序列，执行右键快捷菜单中的“Interpret Footage→Main【解释素材→Main】”命令，在弹出的对话框中设置 Frame Rate【帧速率】为“25”，如图 5-74 所示。

（3）本例的画面大小与“Green_Screen.tif”相同，可以以“Green_Screen.tif”的参数建立新合成，将“Green_Screen.tif”拖到 Project【项目】窗口底部的“Create a new Composition【新建一个合成】”按钮上，建立一个新的合成。

（4）在 Timeline【时间线】窗口中选择“Green_Screen.tif”图层，双击鼠标后在 Layer【图层】窗口中打开，使用工具栏中的 Roto Brush Tool 进行抠像，在前景上（也就是需要保留的部分，这里是人物），拖动鼠标进行涂抹，在背景上（也就是不需要保留的部分）按住【Alt】键后拖动鼠标进行涂抹，大致抠像效果如图 5-75 所示。

图 5-73

图 5-74

（5）对人物的边缘部分进行仔细检查，发现有问题的地方主要是手指部分，使用 Roto Brush Tool 进行调整，效果如图 5-76 所示。

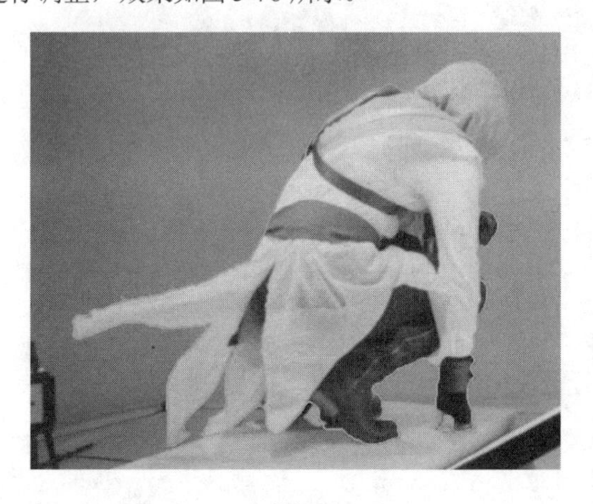

图 5-75

图 5-76

（6）完成一帧抠像后，切换到上一帧或者下一帧，重复步骤（5）的操作，这个过程需要耐心细致地去调整。全部调整完成后，在 Effect Controls【特效控制】窗口设置 Roto Brush 的参数，展开 Matte【蒙版】，设置 Smooth【平滑】为“3”，Feather【蒙版羽化】为“30%”，使抠像边界部分更加模糊一些，Choke【抑制】为“2”，使蒙版向内收缩一些，这样就可以对人物由于抠像而残留的边缘问题进行有效的控制。最后在 Footage【素材】窗口单击“Freeze”按钮进行冻结。

5.6.2 场景合成

（1）在 Project【项目】窗口的空白处双击鼠标，在弹出的“Import File【导入文件】”对话框中选择“3D_Wall.tif”序列的第 1 个文件，勾选对话框下面的“TIFF Sequence【TIFF 序列】”选项，单击“打开”按钮将“3D_Wall.tif”序列导入到 Project【项目】窗口中，如图 5-77 所示。

由于“3D_Wall.tif”文件中包含 Alpha 通道，在弹出的对话框中单击“Guess”按钮自动检测 Alpha 通道的类型，如图 5-78 所示。

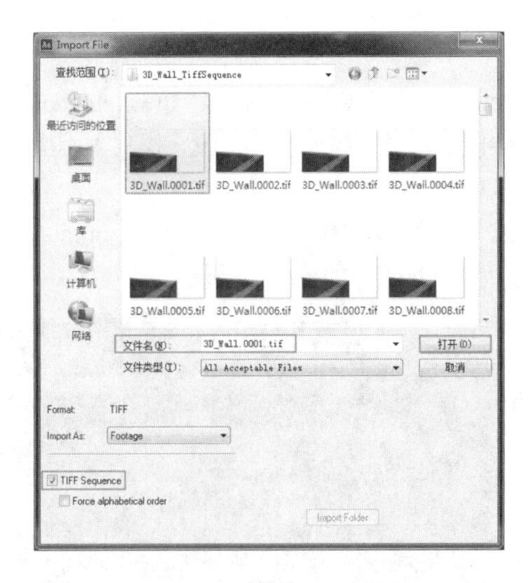

图 5-77

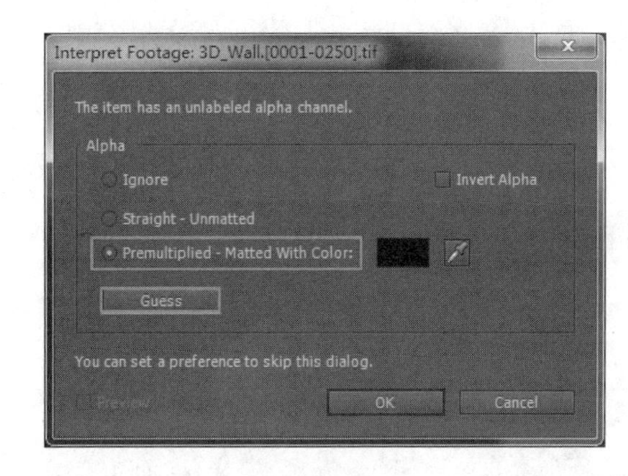

图 5-78

（2）重新解释导入的“3D_Wall.tif”序列帧速率为 25fps。在 Project【项目】窗口中选中“3D_Wall.tif”序列，执行右键快捷菜单中的“Interpret Footage→Main【解释素材→Main】”命令，在弹出的对话框中设置 Frame Rate【帧速率】为“25”。

（3）再次在 Project【项目】窗口的空白处双击鼠标，在弹出的“Import File【导入文件】”对话框中选择“mattepainting.png”文件。

（4）把素材“mattepainting.png”和“3D_Wall.tif”序列从 Project【项目】窗口拖到 Timeline【时间线】窗口“Green_Screen”合成中，放置在“Green_Screen.tif”图层的下面，对“mattepainting.png”图层进行缩放移动，最终效果如图 5-79 所示。

图 5-79

5.7　综合实例——飞来横祸

知识与技能

本例主要学习综合使用 Keylight 及 Mask 对视频进行抠像。

5.7.1　素材对位

（1）新建工程，导入素材“BG Plate.mov”、“Walk.mov”、“Hood.png”、“car hit.wav”到 Project【项目】窗口中，本例的画面大小与“BG Plate.mov”序列相同，可以以“BG Plate.mov”的参数建立新合成，将“BG Plate.mov”拖到项目窗口底部的“Create a new Composition【新建一个合成】”按钮上，建

立一个新的合成。

（2）把“Walk.mov”从 Project【项目】窗口拖到 Timeline【时间线】窗口中的“BG Plate.mov”图层的上面，设置它的 Opacity【不透明度】为“50%”，这样便于观察。播放视频预览，找到车刚撞到人的瞬间所在的帧，调整“Walk.mov”图层的位置，如图 5-80 所示。

（3）在 Timeline【时间线】窗口选择“Walk.mov”图层，执行菜单栏中的“Layer→Pre-Compose【图层→预合成】”命令，在弹出的对话框中设置新合成名为“Walking”，如图 5-81 所示。

图 5-80

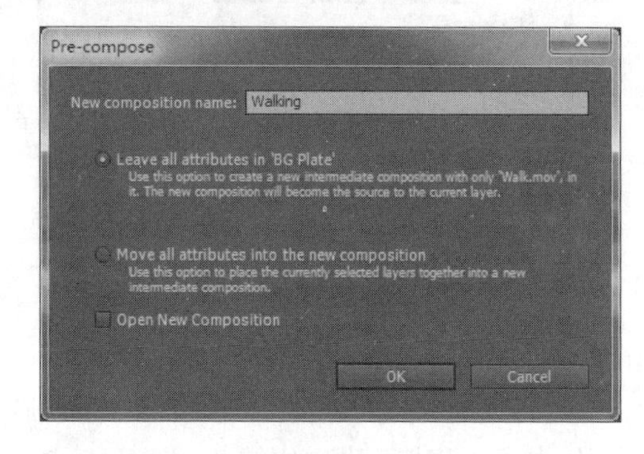

图 5-81

（4）在 Timeline【时间线】窗口打开 “BG Plate” 合成，播放到“0:00:01:23”处，即车撞到人，在这之后的画面不再需要，打开“Walking”合成，选中“Walk.mov”图层，设置它的出点为“0:00:01:23”，这样可以裁剪掉它后面的部分。

5.7.2 人物抠像

（1）在 Project【项目】窗口双击“Walking”合成，把它在 Timeline【时间线】窗口打开，在原始素材上进行处理，要做的就是去掉绿色背景，把人抠出来。选中“Walk.mov”图层，使用工具栏中的 Pen Tool【钢笔工具】对人物勾画一个粗略的 Mask，如图 5-82 所示。

（2）下面要抠掉绿色背景，在 Timeline【时间线】窗口中选择“Walk.mov”图层，执行菜单栏中的“Effect→Keying→Color Key【特效→键控→颜色键控】”命令，在 Effect Controls【特效控制】窗口中使用 Key Color 右侧的吸管工具，吸取要抠掉的绿色背景，设置 Color Tolerance【颜色容差】为“30”，增加绿色范围，效果如图 5-83 所示。

图 5-82

图 5-83

（3）在 Effect Controls【特效控制】窗口中复制多份 Color Key 特效，并吸取多次背景颜色，保证整段视频中绿色背景基本被抠掉，另外也要适当调整 Mask，效果如图 5-84 所示。

（4）在 Timeline【时间线】窗口中选择“Walk.mov”图层，执行菜单栏中的“Effect→Matte→Simple Choker【特效→蒙版→简单抑制】”命令，设置 Choke Matte 为“-18”，生成外边缘，效果如图 5-85 所示。

图 5-84

图 5-85

（5）在 Timeline【时间线】窗口中选择“Walk.mov”图层，执行菜单栏中的“Effect→Keying→Keylight【特效→键控→Keylight】”命令，在 Effect Controls【特效控制】窗口中使用 Screen Colour 右侧的吸管吸取绿色背景，设置 Screen Gain 为“105”，Screen Pre-blur 为“0.8”，在开始去背景之前模糊一下边缘部分。展开 Screen Matte 参数，设置 Replace Method 为“Hard Colour”，Hard Colour 为最大程度使绿色清除干净，边缘混合更好一些。设置 Clip Black 为“25”，Clip White 为“82”，查看 Screen Matte，使亮度低于 25 的都变为黑色，亮度高于 82 的都变为白色，这样保证背景去除干净，而前景不会被误抠掉。设置 Screen Shrink/Grow 为“-0.3”，把边缘清除得干净一些，如图 5-86 所示。

（6）在 Timeline【时间线】窗口中选择“Walk.mov”图层，重命名为“Top Part”，把它复制两个图层，并且重命名为“Feet”和“Feet2”，删除“Feet”和“Feet2”图层上的 Mask。隐藏“Top Part”图层，锁定“Feet”图层，隐藏“Feet2”图层，如图 5-87 所示。

图 5-86

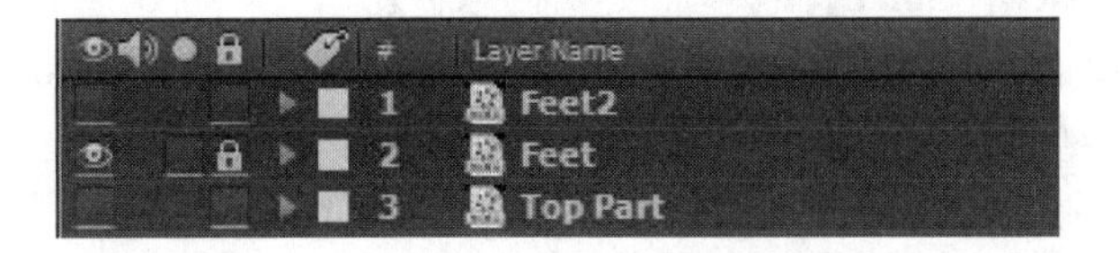

图 5-87

（7）选中“Feet2”图层，对脚制作 Mask，注意整个时间段内脚的位置，需要逐帧设置 Mask 的 Mask Path 关键帧，这部分调整 Mask 所花时间较多，设置脚上的两个 Mask 的 Mask Feather【遮罩羽化】为“0.5”。

（8）显示“Top Part”和“Feet2”图层，解锁并删除“Feet”图层。删除“Feet2”图层上面的 Color Key 和 Simple Choker 特效，设置 Keylight 的 Clip Black 为“17”，Clip White 为“31”，Screen Softness 为“1”，效果如图 5-88 所示。

（9）现在已经把脚还原回来，接着需要还原阴影部分，在 Timeline【时间线】窗口，按【Ctrl+D】组合键把“Feet2”图层复制一份，重命名为“Shadow”，把它放置到“Feet2”图层的下面，设置“Shadow”图层左脚 Mask 的 Mask Feather【遮罩羽化】为“24”，Mask Expansion【遮罩扩展】为“11”，设置右脚 Mask 的 Mask Feather【遮罩羽化】为“25”，Mask Expansion【遮罩扩展】为“16”，使用工具栏上的 Rectangle Tool【矩形工具】绘制 Mask，将“Add”改为“Substract”，Mask Feather 为“38”，再把“Shadow”图层复制一份为“Shadow2”，加深阴影部分，效果如图 5-89 所示。

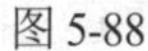

图 5-88

图 5-89

（10）在 Timeline【时间线】窗口打开 “BG Plate” 合成，选中“Walking”图层，设置 Opacity 值为 100%，执行菜单栏中的“Layer→Pre-Compose【图层→预合成】”命令，对它进行预合成，新合成名为“Walking Composite”。

（11）在“Walking Composite”合成中查看，发现人被车撞到之前向右看的时候，动作太过于连贯，需要删除一帧，把时间指示器设置为“0:00:01:14”，执行菜单栏中的“Edit→Split Layer【编辑→分离图层】”命令，在此时间点把原图层分成两部分，把后半部分的入点设置为“0:00:01:15”，再把前半部分整体移动一帧，这样达到了删除 0:00:01:14 帧的目的，使人被车撞到的时候，看起来更突然。

（12）下面需要解决车开过来，人影和车影重叠问题。打开“Walking”合成，执行菜单栏中的“Layer→New→Solid【图层→新建→固态层】”命令，新建一个固态层，把它放置到合成的顶部，隐藏该图层，在 0:00:01:15 处，在该图层上使用工具栏中的 Pen Tool【钢笔工具】绘制 Mask，设置 Mask Feather 为“8”，效果如图 5-90 所示。

显示该固态层，并设置图层混合模式为“Silhouette Alpha【Alpha 剪影】”，此种方式是消除在这个区域内的任何物体，也就是消除人物的阴影。

在“0:00:01:15”处，单击 Mask Path 左侧的码表，创建关键帧，在“0:00:01:14”处，移动 Mask，自动创建一个关键帧，如图 5-91 所示。

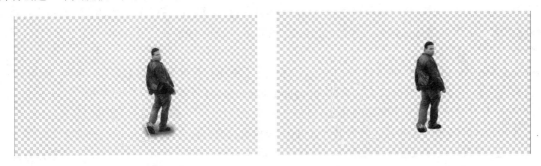

图 5-90　　　　图 5-91

5.7.3 人被撞飞效果

（1）在 Timeline【时间线】窗口打开“BG Plate”合成，把时间指示器移到“0:00:01:14”处，即人将被撞上的时候，选中“Walking Composite”图层，使用工具栏中的“Pan Behind Tool”把轴心点移动到人身体上。

（2）执行菜单栏中的“Layer→New→Null Object【图层→新建→空对象】”命令，新建一个空对象“Null 1”，对它的 Position 设置关键帧，在“0:00:01:14”处，移动到靠近车窗的位置，创建关键帧，在“0:00:01:23”处，跟随汽车位置移动，创建关键帧，确保移动路径是一条直线，在“0:00:02:02”处，创建关键帧，把它移出画面。

（3）执行菜单栏中的“Layer→New→Solid【图层→新建→固态层】”命令，新建一个固态层，关闭显示，在车头位置使用工具栏中的 Pen Tool【钢笔工具】勾画 Mask，设置 Mask Feather 为（12,5），如图 5-92 所示。

（4）在 Timeline【时间线】窗口复制“BG Plate.mov”图层，把它移到固态层的下面，设置固态层为它的 Alpha Matte【Alpha 蒙版】，设置固态层的 Parent【父对象】为“Null 1”，如图 5-93 所示。

图 5-92

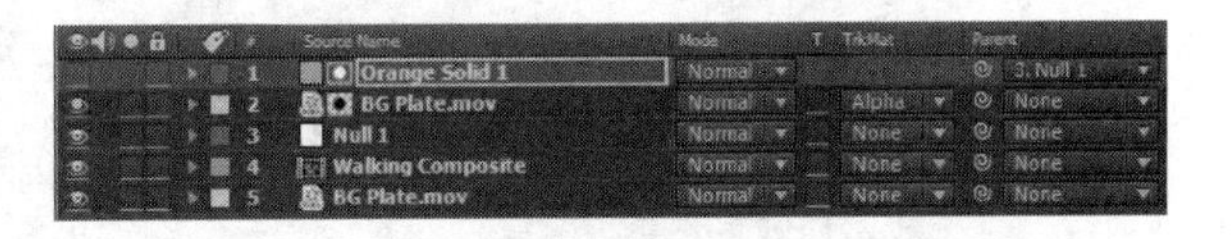

图 5-93

（5）为了使车头部分移动更真实一些，需要对固态层的 Mask Path 设置关键帧，这部分需要逐帧调整。

（6）为了使人有被突然撞飞的效果，选中“Walking Composite”图层，在“0:00:01:15”处，执行菜单栏中的“Edit→Split Layer【编辑→分离图层】”命令，把它分成两部分，把后半部分的父对象也设置为“Null 1”。对“Walking Composite”后半部分设置 Position 和 Rotation 关键帧，使其看起来有猛撞上车的感觉。

5.7.4 车头碰撞效果

（1）创建玻璃碎片。执行菜单栏中的“Layer→New→Solid【图层→新建→固态层】”命令，新建一个固态层，重命名为“Glass”，执行菜单栏中的“Effect→Simulation→CC Particle World【特效→仿真→CC 粒子世界】”命令。

在 Effect Controls【特效控制】窗口，展开 Physics【物理】下面的 Floor【地面】参数，设置 Floor Action【地面动作】为“Bounce【反弹】”，Random Bounciness【反弹随机值】为“20”，Bounce Spread【反弹扩散】为“15”，使碎片落到地面后，以相同的速度随机向不同的方向反弹出来。

展开 Particle【粒子】参数，设置 Particle Type【粒子类型】为“TriPolygon【三角面】”，调整碎片的大小，设置 Birth Size【出生大小】为“0.049”，Death Size【死亡大小】为“0.019”，调整碎片的颜色，Birth Color【出生颜色】为“淡蓝色”，Death Color【死亡颜色】为“白色”。

现在要让碎片在撞到人的时候产生，在 0:00:01:14 处，单击 Birth Rate 左侧的码表，设置参数值为“0”，创建关键帧，在 0:00:01:15 处，Birth Rate 为“40”，自动创建一个关键帧，在 0:00:01:17 处，Birth Rate 为“0”，自动创建一个关键帧，这样碎片就像子弹一样发射出来。现在要确保碎片跟随汽车运动，创建 Producer【发射器】的 Position 动画，在 0:00:01:14 处，单击 Producer 的 Position X、Position Y、Position Z 左侧码表，参数值分别设为（-0.11,0,0），创建关键帧，在 0:00:01:17 处，Producer 的 Position X、Position Y、Position Z 参数值分别为（0.28,0,0），自动创建关键帧。

在 Physics【物理】中增加 Inherit Velocity【继承速度】为“60”，这样车子驶过来的时候，碎片也向前运动，增加 Gravity【重力】为“0.75”，使玻璃碎片下落更快一点。参数设置如图 5-94 所示。

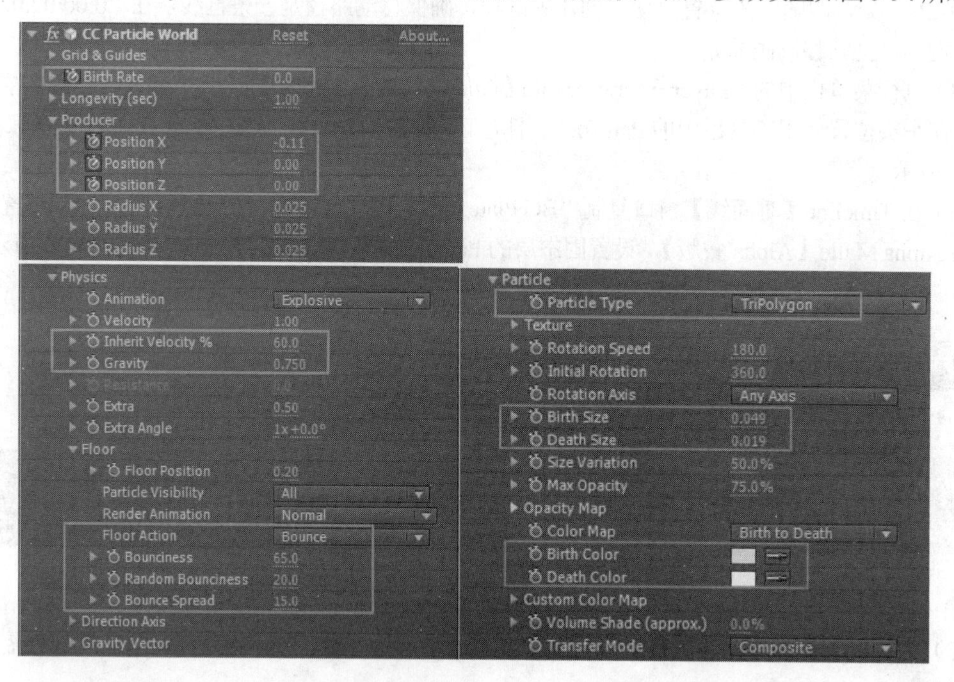

图 5-94

（2）在 Timeline【时间线】窗口选择“Glass”图层，执行菜单栏中的“Effect→Blur&Sharpen→Fast Blur【特效→模糊&锐化→快速模糊】”命令，在 Effect Controls【特效控制】窗口中设置 Blur Dimensions【模糊方向】为“Vertical【垂直】”，Blurriness【模糊值】为“10”，在垂直方向模糊碎片，使碎片看起来更真实一些。

（3）当车撞上人后，引擎盖会变形，这样看起来更真实。将“Hood.png”拖到 Project【项目】窗口底部的“Create a new Composition【新建一个合成】”按钮上，建立一个新的合成。打开“Hood”合成，把图层重命名为“Top Left”，使用工具栏中的 Pen Tool【钢笔工具】勾画 Mask，使用“Pan Behind Tool”设置轴心点到如图 5-95 所示位置。

（4）在 Timeline【时间线】窗口选择“Top Left”图层，按【Ctrl+D】组合键复制一份，并重命名为“Right”，删除这个图层上的 Mask，重新勾画 Mask，如图 5-96 所示。

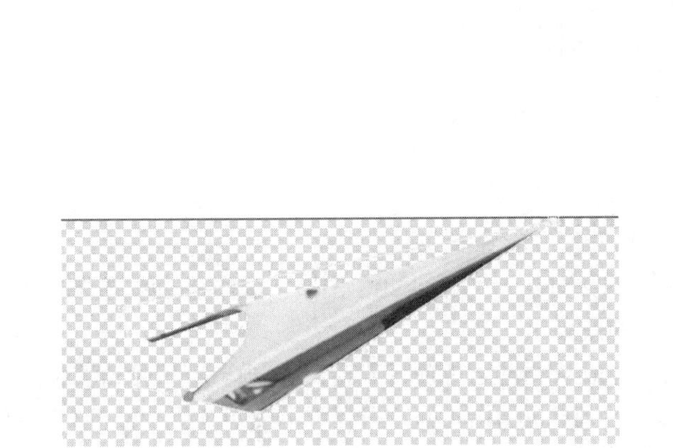

图 5-95

图 5-96

再复制一层，重命名为“Main”，删除 Mask，重新勾画 Mask，如图 5-97 所示。

（5）设置“Right”图层的父对象为“Top Left”，在“0:00:00:00”处，单击“Top Left”图层的 Rotation 左侧的码表，设置参数值为“33.8”，创建关键帧，单击“Right”图层的 Rotation 左侧的码表，设置参数值为“-75.2°”，创建关键帧，在“0:00:00:04”处，设置“Top Left”图层的 Rotation 为“9.8°”，自动创建关键帧，设置“Right”图层的 Rotation 为“-11.9°”，自动创建关键帧，形成车头碰撞后变形的效果。

（6）打开运动模糊效果，开启 Timeline【时间线】窗口的“Enable Motion Blur【允许运动模糊】”，开启“Main”、“Top Left”、“Right”图层的“Motion Blur”，如图 5-98 所示。

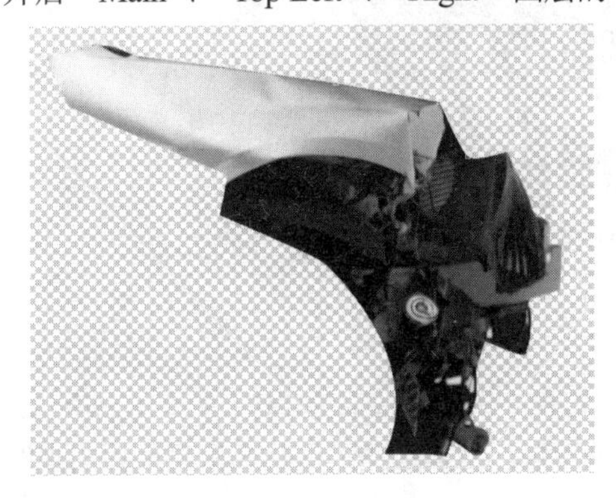

图 5-97

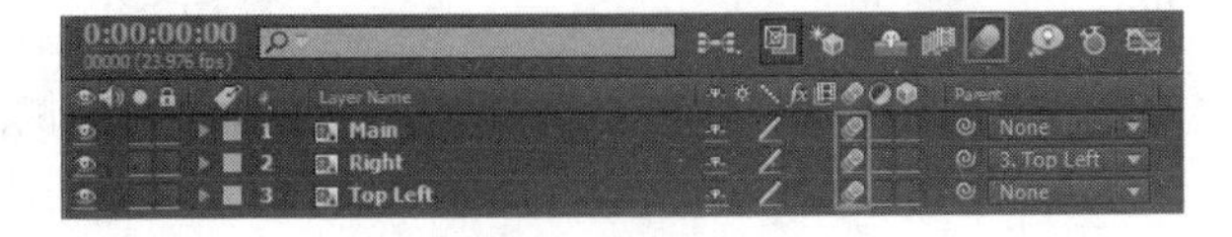

图 5-98

（7）复制“Main”图层，删除原有的 Mask，重新创建一个 Mask，设置轴心点到如图 5-99 所示位置。

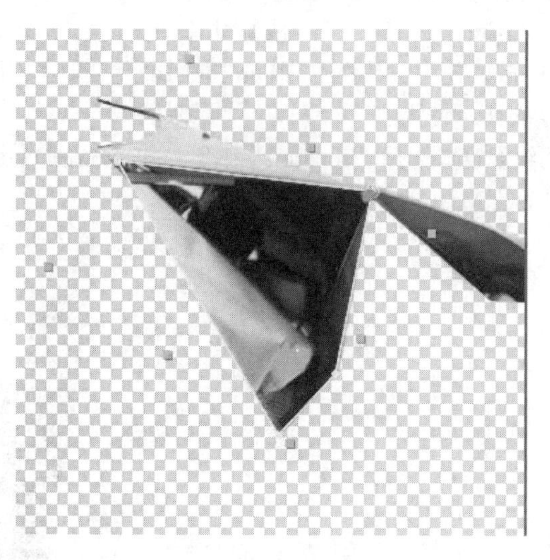

图 5-99

把它拖到“Top Left”图层的下面，设置它的父对象为“Top Left”图层，这样它就跟随“Top Left”图层一起运动，这样就完成车头部分被撞起来的效果了。

（8）打开“BG Plate”合成，把“Hood”合成从 Project【项目】窗口拖到合成的顶部，调整大小后放置到合适的位置，把“Hood”图层整体移动到 0:00:01:14 处，设置它的父对象为“Null 1”图层，开启“Hood”的运动模糊开关，选中它，执行菜单栏中的“Effect→Color Correction→Curve【特效→色彩校正→曲线”命令，对红、绿、蓝通道进行调整，使它与车身颜色相匹配。

（9）在 0:00:01:16 处，在“Hood”图层上面勾画 Mask，并将“Add”改为“Substract”，Mask Feather 为“33”，效果如图 5-100 所示。

图 5-100

在 0:00:01:14 处，单击“Hood”图层的 Opacity 左侧的码表，设置参数值为“0%”，创建关键帧，在 0:00:01:16 处，设置 Opacity 的值为“100%”，自动创建关键帧，为车头变形创建一个碰撞后出现的效果。

第6章 跟踪

本章学习目标

- ◆ 掌握运动跟踪、平面跟踪、摄像机跟踪的原理及应用领域。
- ◆ 掌握单点跟踪的方法。
- ◆ 掌握两点跟踪的方法。
- ◆ 掌握四点跟踪的方法。
- ◆ 掌握平面跟踪的方法。
- ◆ 掌握摄像机跟踪的方法。

跟踪就是对视频画面中的某个特定内容进行跟随操作。跟踪的方法有多种，第一种是运动跟踪，使用 After Effects 内置的 Tracker 模块。运动跟踪需要解决以下几个问题。

（1）对哪个图层的哪个元素进行跟踪。

（2）使用何种跟踪方式，也就是跟踪元素的位移、旋转、缩放变化还是透视变化。

（3）根据何种差异进行跟踪，要跟踪的元素与背景有明显差异才能进行。

（4）跟踪元素得到的数据赋予图层还是特效。

第二种是平面跟踪，使用 After Effects 的插件 Mocha 实现。

第三种是摄像机跟踪，使用 After Effects 的插件 3D Camera Tracker 或者第三方软件如 Boujou、PFTrack、Syntheyes 实现三维空间内的跟踪。

6.1 边学边做——追踪合成火球

知识与技能

本例主要学习单点跟踪的技术。

6.1.1 素材处理

（1）新建工程，把“背景.jpg”序列和“火球.mov”导入到 Project【项目】窗口中，如图 6-1 所示。

（2）重新解释导入的“背景.jpg”序列帧速率为 25fps。在 Project【项目】窗口中选择“背景.jpg”序列，执行右键快捷菜单中的“Interpret Footage→Main”命令，在弹出的对话框中设置帧速率，输入“25”，如图 6-2 所示。

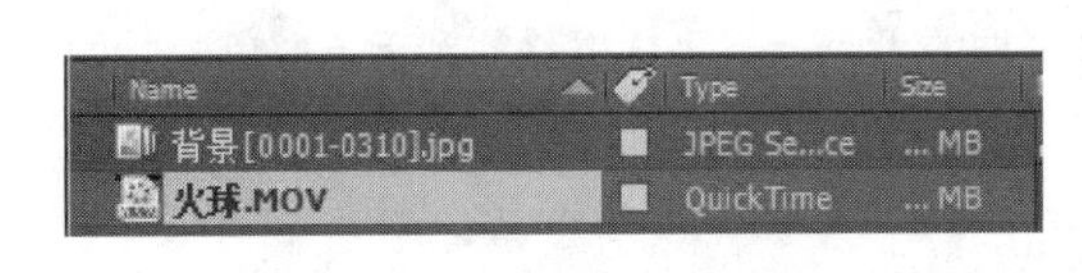

图 6-1

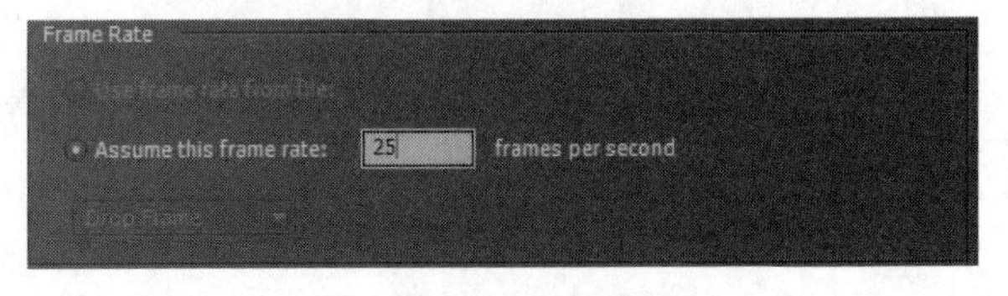

图 6-2

（3）本例的画面大小与“背景.jpg”序列相同，可以以“背景.jpg”序列的参数建立新合成，将“背景.jpg”序列拖到Project【项目】窗口底部的“Create a New Composition【创建一个新合成】”按钮上，建立一个新的合成。

（4）把素材“火球.mov”从Project【项目】窗口中拖到Timeline【时间线】窗口中“背景.jpg”图层的上面，设置“火球.mov”图层的Mode【图层混合模式】为“Add”，过滤掉“火球.mov”图层上的黑色背景，移动“火球.mov”到演员手上，并缩放到合适的大小。使用工具栏中Pan Behind Tool把轴心点设置到火球的下方，如图6-3所示。

图6-3

6.1.2 单点跟踪

（1）在Timeline【时间线】窗口中选择“背景.jpg”图层，执行菜单栏中的“Animation→Track Motion【动画→运动跟踪】”命令，打开Tracker【跟踪】窗口，单击“Track Motion【运动跟踪】”按钮，创建跟踪点，同时可以看到“背景.jpg”在Layer【图层】窗口中打开，显示出单点跟踪的采样框。

采样框的内框为特征区域框，用于指定跟踪对象的特征区域，外框为跟踪区域，用于定义跟踪对象的采样范围，中间的十字点为得到跟踪路径生成关键帧的位置。

（2）设置跟踪图层，Motion Source【运动源】为“背景.jpg”，设置跟踪方式，使用默认的“Position【位置】”方式，则只跟踪元素的位置变化，如果选择“Rotation【旋转】”和“Scale【比例】”选项，则能跟踪元素的旋转和大小变化。

在本例中只需要跟踪元素的位置变化，只选中“Positon【位置】”选项，如图6-4所示。

（3）设置根据何种差异进行跟踪。单击Tracker【跟踪】窗口中的“Options【选项】”按钮，弹出“Motion Tracker Options【运动跟踪选项】”对话框，如图6-5所示。

在Channel【通道】中可以设置根据RGB、Luminance【亮度】和Saturation【饱和度】进行跟踪。在本例中要跟踪的是手上的白色部分，很明显与周围存在的是亮度上的差异，因此选中“Luminance”选项。

（4）在Layer【图层】窗口调整跟踪点的位置及采样框的大小，把采样框移动到手上白色处，如图6-6所示。

（5）把时间指示器设为“00:00:00:00”，单击Tracker【跟踪】窗口中的“Analyze Forward【向前分析】”按钮，这时会自动向前播放，同时记录跟踪点的关键帧路径，如果在跟踪过程中出现采样框脱离跟踪点的情况，暂停跟踪，在脱离处调整采样框的位置和大小，并且从脱离处再开始跟踪，直到跟踪正确为止，效果如图6-7所示。

图 6-4

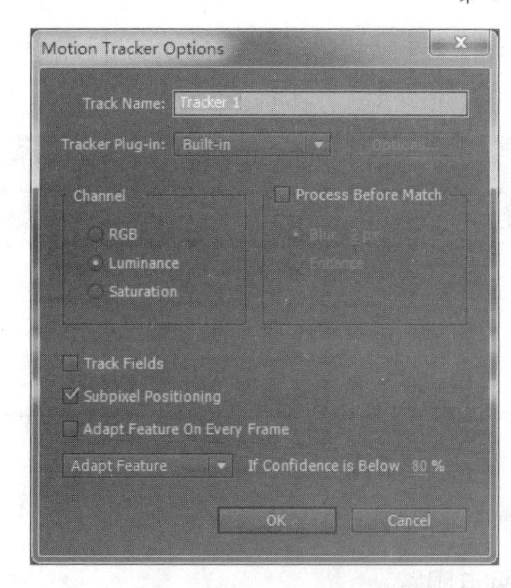

图 6-5

图 6-6

图 6-7

（6）完成跟踪后，需要把跟踪数据赋予目标层。单击 Tracker【跟踪】窗口中的“Edit Target【编辑目标】”按钮，在弹出的“Motion Target【运动目标】”对话框中选择“Layer”选项，并选中“火球.mov”图层，如图 6-8 所示。

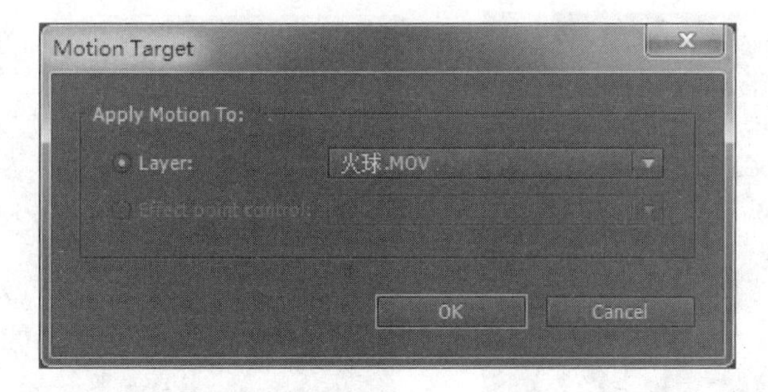

图 6-8

（7）单击 Tracker【跟踪】窗口中的“Apply【应用】”按钮，将得到的跟踪数据赋予“火球.mov”图层。

（8）单击 Preview【预览】窗口中的“播放”按钮，观看跟踪后的效果，发现在人离开画面后火球还停留在画面内，找到火球偏离手的所在的画面，调整火球的位置，在人离开画面后，火球不应该停留在画面内，这就需要把“火球.mov”后面的Position关键帧删除，如图6-9所示。

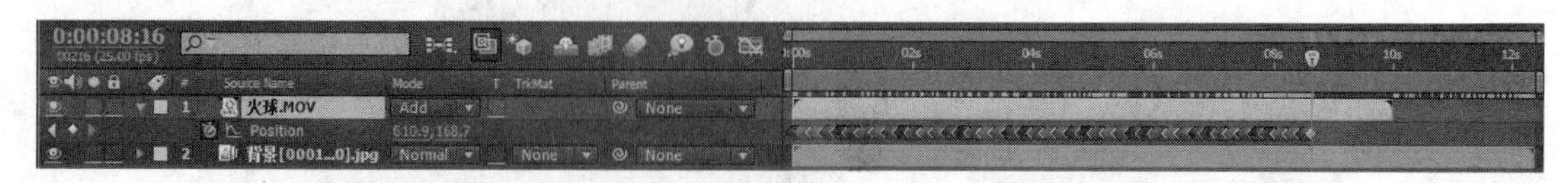

图6-9

6.2 边学边做——战火硝烟

知识与技能

本例主要学习两点跟踪的技术。

6.2.1 两点跟踪

（1）新建工程，将素材“PowerStation.mov”、“Smoke.mov”和“Streak.mov”导入到Project【项目】窗口中，本例的画面大小与“PowerStation.mov”相同，可以以“PowerStation.mov”的参数建立新合成，将“PowerStation.mov”拖到Project【项目】窗口底部的“Create a New Composition【创建一个新合成】”按钮上，建立一个新的合成。

（2）在Timeline【时间线】窗口选择“PowerStation.mov”图层，执行菜单栏中的“Animation→Track Motion【动画→运动跟踪】”命令，打开“Tracker【跟踪】”窗口，单击“Track Motion【运动跟踪】”按钮，创建跟踪点，同时可以看到“PowerStation.mov”在Layer【图层】窗口中打开，显示出单点跟踪的采样框。

（3）设置跟踪图层，Motion Source【运动源】为“PowerStation.mov”，设置跟踪方式，本例中跟踪元素的位置产生变化，另外有明显的镜头摇动效果，需要勾选“Position【位置】”和“Rotation【旋转】”选项，如图6-10所示。

（4）设置根据何种差异进行跟踪。单击Tracker【跟踪】窗口中的“Options【选项】”按钮，弹出“Motion Tracker Options【运动跟踪选项】”对话框，这里采用默认设置，根据Luminance【亮度】的差异进行跟踪，如图6-11所示。

图6-10

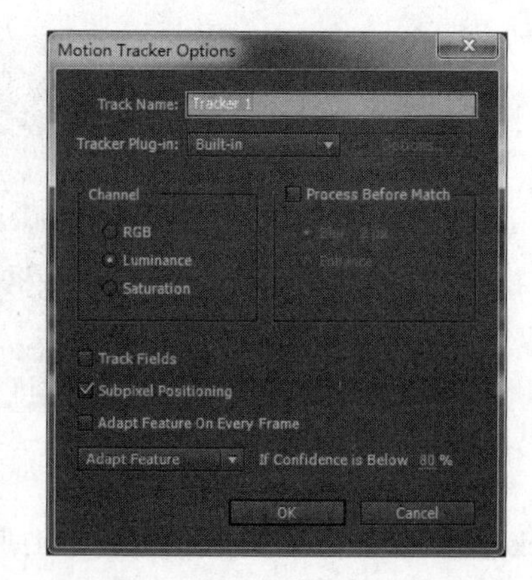

图6-11

（5）在 Timeline【时间线】窗口中，把时间指示器设为“0:00:00:00”，在 Layer【图层】窗口调整跟踪点的位置及采样框的大小，把采样框移动到如图 6-12 所示的两个窗户处。

（6）在 Tracker【跟踪】窗口单击“Analyze forward【向前分析】”按钮，这时会自动向前播放，同时记录跟踪点的关键帧路径，如果在跟踪过程中出现采样框脱离跟踪点的情况，暂停跟踪，在脱离处调整采样框的位置和大小，并且从脱离处再开始跟踪，直到跟踪正确为止。效果如图 6-13 所示。

图 6-12

图 6-13

（7）执行菜单栏中的“Layer→New-Null Object【图层→新建→空对象】”命令，在合成中新建一个空对象“Null 1”，单击 Tracker【跟踪】窗口中的“Edit Target【编辑目标】”按钮，在弹出的“Motion Target【运动目标】”对话框中选择“Layer”选项，并选中“Null1”图层，如图 6-14 所示。

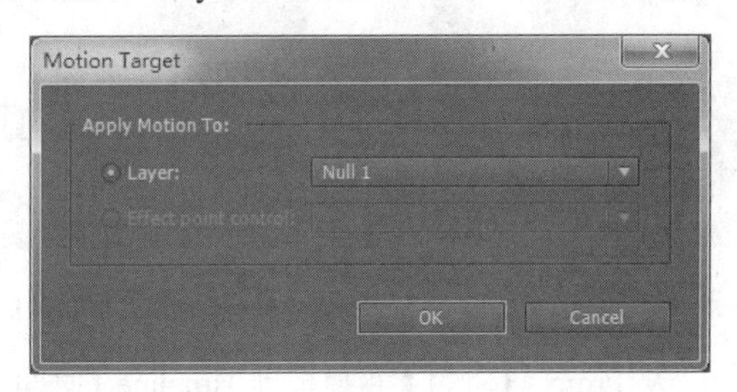

图 6-14

单击“OK”按钮后返回，单击 Tracker【跟踪】窗口中的“Apply【应用】”按钮，将得到的跟踪数据赋予“Null1”图层。

6.2.2 后期合成

（1）把素材“Smoke.mov”从 Project【项目】窗口拖到 Timeline【时间线】窗口的合成顶部，设置“Smoke.mov”图层的混合模式为“Darken”，把“Smoke.mov”中的白色背景过滤掉。设置“Smoke.mov”图层的 Parent【父对象】为“Null 1”，在“Smoke.mov”图层和空对象“Null 1”之间建立父子关系，使得“Smoke.mov”图层跟随空对象“Null 1”一起运动。调整“Smoke.mov”图层的位置，如图 6-15 和图 6-16 所示。

#	Source Name	Mode	T	TrkMat	Parent
1	Smoke.mov	Darken			2. Null 1
2	Null 1	Normal		None	None
3	PowerSt...n.mov	Normal		None	None

图 6-15

（2）使用工具栏中的 Pen Tool【钢笔工具】在“Smoke.mov”图层上沿着房子边缘绘制一个遮罩

“Mask 1”，展开“Smoke.mov”图层下面的“Mask 1”，勾选右侧的“Inverted”选项，把 Mask 反向，效果如图 6-17 所示。

图 6-16

图 6-17

设置“Mask 1”的 Mask Feather【遮罩羽化】为“2”，使遮罩边缘产生羽化效果。为了使在房子后面出现烟雾效果，需要对“Mask 1”的 Mask Path 制作关键帧，如图 6-18 所示。

适当降低烟雾的不透明度，设置“Smoke.mov”图层的 Opacity【不透明度】参数值为“83%”。

（3）在 Timeline【时间线】窗口中选择“Smoke.mov”图层，按【Ctrl+D】组合键复制两份，选择最上面的“Smoke.mov”图层，删除它上面的“Mask 1”，移动图层位置，形成在房子前的烟雾效果，如图 6-19 所示。

图 6-18

图 6-19

（4）把素材“Streak.mov”从 Project【项目】窗口拖到 Timeline【时间线】窗口的合成中，放置到最上面，设置“Streak.mov”的 Parent【父对象】为“Null 1”，使它也跟随空对象“Null 1”一起运动。

在“Streak.mov”视频中，我们需要的是炮弹的拖尾效果，而不是黑色的背景，设置“Streak.mov”图层的混合模式为“Sihouette Luma”，如图 6-20 所示。

#	Source Name	Mode	T	TrkMat	Parent
1	Streak.mov	Silhouette			5. Null 1
2	Smoke.mov	Darken		None	5. Null 1
3	Smoke.mov	Darken		None	5. Null 1
4	Smoke.mov	Darken		None	5. Null 1
5	Null 1	Normal		None	None
6	PowerSt...n.mov	Normal		None	None

图 6-20

（5）在 0:00:00:14 处，把“Streak.mov”图层移到如图 6-21 所示位置。

在画面中，击中屋顶的炮弹拖尾应该在树的后面，使用工具栏中的 Pen Tool【钢笔工具】在“Streak.mov”图层上绘制“Mask 1”，展开图层下面的“Mask 1”，勾选右侧的“Inverted”选项，把 Mask 反向，设置 Mask Feather 为“120”，使遮罩边缘产生羽化效果，如图 6-22 所示。

当炮弹击中屋顶目标的时候，发现炮弹直接穿过屋顶，这时需要再绘制 Mask 把多余部分抠掉，在 0:00:01:17 处，使用工具栏中的钢笔工具在“Streak.mov”图层上绘制“Mask 2”，设置“Mask 2”的 Mode【模式】为“Subtract”，在 0:00:02:19 处，使用工具栏中的 Pen Tool【钢笔工具】在“Streak.mov”

图层上绘制“Mask 3”，设置“Mask 3”Mode【模式】为“Subtract”，效果如图 6-23 所示。

图 6-21

图 6-22

图 6-23

（6）执行菜单栏中的“Layer→New→Adjustment Layer【图层→新建→调整层】”命令，新建一个调整层，把它放置到合成的最上面。调整层的特点是在它上面添加的效果会影响在它下面的所有图层。

选中调整层，执行菜单栏中的“Effect→Color Correction→Color Balance【特效→色彩校正→色彩平衡】”命令，增加阴影部分的红色，设置 Shadow Red Balance 为“46”，增加中间调部分的红色，设置 Midtone Red Balance 为“16”，降低中间调部分的蓝色，设置 Midtone Blue Balance 为“-12”，降低高光部分的蓝色，设置 Hilight Blue Balance 为“-47”，如图 6-24 和图 6-25 所示。

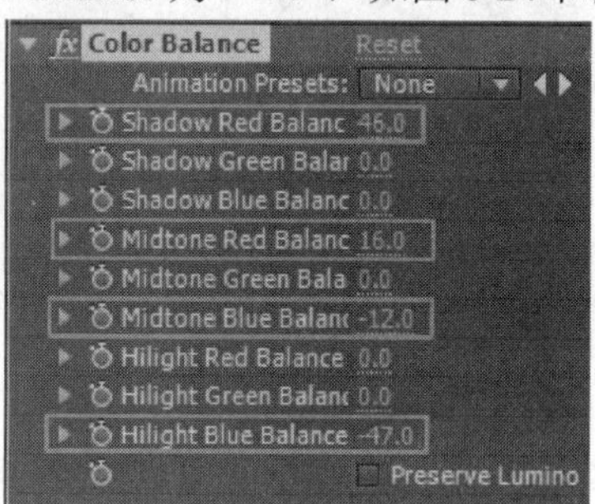

图 6-24

选中调整层，执行菜单栏中的“Effect→Color Correction→Hue/Saturation【特效→色彩校正→色相/饱和度】”命令，设置 Master Saturation【整体饱和度】为“-40”，降低画面的饱和度，使画面有一种经历战火的苍凉感，效果如图 6-26 所示。

图 6-25

图 6-26

6.3 边学边做——壁挂电视

知识与技能

本例主要学习四点跟踪的技术。

本例为挂在墙壁上的电视机里播放一段视频，需要在后期处理中通过跟踪技术将视频贴合到电视机屏幕的位置，感觉视频就是在电视机中播放一样，这里需要处理视频的透视关系，用到下面介绍的四点跟踪。

6.3.1 四点跟踪

（1）新建工程，将“tv.jpg”序列和“花丛蝴蝶.avi”导入到 Project【项目】窗口中，如图 6-27 所示。

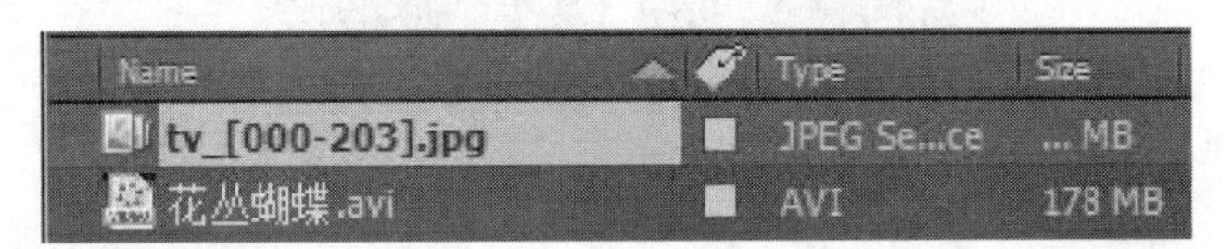

图 6-27

（2）重新解释导入的“tv.jpg”序列的帧速率。在 Project【项目】窗口中选择“tv.jpg”序列，执行右键快捷菜单中的“Interpret Footage→Main”命令，在弹出的对话框中设置帧速率为“30”，如图 6-28 所示。

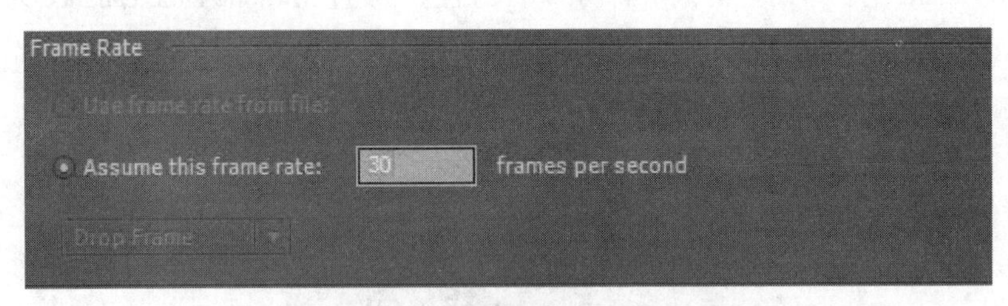

图 6-28

（3）本例的画面大小与“tv.jpg”相同，可以以“tv.jpg”的参数建立新合成，将“tv.jpg”拖到 Project【项目】窗口底部的“Create a New Composition【创建一个新合成】”按钮上，建立一个新的合成。

在 Project【项目】窗口中选择“tv”合成，执行菜单栏中的“Composition→Composition Settings【合成→合成设置】”命令，打开对话框，设置合成的 Duration【持续时间】为“0:00:06:00”，使合成时间长度与“花丛蝴蝶.avi”时间长度一致，如图 6-29 所示。

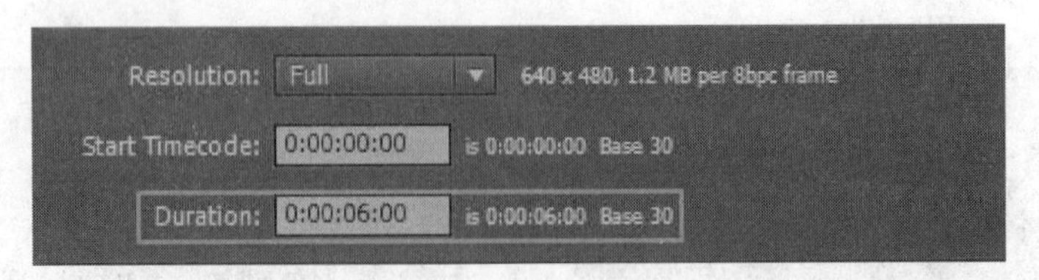

图 6-29

（4）在 Timeline【时间线】窗口中选择“tv.jpg”图层，执行菜单栏中的“Animation→Track Motion

【动画→运动跟踪】”命令，打开“Tracker【跟踪】”窗口，单击“Track Motion【运动跟踪】”按钮，创建跟踪点，同时可以看到“tv.jpg”在 Layer【图层】窗口中打开，显示出单点跟踪的采样框。

（5）在 Tracker【跟踪】窗口中设置 Motion Source【运动源】为“tv.jpg”，在本例中需要跟踪电视机的四个角点，因此设置跟踪方式 Track Type【跟踪类型】为“perspective corner pin”，显示为四个采样框，如图 6-30 所示。

（6）设置根据何种差异进行跟踪。单击 Tracker【跟踪】窗口中的“Options【选项】”按钮，弹出“Motion Tracker Options【运动跟踪选项】”对话框，如图 6-31 所示。

图 6-30

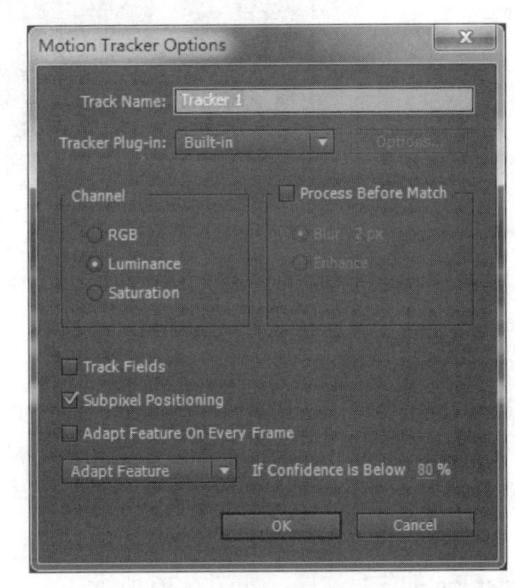

图 6-31

在 Channel【通道】中可以设置根据 RGB、Luminance【亮度】和 Saturation【饱和度】进行跟踪。在本例中要跟踪的是电视机四个角点的黑色部分，很明显与周围存在的是亮度上的差异，因此选中“Luminance”选项。

（7）在 Layer【图层】窗口调整跟踪点的位置及采样框的大小，把采样框移动到电视机的四个角点处，如图 6-32 所示。

（8）在 Timeline【时间线】窗口把时间指示器设为“00:00:00:00”，单击“Analyze forward【向前分析】”按钮，这时会自动向前播放，同时记录跟踪点的关键帧路径，如果在跟踪过程中出现采样框脱离跟踪点的情况，暂停跟踪，在脱离处调整采样框的位置和大小，并且从脱离处再开始跟踪，直到跟踪正确为止，如图 6-33 所示。

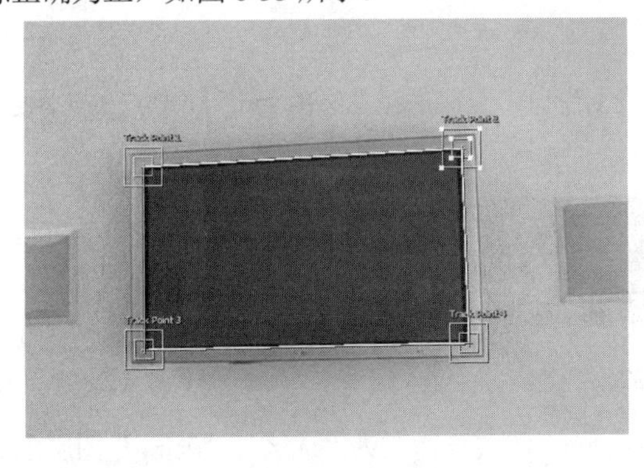

图 6-32

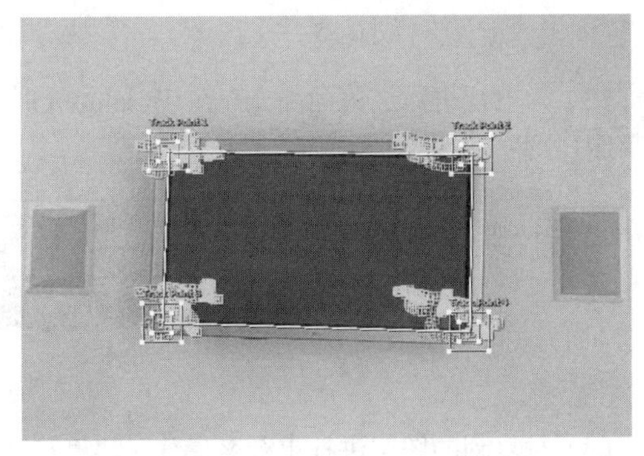

图 6-33

（9）完成跟踪后，需要把跟踪数据赋予目标层。首先从 Project【项目】窗口中把“花丛蝴蝶.avi”拖到 Timeline【时间线】窗口中的“tv.jpg”图层的上面，选中“tv.jpg”图层，单击 Tracker【跟踪】窗口中的“Edit Target【编辑目标】”按钮，在弹出的“Motion Target【运动目标】”对话框中选择“Layer”选项，并选中“花丛蝴蝶.avi”图层，如图 6-34 所示。

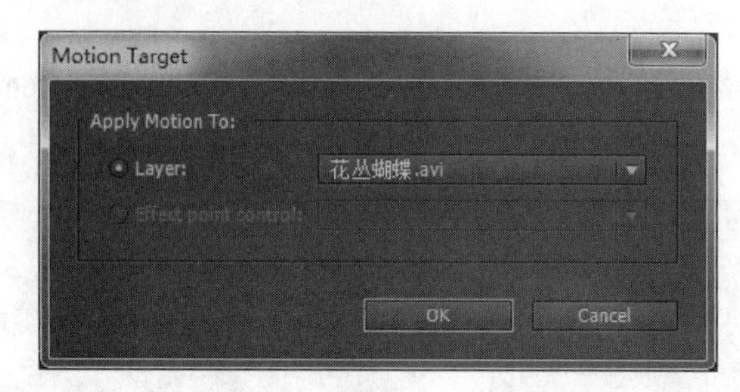

图 6-34

单击 Tracker【跟踪】窗口中的“Apply【应用】”按钮，将得到的跟踪数据赋予“花丛蝴蝶.avi”图层。

6.3.2 边缘融合

（1）融合跟踪后的图像边缘。在 Timeline【时间线】窗口选择“花丛蝴蝶.avi”图层，执行菜单栏中的“Effect→Blur&Sharp→Channel Blur【特效→模糊&锐化→通道模糊】”命令，设置 Alpha Blurriness【Alpha 模糊】的值为“10”，效果如图 6-35 所示。

（2）添加 Channel Blur 后，模糊效果有问题，需要在 Effect Controls【特效控制】窗口中调整 Channel Blur 和 Corner Pin 的先后次序，如图 6-36 所示。

图 6-35

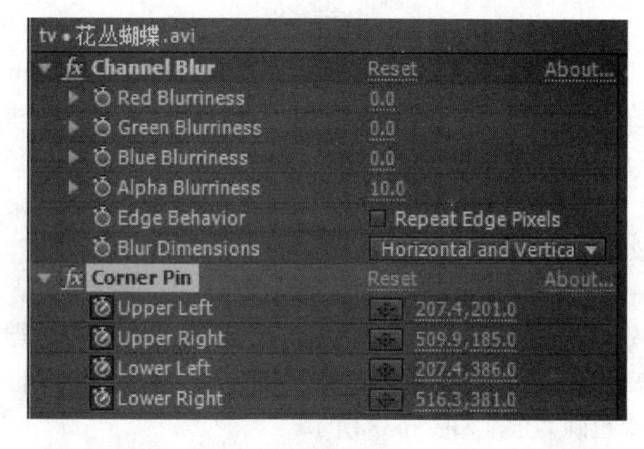

图 6-36

（3）为电视机添加镜面高光。在 Timeline【时间线】窗口中复制“花丛蝴蝶.avi”和“tv.jpg”图层，调整图层顺序如图 6-37 所示。

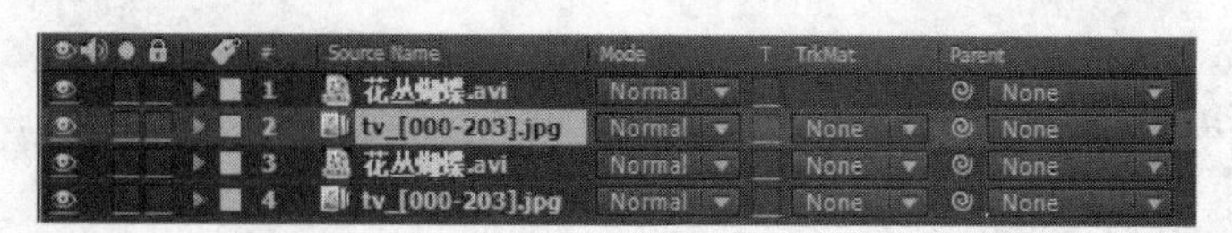

图 6-37

（4）对复制的图层进行重命名操作。将“花丛蝴蝶.avi”图层重命名为“选区”，“tv.jpg”图层重命名为“高光”，如图 6-38 所示。

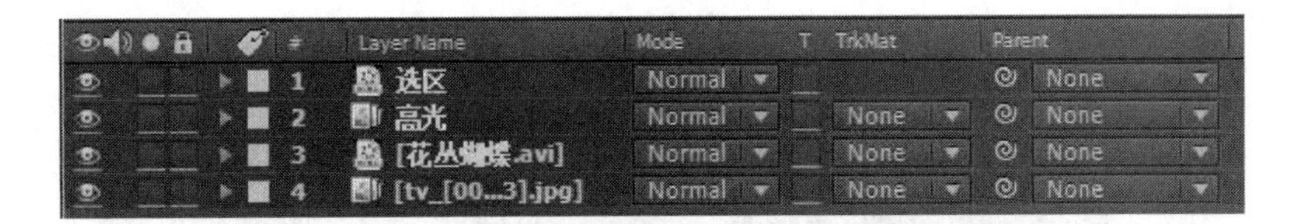

图 6-38

（5）在 Timeline【时间线】窗口中单击“高光”图层右边的 TrkMat【轨道蒙版】栏中的下拉按钮，在弹出的下拉列表中选择“Alpha Matte“选区””，如图 6-39 所示。

Alpha Matte 就是把上层的透明信息作为本层的显示部分，上层的 Alpha 信息如果是白色的，本层对应位置就显示，上层的 Alpha 信息如果是黑色的，本层对应位置就不显示，上层的 Alpha 信息如果是灰色的，本层对应位置就有半透明效果。

（6）在 Timeline【时间线】窗口中单击“高光”图层右侧的 Mode【图层混合模式】栏中的下拉按钮，在弹出的下拉列表中选择“Linear Dodge【线性减淡】”选项，得到效果如图 6-40 所示。

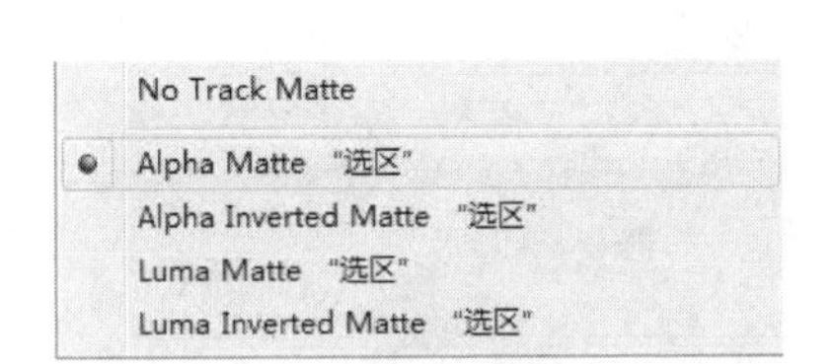

图 6-39

图 6-40

6.4　典型应用——玩转相框

知识与技能

本例主要学习使用 Mocha 进行平面跟踪的技术。

6.4.1　Mocha 相框跟踪

（1）打开 After Effects，新建工程，导入素材“plate.mp4”到 Project【项目】窗口中。本例的画面大小与“plate.mp4”相同，可以以“plate.mp4”的参数建立新合成，将“plate.mp4”拖到 Project【项目】窗口底部的“Create a New Composition【创建一个新合成】”按钮上，建立一个新的合成。

（2）在 Timeline【时间线】窗口中选择“plate.mp4”图层，执行菜单栏中的“Animation→Track in mocha AE【动画→在 mocha 中跟踪】”命令，打开 mocha AE 软件，弹出“New Project【新建项目】”对话框，如图 6-41 所示。这里采用默认设置，单击“OK”按钮即可。

（3）绘制相框所在平面。把当前时间设置为“247”帧，使用工具栏中的 Create X-Spline Layer Tool【创建 X 样条线图层工具】在相框的外框创建 X-Spline，把四个角点拉直，如图 6-42 所示。

这里只需要跟踪相框，不需要跟踪相框内的人，使用工具栏中的 Add X-Spline to Layer【添加 X 样条线到图层】在相框的内框添加 X-Spline，把人排除出跟踪范围，如图 6-43 所示。

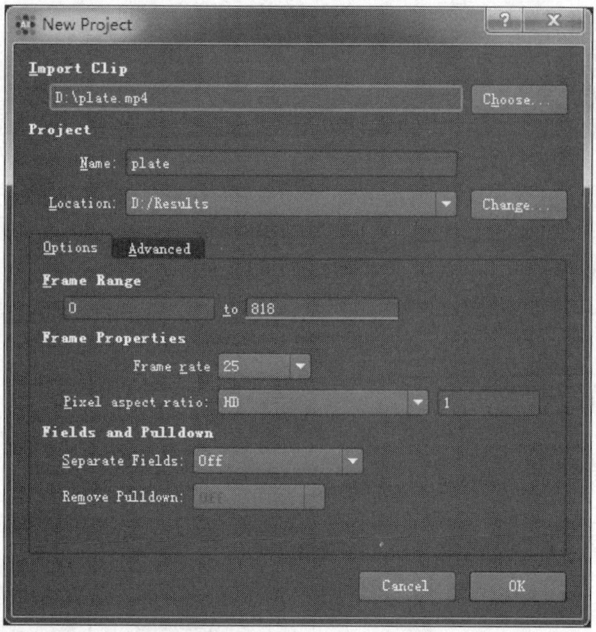

图 6-41

图 6-42

图 6-43

（4）在 Layer Controls【层控制】窗口中修改层名为“Track 1”，如图 6-44 所示。

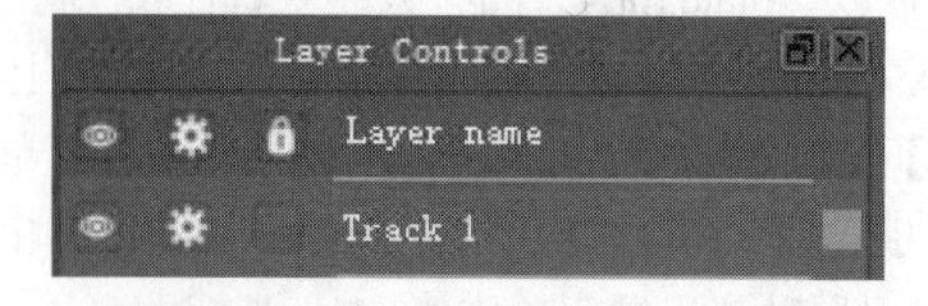

图 6-44

（5）设置跟踪参数。由于相框在运动过程中有透视效果，选中“Perspective【透视】”选项，如图 6-45 所示。

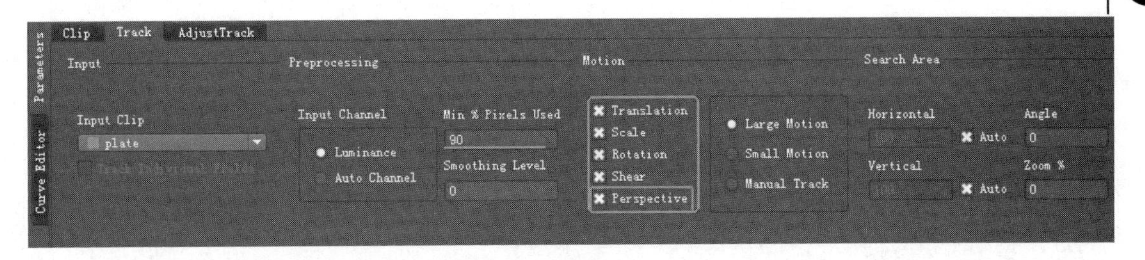

图 6-45

（6）跟踪相框平面。单击“Track Forwards【向前跟踪】”按钮，开始向前跟踪，如图 6-46 所示。

图 6-46

（7）从 400 帧开始相框移出画面，所以从 400 帧以后不再进行跟踪，查看 247～400 帧之间的画面，如果跟踪出现偏离，就调整 X-Spline 的位置，会自动记录关键帧，并重新跟踪这些帧。

（8）在 311 帧处，单击“Show Planar Surface【显示平面】”按钮，如图 6-47 所示。

（9）使用工具栏中的选择工具，调整 Surface【平面】的 4 个角点，使之与相框的内框相匹配，如图 6-48 所示。

图 6-47　　图 6-48

（10）切换到 AdjustTrack【调整跟踪】窗口，对 Surface 偏离内框的相关帧进行调整，调整时需调整好一个角点后再调整另一个角点。

（11）导出跟踪数据。对跟踪时间段内的所有帧调整完成后，单击“Export Tracking Data【导出跟踪数据】”按钮，在弹出的对话框中选择跟踪数据格式如图 6-49 所示。

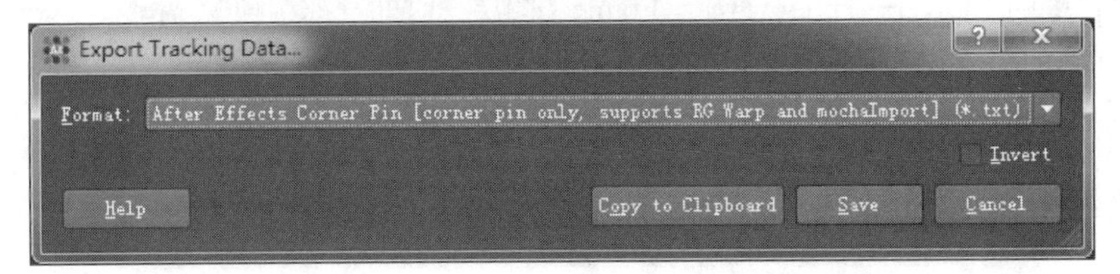

图 6-49

单击“Save”按钮后保存为“Track1.txt”。保存 Mocha 项目后退出。

6.4.2 导入跟踪数据

本例用到 After Effects 的一个脚本 MochaImportPlus 及一个插件 Red Giant Warp。在安装脚本和插件以前，先确保 After Effects 软件未运行，如果 After Effects 软件已运行，请先关闭 After Effects 软件后再进行下面的操作。

（1）把“MochaImportPlus.jsxbin”文件复制到 After Effects 的“ScriptUI Panels”文件夹中，完整路径如下：“C:\Program Files\Adobe\Adobe After Effects CS6\Support Files\Scripts\ScriptUI Panels”。这个路径视各人在安装 After Effects 时选择的安装路径可能会有所不同，这里仅作参考。

（2）复制完成后，运行 After Effects 软件，执行菜单栏中的“Edit→Preferences→General【编辑→首选项→常规】”命令，在弹出对话框中勾选“Allow Scripts to Write Files and Access Network【允许脚本写入文件并访问网络】”选项，如图 6-50 所示。

（3）Red Giant Warp 插件在 Red Giant 公司开发的插件包 Keying Suite 中，安装时注意选择相应的 After Effects 版本，如图 6-51 所示。

图 6-50

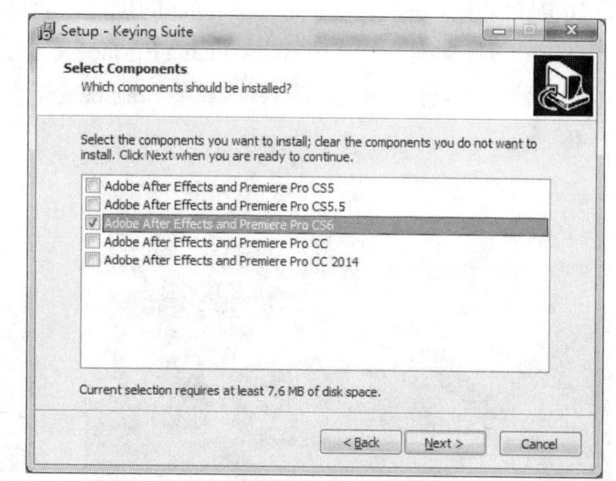

图 6-51

（4）在 Timeline【时间线】窗口中选择“Plate.mp4”图层，按【Ctrl+D】组合键复制一份，并重新命名为“photo1”，如图 6-52 所示。

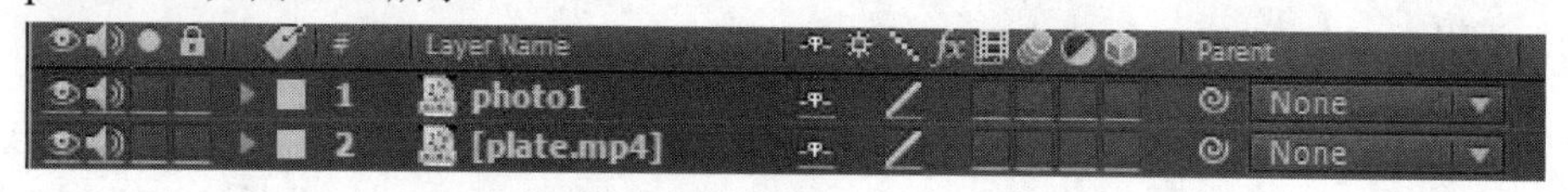

图 6-52

把“photo1”图层的入点设置为“247”帧，出点设置为“400”帧。把时间指示设置到“247”帧处，执行菜单栏中的“Layer→Time→Freeze Frame【图层→时间→冻结帧】”命令，这样“photo1”图层在 247～400 帧，都是 247 帧的画面，如图 6-53 所示。

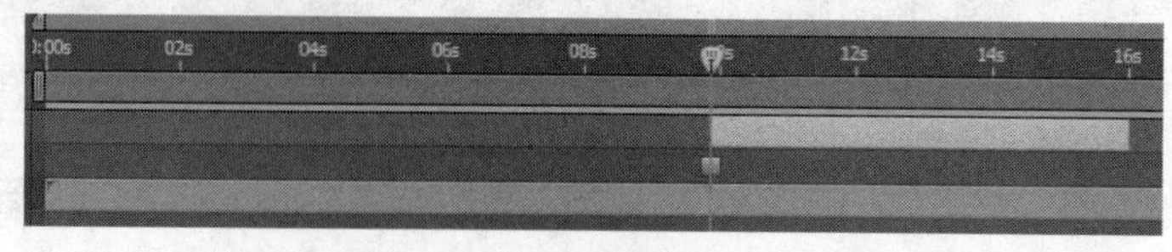

图 6-53

（5）使用工具栏中的 Pen Tool【钢笔工具】，在“photo1”图层上绘制比内框稍大的 Mask，并且设置 Mask Feather【遮罩羽化】为“20”，如图 6-54 所示。

（6）选择“photo1”图层，移动时间指示器到第“247”帧，设置当前帧为第“247”帧，执行菜单栏中的“Windows→MochaImportPlus.jsxbin”命令，打开如图 6-55 所示对话框。

图 6-54

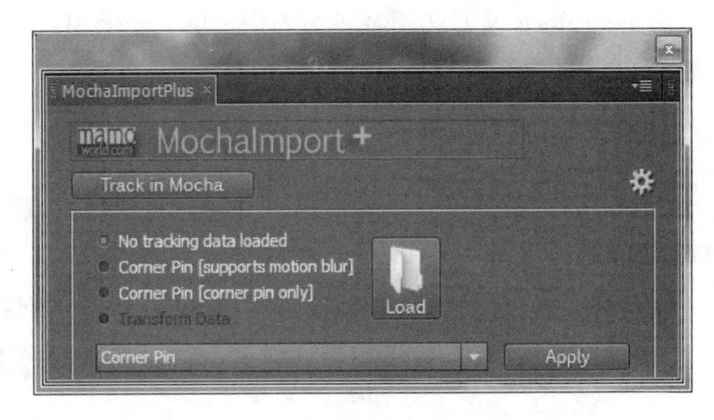

图 6-55

单击“Load【载入】”按钮，选择前面在 Mocha 中导出的“Track1.txt”文件后弹出如图 6-56 所示对话框，在对话框中选择“the Mocha project starts at the current inPoint of the clip【Mocha 工程在素材的当前帧开始】”选项，单击“Apply【应用】”按钮，弹出如图 6-57 所示对话框，选择“Red Giant Warp Corner Pin (keep current frame in place)”选项，在当前帧处代替。

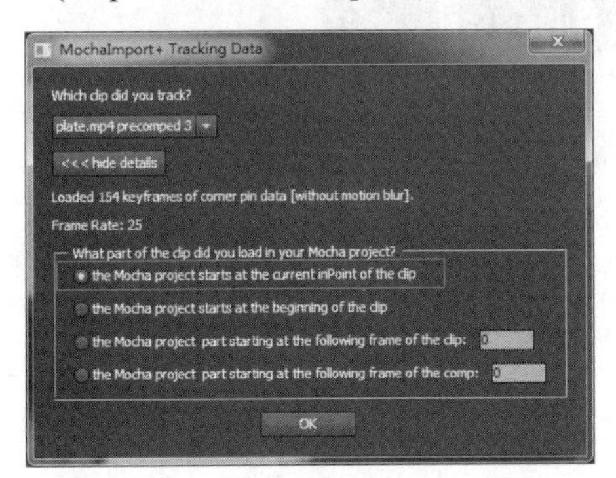

图 6-56

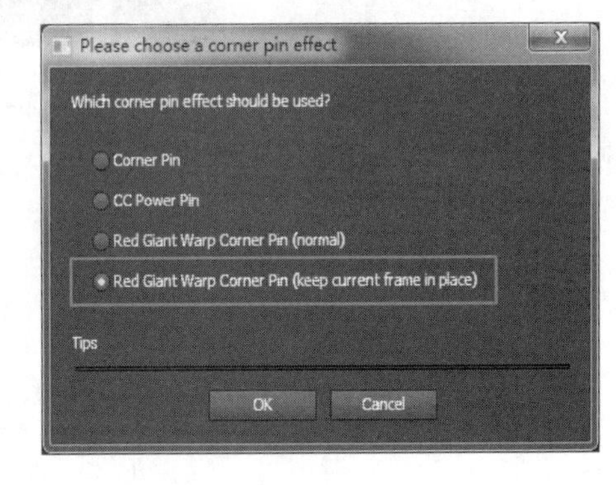

图 6-57

（7）预览播放可以看到照片可以跟随相框运动，如图 6-58 所示。

图 6-58

6.5 典型应用——恶魔岛

知识与技能

本例主要学习使用 3D Camera Tracker 进行摄像机跟踪的技术。

After Effects 从 CS6 开始的版本中提供了一个 3D Camera Tracker，可以对实拍素材进行分析计算，得到一个虚拟的摄像机。

6.5.1 3D Camera Tracker 跟踪

（1）新建工程，在 Project【项目】窗口的空白处双击鼠标，在弹出的“Import File【导入文件】”对话框中选择“Alcatraz.png”序列文件的第 1 个文件，勾选对话框下面的“PNG Sequence【PNG 序列】”选项，单击“打开”按钮，把序列文件导入到 Project【项目】窗口中，如图 6-59 所示。

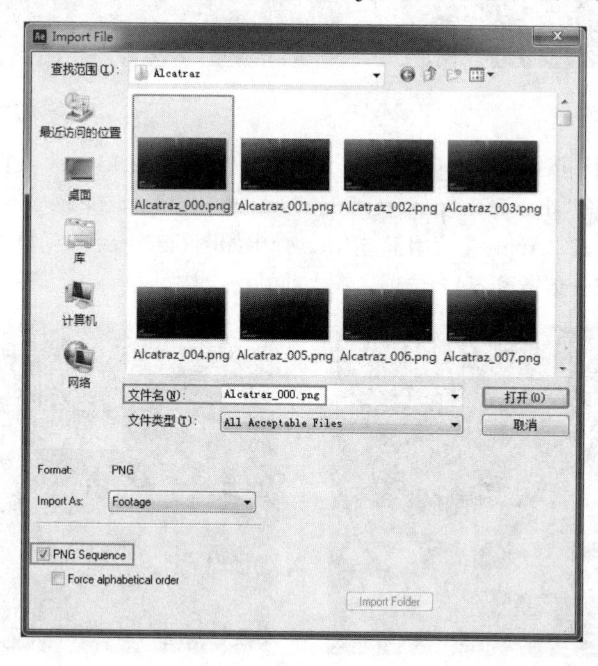

图 6-59

（2）本例的画面大小与“Alcatraz.png”相同，可以以“Alcatraz.png”的参数建立新合成，把“Alcatraz.png”拖到 Project【项目】窗口底部的“Create a new Composition【新建合成】”按钮上，建立一个画面与它同样大小的合成。

（3）选中 Timeline【时间线】窗口中的“Alcatraz.png”图层，执行菜单栏中的“Window→Tracker”命令，打开 Tracker【跟踪器】窗口，单击“Track Camera【摄像机跟踪】”按钮，会自动为选中图层添加一个 3D Camera Tracker，同时自动开始分析计算。

3D Camera Tracker 的解算分成两步。

第一步是 Analyzing in background，即后台分析阶段，这一阶段计算时间会比较长，当然可以做其他操作，但是为了不影响计算速度，一般等待即可。

第二步是 Solving Camera，即解算摄像机阶段，解算完成后，画面中会出现很多彩色的 Track Point【跟踪点】，如图 6-60 所示。在这些跟踪点上单击鼠标右键，出现如图 6-61 所示的右键快捷菜单。）

图 6-60

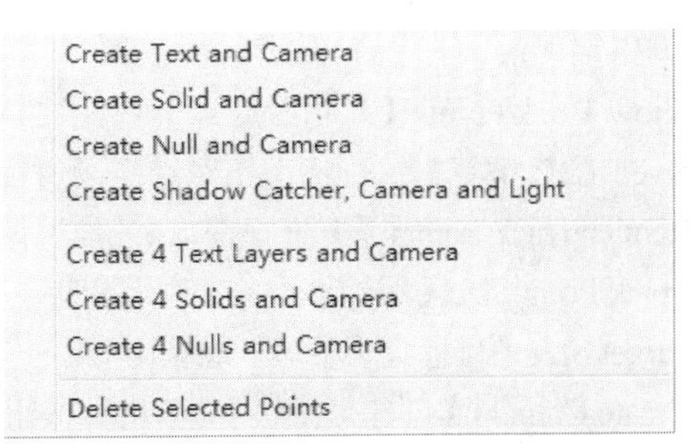

图 6-61

Create Text and Camera【创建文字和摄像机】菜单命令：当鼠标经过一些跟踪点的时候，会出现一个靶子图形，这个靶子就代表了文字层的位置和方向，一般选择多个在同一平面的跟踪点后，执行该项命令创建一个文字层和一个摄像机层，文字层就在当前选择的跟踪点位置，如图 6-62 所示。

Create Solid and Camera【创建固态层和摄像机】菜单命令：当鼠标经过一些跟踪点的时候，会出现一个靶子图形，这个靶子就代表了固态层的位置和方向，一般选择多个在同一平面的跟踪点后，执行该项命令创建固态层和摄像机层，如图 6-63 所示。

图 6-62

图 6-63

Create Null and Camera【创建空对象层和摄像机】菜单命令：执行该项命令后，会创建一个空对象层和一个摄像机层。

Create Shadow Catcher、Camera and Light【创建阴影接受物体、摄像机和灯光】菜单命令：执行该项命令后，会创建一个固态层、摄像机层和灯光层，固态层本身并不显示，它只接受投影，当另外创建一个文字层后，该文字层就会在固态层上投射阴影，如图 6-64 所示。

3D Camera Tracker 特效的一些参数说明，如图 6-65 所示。

图 6-64

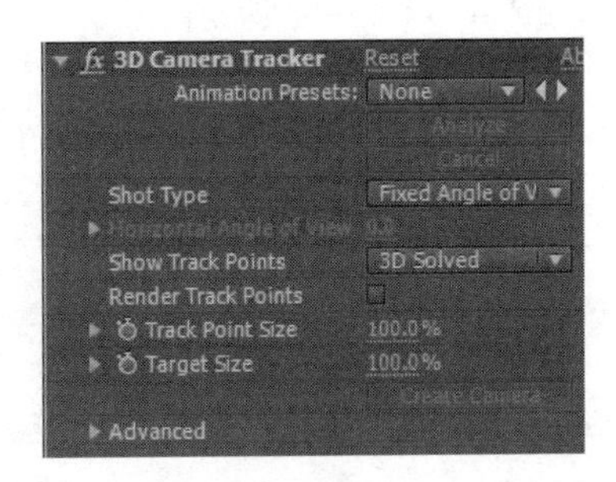

图 6-65

Shot Type【拍摄类型】：其中 Fixed Angle of View 为定焦，Variable Zoom 为变焦，Specify Angle of

View 为指定视角。

Show Track Points【显示跟踪点】：其中 2D Source【2D 源】这种情况下所有跟踪点的大小一致，3D Solved【3D 解算】这种情况下跟踪点因透视大小有所变化。

Render Track Points【渲染跟踪点】：勾选该项，可以将跟踪点渲染出来。

Track Point Size【跟踪点大小】：设置跟踪点的大小。

Target Size【目标大小】：默认为 100%，当增加该值时，会创建一个比较大的固态层。

Create Camera【创建摄像机】：单击该按钮，会根据解算结果创建一个摄像机。

（4）选择 Timeline【时间线】窗口中的“Alcatraz.png”图层，在 Effect Controls【特效控制】窗口中，设置 Track Point Size【跟踪点大小】为“45%”，把跟踪点调小一些，便于选择。把时间指示器移到最后一帧，按住【Ctrl】键，选择中间大楼上的一些跟踪点，如图 6-66 所示。执行右键快捷菜单中的“Create Text and Camera【创建文字层和摄像机】”命令，创建一个文字层和一个摄像机。

图 6-66

6.5.2 后期合成

（1）在 Timeline【时间线】窗口展开文字图层的 Transform 属性，调整文字层的位置、角度及大小，设置 Position【位置】为（4403.1,-2183.7,6399.1）Orientation【方向】为（2.7,8.1,357.5），Scale【比例】为（558.1%,558.1%,558.1%），图层的位置、角度及大小要根据具体情况设置，这里仅供参考。使用工具栏中的 Horizontal Type Tool【水平文字工具】，修改文字为“恶魔岛 1963 年 3 月 21 日关闭”，如图 6-67 所示。

（2）为了使文字在场景中更加真实自然，需要为文字制作在水中的倒影效果。在 Timeline【时间线】窗口选择文字图层，按【Ctrl+D】组合键复制一份，并重命名为“Reflection”。

选择“Reflection”图层，执行菜单栏中的“Layer→Transform→Flip Vertical【图层→变换→垂直翻转】”命令，“Reflection”图层在垂直方向进行翻转，展开“Reflection”图层的 Transform 属性，调整图层的 Y 坐标，如图 6-68 所示。

图 6-67

图 6-68

（3）在 Timeline【时间线】窗口中，选择“Reflection”图层，执行菜单栏中的“Effect→Blur&Sharpen→

Directional Blur【特效→模糊&锐化→方向模糊】”命令，在 Effect Controls【特效控制】窗口中设置 Direction【方向】为“-3”，Blur Length【模糊长度】为“50”，如图 6-69 所示。

（4）在 Timeline【时间线】窗口中，选择“Alcatraz.png”图层，按【Ctrl+D】组合键复制一份，并重命名为“Ripple”，把它移到合成的顶部，选择该图层，在 Effect Controls【特效控制】窗口删除“3D Camera Tracker”特效。

执行菜单栏中的“Effect→Color Correction→Brightness&Contrast【特效→色彩校正→亮度&对比度】”命令，在 Effect Controls【特效控制】窗口中设置 Brightness【亮度】为“77”，Contrast【对比度】为“-6”，调整画面的亮度和对比度。

执行菜单栏中的“Effect→Stylize→CC Threshold【特效→风格化→阈值】”命令，调整画面的黑白区域，需要设置 Threshold【阈值】的关键帧，把时间指示器设为“0:0012:25”，在 Effect Controls【特效控制】窗口单击 Threshold【阈值】左侧的码表，创建一个关键帧，设置值为“110”，效果如图 6-70 所示。

图 6-69

图 6-70

继续添加 Threshold【阈值】的关键帧，使文字倒影所在的位置出现颗粒状的噪点。

执行菜单栏中的“Effect→ Blur&Sharpen→Gaussian Blur【特效→模糊&锐化→高斯模糊】”命令，在 Effect Controls【特效控制】窗口设置 Blurriness【模糊强度】为“1.1”。

在 Timeline【时间线】窗口中，选择“Reflection”图层，在 TrkMat【轨道蒙版】中选择“Luma Matte“Ripple””，设置“Reflection”图层的亮度蒙版为“Ripple”图层，如图 6-71 和图 6-72 所示。

#	Layer Name	Mode	TrkMat	Parent
1	Ripple	Normal		None
2	Reflection	Normal	Luma	None
3	恶魔岛 196...关闭	Normal	None	None
4	3D Trac...Camera			None
5	[Alcatr...385].png]	Normal		None

图 6-71

（5）最后参考其他建筑在水面的倒影，对“Reflection”图层的不透明度进行适当调整，展开“Reflection”图层的 Transform 属性，为 Opacity【不透明度】制作关键帧。最终效果如图 6-73 所示。

图 6-72

图 6-73

6.6 典型应用——替换屏幕

知识与技能

本例主要学习使用 3D Camera Tracker 进行摄像机跟踪的技术。

6.6.1 3D Camera Tracker 跟踪

（1）新建工程，导入素材“notebook.mov”、“desktop.jpg”到 Project【项目】窗口，把“notebook.mov”拖到 Project【项目】窗口底部的“Create a New Composition【创建一个新合成】”按钮上，创建一个画面与它同样大小的合成。

选择 Project【项目】窗口中的“notebook”合成，执行菜单栏中的“Composition→Composition Settings【合成→合成设置】”命令，在弹出的对话框中设置 Start Timecode【开始时间码】为“0:00:00:00”。

（2）选择 Timeline【时间线】窗口中的“notebook.mov”图层，执行菜单栏中的“Window→Tracker”命令，打开 Tracker【跟踪】窗口，单击“Track Camera【摄像机跟踪】”按钮，会自动为选中图层添加一个 3D Camera Tracker，同时开始分析计算。

（3）计算完成后，在“0:00:06:18”处，选取画面中的跟踪点，如图 6-74 所示。单击鼠标右键，执行快捷菜单中的“Create Solid and Camera【创建固态层和摄像机】”命令，会创建一个固态层和摄像机层，如图 6-75 所示。

图 6-74

图 6-75

（4）按住【Alt】键，把素材“desktop.jpg”从 Project【项目】窗口拖到 Timeline【时间线】窗口的固态层上，对固态层进行替换，再对“desktop.jpg”图层进行缩放、旋转及移动位置，使固态层与屏幕相吻合，效果如图 6-76 所示。

图 6-76

（5）现在图片基本与屏幕吻合，但是在屏幕四个边角处还是没有完全对齐的，需要对它进行细调。选中“desktop.jpg”图层，执行菜单栏中的“Effect→Distort→Corner Pin【特效→扭曲→边角变形】”命令，对 Corner Pin 的 4 个参数 Upper Left【左上角】、Upper Right【右上角】、Lower Left【左下角】、Lower Right【右下角】设置关键帧，保证图片自始至终与屏幕完全吻合，效果如图 6-77 所示。

图 6-77

6.6.2　遮挡处理

在视频刚开始的一段时间内，屏幕有一部分被遮挡住，在这里我们用图片替换屏幕后，图片也要相应地产生遮挡效果。

（1）在 Timeline【时间线】窗口中选择“desktop.jpg”图层，执行菜单栏中的“Layer→Pre Compose【图层→预合成】”命令，在弹出的对话框中，设置 New Composition Name【新合成名】为“desktop Comp”，选择 Leave all attributes in notebook【所有属性留在 notebook 中】选项，如图 6-78 所示。

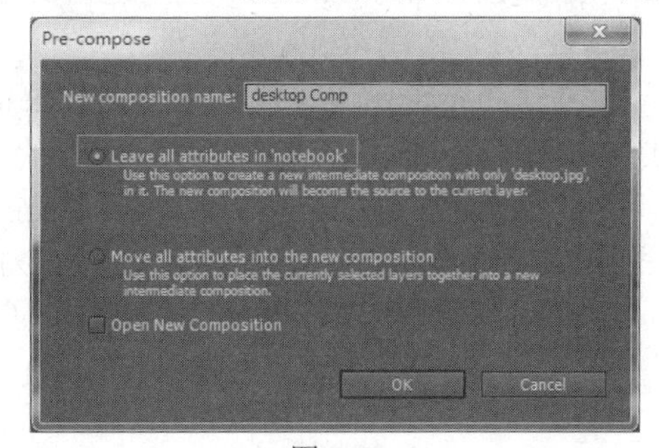

图 6-78

（2）执行菜单栏中的“Layer→New→Solid【图层→新建→固态层】”命令，新建一个固态层，命名为“desktop matte”，把它放到合成的最上面。

（3）选中固态层，暂时隐藏该固态层，使用工具栏中的 Rectangle Tool【矩形工具】在它上面绘制一个矩形 Mask，如图 6-79 所示。

（4）显示固态层，展开固态层下面的 Mask，设置 Mask Feather【遮罩羽化】为“170,0”，使 Mask 只在 X 方向有羽化效果，如图 6-80 所示。

图 6-79

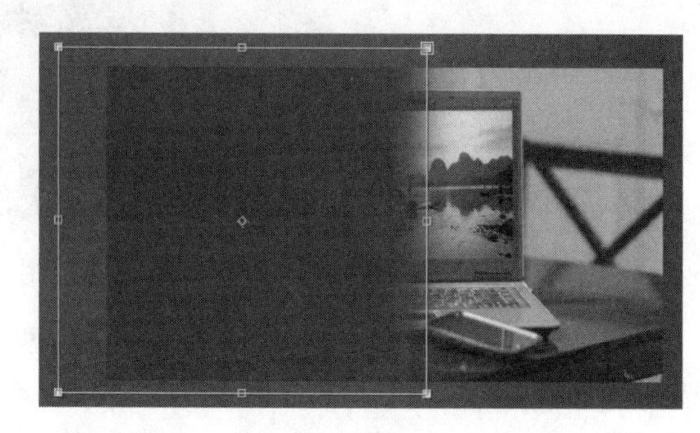

图 6-80

（5）下面为 Mask 设置关键帧动画，单击 Mask Path 左侧的码表，创建一个关键帧，播放预览，调整 Mask 右侧两个点的位置，使 Mask 保持与遮挡物同步。

（6）设置“desktop Comp”图层的 TrkMat【轨道蒙版】为“Alpha Inverted Matte“desktop matte””，这样图片在遮挡物的位置就不再显示了，效果如图 6-81 所示。

图 6-81

6.6.3 后期合成

（1）图片替换屏幕后，图片的四周没有与原来的显示屏很好地融合到一起，需要对图片边缘做模糊处理。

在 Timeline【时间线】窗口中打开“desktop Comp”合成，选中“desktop.jpg”图层，双击工具栏中的 Rectangle Tool【矩形工具】，创建一个与“desktop.jpg”相同大小的 Mask，展开 Mask 下面的参数，设置 Mask Feather【遮罩羽化】为“20”，这样图片的边缘就有了模糊效果，不会显得很生硬。

（2）打开“notebook”合成，设置“desktop Comp”图层的混合模式为“Screen”，同时设置图层的 Opacity【不透明度】为“65”，这样替换的图片就能较好地融合到原来的环境中去，效果如图 6-82 所示。

图 6-82

6.7　综合实例——真人拍摄与 CG 合成

知识与技能

本例主要学习使用键控抠像、Boujou 进行摄像机跟踪，以及与三维场景进行合成的技术。

本例为把拍摄素材与三维场景进行合成。由于拍摄素材时摄像机有摇移操作，那么把拍摄素材与三维场景进行合成的时候，三维场景也应该有相应的跟随摄像机摇移而产生的角度的变化。这里有一个问题需要解决：如何对二维的拍摄素材进行反求，从而得到三维环境下的摄像机动画，解决这一问题的一个关键环节是摄像机反求。所谓摄像机反求，就是对实拍素材进行分析计算，得到一个虚拟的可以在三维软件或合成软件中使用的摄像机，这样就保证了计算机制作的摄像机动画和实拍的摄像机动画保持一致，常见的摄像机反求软件有：Boujou、PFTrack、Syntheyes 等。本例用 Boujou 实现摄像机反求。Boujou 是专业的摄像机追踪软件，提供了一套标准的摄像机路径追踪的解决方案，Boujou 首创的最先进的自动化追踪功能，被广泛地运用在电影、电视节目、商业广告等领域。全新的 Boujou 提供更完整的新功能，不仅大幅提升了场景分析与追踪能力，而且在操作上更加快速、精准，并提供多种模式的追踪功能。与其他同等级的摄像机追踪软件不同的是，Boujou 是以自动追踪功能为基础的，其独家的追踪引擎可以依照个人想要追踪的重点进行编辑设计，通过简单易用的辅助工具，可以利用任何种类的素材，快速且自动化地完成追踪。

6.7.1　素材预处理

（1）新建工程，将素材“Proxy.jpg”序列导入到 Project【项目】窗口中，如图 6-83 所示。

（2）重新解释导入的素材“Proxy.jpg”序列帧速率。在 Project【项目】窗口中选中“Proxy.jpg”序列，执行右键快捷菜单中的“Interpret Footage→Main”命令，设置帧速率为“24”fps，如图 6-84 所示。

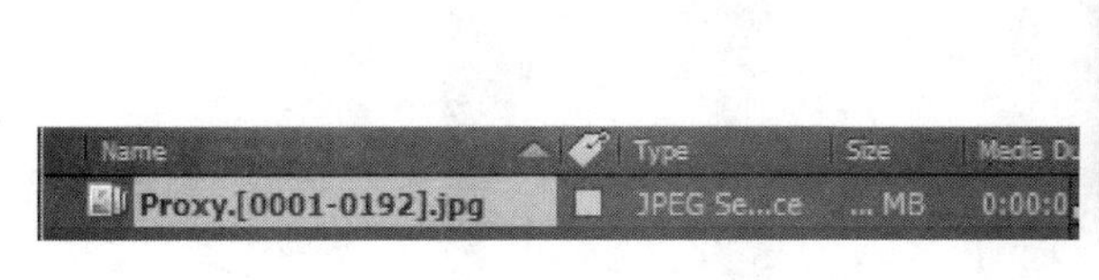

图 6-83

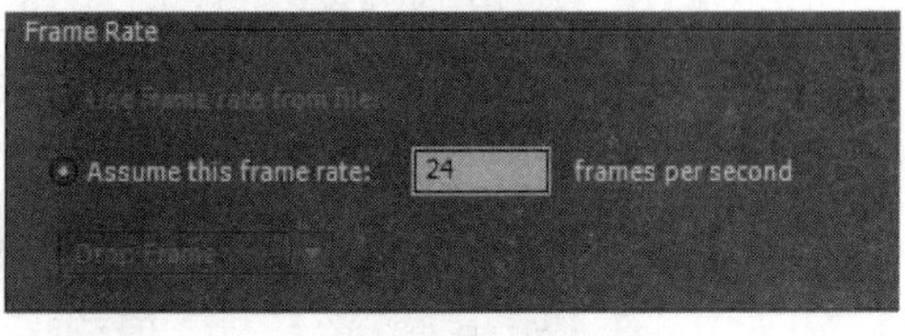

图 6-84

（3）本例的画面大小与“Proxy.jpg”序列相同，可以以“Proxy.jpg”的参数建立新合成，将“Proxy.jpg”拖到 Project【项目】窗口底部的“Create a New Composition【创建一个新合成】”按钮上，建立一个新的合成。

（4）本例使用绿屏拍摄，但是背景不够干净，有顶部的灯、工作人员、地面的杂物及绿屏上用于定位的点，都会影响到抠像效果。因此在用键控抠像之前，先用 Mask 对人物进行一个初步的抠像，得到一个相对干净的背景。

在 Timeline【时间线】窗口选择“Proxy.jpg”图层，使用工具栏中的 Pen Tool【钢笔工具】在人物周围绘制 Mask，注意绘制 Mask 时节点不要太多，否则会给后续调整 Mask 带来不必要的麻烦，绘制的 Mask 如图 6-85 所示。

（5）单击 Preview【预览】窗口中的“播放”按钮，会发现在某些帧所抠人物会离开绘制的 Mask，需要对 Mask Path 设置关键帧，在 0:00:00:00 处单击 Mask Path 右侧的码表，设置一个关键帧。把时间指示器适当移动几帧，人物的一部分会离开 Mask，如图 6-86 所示。

使用工具栏中的 Select Tool【选择工具】，移动 Mask 上的节点，调整 Mask 后如图 6-87 所示。

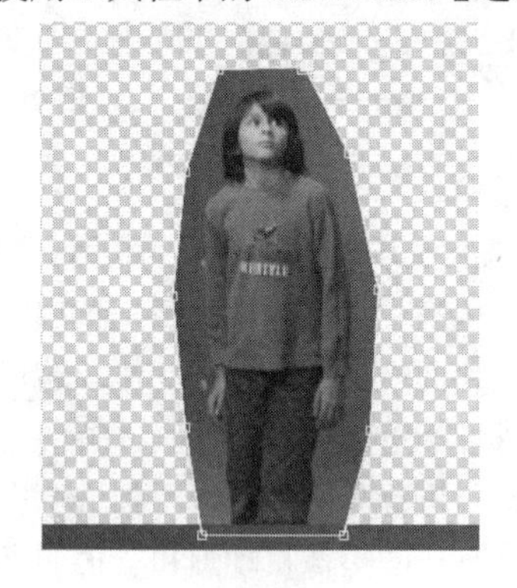

图 6-85

图 6-86

图 6-87

重复该步操作，在不同的时间点添加适量的关键帧，保证人物始终在 Mask 范围内。

6.7.2 绿屏抠像

（1）在 Timeline【时间线】窗口中选择“Proxy.jpg”图层，执行菜单栏中的“Effect→Keying→Keylight【特效→键控→Keylight】”命令。

（2）在 Effect Controls【特效控制】窗口中，单击 Keylight 下面的 Screen Colour 参数后面的“吸管”按钮后，在 Composition【合成】窗口中的绿色背景上点击一下，如图 6-88 所示。

（3）在 Effect Controls【特效控制】窗口中，单击 Keylight 下面的“View【显示】”下拉按钮，在弹出的下拉列表中选择“Screen Matte”选项，这时在 Composition【合成】窗口中显示的内容为它的蒙版，如图 6-89 所示。

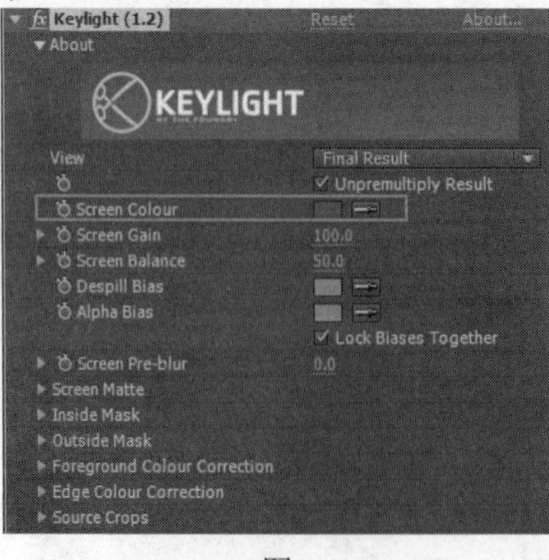

图 6-88

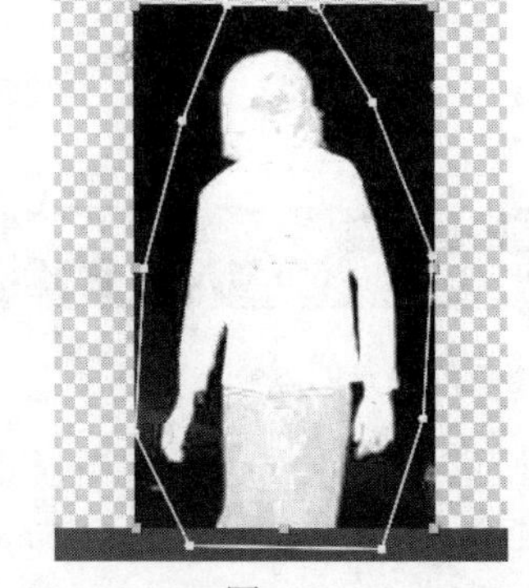

图 6-89

（4）在 Effect Controls【特效控制】窗口中，设置 Keylight 特效中 Screen Matte 下面的 Clip Black

和 Clip White 参数，这两个参数值需要根据实际情况设置，如图 6-90 所示。

这两个参数可以增强 Screen Matte 模式下画面的对比，使暗的部分更暗，也就是更透明，使亮的部分更亮，也就是更不透明，这里调整 Clip Black 和 Clip White 参数，使低于 29%亮度的像素都是纯黑色，使高于 81%亮度的像素都是纯白色，效果如图 6-91 所示。

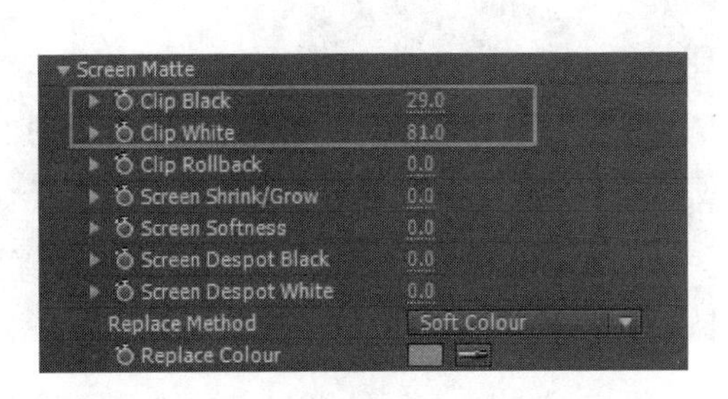

图 6-90

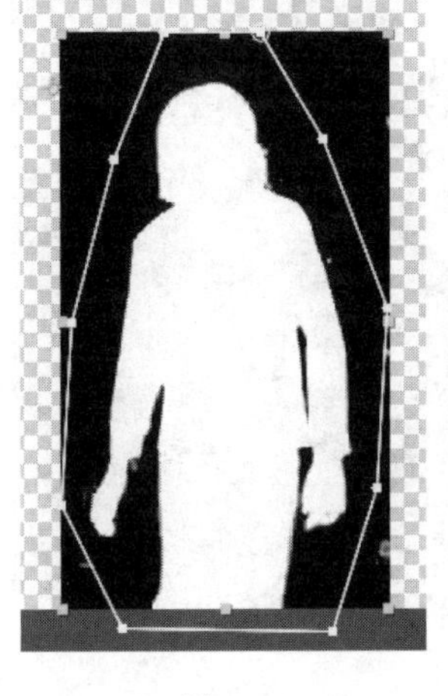

图 6-91

（5）重新设置 View【显示】模式为“Final Result”，效果如图 6-92 所示。

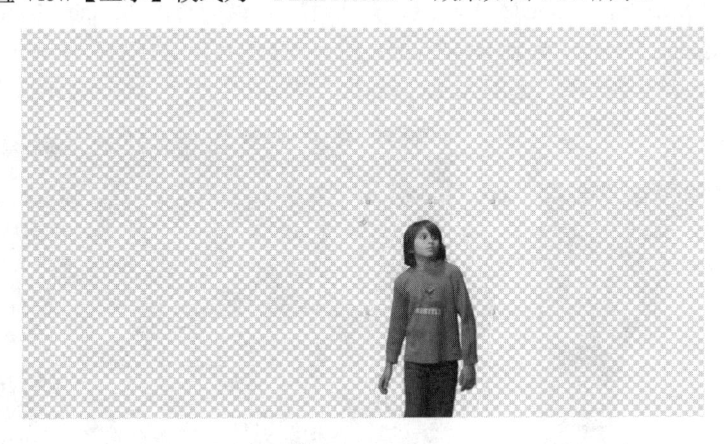

图 6-92

（6）下面需要解决图像的边缘问题。设置 Screen Matte 下面的 Screen Softness【蒙版柔化】值为“0.5”，对抠像的主体边缘进行一定量的模糊。

6.7.3 细节处理

经过 Mask 及 Keylight 抠像后，画面中大部分多余的元素已经清理干净，但是部分画面还存在一些多余元素，比如绿屏上的黄色定位点及地面上的杂物，需要做进一步的处理，这里可以使用工具栏中的 Eraser Tool【擦除工具】进行清除工作。

（1）双击 Timeline【时间线】窗口中的“Proxy.{0001-0192}.jpg”图层，把它在 Layer【图层】窗口中打开，在工具栏中选择 Eraser Tool【擦除工具】，在 Paint【画笔】窗口中设置 Duration 为“Single Frame”，使用擦除工具进行单帧擦除，如图 6-93 所示。

（2）对素材进行逐帧检查，凡是有多余的部分都需要进行擦除，如图 6-94 所示。处理完成后的效果如图 6-95 所示。这一步骤需要读者更多的耐心。

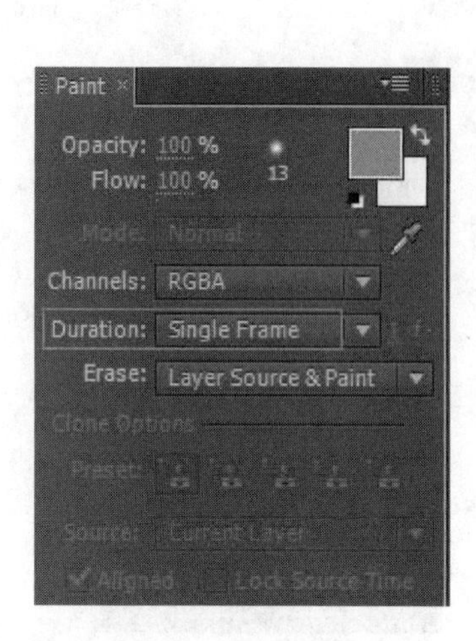

图 6-93

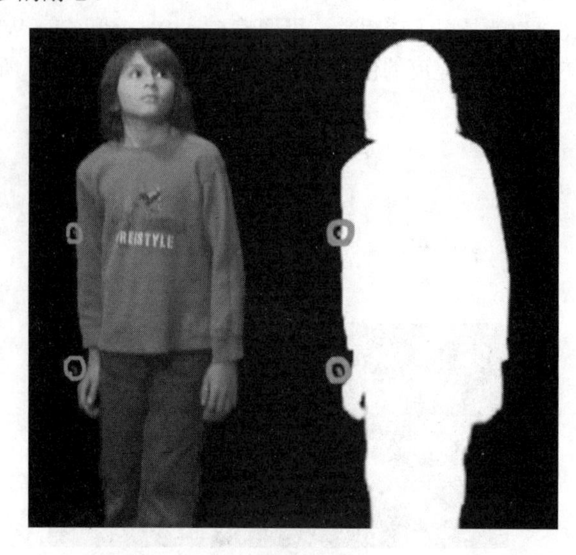

图 6-94

（3）导出抠像后的图像序列文件。选择合成，执行菜单栏中的“Composition→Add to Render Queue【合成→添加到渲染队列】”命令，在 Render Queue【渲染队列】窗口中，单击“Output Module【输出模块】”按钮，打开“Output Module Settings”对话框，在 Format【格式】下拉列表中选择“PNG Sequence”选项，在 Channels【通道】下拉列表中选择“RGB+Alpha”选项，这样输出的文件会包含透明信息，如图 6-96 所示。

图 6-95

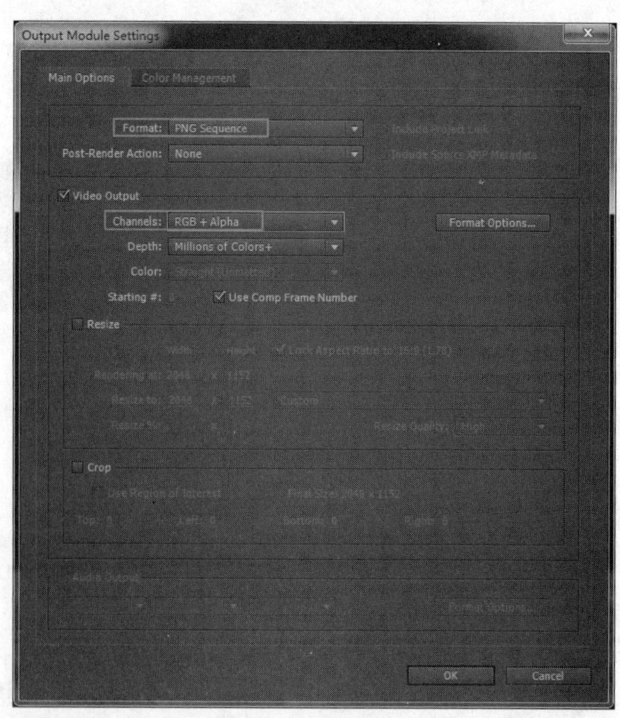

图 6-96

在 Render Queue【渲染队列】窗口中，单击“Output To【输出到】”按钮，在弹出的“Output Movie To【输出影片到】”对话框中，输入文件名为“Keying.[#####].png”，注意文件名中不要使用下画线。

6.7.4 Boujou 跟踪

这里使用 Boujou 软件跟踪拍摄的视频中的摄像机运动轨迹，便于后面与三维场景进行合成。

（1）单击左边工具栏中的“Import Sequence【导入序列】”按钮，在弹出的对话框中选中“Proxy.0001.jpg”后单击“Open”按钮，打开如图 6-97 所示对话框。

图 6-97

对话框中的参数说明如下。

“Name”为序列名字，这里采用默认值。

“Camera”为“New Camera”，为导入的序列新建一个摄像机。

“File”为导入的素材文件名。

“Move Type”为摄像机的运动方式，这里为“Free Move”。

“Interlace”为场的方式，“Not Interlaced”为没有场，“Use lower fields only”为只使用下场，“Use upper fields only”为只使用上场，“Use fields, lower field first”为下场优先，“Use fields, upper field first”为上场优先，这里使用默认值“Not Interlaced”;

“frame rate”为帧速率，这里使用默认值“24”。

（2）在做摄像机跟踪之前，需要先对场景中运动的物体绘制 Mask【遮罩】进行屏蔽，否则会影响跟踪效果。

单击左边工具栏中的“Add Poly Masks【添加多边形遮罩】”按钮，在第 1 帧画面中工作人员的外部绘制“Mask1”，注意绘制 Mask 的时候节点尽量少一些，否则节点太多会给调整 Mask 带来不必要的麻烦，如图 6-98 所示。

图 6-98

绘制完成后会自动在 Timeline【时间线】窗口“Mask1”的第 1 帧添加一个关键帧，显示为绿色菱形。

（3）设置当前帧为第“10”帧，调整“Mask1”，使之完全遮挡工作人员，如图 6-99 所示。

图 6-99

绘制完成后会自动在 Timeline【时间线】窗口“Mask1”的第 10 帧添加一个关键帧，显示为绿色菱形。

（4）设置当前帧为第“25”帧，工作人员已经完全移出视野范围，调整“Mask1”，使之完全移出画面，如图 6-100 所示。

图 6-100

绘制完成后会自动在 Timeline【时间线】窗口“Mask1”的第 25 帧添加一个关键帧，显示为绿色菱形。

（5）检查第 1～25 帧，确保工作人员始终在“Mask1”内部，否则在出现问题的帧处，调整“Mask1”。

（6）再次单击左边工具栏中的“Add Poly Masks【添加多边形遮罩】”按钮，在第 1 帧处为男孩添加“Mask2”，如图 6-101 所示。

图 6-101

绘制完成后会自动在 Timeline【时间线】窗口“Mask2”的第 1 帧添加一个关键帧，显示为绿色菱形。

（7）往前拖动一些帧，继续调整“Mask2”，重复该步骤，直到男孩自始至终在“Mask2”内为止。

（8）完成对场景中的运动物体的添加 Mask 后，下面开始跟踪黄色的定位点。设置当前帧为第“1”帧，单击左边工具栏中的“Add Target Tracks【添加目标跟踪】”按钮，在如图 6-102 所示位置添加一个目标跟踪点“Target Track1”，在 Timeline【时间线】窗口中“Target Track1”的第 1 帧处会自动添加一个关键帧。

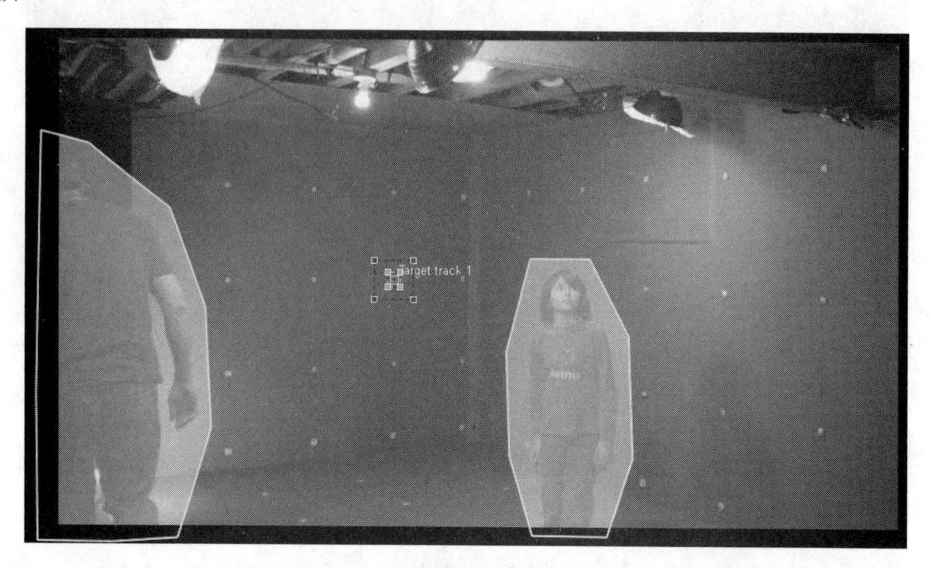

图 6-102

（9）在 Timeline【时间线】窗口中拖到当前帧指示器，找到跟踪的黄色定位点消失前的几帧，第128 帧处，在对所跟踪的黄色定位点上单击鼠标，调整“Target Track1”的位置，如图 6-103 所示。

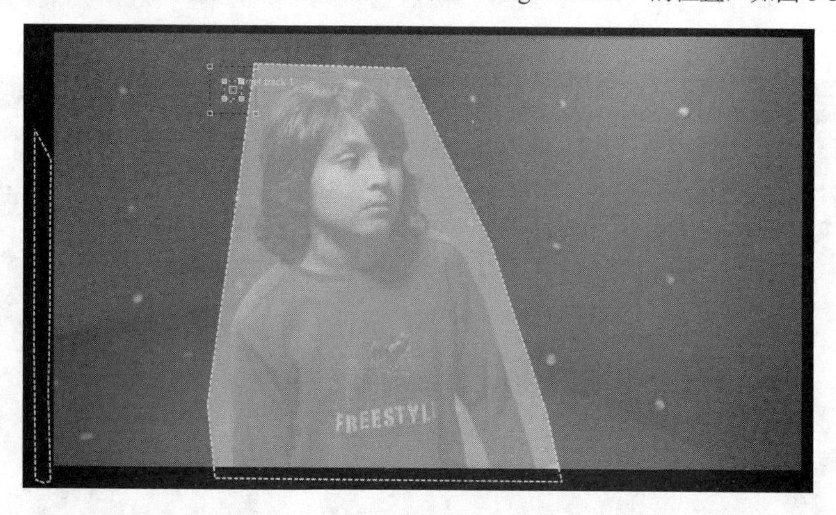

图 6-103

（10）设置当前帧为第“1”帧，单击 Target Track【目标跟踪】窗口中的“Track Forward【向前跟踪】”按钮，如图 6-104 所示。

图 6-104

就会在第 1 帧和第 128 帧之间进行分析计算，自动跟踪，跟踪结果如图 6-105 所示。

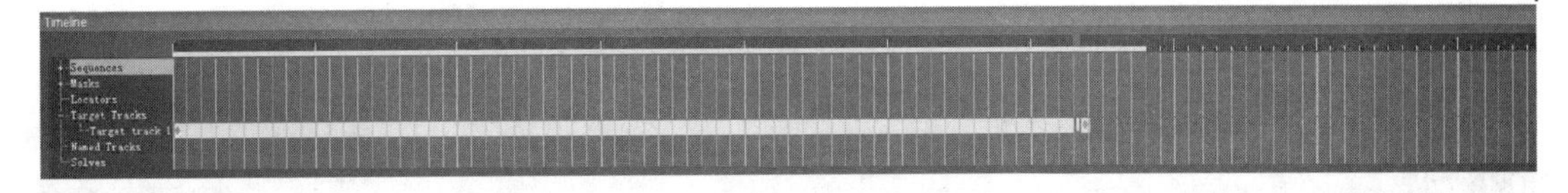

图 6-105

上图中绿色表示跟踪正确，黄色表示稍有偏差，如果是红色，则表示跟踪不正确，需要对红色部分删除后进行调整，再重新进行跟踪。

（11）再次单击左边工具栏中的“Add Target Tracks【添加目标跟踪】”按钮添加目标跟踪点，重复（8）～（10）步，直到添加了足够多的目标跟踪点，如图 6-106 和图 6-107 所示。

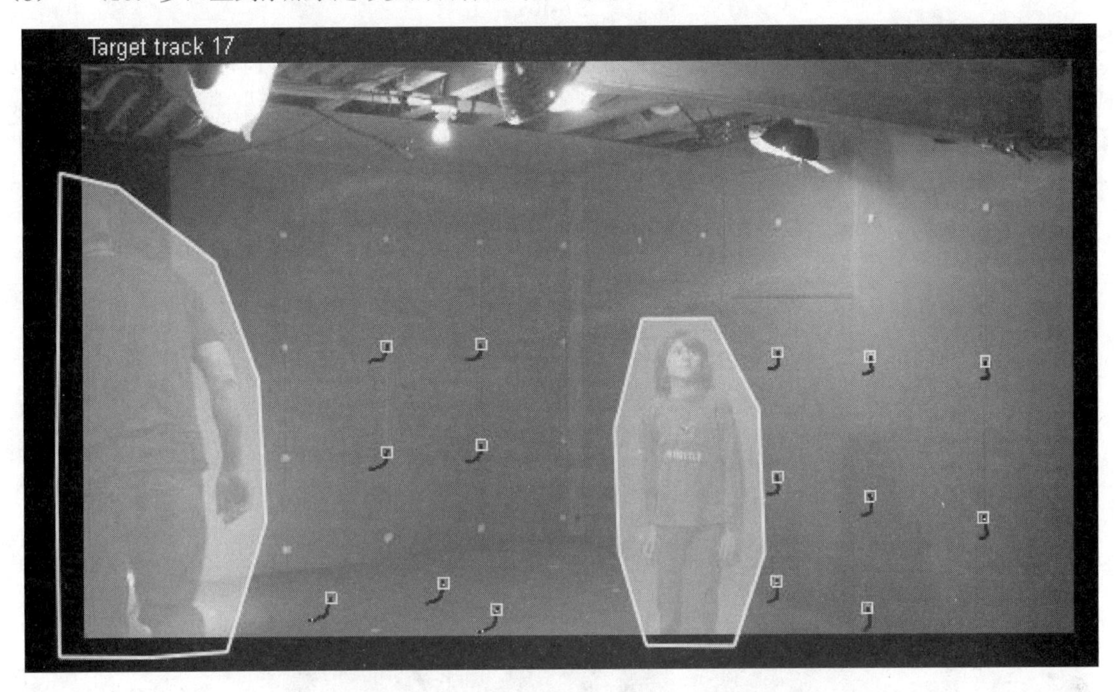

图 6-106

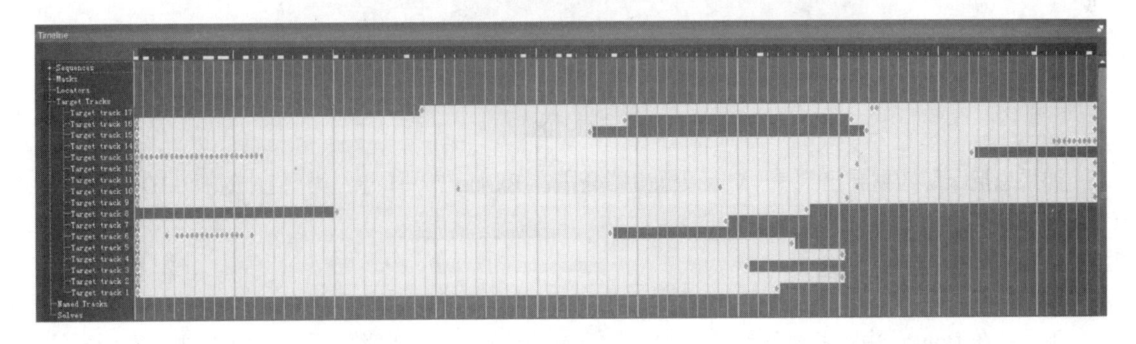

图 6-107

（12）单击左边工具栏中的“Camera Solve【解析摄像机】”按钮，开始计算求解摄像机，解析得到的摄像机在 Timeline【时间线】窗口中 Solves 下面，如果解析得到多个摄像机，说明添加的目标跟踪点数量还不够，删除 Solves 下面所有的“Camera Solve”，添加目标跟踪点后再次执行解析摄像机操作，直到 Solves 下面只有一个“Camera Solve”，如图 6-108 所示。

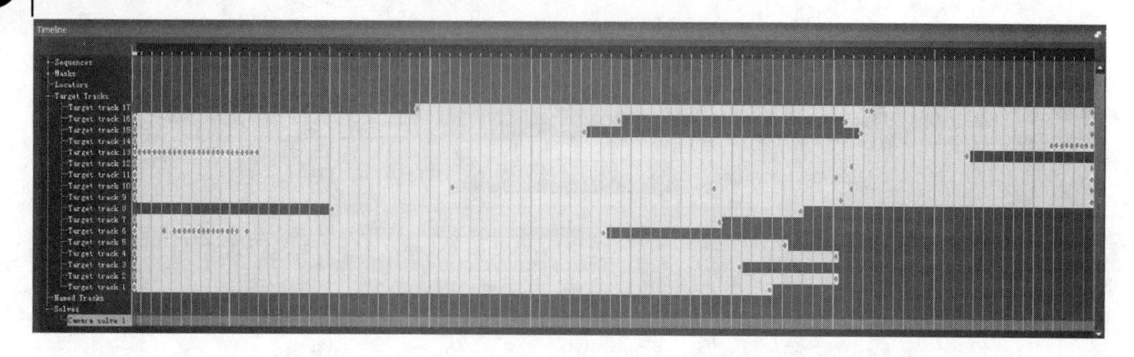

图 6-108

（13）导出跟踪数据。在 Timeline【时间线】窗口中，选择 Solves【解算】下面的“Camera solve 1”，单击左边工具栏中的“Export Camera【导出摄像机】”按钮，在弹出的对话框中，选择 Export Type【导出类型】为“Maya 4+ (*.ma)”，在 Filename【文件名】中输入“Red_plate.ma”，单击“Save【保存】”按钮，可以把跟踪数据导出到 Maya 中使用，如图 6-109 所示。

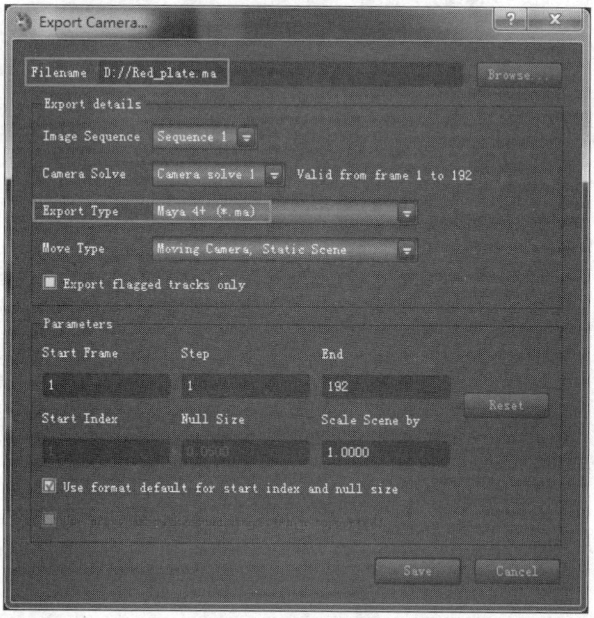

图 6-109

如果想把跟踪数据导出到 3ds Max 中使用，只需在 Export Type【导出类型】中选择“3D Studio Max (*.ms)”后，保存即可。

6.7.5 三维场景合成

下面把在 Boujou 中跟踪得到的摄像机，导入到三维场景中，使三维场景与拍摄的视频有同样的透视效果。

（1）运行 Maya，执行菜单栏中的“File→Set Project【文件→设置项目】”命令，在弹出的对话框中设置三维场景所在的文件夹。

（2）执行菜单栏中的“File→Open Scene【文件→打开场景文件】”命令，在弹出的对话框中选择并打开三维场景“Scene_Start.mb”文件，如图 6-110 所示。

图 6-110

（3）执行菜单栏中的“File→Import【文件→导入】”命令，导入前面在 Boujou 中导出的.ma 文件。

这时摄像机的背景还是带有绿屏背景的原始素材，需要替换为在 After Effect 中抠像后的素材。在 Outliner【大纲视图】中选择摄像机，在 Attribute Editor【属性编辑器】中打开摄像机的 ImagePlane，Image Name 处替换为抠像后的文件，如图 6-111 所示。

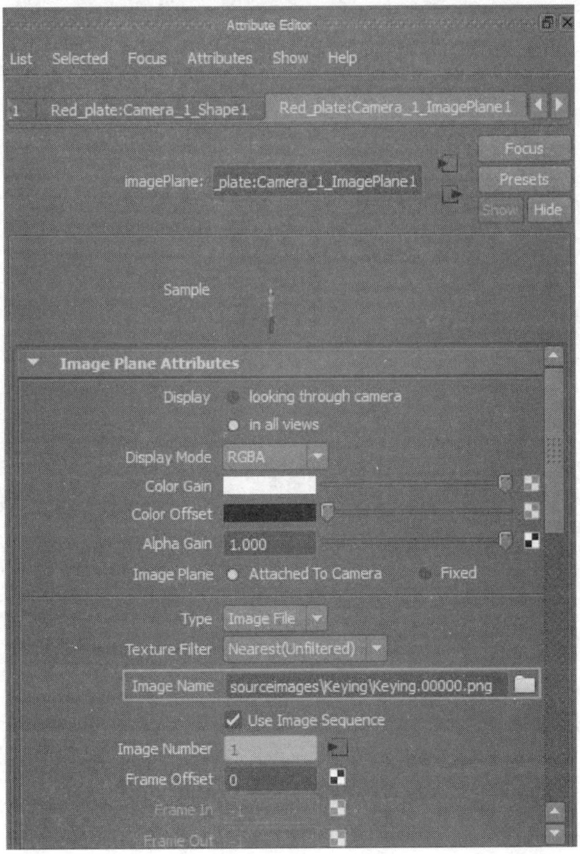

图 6-111

（4）执行菜单栏中的“Window→Settings/Preferences→Preferences【窗口→设置/首选项→首选项】”命令，在弹出的对话框中选择“Time Slider【时间滑块】”选项，设置 Playback speed【回放速度】为“Real-time[24 fps]”，如图 6-112 所示。

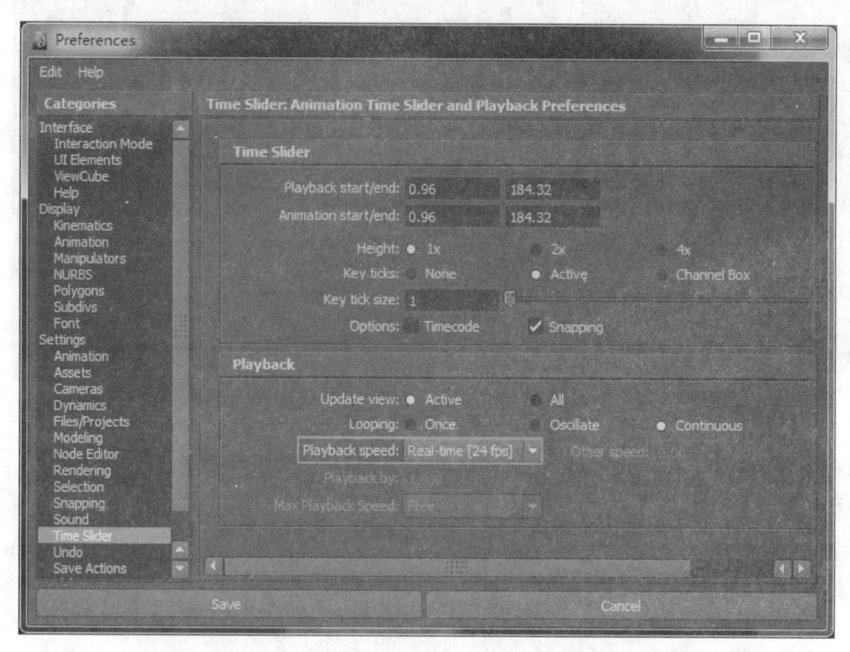

图 6-112

（5）在 Outliner【大纲视图】中选择整个“boujou_data”组，调整它的位置及方向，效果如图 6-113 所示。

图 6-113

（6）下面对场景进行分层渲染，打开“Render Settings【渲染设置】”对话框，设置 File name prefix【文件名前缀】为“Diffuse”，Frame padding 为“3”，Start frame【开始帧】为“1”，End frame【结束

帧】为“192”，Renderable Camera【可渲染摄像机】为 Boujou 中导出的摄像机，Image Size 的 Presets【预设】设为“HD 720”，如图 6-114 所示。

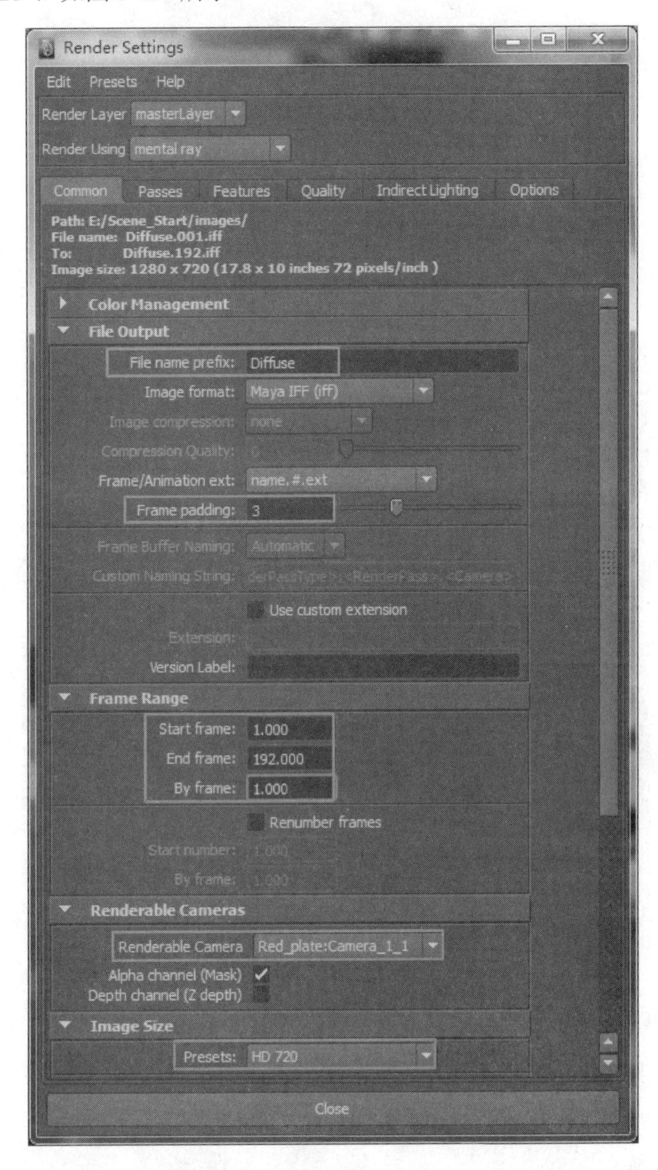

图 6-114

（7）设置亮度深度渲染层。在 Outliner【大纲视图】中选择“Warehouse”组和“areaLight1”，在 Channel Box/Layer Editor【通道盒/层编辑器】中选择“Render【渲染】”页，单击“Create new layer and assign selected objects【创建新层并指定选择对象】”按钮创建一个渲染层，重命名为“Z_Depth”，如图 6-115 所示。

选择“Z_Depth”层，打开“Render Settings【渲染设置】”对话框，渲染器设置为“Maya Software【Maya 软件】”，在 Render Using 处单击鼠标右键，在弹出的快捷菜单中选择“Create Layer Override【创建层覆盖】”命令，File name prefix【文件名前缀】设置为“ZDepth”，其他参数采用前面的设置，如图 6-116 所示。

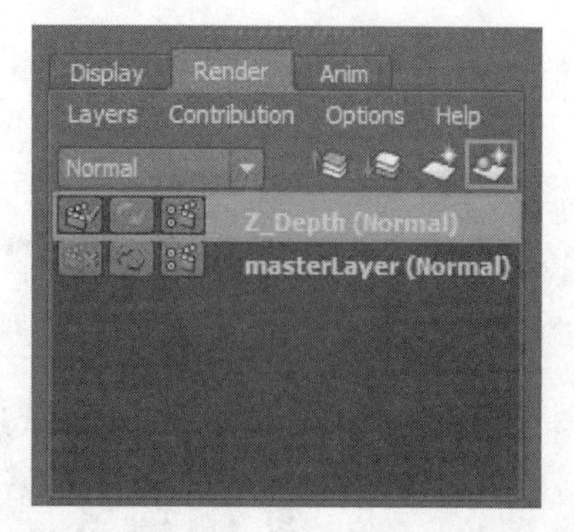
Display
Render
Anim
Layers
Contribution
Options
Help
Normal
Z_Depth (Normal)
masterLayer (Normal)

图 6-115

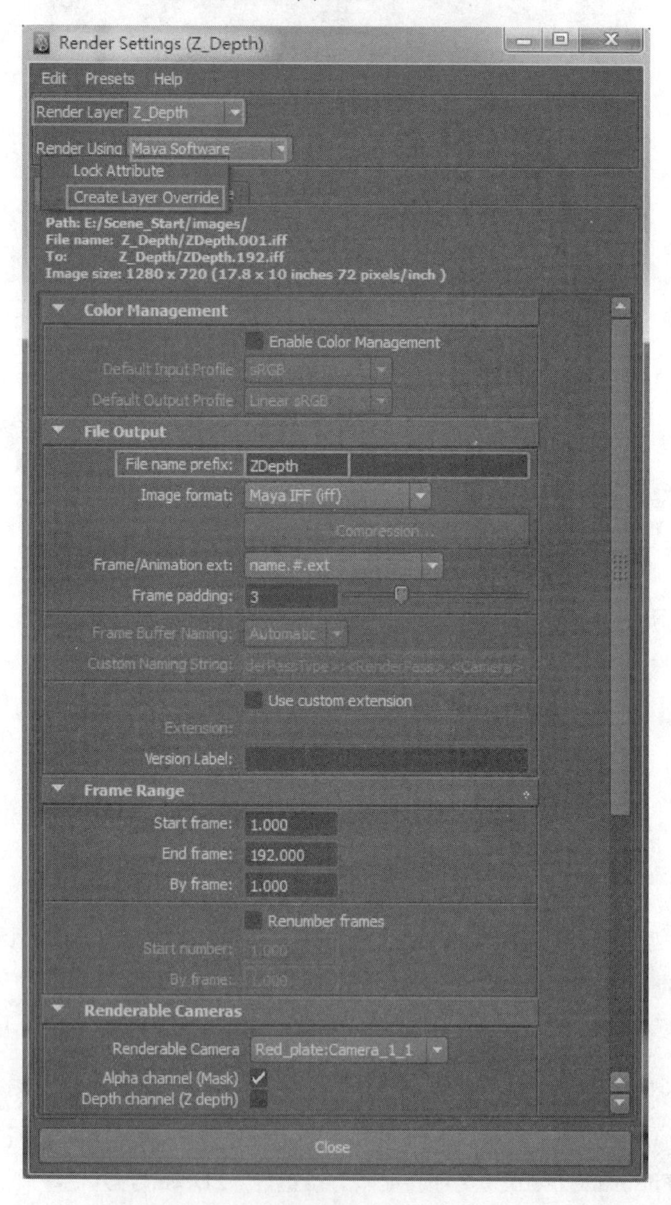
Render Settings (Z_Depth)
Edit
Presets
Help
Render Layer Z_Depth
Render Using Maya Software
Lock Attribute
Create Layer Override
Path: E:/Scene_Start/images/
File name: Z_Depth/ZDepth.001.iff
To: Z_Depth/ZDepth.192.iff
Image size: 1280 x 720 (17.8 x 10 inches 72 pixels/inch)
Color Management
Enable Color Management
Default Input Profile
sRGB
Default Output Profile
Linear sRGB
File Output
File name prefix:
ZDepth
Image format:
Maya IFF (iff)
Compression...
Frame/Animation ext:
name.#.ext
Frame padding:
3
Frame Buffer Naming:
Automatic
Custom Naming String:
Use custom extension
Extension:
Version Label:
Frame Range
Start frame:
1.000
End frame:
192.000
By frame:
1.000
Renumber frames
Start number:
1.000
By frame:
1.000
Renderable Cameras
Renderable Camera
Red_plate:Camera_1_1
Alpha channel (Mask)
Depth channel (Z depth)
Close

图 6-116

选择“Z_Depth”层，单击鼠标右键选择“Attributes【属性】”菜单项，打开“Attribute Editor【属性编辑器】”窗口，单击“Presets【预设】”按钮，在弹出的菜单项中选择“Luminance Depth【亮度深度】”，如图 6-117 所示。

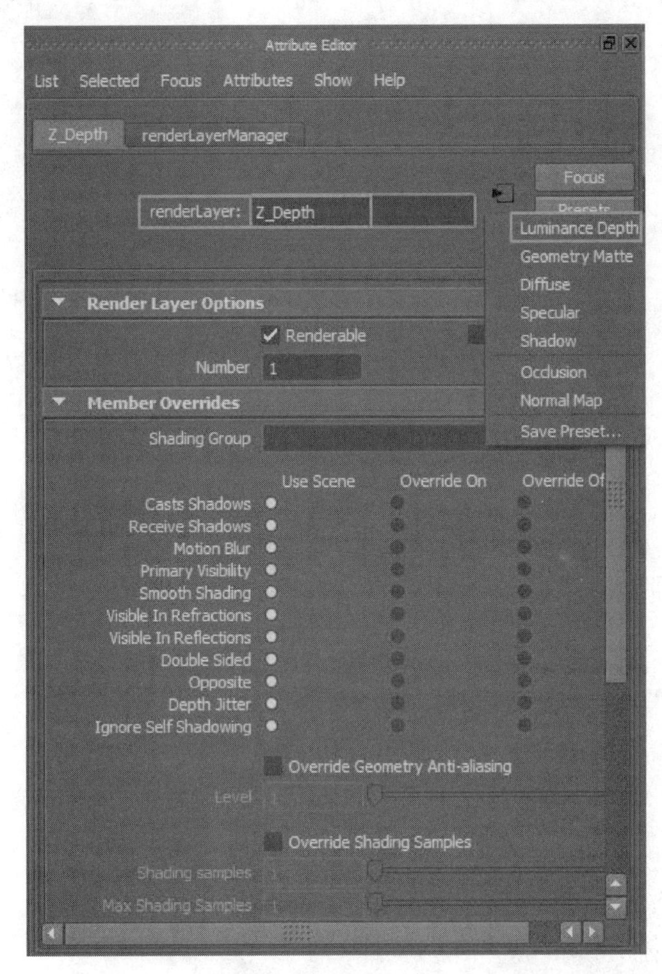

图 6-117

在 Attribute Editor【属性编辑器】中选择 setRange，在 Set Range Attributes【设置范围属性】中，设置 Min【最小值】为“0”，Max【最大值】为“1”，在 Old Max【旧最大值】上单击鼠标右键，在弹出的快捷菜单中执行“Break Connection【断开连接】”命令，设置 Old Max【旧最大值】为“800”，如图 6-118 所示。

（8）设置遮挡渲染层。在 Outliner【大纲视图】中选择“Warehouse”组，在 Channel Box/Layer Editor【通道盒/层编辑器】中选择“Render【渲染】”页，单击“Create new layer and assign selected objects【创建新层并指定选择对象】”按钮创建一个渲染层，重命名为“Occlusion”，如图 6-119 所示。

选择“Occlusion”层，打开“Render Settings【渲染设置】”对话框，渲染器设置为“mental ray”，在 Render Using 处单击鼠标右键，在弹出的快捷菜单中选择“Create Layer Override【创建层覆盖】”命令，File name prefix【文件名前缀】设置为“Occlusion”，其他参数采用前面的设置，如图 6-120 所示。

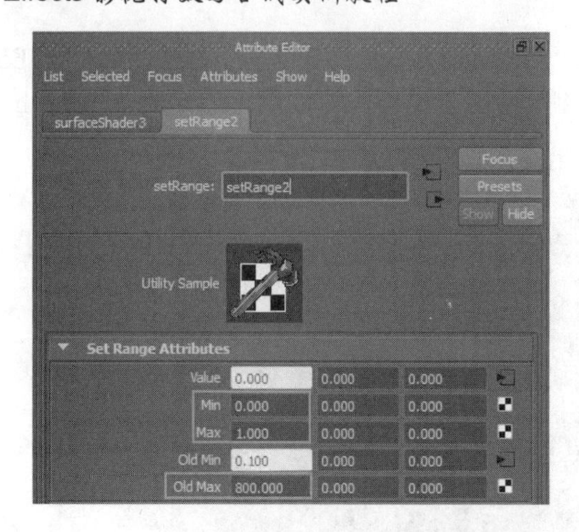

图 6-118

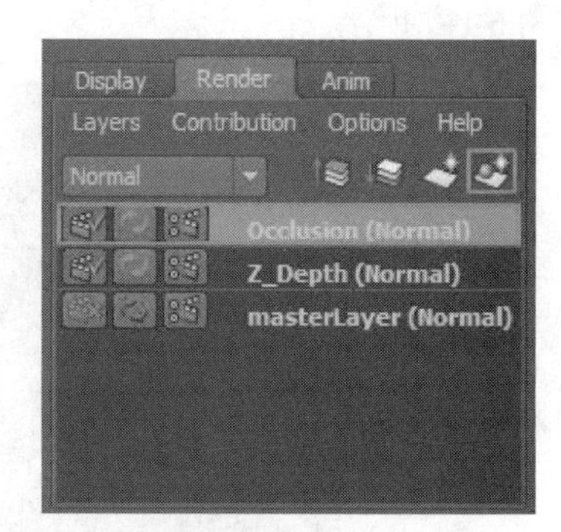

图 6-119

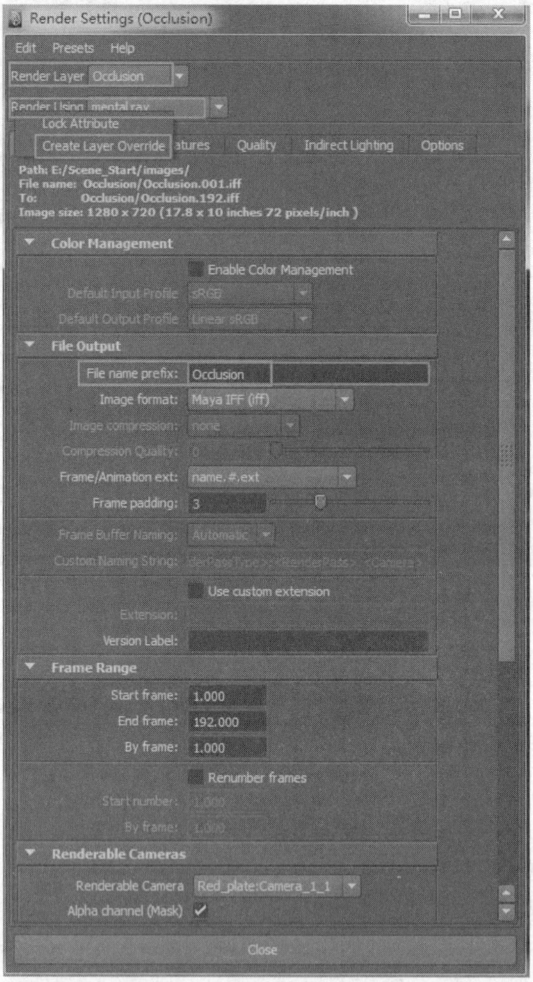

图 6-120

选择“Occlusion”层，单击鼠标右键，在弹出的菜单项中选择“Attributes【属性】”菜单项，打开“Attribute Editor【属性编辑器】”窗口，单击“Presets【预设】”按钮，在弹出的菜单项中选择“Occlusion

【遮挡】”，如图 6-121 所示。

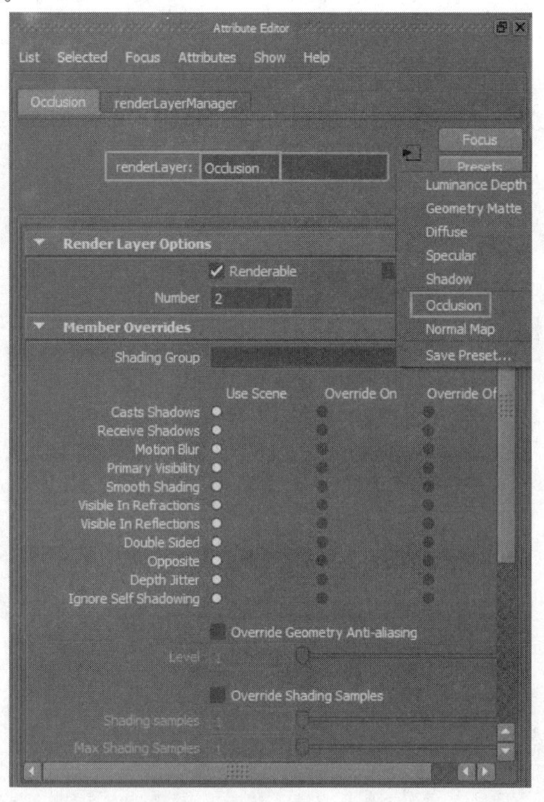

图 6-121

在 Attribute Editor【属性编辑器】中选择“mib_amb_occlusion”，在 Parameters【参数】中设置 Max Distance【最大距离】为“3”，如图 6-122 所示。

图 6-122

（9）在 Outliner【大纲视图】中选择摄像机，在 Attribute Editor【属性编辑器】中选择摄像机的 ImagePlane，设置 Display Mode【显示模式】为“None”，使摄像机背景不会被渲染，如图 6-123 所示。

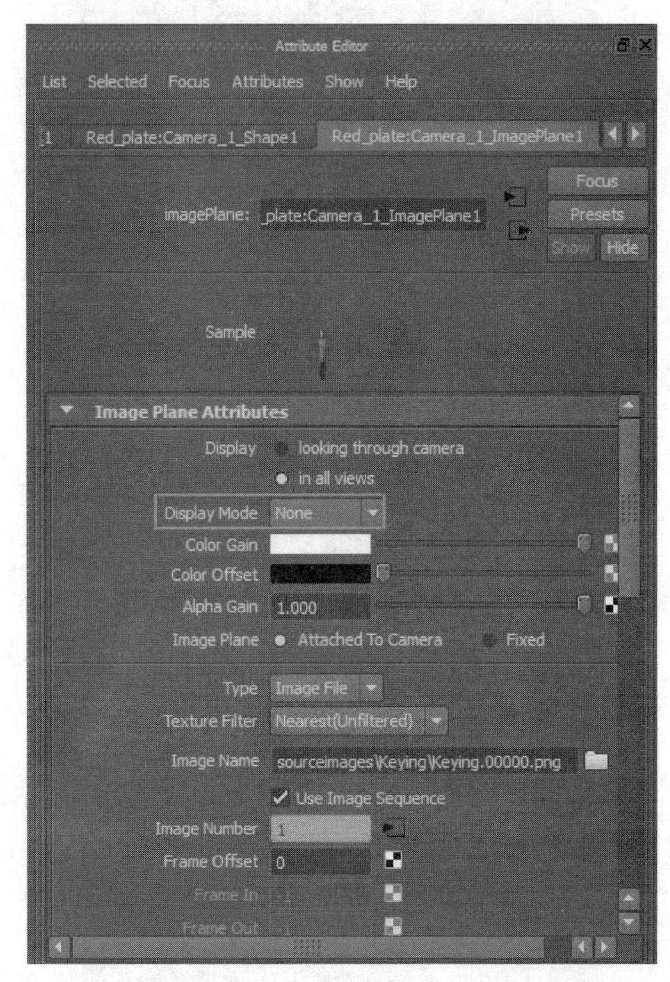

图 6-123

（10）完成分层渲染设置后，切换到“Rending【渲染】”模块，执行菜单栏中的“Render→Batch Render【渲染→批处理渲染】”命令进行批处理渲染。渲染完成后的图像文件在 Maya 工程下面的 Images 文件夹中。

6.7.6 后期合成

（1）在 After Effects 中打开前面保存的抠像工程。在 Project【项目】窗口空白处双击鼠标，在弹出的对话框中选择“Diffuse”图像序列文件的第 1 个文件，勾选“IFF Sequence”选项，打开序列文件，如图 6-124 所示。

在 Project【项目】窗口中选择素材“Diffuse.iff”序列，执行右键快捷菜单中的“Interpret Footage→Main”命令重新解释素材，在弹出的对话框中，设置帧速率为“24”fps，保证与原来的合成相同，如图 6-125 所示。

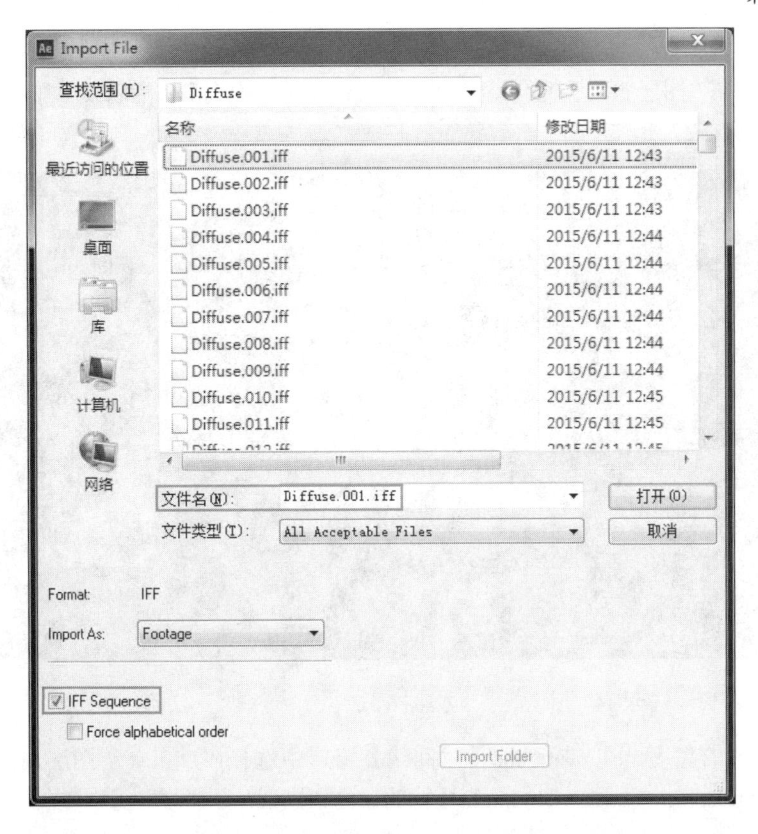

图 6-124

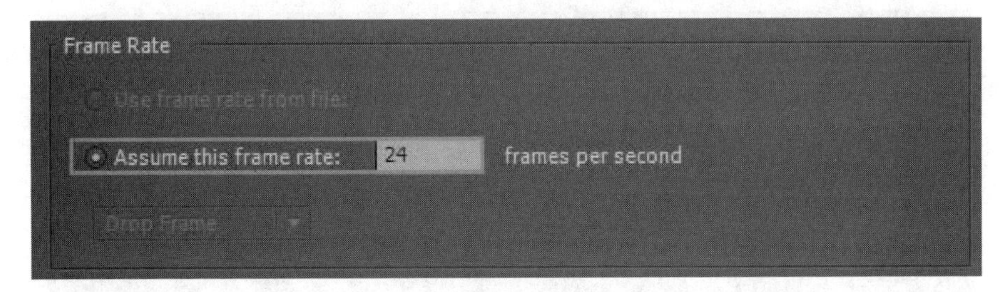

图 6-125

重复上面的操作导入“Occlusion”序列和“ZDepth”序列。

（2）把“Diffuse”、“Occlusion”、“ZDepth”序列从 Project【项目】窗口拖到 Timeline【时间线】窗口中，图层顺序如图 6-126 所示。

#	Layer Name	Mode	T	TrkMat	Parent
1	[Proxy....192].jpg]	Normal			None
2	[Occlus...-192].iff]	Normal		None	None
3	[Diffus...1-192].iff]	Normal		None	None
4	[ZDepth...192].iff]	Normal		None	None

图 6-126

在 Timeline【时间线】窗口中选择“Diffuse”、“Occlusion”、“ZDepth” 3 个图层，按【S】键展开它们下面的 Scale 属性，设置值为“160%”，使“Diffuse”、“Occlusion”、“ZDepth” 3 个图层与拍摄素

材画面相同大小。

设置“Occlusion”图层的图层混合模式为“Multiply【正片叠底】”，为场景添加由于遮挡产生的阴影效果。效果如图 6-127 所示。

图 6-127

（3）调整场景的亮度。在 Timeline【时间线】窗口中选择“Diffuse”图层，执行菜单栏中的“Effect→Color Correction→Shadow/Highlight【特效→色彩校正→阴影/高光】”命令，采用默认设置即可，如图 6-128 所示。

图 6-128

（4）在 Timeline【时间线】窗口中选择“Diffuse”图层，按【Ctrl+D】组合键复制一份，并重命名为“Bloom”，把它移到“Occlusion”图层的上面，执行菜单栏中的“Effect→Color Correction→Brightness&Contrast【特效→色彩校正→亮度&对比度】”命令，设置 Brightness【亮度】值为“-50”，Contrast【对比度】为“40”，如图 6-129 所示。

图 6-129

（5）在 Timeline【时间线】窗口中选择“Bloom”图层，执行菜单栏中的“Effect→Blur&Sharpen→Gaussian Blur【特效→模糊&锐化→高斯模糊】”命令，设置 Blurriness【模糊】值为“1.5”，添加一些模糊效果，如图 6-130 所示。

图 6-130

在 Timeline【时间线】窗口中设置“Bloom”图层的图层混合模式为“Screen”，设置图层 Opacity 为“60%”，稍微降低图层的不透明度。

（6）下面对人物进行调整，使他与周围的环境相协调。在 Timeline【时间线】窗口中选择“Proxy”图层，执行菜单栏中的“Layer→Pre-compose【图层→预合成】”命令，在弹出的对话框中输入新合成名为“Proxy Comp”，选择“Move all attributes into the new composition【把所有属性移到新合成中】”选项，如图 6-131 所示。

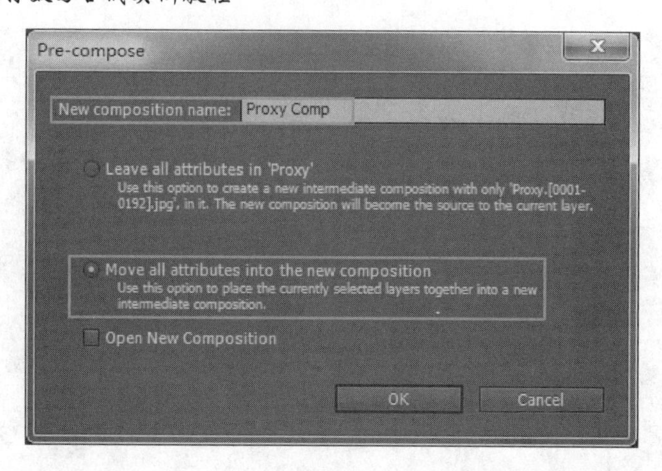

图 6-131

（7）在 Timeline【时间线】窗口中选择“Proxy Comp”图层，执行菜单栏中的“Effect→synthetic Apeture→SA Color Finesse 3”命令，在 Effect Controls【特效控制】窗口中单击“Full Interface”按钮，打开完整界面。

在下方的参数调节界面中选择“HSL→Hue Offsets【色相饱和度亮度→色相偏移】”选项，在 Midtones【中间调】色环中推向蓝色，为人物增加一些蓝色效果，如图 6-132 所示。

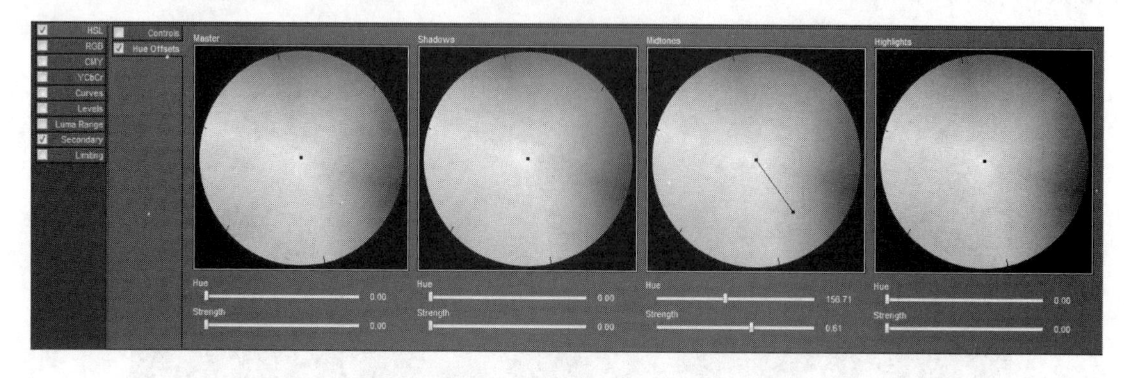

图 6-132

切换到“HSL→Controls”选项，设置 Master 中的 Saturation 值为“90”，降低整体的亮度，如图 6-133 所示。

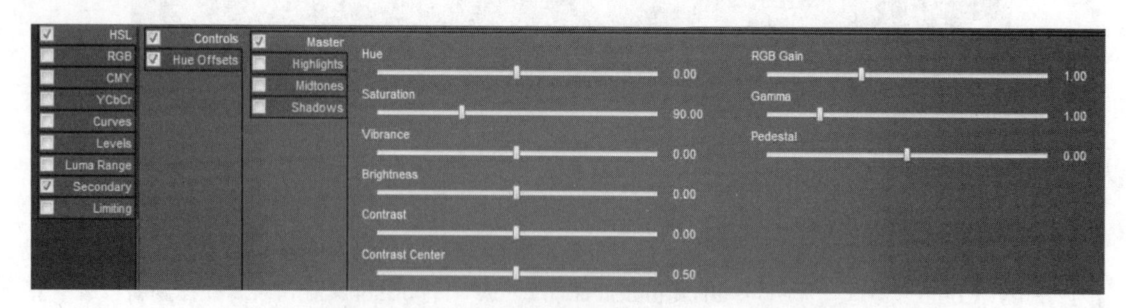

图 6-133

（8）执行菜单栏中的“Effect→Color Correction→Brightness&Contrast【特效→色彩校正→亮度&对比度】”命令，设置 Brightness【亮度】为“-10”，降低人物的亮度，设置 Contrast【对比度】为“10”，

如图 6-134 所示。

图 6-134

（9）制作运动模糊效果。当摄像机靠近人物，有一个快速摇镜头的动作，可以看到人物有明显的运动模糊效果，周围场景也应该有运动模糊效果。

在 Timeline【时间线】窗口中选择“Diffuse”图层，执行菜单栏中的“Effect→Blur&Sharpen→Directional Blur【特效→模糊&锐化→方向模糊】”命令，模糊效果主要是在视频的后面部分，在 Effect Controls【特效控制】窗口设置 Direction【方向】为“79”，把时间指示器设为“0:00:05:17”，单击 Blur Length【模糊值】左侧的码表，创建关键帧，设置值为“0”，把时间指示器设为“0:00:05:22”，设置 Blur Length 值为“16”，创建关键帧，时间指示器设为“0:00:07:04”，设置 Blur Length 值为“16”，创建关键帧，时间指示器设为“0:00:07:10”，设置 Blur Length 值为“0”，创建关键帧。

复制“Diffuse”图层上的 Directional Blur，粘贴到“Occlusion”和“Bloom”图层上，效果如图 6-135 所示。

图 6-135

（10）制作景深效果。在 Timeline【时间线】窗口中选择“ZDepth”图层，按【Ctrl+D】组合键复制一份，并重命名为“ZDepth Invert”，执行菜单栏中的“Effect→Channel→Invert【特效→通道→反向】”命令，把亮度深度反向，如图 6-136 所示。

选择“ZDepth Invert”图层，执行菜单栏中的“Effect→Color Correction→Brightness&Contrast【特效→色彩校正→亮度&对比度】”命令，设置 Brightness【亮度】为“-60”，Contrast【对比度】为“30”，如图 6-137 所示。

图 6-136

图 6-137

展开“ZDepth Invert”图层，把时间指示器设为“0:00:06:12”，单击 Opacity 左侧的码表，创建关键帧，设置值为“0%”，把时间指示器设为“0:00:07:01”，设置参数值为“100%”，创建关键帧。

设置“ZDepth Invert”图层的图层混合模式为“Subtract【相减】”。

（11）在 Timeline【时间线】窗口中选择“ZDepth Invert”和“ZDepth”图层，执行菜单栏中的“Layer→Pre-compose【图层→预合成】”命令，在弹出的对话框中输入新合成名为“ZDepth Comp”，选择“Move all attributes into the new composition【把所有属性移到新合成中】”选项。

（12）在 Timeline【时间线】窗口中选择“Diffuse”图层，执行菜单栏中的“Effect→Blur&Sharpen→Compound Blur【特效→模糊&锐化→复合模糊】”命令，设置 Blur Layer【模糊图层】为“ZDepth comp”图层。

复制“Diffuse”图层上的“Compound Blur”，粘贴到“Occlusion”和“Bloom”图层上，效果如图 6-138 所示。

图 6-138

第 7 章 三维合成

本章学习目标

- ◆ 了解二维图层转换为三维图层的方法。
- ◆ 了解 After Effects 中三维图层的特点。
- ◆ 掌握灯光的创建及几种类型灯光的参数设置。
- ◆ 掌握摄像机的创建及参数设置。
- ◆ 掌握三维图层、灯光、摄像机的使用方法。

本书到此为止，基本上使用的都是二维空间，如果将图层指定为三维图层，After Effects 可以对图层的深度进行控制，将图层的深度与灯光、摄像机结合起来，可以创建出利用自然运动、灯光和阴影、透视及聚焦效果的三维动画。After Effects 中三维功能并不等同于三维软件，诸如 3ds Max、Maya 等，它们可以创建真正的三维空间，提供真实的反射、折射及光影效果，这些都是 After Effects 所无法比拟的，但是对于合成来说，调色、抠像及特效等，这些是三维软件的软肋，却是 After Effects 的强项。

7.1 三维图层

把“bird.tga”拖到 Project【项目】窗口底部的“Create a New Composition【创建一个新合成】”按钮上，创建一个合成，单击图层右侧的“3D Layer【三维图层】”图标，把该图层转化成三维图层，如图 7-1 所示。

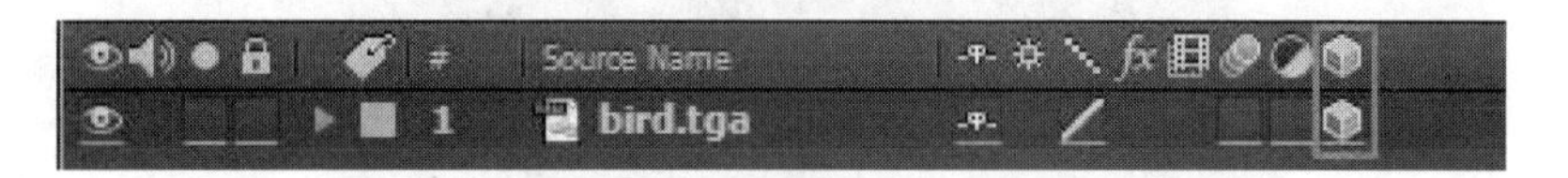

图 7-1

把三维图层与二维图层之间的参数进行对比，可以看到三维图层的 Anchor Point【轴心点】、Position【位置】、Scale【缩放】、Rotation【旋转】多了一个 Z 坐标，该值代表深度，也就是图层离摄像机的远近程度。三维图层的属性中增加了一个 Orientation【方向】参数，Orientation 与 Rotation 类似，Orientation 主要用于调整图层的方向角度，其数值范围在 0º～360º 之间，超过这个范围的数值会自动转换成范围内的数值，一般不对其设置动画，旋转动画通常通过对 Rotation 设置关键帧来完成。

三维图层属性中增加了一个 Material Options【材质选项】属性，主要控制图层受灯光照射时，相应的阴影与材质设置，如图 7-2 所示。

▶ Transform	Reset
▼ Material Options	
Casts Shadows	Off
Light Transmission	0%
Accepts Shadows	On
Accepts Lights	On
Ambient	100%
Diffuse	50%
Specular Intensity	50%
Specular Shininess	5%
Metal	100%

图 7-2

Material Options【材质选项】的参数如下所述。

Casts Shadows：表示该图层是否投射阴影。

Light Transmission：表示光线穿透图层的程度。

Accepts Shadows：表示图层是否接受阴影，也就是其他图层是否能在该图层上产生阴影。

Accepts Lights：表示图层是否接受灯光，也就是图层是否受灯光的照射。

Ambient：表示环境光对图层的影响程度。

Diffuse：表示图层上灯光的漫反射程度。

Specular Intensity：表示图层上反射高光的强度。

Specular Shininess：表示图层上的高光范围的大小，当数值为100%时，发光范围最小，当数值为0%时，发光范围最大。

Metal：表示图层高光的颜色。当数值为100%时为层的颜色，当数值为0%时为光源的颜色。

7.2 灯光的使用

7.2.1 灯光的创建及参数设置

执行菜单栏中的“Layer→New→Light【图层→新建→灯光】”命令，弹出“Light Settings【灯光设置】”对话框，如图7-3所示。

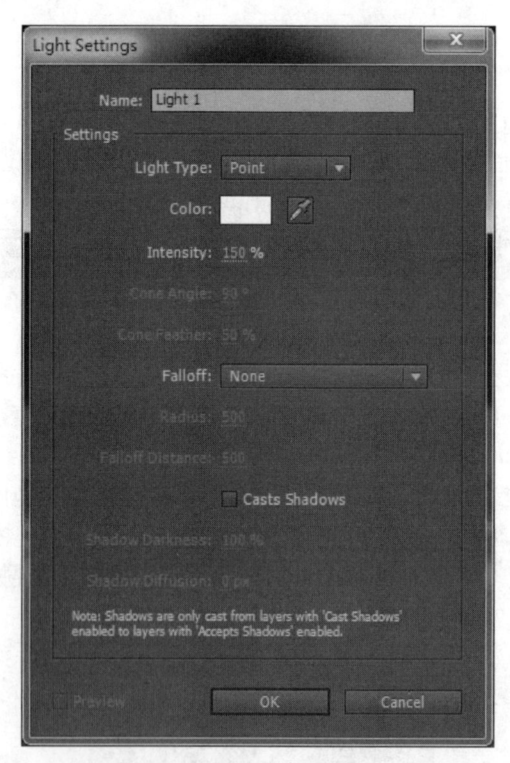

图7-3

“Light Settings【灯光设置】”对话框中的参数说明如下。

Name：灯光名称。

Light Type：灯光类型。Parallel为平行光，模拟光源从无限远处照射的效果，类似太阳光，只能设置灯光的 Color【颜色】和 Intensity【强度】。Spot 为聚光灯，模拟像手电筒一样的聚光效果，可以设置灯光的 Color【颜色】、Intensity【强度】、Cone Angle【锥角】、Cone Feather【圆锥羽化】、Falloff【衰减】等参数。Point 为点光源，模拟像灯泡一样的发光效果，可以设置 Color【颜色】、Intensity【强度】、Falloff【衰减】。Ambient 为环境光，可以整体提高或降低场景的亮度。

Casts Shadows：是否投射阴影。当灯光开启投射阴影后，只有开启投射阴影的图层才会在开启接受阴影的图层上产生阴影效果。

Shadow Darkness：阴影暗度。投射阴影的暗度百分比。

Shadow Diffusion：阴影漫射。投射阴影的漫射扩散大小。

7.2.2　边学边做——阴影

知识与技能

本例主要学习使用灯光及三维图层创建阴影的方法。

（1）新建工程，将素材“riverside.jpg”导入到 Project【项目】窗口中，本例的画面大小与“riverside.jpg”相同，可以以“riverside.jpg”的参数建立新合成，将“riverside.jpg”拖到 Project【项目】窗口底部的“Create a New Composition【创建一个新合成】”按钮上，建立一个新的合成。

（2）执行菜单栏中的“Layer→New→Solid【图层→新建→固态层】”命令，在弹出的对话框中创建一个 Name【固态层名】为“BG”的白色固态层，设置 Width【宽】为“600”，Height【高】为“600”，Pixel Aspect Ratio【像素宽高比】为“Square Pixels【正方形像素】”，即像素宽高比为 1:1，如图 7-4 所示。

在 Timeline【时间线】窗口中开启“BG”图层的 3D Layer 开关，把它转换成三维图层，绕 X 轴旋转，使它与地面大致平行，为了偏于观察白色固态层是否与地面平行，执行菜单栏中的“Effect→Generate→Grid【特效→生成→网格】”命令，为“BG”图层添加网格。

（3）执行菜单栏中的“Layer→New→Camera【图层→新建→摄像机】”命令，创建一个 Preset【预设】为“24mm”的摄像机，使用工具栏中的“Unified Camera Tool【统一摄像机工具】”调整摄像机的角度，并对固态层进行缩放和位置调整，这样就为阴影创建了一个地面。效果如图 7-5 所示。

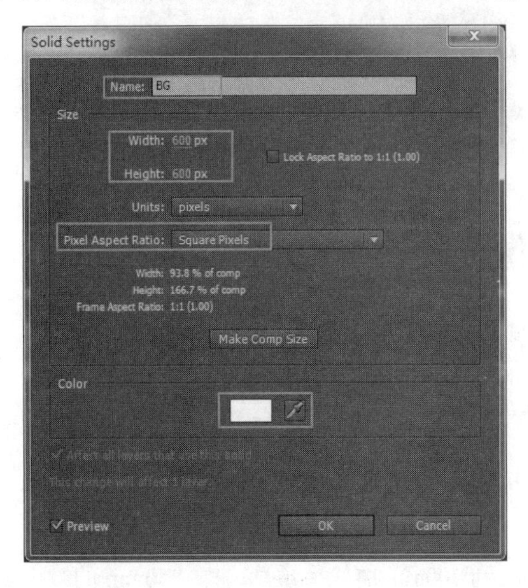

图 7-4

图 7-5

（4）在 Effect Controls【特效控制】窗口关闭固态层上的 Grid【网络】特效，使用工具栏中的

“Horizontal Type Tool【水平文字工具】”，输入文字“AFTER EFFECTS”，在 Timeline【时间线】窗口中开启文字图层的 3D Layer 开关，把它转换成三维图层，在 Composition【合成】窗口把视图切换到 Left【左】视图，调整文字图层使它正好位于在地面上。

（5）执行菜单栏中的“Layer→New→Light【图层→新建→灯光】”命令，创建一个点光源，设置 Light Type【灯光类型】为“Point【点光源】”，Intensity【亮度】为“75%”，Color 为“淡黄色”，勾选“Casts Shadows【投射阴影】”选项，如图 7-6 所示。

（6）现在要给文字添加阴影，在 Timeline【时间线】窗口展开文字图层的“Material Options【材质选项】”，设置 Casts Shadows【投射阴影】为“on”，使文字图层能投射阴影，设置 Accept Lights【接受灯光】为“off”，使文字图层不受灯光影响。

展开“BG”图层的“Material Options【材质选项】”，设置 Accept Lights【接受灯光】为“off”，使地面不受灯光影响，设置“BG”图层的混合模式为“Multiply【正片叠底】”，过滤掉图层的白色，只留下阴影。

现在文字图层的阴影看起来比较生硬，展开灯光图层的“Light Options【灯光选项】”，设置 Shadow Diffusion【阴影漫反射】为“80”，这样阴影会比较柔和。效果如图 7-7 所示。

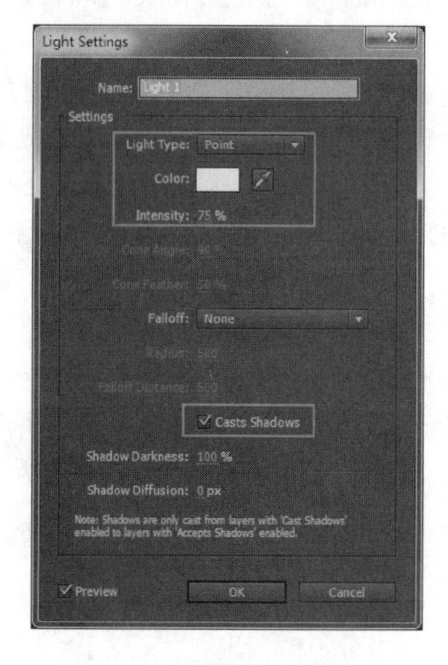

图 7-6

图 7-7

7.3 摄像机的使用

7.3.1 摄像机的创建及参数设置

执行菜单栏中的“Layer→New→Camera【图层→新建→摄像机】”命令，弹出“Camera Settings【摄像机设置】”对话框，如图 7-8 所示。

“Camera Settings【摄像机】”对话框中的参数说明如下。

Name：摄像机名称。

Preset：摄像机预设下拉列表，提供了从 15mm 到 200mm 的镜头预设，其中 50mm 的镜头焦距是标准镜头，一般指人的眼睛所能看到的画面透视感。小于 50mm 的镜头焦距称为广角镜头，广角镜头的视野比较宽广，透视效果比较明显，焦距越小，透视越明显，景深越大，广角镜头一般用于拍摄近距离大范围的景物。大于 50mm 的镜头焦距称为长焦，长焦镜头的视野范围较窄，透视效果不明显，焦距越大，透视越不明显，景深越小，长焦镜头一般用于拍摄远处的景物。

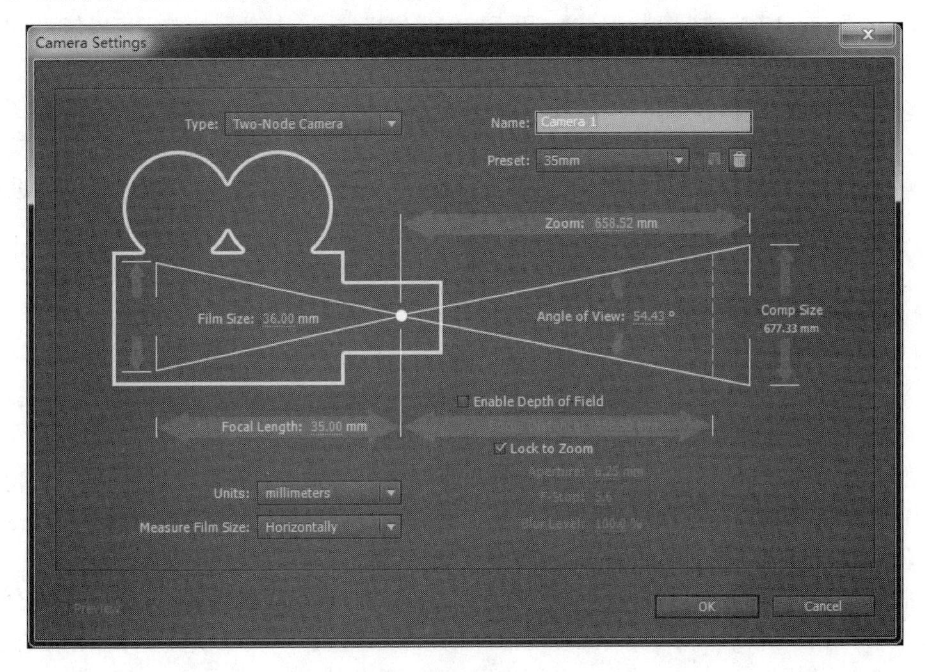

图 7-8

Zoom：摄像机到物体的距离，该值越大，通过摄像机显示的图层大小就越大，视野也就相应地减小。

File Size：胶片尺寸，模拟摄像机所使用的胶片尺寸。

Angle of View：视角。该值越大，视野越宽，相当于广角镜头；该值越小，视野越窄，相当于长焦镜头。

Comp Size：合成尺寸。合成画面的宽度、高度或对角线的大小，其显示的数值为 Measure Film Size【测量胶片尺寸】属性的数值大小。

Focal Length：焦距，指镜头与胶片之间的距离。焦距越短，就是广角效果，焦距越长，就是长焦效果。

Enable Depth of Field：是否打开景深。它要配合 Focus Distance【焦点距离】、Aperture【光圈】、F-Stop【快门速度】、Blur Level【模糊程度】一起使用。

Focus Distance：焦点距离。确定从摄像机到物体最清晰位置的距离。

Aperture：光圈。在 After Effects 里，光圈大小与曝光没有关系，它仅仅影响景深的大小，该值越大，距离物体清晰的范围就越小。

F-Stop：快门速度。它与 Aperture 互相影响，同样影响景深模糊的程度。

Blur Level：模糊程度。该值越大越模糊。

7.3.2　摄像机工具

摄像机的操作一般使用工具栏中的相关工具。

Unified Camera Tool【统一摄像机工具】：选择该摄像机工具时，可以通过一个三键的鼠标快速切换摄像机工具。按住鼠标左键拖动，以 Orbit Camera Tool 方式旋转摄像机视图。按住鼠标中键拖动，以 Track XY Camera Tool 方式平移摄像机视图。按住鼠标右键拖动，以 Track Z Camera Tool 方式缩放摄像机视图。

Orbit Camera Tool【旋转摄像机工具】：用于旋转摄像机视图，按住鼠标左键可以任意调整摄像机视图。

Track XY Camera Tool【平移 XY 轴摄像机工具】：按住鼠标左键拖动，可以对摄像机视图进行 XY 轴向移动，偏于观察操作。

Track Z Camera Tool【缩放 Z 轴摄像机工具】：按住鼠标左键拖动，可以对摄像机视图进行缩放。

7.3.3 边学边做——穿越云端

知识与技能

本例主要学习使用三维图层、摄像机制作摄像机动画的方法。

（1）新建工程，把素材“云 01.jpg”～“云 07.jpg”分别导入到 Project【项目】窗口中，如图 7-9 所示。

（2）执行菜单栏中的“Composition→New Composition【合成→新建合成】”命令，在弹出的对话框中，设置 Composition Name【合成名】为“云 01”，Preset【预设】为“PAL D1/DV Square Pixel”，Duration【持续时间】为“0:00:10:00”，背景颜色为“黑色”。

（3）把素材“云 01.jpg”从 Project【项目】窗口中拖到 Timeline【时间线】窗口的“云 01”合成中。执行菜单栏中的“Layer-New→Solid【图层→新建→固态层】”命令，新建一个白色固态层，把它放置到“云 01.jpg”图层的下面，设置白色固态层的蒙版为“Luma Inverted Matte“云 01.jpg””，Luma Inverted Matte 是把“云 01.jpg”图层的亮度作为白色固态层的蒙版，“云 01.jpg”图层白色的地方表示下面白色固态层对应的位置没有选中，黑色的地方表示下面白色固态层对应的位置完全选中，而灰色的地方表示下面白色固态层对应的位置部分选中，这样就能把云周围的白色背景去掉，效果如图 7-10 所示。

Name	Type	Size	Media Duration
云01.jpg	JPEG	46 KB	
云02.jpg	JPEG	28 KB	
云03.jpg	JPEG	35 KB	
云04.jpg	JPEG	99 KB	
云05.jpg	JPEG	25 KB	
云06.jpg	JPEG	103 KB	
云07.jpg	JPEG	22 KB	

图 7-9

图 7-10

（4）执行菜单栏中的“Layer-New→Adjustment Layer【图层→新建→调整层】”命令，新建一个调整层，把它放置到“云 01.jpg”图层的上面。

选中调整层，执行菜单栏中的“Effect→Color Correction→Colorama【特效→色彩校正→彩色光】”命令，在 Effect Controls【特效控制】窗口中展开“Input Phase【输入相位】”，设置 Get Phase From【相位来源】为“Alpha”，展开“Output Cycle【输出色环】”，把红色色标重新设置为“白色”，并设置它的透明度为“0%”，把紫色色标靠近白色色标，重新设置颜色为“白色”，这样就可以把云层效果提亮，如图 7-11 和图 7-12 所示。

（5）现在得到的是静态云的效果，下面要制作动态云的效果。选中调整层，执行菜单栏中的“Effect→Distort→Turbulent Displace【特效→扭曲→紊乱置换】”命令，在 Effect Controls【特效控制】

窗口中设置它的参数 Size 为“20”，按住【Alt】键单击 Evolution 左侧的码表，为它添加表达式，输入“time*100”，这样云的动态效果就出来了。

（6）执行菜单栏中的“Composition→New Composition【合成→新建合成】”命令，在弹出的对话框中，设置 Composition Name【合成名】为“云 02”，Preset【预设】为“PAL D1/DV Square Pixel”，Duration【持续时间】为“0:00:10:00”，背景颜色为“黑色”。

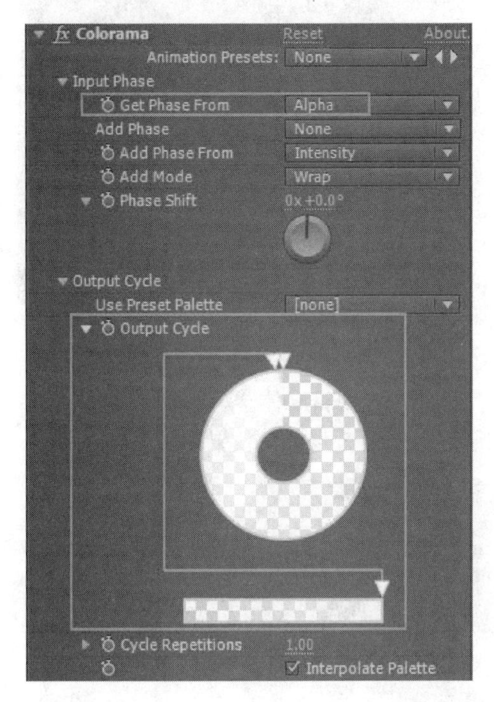

图 7-11

图 7-12

（7）把素材“云 02.jpg”从 Project【项目】窗口中拖到 Timeline【时间线】窗口的“云 02”合成中，适当调整该图层的大小。

执行菜单栏中的“Layer→New→Solid【图层→新建→固态层】”命令，新建一个白色固态层，把它放置到“云 02.jpg”图层的下面，设置白色固态层的蒙版为“Luma Inverted Matte“云 02.jpg””。

再把合成“云 01”中的调整层复制粘贴到合成“云 02”中，这样“云 02”的动态效果也完成了，重复（6）～（7）的操作完成其他云的效果。

（8）执行菜单栏中的“Composition→New Composition【合成→新建合成】”命令，在弹出的对话框中，设置 Composition Name【合成名】为“final”，Preset【预设】为“PAL D1/DV Square Pixel”，Duration【持续时间】为“0:00:10:00”，背景颜色为“黑色”。

（9）执行菜单栏中的“Layer→New→Solid【图层→新建→固态层】”命令，新建一个蓝色固态层，重命名为“背景”。

从 Project【项目】窗口中选择前面完成的“云 01”～“云 07”中的几个合成，拖到“final”合成中，适当调整位置、大小及透明度，开启这几个云的图层的 3D Layer，把它们转换为三维图层。搭建场景如图 7-13 所示。

（10）执行菜单栏中的“Layer→New→Camera【图层→新建→摄像机】”命令，在弹出的对话框中的 Preset【预设】下拉列表中选择“50mm”，创建一个摄像机。再执行菜单栏中的“Layer→New→Null Object【图层→新建→空对象】”命令，创建一个空对象，把空对象也转换为 3D 图层，设置摄像机的

Parent【父对象】为空对象，这样可以由空对象带动摄像机运动。

（11）在 Timeline【时间线】窗口中为空对象设置 Position 关键帧，产生摄像机推拉效果。在“0:00:02:00”处，单击空对象的 Position 属性左侧的码表，创建一个关键帧，在 0:00:00:00 处，调整它的 Z 坐标，使它远离云层，创建一个关键帧，效果如图 7-14 所示。

图 7-13

图 7-14

（12）调整几个云图层的 Z 坐标，使它们有一定的纵深，更富立体感。回到“0:00:00:00”处，感觉画面不够充实，再添加一些云层，转换为 3D 图层后，调整 Z 坐标，效果如图 7-15 所示。

图 7-15

（13）制作摄像机的旋转效果。在 0:00:02:00 处，单击空对象的 Z Rotation 属性左侧的码表，创建一个关键帧，在 0:00:00:00 处，设置 Z Rotation 属性值为“-50°”，这样就有一种穿梭在云间的感觉。

7.4 典型应用——水中倒影

知识与技能

本例主要学习使用三维图层、摄像机制作水中倒影的方法。

（1）新建工程，将素材“photo.jpg”导入到 Project【项目】窗口中。执行菜单栏中的“Composition→New Composition【合成→新建合成】”命令，在弹出的对话框中，设置 Composition Name【合成名】为“3D Reflection”，Preset【预设】为“PAL D1/DV”，Duration【持续时间】为“0:00:10:00”，如图 7-16 所示。

（2）执行菜单栏中的“Layer-New→Solid【图层→新建→固态层】”命令，新建一个名为“background”的固态层，设置 Width【宽】为“1200”，Height【高】为“1200”，如图 7-17 所示。

（3）在 Timeline【时间线】窗口中选择“background”图层，执行菜单栏中的“Effect→Noise&Grain→Fractal Noise【特效→噪波&颗粒→分形噪波】”命令，参数保持默认值。

在 Timeline【时间线】窗口中选择“background”图层，执行菜单栏中的“Effect→Blur&Sharpen→Fast Blur【特效→模糊&锐化→快速模糊】”命令，设置 Blurriness【模糊值】为“25”。

在 Timeline【时间线】窗口中打开“background”图层的 3D Layer【三维图层】开关。展开“background”图层下面的参数，设置 Orientation【方向】设为（90,0,0），使图层绕 X 轴旋转 90 度，Position【位置】设为（360,426,0），把“background”图层旋转后放置到下方，效果如图 7-18 所示。

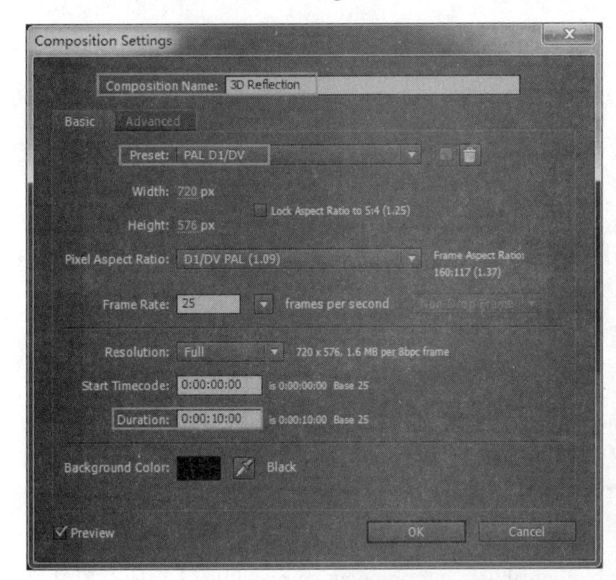

图 7-16

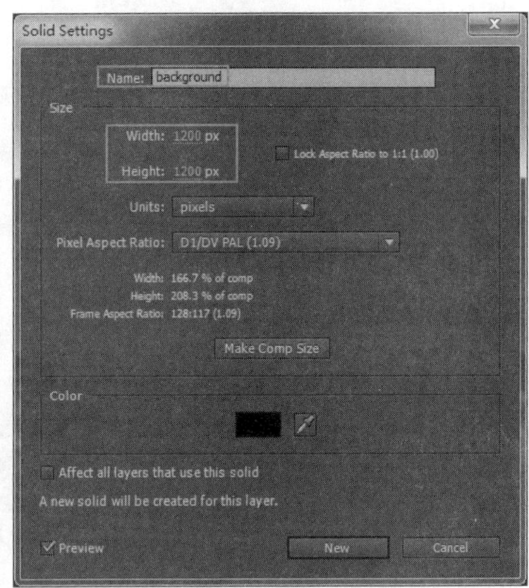

图 7-17

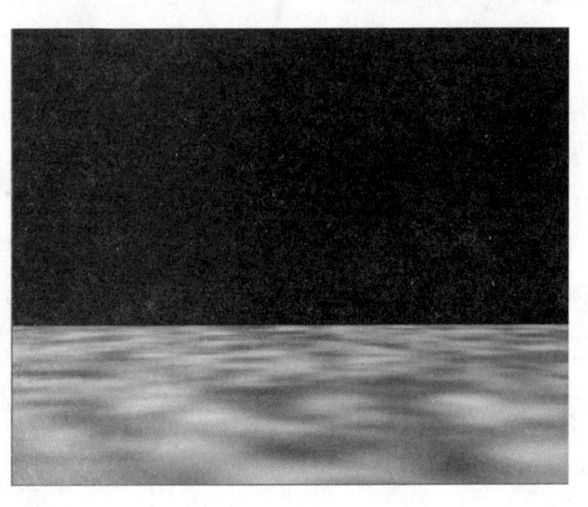

图 7-18

（4）执行菜单栏中的“Layer→New→Camera【图层→新建→摄像机】”命令，在弹出对话框中的 Preset【预设】下拉列表中选择“35mm”，创建一个摄像机。

（5）把“photo.jpg”从 Project【项目】窗口拖到 Timeline【时间线】窗口中，并转换为三维图层，展开“photo.jpg”图层下面的参数，设置 Scale【比例】为“40%”，适当缩小图片，在 Composition【合成】窗口中切换到 Front【前视图】，调整图层的位置，使它正好位于“background”图层的上面，如图 7-19 所示。

（6）制作“photo.jpg”图层的倒影。在 Timeline【时间线】窗口中选择“photo.jpg”图层，按【Ctrl+D】组合键复制一份，并重命名为“photo reflection”，设置它的 Scale【比例】为（40,-40,40），使它在 Y 轴上翻转，移动它的 Y 坐标，使它与“photo.jpg”图层在底部对齐。把它放置到“photo.jpg”图层的下面，设置它的父对象为“photo.jpg”图层，这样移动“photo.jpg”图层，下面的倒影图层也会跟随移动，如图 7-20 所示。

（7）在 Composition【合成】窗口切换到 Active Camera【当前摄像机】视图，这时会发现一个问题，倒影层被背景层遮挡了。

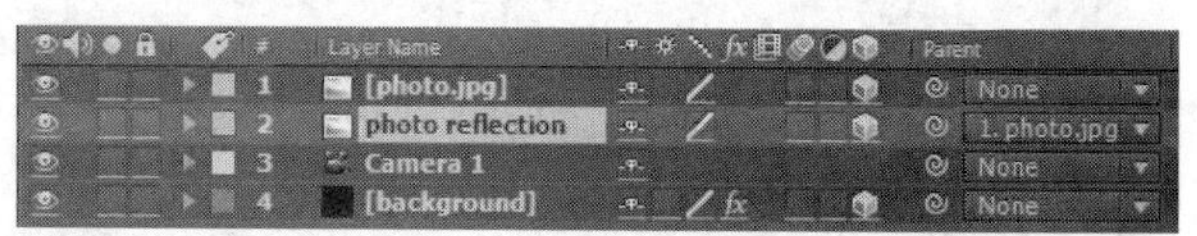

图 7-19　　图 7-20

执行菜单栏中的“Layer→New→Adjustment Layer【图层→新建→调整层】”命令，新建一个调整层，把它放置到倒影层和背景层的中间，再设置倒影层的 Opacity【不透明度】为“50%”，这样就可以看到下面的东西了。

（8）选中“background”图层，执行菜单栏中的“Layer→Pre-Compose【图层→预合成】”命令，对它进行预合成，在弹出的对话框中选中“Move all attributes into the new composition【把所有属性移到新合成中】”选项，预合成名为“background”，如图 7-21 所示。

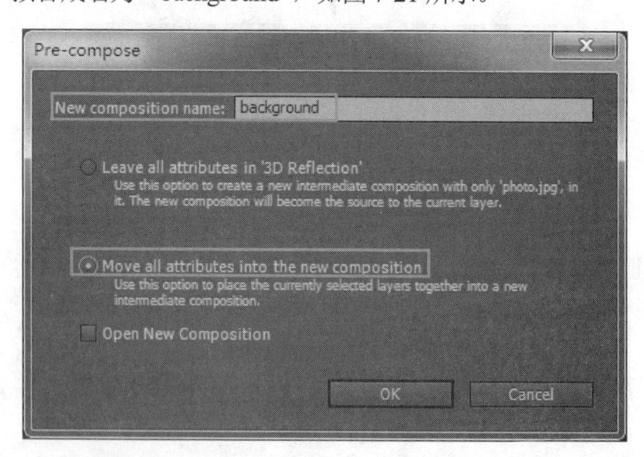

图 7-21

在 Timeline【时间线】窗口中选择“background”，开启“For Comp Layer: Collapse Transformations”，如图 7-22 所示。

（9）执行菜单栏中的“Layer→New→Adjustment Layer【图层→新建→调整层】”命令，再新建一个调整层，把它放置在“photo.jpg”和“photo reflection”图层的中间。

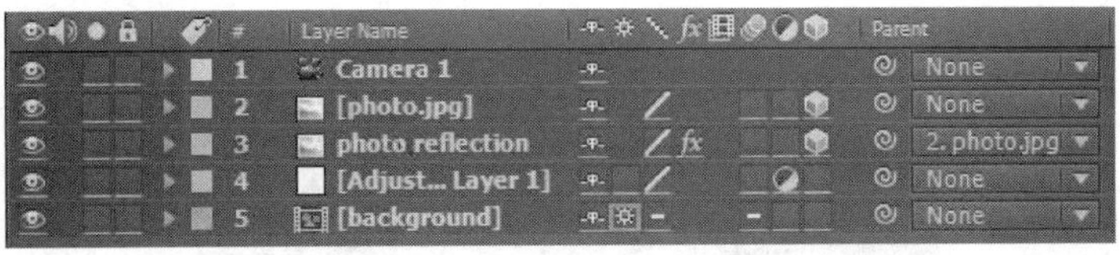

#	Layer Name	Parent
1	Camera 1	None
2	[photo.jpg]	None
3	photo reflection	2. photo.jpg
4	[Adjust... Layer 1]	None
5	[background]	None

图 7-22

在 Timeline【时间线】窗口中选择新建的调整层，执行菜单栏中的“Effect→Distort→Displacement Map【特效→扭曲→置换映射】”命令，它的作用是根据映射的亮度信息来偏移像素。在 Effect Controls【特效控制】窗口中设置 Displacement Map Layer【置换映射图层】为“background”，然后增大 Max Horizontal Displacement【最大水平置换】和 Max Vertical Displacement【最大垂直置换】的值分别为“31”和“32”。

（10）执行菜单栏中的“Layer→New→Light【图层→新建→灯光】”命令，在弹出的对话框中，Light Type【灯光类型】设为“Point”，Color【灯光颜色】为“淡蓝色”，Intensity【灯光强度】为“150”。

这时会出现一个问题，灯光会改变“background”合成中的亮度值。打开“background”合成，设置 Material Options【材质选项】下面的 Accepts Lights【接受灯光】为“off”，这样灯光就不会影响 Displacement 图层了。效果如图 7-23 所示。

图 7-23

（11）现在背景图层看起来有些单调，隐藏“3D Reflection”合成中的“background”图层，打开“background”合成，把它里面的“background”图层复制一份，粘贴到“3D Reflection”合成的最下面，并且开启的 Accepts Lights【接受灯光】为“on”。降低“background”的 Opacity【不透明度】为“65%”，把灯光位置下移靠近背景层，如图 7-24 和图 7-25 所示。

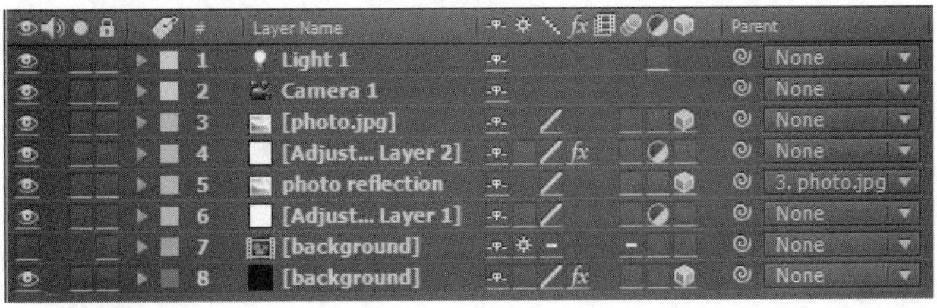

#	Layer Name	Parent
1	Light 1	None
2	Camera 1	None
3	[photo.jpg]	None
4	[Adjust... Layer 2]	None
5	photo reflection	3. photo.jpg
6	[Adjust... Layer 1]	None
7	[background]	None
8	[background]	None

图 7-24

图 7-25

（12）选中“photo reflection”图层，执行菜单栏中的“Effect→Transition→Linear Wipe【特效→过渡→线性擦除】”命令，在 Effect Controls【特效控制】窗口中设置 Transition Completion【过渡完成】的值为“50%”，Wipe Angle【擦除角度】为“180”，增大 Feather【羽化】的值为“165”，使它慢慢淡出。

（13）现在对摄像机做动画效果，对摄像机角度设置关键帧，制作一个摄像机快速移动的效果。

在“0:00:04:00”处，调整“Camera 1”图层的 Point of interest【兴趣点】和 Position【位置】，创建关键帧，效果如图 7-26 所示。

在“0:00:00:00”处，调整 Point of interest【兴趣点】和 Position【位置】，创建关键帧，效果如图 7-27 所示。

图 7-26

图 7-27

7.5 典型应用——立体照片

知识与技能

本例主要学习使用三维图层、摄像机制作立体照片的方法。

（1）新建工程，把素材“original.jpg”导入到 Project【项目】窗口中，本例的画面大小与“original.jpg”相同，可以以“original.jpg”的参数建立新合成，将“original.jpg”拖到项目窗口底部的“Create a New Composition【创建一个新合成】”按钮上，建立一个新的合成。

（2）根据空间纵深关系，把需要独立出来的物体从画面中抠出来，使其与背景分离。在 Timeline【时间线】窗口选择“original.jpg”图层，按【Ctrl+D】组合键复制 4 份，并分别重新命名为“man”、“right pole”、“wall”、“left pole”和“background”，如图 7-28 所示。

#	Layer Name	Mode	T	TrkMat	Parent
1	man	Normal			None
2	right pole	Normal		None	None
3	wall	Normal		None	None
4	left pole	Normal		None	None
5	background	Normal		None	None

图 7-28

（3）在 Timeline【时间线】窗口选择“man”图层，使用工具栏中的 Pen Tool【钢笔工具】绘制“Mask1”，效果如图 7-29 所示。

再使用工具栏中的 Pen Tool【钢笔工具】对头发绘制“Mask2”，设置“Mask2”的 Mask Feather【遮罩羽化】为“3”，对头发边缘做羽化处理，效果如图 7-30 所示。

图 7-29

图 7-30

（4）在 Timeline【时间线】窗口选择“right pole”图层，使用工具栏中的 Pen Tool【钢笔工具】绘制“Mask1”，设置“Mask1”的 Mask Feather【遮罩羽化】为“2”，效果如图 7-31 所示。

（5）在 Timeline【时间线】窗口选择“wall”图层，使用工具栏中的 Pen Tool【钢笔工具】绘制“Mask1”，效果如图 7-32 所示。

（6）在 Timeline【时间线】窗口选择“left pole”图层，使用工具栏中的 Pen Tool【钢笔工具】绘制“Mask1”，设置“Mask1”的 Mask Feather【遮罩羽化】为“2”，效果如图 7-33 所示。

图 7-31

图 7-32

图 7-33

（7）执行菜单栏中的“Composition→Save Frame As→Photoshop Layers【合成→保存帧为→Photoshop 图层】”命令，把文件保存为“original.psd”。

（8）启动 Photoshop，打开“original.psd”文件，对相关图层进行处理。

选中“wall”图层，锁定透明像素，使用“仿制图章工具”对树进行处理，如图 7-34 所示。

下面对“backgroud”图层进行处理，把已经从画面中抠出来的物体，在该图层中进行移除。选中“right pole”图层，执行菜单栏中的“选择→载入选区”命令，再选中“backgroud”图层，执行菜单栏中的“编辑→填充”命令，在弹出的对话中，单击使用右侧的下拉列表，选择“内容识别”，效果如图 7-35 所示。

图 7-34

图 7-35

使用同样的方法，载入“man”、“wall”、“left pole”选区，填充到“background”图层，效果如图 7-36 所示。

图 7-36

使用工具栏中的“污点修复画笔工具”对残留的物体轮廓进行处理，效果如图 7-37 所示。

图 7-37

处理完成后，保存文件为“scene.psd”。

（9）打开 After Effects 软件，导入前面处理过的“scene.psd”文件，在弹出的对话框中的“Import As【导入为】”下拉列表中选择“Composition-Retain Layer【合成-保持图层大小】”。

（10）在项目窗口中选择“scene”合成，执行菜单栏中的“Composition→Composition Settings【合成→合成设置】”命令，把 Preset【预设】改为“NTSC DV”，使合成的尺寸小于原始的画面，设置 Duration【持续时间】为“0:00:05:00”，如图 7-38 所示。

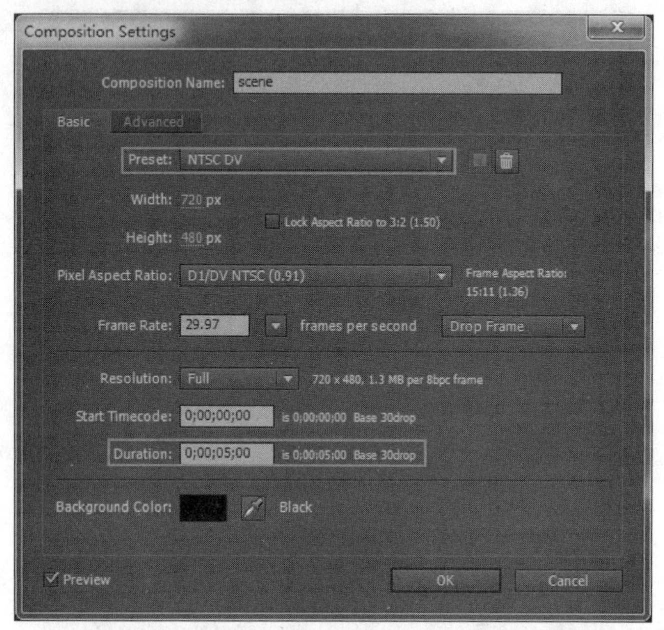

图 7-38

（11）在 Z 轴分散各图层，伪造出空间的纵深感，在 Timeline【时间线】窗口中开启所有图层的 3D Layer，把所有图层转换为 3D 图层。

（12）执行菜单栏中的“Layer→New→Camera”命令，新建一个摄像机，在弹出的对话框中，Preset【预设】设置为“Custom”，Zoom 为“352.78mm”的广角镜头，使画面有比较明显的景深效果。

选中“Camera 1”图层，设置 Position 的 Z 坐标为“-1220”，把摄像机往后拉，使画面显示内容更多一些。

（13）下面使各个图层在 Z 轴上有一个先后次序，伪造出 3D 效果。在 Timeline【时间线】窗口选中“man”图层，设置 Position 为（-21,283.5,-75），选中“right pole”图层，设置 Position 为（517.5,240,-75），选中“wall”图层，设置 Position 为（788,623.5,-50），选中“left pole”图层，设置 Position 为（-525.5,240,-50），选中“background”图层，设置 Position 为（360,240,0），效果如图 7-39 所示。

图 7-39

（14）制作摄像机动画，使摄像机逐渐推近画面。在 0:00:00:00 处，单击 Point of interest【兴趣点】左侧的码表，设置 Point of Interest【兴趣点】为（360,240,0），创建一个关键帧，单击 Position【位置】左侧的码表，设置 Position【位置】为（35,240,-2132），创建一个关键帧。在 0:00:04:29 处，设置 Point of interest【兴趣点】为（211,240,0），设置 Position【位置】为（634,70,-2000），选中在 0:00:04:29 处的 Point of interest 和 Position 关键帧，在右键快捷菜单中执行“Keyframe Assistant→Easy Ease”命令，使摄像机运动有一个缓入缓出的效果。

（15）制作人物图层动画，使他在动画过程中自动面向摄像机。在 0:00:00:00 处，单击 Position 左侧的码表，设置 Position 为（-21,283.5,-75），在 0:00:04:29 处，设置 Position 为（30,300,-300）。选中这两个关键帧，在右键快捷菜单中执行“Keyframe Assistant→Easy Ease”命令，使人物运动有一个缓入缓出的效果。

（16）添加一个调整层，调色后使人物与后面的场景有所区别。执行菜单栏中的“Layer→New→Adjustment Layer【图层→新建→调整层】”命令，把它移到“man”图层的下面，这样对调整层进行调色，只会影响调整层下面的场景图层，而不会影响到“man”图层。

选中“Adjustment Layer 1”图层，执行菜单栏中“Effect→Color Correction→Tint”命令，在 Effect Controls【特效控制】窗口中为 Amount to Tint 设置关键帧，在 0:00:00:00 处，设置它的值为“0”，在 0:00:04:29 处，设置它的值为“100”，选择该关键帧，在右键快捷菜单中执行“Keyframe Assistant→Easy Ease”命令。这样人物后面的场景就会有一个向黑白片过渡的效果。

7.6 典型应用——蝶恋花

知识与技能

本例主要学习使用三维图层、摄像机制作蝴蝶停落于花朵的方法。

（1）新建工程，导入素材“蝴蝶.psd”文件到 Project【项目】窗口中，导入素材时，在“Import As【导入为】”下拉列表中选择“Composition-Retain Layer”选项，把素材导入为合成，并保留图层的原始大小，如图 7-40 所示。

图 7-40

（2）选择 Project【项目】窗口中的“蝴蝶”合成，执行菜单栏中的“Composition→ Composition Settings【合成→合成设置】”命令，在弹出的对话框中设置 Composition Name【合成名】为“蝶恋花”，Preset【预设】为“PAL D1/DV”，Duration【持续时间】为“0:00:05:00”，如图 7-41 所示。

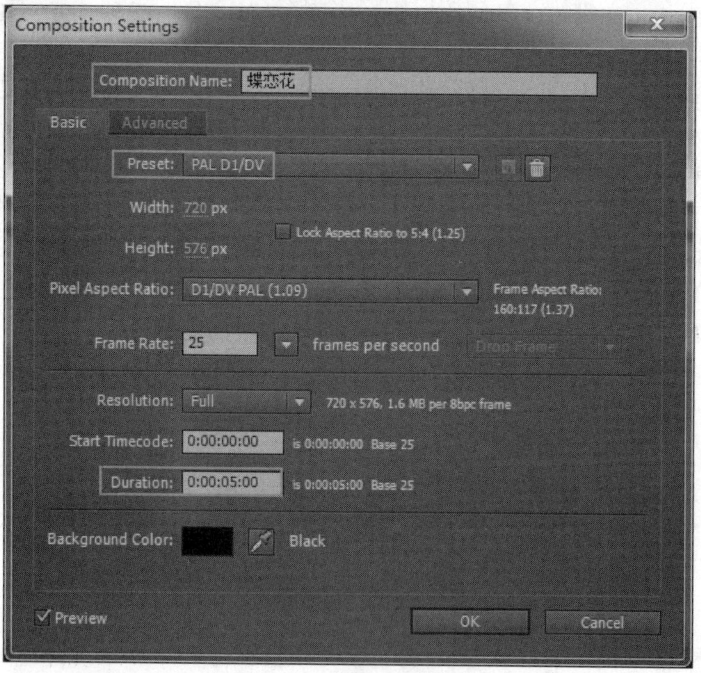

图 7-41

（3）在 Timeline【时间线】窗口中单击“翅膀”、“身体”、“花朵”、“背景”四个图层的“3D Layer”按钮，把它们转化为三维图层，暂时隐藏“花朵”、“背景”图层，如图 7-42 所示。

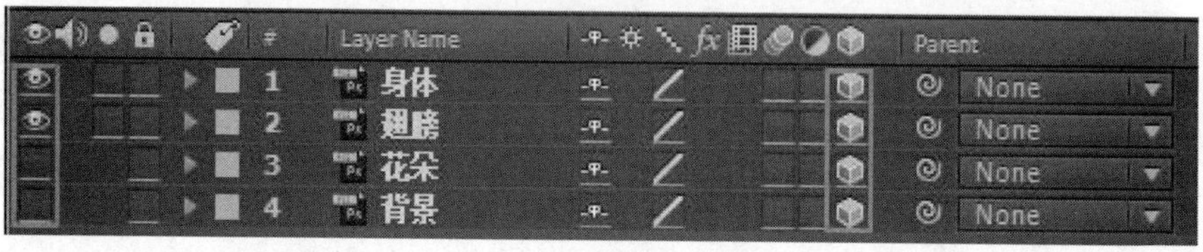

图 7-42

（4）单击 Composition【合成】窗口下面的“视图布局”按钮，打开下拉列表，选择“2 Views-Horizontal【2 视图-水平】”选项，在 Composition【合成】窗口中选择左侧视图，单击 Composition【合成】窗口下面的“3D View Popup【3D 视图】”选项，将视图设置为“Top【顶】”视图，选择右侧视图，将视图设置为“Front【前】视图”。单击合成窗口下面的“Toggle Transparency Grid【切换透明网格】”按钮，将合成背景设置为透明网格，偏于观察。

选择工具栏中的 Pan Behind Tool【轴心点工具】，在 Front【前】视图中将“翅膀”图层的轴心点设置在翅膀的根部，效果如图 7-43 所示。

（5）在 Timeline【时间线】窗口中选择“翅膀”图层，重命名为“右翅膀”，设置它的 Z 坐标为“+3”，使它与后面复制的翅膀有一定的距离，产生更真实的空间感。

图 7-43

制作右翅膀的扇动效果。在 0:00:00:00 处，单击“右翅膀”图层下面的参数 X Rotation 左侧的码表，为它设置关键帧，值为“-60° ”，使翅膀呈现展开的状态，在 0:00:01:00 处，设置 X Rotation 值为“0° ”，使翅膀呈现收起的状态。

（6）现在只对蝴蝶翅膀做了一个循环动作，其他的循环可以通过表达式来实现。按住【Alt】键，单击“右翅膀”图层下面的参数 X Rotation 左侧的码表，输入双引号内的表达式：“loopOut(type="pingpong",numKeyframes=0)”。输入表达式的时候注意字母大小写及使用英文的标点符号。在 Composition【合成】窗口中，把右侧视图设置为“Custom View 1”【用户视图 1】，这时单击“播放”按钮预览，可以看到蝴蝶翅膀的扇动动画已经反复循环起来了。

为了使翅膀的扇动动画更加自然一些，选中“右翅膀”图层下面的参数 X Rotation 的两个关键帧，执行右键快捷菜单中的“Keyframe Assistant→Easy Ease【关键帧助手→缓入缓出】”命令，这样在翅膀静止和运动之间会产生一个时间过渡，实现逐渐加速和减速的效果。

（7）选择 Timeline【时间线】窗口中的“右翅膀”图层，按【Ctrl+D】组合键复制一份，并重命名为“左翅膀”。展开“左翅膀”图层下面的参数，设置它的 Z 坐标为“-3”。选中 X Rotation 的第 1 个关键帧，修改值为“+60”。这时单击“播放”按钮，可以看到蝴蝶翅膀的完整扇动效果，如图 7-44 所示。

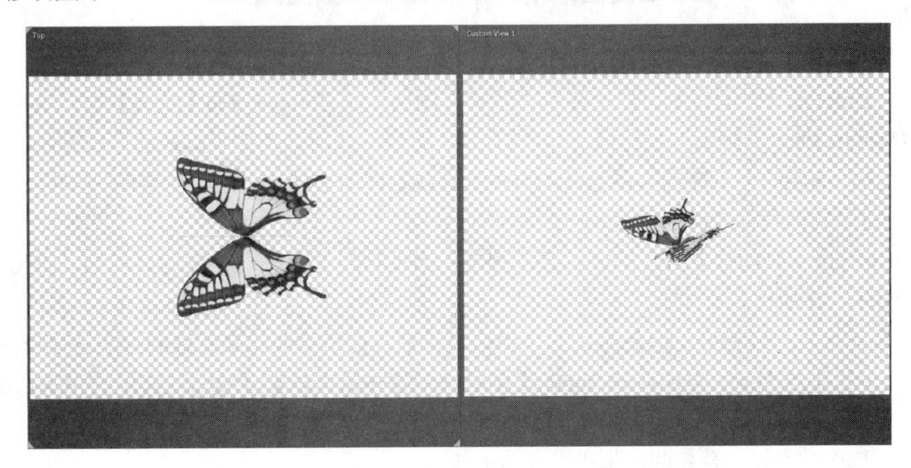

图 7-44

（8）在 Timeline【时间线】窗口中显示“花朵”图层，在 Composition【合成】窗口中把右侧视图设置为“Front【前】”视图便于观察调整蝴蝶的位置。

执行菜单栏中的“Layer→New→Null Object【图层→新建→空对象】”命令，在 Timeline【时间线】窗口中单击“Null 1”图层的 3D Layer 开关，把它转化为三维图层，设置“身体”、“左翅膀”、“右翅膀”3 个图层的 Parent【父对象】为空对象“Null 1”图层，如图 7-45 所示。

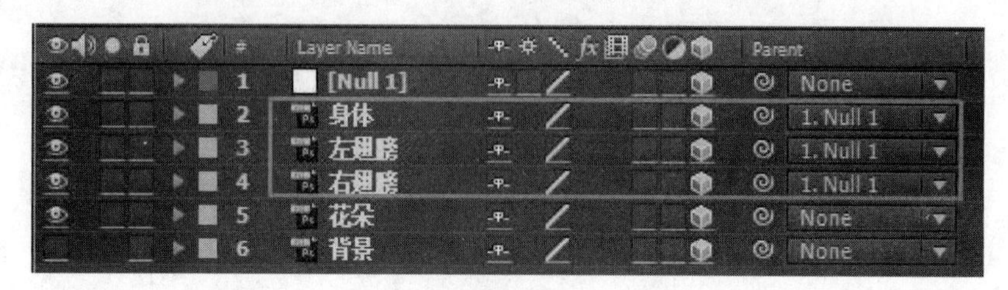

图 7-45

通过建立父子关系，只需要调整空对象“Null 1”图层的位置及角度，就能实现对 3 个子对象“身体”、“左翅膀”、“右翅膀”的统一操作，沿 X 和 Y 轴移动“Null 1”，设置“Null 1”的 Z Orientation，调整效果如图 7-46 所示。

图 7-46

（9）在 Timeline【时间线】窗口中显示“背景”图层，在 Composition【合成】窗口中将右侧视图设置为“Custom View 1【用户视图 1】”，可以看到“背景”图层遮挡住了蝴蝶的右边翅膀，这是因为在三维空间中，图层的上下位置关系已经不再重要，决定图层遮挡关系的是图层的 Z 坐标，图层 Z 坐标的大小决定了它离我们距离的远近。

选择 Timeline【时间线】窗口的“背景”图层，增大它的 Z 坐标，使它远离我们，露出蝴蝶的右边翅膀，如图 7-47 所示。

（10）现在场景已经搭好，但是静止的场景略显呆板，让场景动起来最好的方法是让摄像机运动。

执行菜单栏中的“Layer→New→Camera【图层→新建→摄像机】”命令，在弹出的“Camera Settings【摄像机设置】”对话框中，选择 Preset【预设】为“50mm”的摄像机，单击“OK”按钮后在 Timeline【时间线】窗口中建立了一台新的摄像机“Camera 1”。

图 7-47

（11）在 After Effects 中直接对摄像机做关键帧动画是一件非常痛苦的事，它需要同时设置摄像机的 Point of Interest【兴趣点】和 Position【位置】参数，这里提供一个比较简便的方法，通过空对象来实现对摄像机的操作。

执行菜单栏中的“Layer→New→Null Object【图层→新建→空对象】”命令，在 Timeline【时间线】窗口中新建一个空对象“Null 2”，单击“Null 2”图层的 3D Layer 开关，把它转化为三维图层，设置“Camera 1”图层的 Parent【父对象】为空对象“Null 2”图层，如图 7-48 所示。

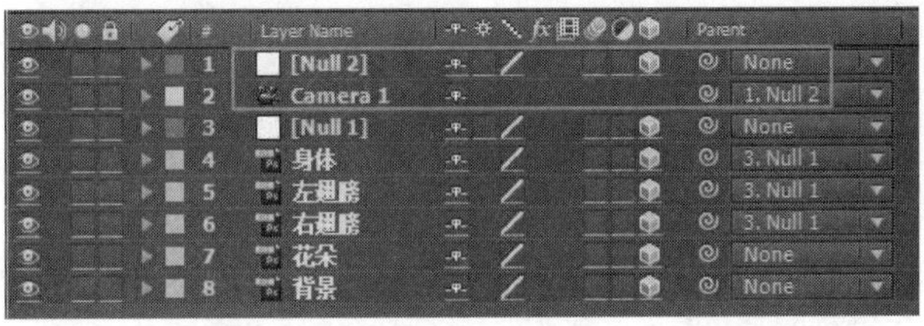

#	Layer Name	Parent
1	[Null 2]	None
2	Camera 1	1. Null 2
3	[Null 1]	None
4	身体	3. Null 1
5	左翅膀	3. Null 1
6	右翅膀	3. Null 1
7	花朵	None
8	背景	None

图 7-48

（12）制作摄像机动画。在合成窗口中将右侧视图设置为“Camera 1”，在 0:00:00:00 处，单击图层“Null 2”下面的 Position 和 Y Rotation 左侧的码表，创建一个关键帧，调整“Null 2”的位置如图 7-49 所示。

在 0:00:03:00 处，调整“Null 2”的位置和角度，使它远离我们，Position 和 Y Rotation 参数自动创建一个关键帧，如图 7-50 所示。

图 7-49

图 7-50

（13）单击“播放”按钮，可以看到摄像机动画基本完成，但是动画效果不够自然，在 Composition【合成】窗口左侧的 Top【顶】视图中，调整“Null 2”的运动路径如图 7-51 所示。

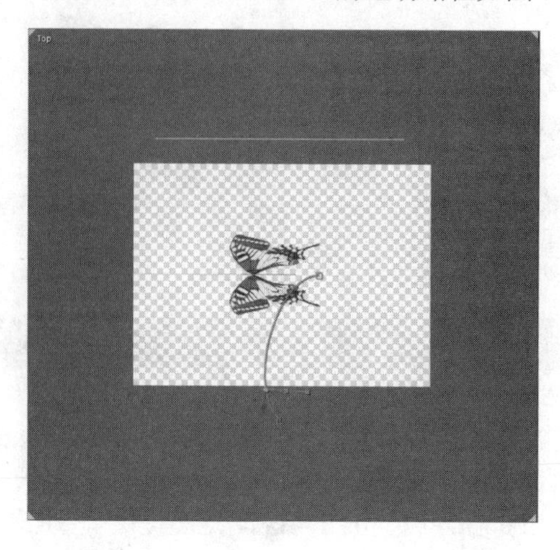

图 7-51

在 Timeline【时间线】窗口中选择“Null 2”下面的 Position 参数的两个关键帧，执行右键快捷菜单中的“Keyframe Assistant→Easy Ease【关键帧助手→缓入缓出】”命令，这样在摄像机静止和运动之间会产生一个时间过渡，实现逐渐加速和减速的效果。

（14）制作摄像机对焦效果。为了更真实地表现场景，需要对摄像机的景深进行控制。展开“Camera 1”图层的“Camera Options【摄像机选项】”，设置 Depth of Field 为“On”，开启摄像机的景深，设置 Aperture【光圈】为“300”，Blur Level【模糊程度】为“120”，在 0:00:00:00 处，单击 Focus Distance【对焦距离】左侧的码表，创建一个关键帧，设置值为“720”，使对焦位置不在蝴蝶上面，使蝴蝶呈模糊状态，注意这里 Focus Distance 参数值需要根据实际情况设置，如图 7-52 所示。

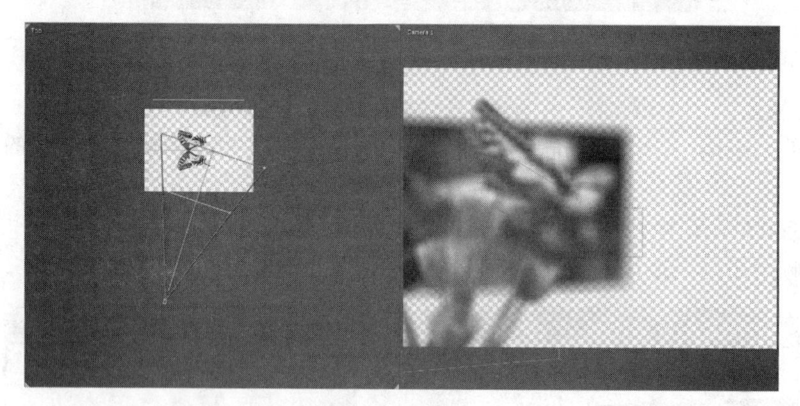

图 7-52

在 0:00:03:00 处，设置 Focus Distance 值为“1470”，使对焦位置正好在蝴蝶上面，使蝴蝶呈清晰状态，如图 7-53 所示。

这时单击“播放”按钮预览，可以看到蝴蝶先为脱焦效果，后为对焦效果，使整个画面效果更为真实。

（15）动画完成后，由于背景太小，会在场景边缘露出合成的背景色，这个问题只需要调整“背景”图层的大小即可解决，设置“背景”图层的 Scale【比例】为“285%”，效果如图 7-54 所示。

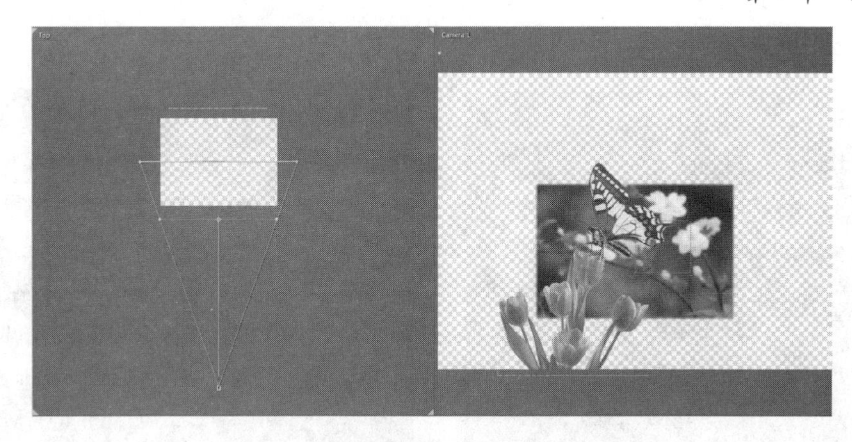

图 7-53

图 7-54

（16）执行菜单栏中的“Layer→New→Adjustment Layer【图层→新建→调整层】”命令，创建一个调整层。这里只需要调整花朵和背景，所以把调整层放置到图层“花朵”、“背景”的上面，这样对调整层所做的操作只会影响到它下面的这两个图层，如图 7-55 所示。

#	Layer Name	Parent
1	[Null 2]	None
2	Camera 1	1. Null 2
3	[Null 1]	None
4	身体	3. Null 1
5	左翅膀	3. Null 1
6	右翅膀	3. Null 1
7	[Adjust... Layer 1]	None
8	花朵	None
9	背景	None

图 7-55

在 Timeline【时间线】窗口选择调整层，执行菜单栏中的“Effect→Color Correction→Hue/Saturation【特效→色彩校正→色相/饱和度】”命令。在 Effect Controls【特效控制】窗口，Channel Control【通道控制】切换到“Yellows【黄色通道】”，选中黄色的花朵，设置 Yellow Saturation【黄色饱和度】为“-70”，使背景不要太醒目，以免喧宾夺主，如图 7-56 所示。

Channel Control【通道控制】切换到“Reds【红色通道】”，选中前面红色的花朵，设置 Red Saturation

【红色饱和度】为“30”，使红色花朵更加鲜艳欲滴，如图 7-57 所示。

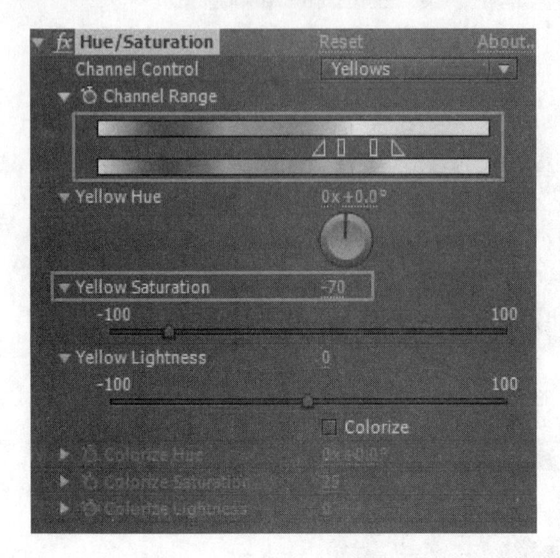

图 7-56

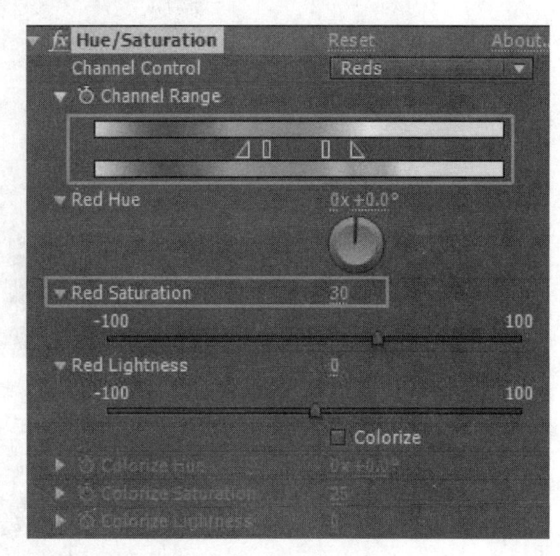

图 7-57

对花朵和背景进行调色后，最终效果如图 7-58 所示。

图 7-58

第 8 章　文字特效

本章学习目标

◆ 掌握文字层的创建及参数设置。
◆ 掌握文字动画参数设置。
◆ 掌握几种文字特效的制作。

8.1　创建文字及设置

在 After Effects 中可以使用工具栏中的 Horizontal Type Tool【水平文字工具】、Vertical Type Tool【垂直文字工具】创建文字层，或者执行菜单栏中的“Layer→New→Text【图层→新建→文字】”命令创建文字层。与文字设置相关的窗口有 Character【字符】和 Paragraph【段落】窗口。

执行菜单栏中的“Window→Character【窗口→字符】”命令打开 Character【字符】窗口，如图 8-1 所示。在 Character【字符】窗口中可以进行的参数设置如下。

（1）设置文字的字体。

（2）设置文字的填充色和描边色。

（3）设置文字的大小。

（4）设置文字之间的间距。

（5）设置描边的大小。

执行菜单栏中的“Window→Paragraph【窗口→段落】”命令打开 Paragraph【段落】窗口，如图 8-2 所示。在 Paragraph【段落】窗口中可以进行的参数设置如下。

（1）段落文字左对齐。

（2）段落文字居中对齐。

（3）段落文字右对齐。

图 8-1

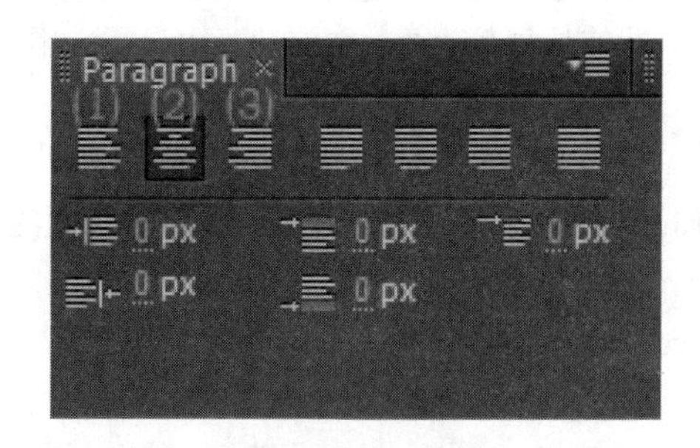

图 8-2

After Effects 不是一个排版软件，对于文字来说，只需要掌握字体、文字大小、填充颜色、文字间距、段落几种对齐方式即可，其他参数的使用并不是很多。

下面使用 Character【字符】和 Paragraph【段落】窗口来排版苏轼的词《水龙吟》。

（1）新建工程，执行菜单栏中的“Composition→New Composition【合成→新建合成】”命令，新建一个 Preset【预设】为“PAL D1/DV”的合成。

（2）执行菜单栏中的“Layer→New→Solid【图层→新建→固态层】”命令，新建一个白色的固态层。

（3）使用工具栏中的 Horizontal Type Tool【水平文字工具】创建一个文字层，输入“水龙吟 苏轼”，选择“水龙吟”，在 Character【字符】窗口中设置字体为“STXingkai”，文字大小为“60”，选择“苏轼”，在 Character【字符】窗口中设置字体为“STXingkai”，文字大小为“30”，如图 8-3 所示。

（4）使用工具栏中的 Horizontal Type Tool【水平文字工具】创建一个文字层，输入“似花还似非花，也无人惜从教坠。抛家傍路，思量却是，无情有思。萦损柔肠，困酣娇眼，欲开还闭。梦随风万里，寻郎去处，又还被、莺呼起。不恨此花飞尽，恨西园、落红难缀。晓来雨过，遗踪何在？一池萍碎。春色三分，二分尘土，一分流水。细看来，不是杨花，点点是离人泪。”，选择所有文字，在 Character【字符】窗口中设置字体为“STXinwei”，文字大小为“30”，在 Paragraph【段落】窗口设置“文字左对齐”，效果如图 8-4 所示。

图 8-3

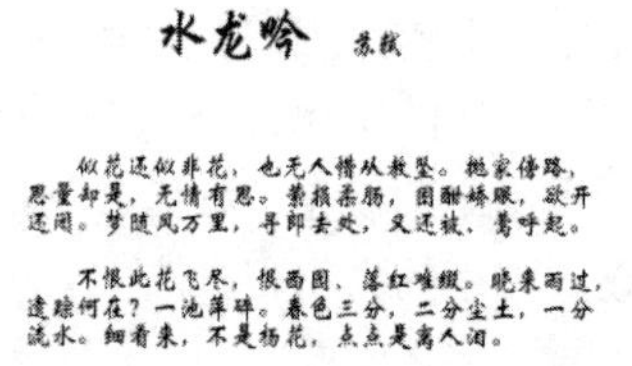

图 8-4

8.2 文字动画

After Effects 中的文字动画包括一个或多个选择区及一个或多个动画属性，选择区的功能与蒙版相似，它指出动画属性影响文字图层的哪些字符或哪一部分。组合使用选择区和动画属性可以创建原本需要多个关键帧才能实现的复杂文字动画。大多数文字动画仅要求对选择区的值而不是属性值做动画处理，因而即使是复杂动画，文字动画也只需使用少量的关键帧。

8.2.1 文字动画参数

在 Timeline【时间线】窗口中展开文字层下面的“Text”属性，可以看到下面的设置选项，如图 8-5 所示。

Source Text：源文本。

Path：可以为文字设置路径。

Anchor Point Grouping：轴心点群组。其选项有 Character【字符】，轴心点以每个字符为单位分组，Word【单词】，轴心点以每个单词为单位分组，Line【行】，轴心点以每行文字为单位分组，All【所有】，轴心点以所有文字为单位。

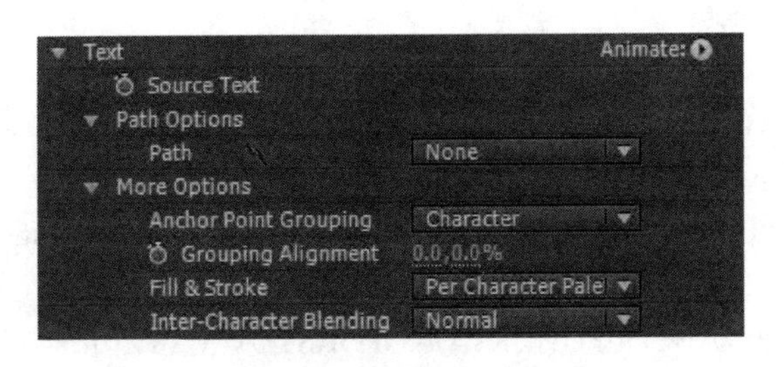

图 8-5

Grouping Alignment：分组对齐。

Fill&Stroke：填充和描边。其选项有 Per Character Palette【每个字符调色板】，All Fills Over All Strokes【所有填充覆盖所有描边】，All Strokes Over All Fills【所有描边覆盖所有填充】。

Inter-Character Blending：字符间混合模式。类似图层混合模式。

单击 Animate【动画】右侧的小三角，弹出可以为文字添加的动画属性的菜单，如图 8-6 所示。

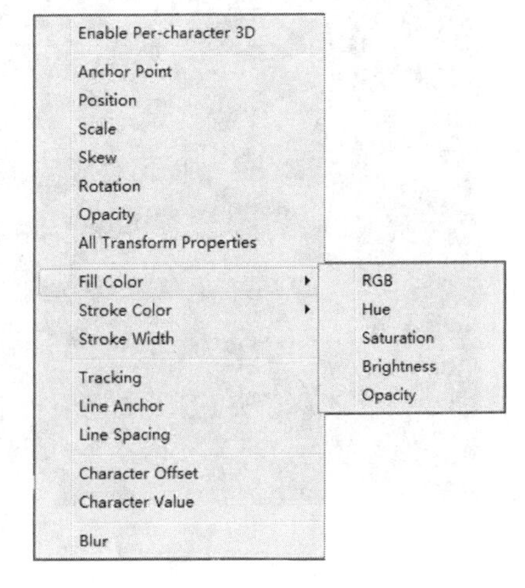

图 8-6

Animate 菜单中的每一项代表可以添加的文字动画类型，下面对此逐一介绍。

Enable Per-character 3D【允许每个字符 3D 化】：开启 3D 字符模式后，Position、Scale 等属性才会出现 *X*、*Y*、*Z* 三个坐标以供调整。

Anchor Point【轴心点】：轴心点动画。

Position【位置】：位移动画。

Scale【比例】：缩放动画。

Skew【倾斜】：倾斜动画。

Rotation【旋转】：旋转动画。

Opacity【不透明度】：不透明度动画。

All Transform Properties【所有变换属性】：以上所有变换属性的动画。

Fill Color【填充色】：填充色动画。

Stroke Color【描边色】：描边色动画。

Stroke Width【描边宽度】：描边宽度动画。

Tracking【字间距】：字间距动画。

Line Anchor【行轴心】：行轴心动画。

Line Spacing【行间距】：行间距动画。

Character Offset【字符偏移】：字符偏移动画。

Character Value【字符值】：字符值动画。

Blur【模糊】：模糊动画。

8.2.2 典型应用——粒子文字

知识与技能

本例主要学习使用文字动画模块制作粒子文字的方法。

（1）新建工程，执行菜单栏中的“Composition→New Composition【合成→新建合成】”命令，在弹出的“Composition Settings【合成设置】”对话框中，设置 Composition Name【合成名】为“Text Animation”，在 Preset【预设】下拉列表中选择“PAL D1/DV Widescreen Square Pixel”，Duration【持续时间】为“0:00:20:00”，如图 8-7 所示。

（2）使用工具栏中的 Horizontal Type Tool【水平文字工具】在 Composition【合成】窗口中单击创建一个文本图层，输入由 26 个小写英文字母、26 个大写英文字母、10 阿拉伯数字组成的一串字符：“abcdefghijklmnopqrstuvwxyzABCDEFGHIJKLMNOPQRSTUVWXYZ0123456789”。

在 Timeline【时间线】窗口中选择该文本图层，按【Enter】键，重命名为“Base Characters”，在 Character【字符】窗口中，设置字体为“Arial Rounded MT Bold”，文字大小为“50px”，设置字符的间隔距离为“-527”，如图 8-8 和图 8-9 所示。

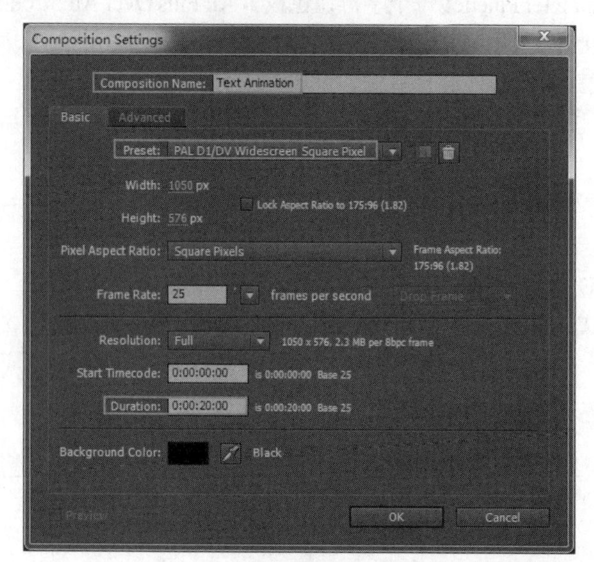

图 8-7

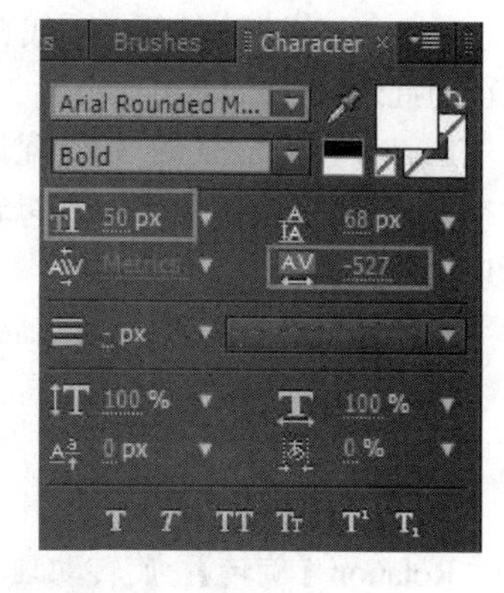

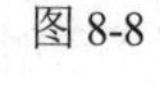

图 8-8

图 8-9

（3）执行菜单栏中的“Layer→New→Adjustment Layer【图层→新建→调整层】”命令，创建一个调整层，在 Timeline【时间线】窗口中选择该调整层，按【Enter】键，重命名为“Controller”。

（4）在 Timeline【时间线】窗口中选择调整层“Controller”，执行菜单栏中的“Effect→Expression Controls→Color Control【特效→表达式控制→颜色控制】”命令，在 Effect Controls【特效控制】窗口中设置 Color Control【颜色控制】下面的参数 Color 为 RGB（197,218,145）。

（5）在 Timeline【时间线】窗口中展开“Base Characters”图层下面的“Text【文本】”参数，由于要对单个字符进行三维化操作，勾选它右侧的“Animate→Enable Per-character 3D【动画→允许每个字符三维化】”选项。

下面先设置文本的填充色，执行“Text”参数右侧的“Animate→Fill Color→RGB【动画→填充色→RGB】”命令，为“Base Characters”图层的文本填充色添加动画效果，按住【Alt】键单击 Fill Color【填充色】左侧的码表，为 Fill Color 参数创建一个表达式，拖动表达式右侧的橡皮筋，使它指向“Controller”图层下面的 Color Control 下的“Color”参数，如图 8-10 所示。

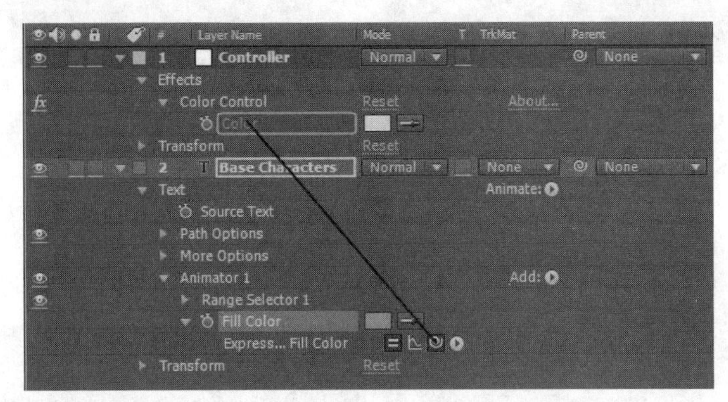

图 8-10

按【Enter】键把“Animator 1”重命名为“Linked Color Control”。由于需要为所有的文本添加填充色，删除“Linked Color Control”下面的“Range Selector 1”，如图 8-11 所示。

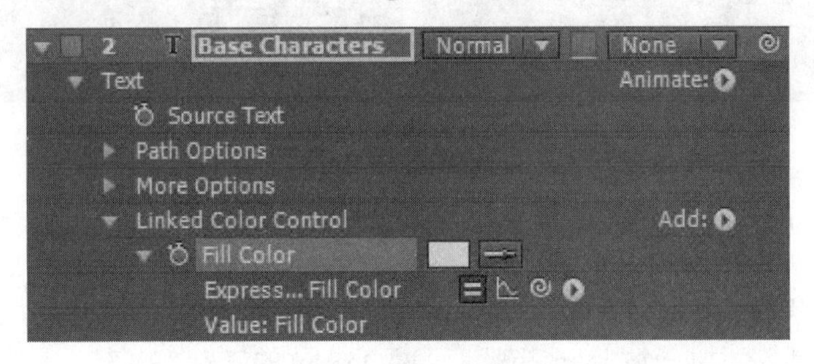

图 8-11

（6）继续为文本添加位置动画效果。执行“Text”参数右侧的“Animate→Position【动画→位置】”命令，把新创建的“Animator 1”重命名为“Main Position”，删除“Main Position”下面的“Range Selector 1”，执行“Main Position”右侧的“Add→Selector→Wiggly【添加→选择器→抖动】”命令，为 Position 参数重新添加一个抖动选择器，设置 Position 的值为（1000,1000,1000），使字符在 X、Y、Z 三个方向上产生一些随机性。

展开“Wiggly Selector 1”下面的参数，设置 Wiggles/Second 参数的值为“0”，使每个字符的位置不会随时间而产生变化，设置 Correlation 参数的值为“0%”，如图 8-12 和图 8-13 所示。

（7）继续为文本添加旋转动画效果。执行“Text”参数右侧的“Animate→Rotation【动画→旋转】”命令，把新创建的“Animator 1”重命名为“Main Rotation”，删除“Main Rotation”下面的“Range Selector 1”，执行“Main Rotation”右侧的“Add→Selector→Wiggly【添加→选择器→抖动】”命令，为 Rotation 参数重新添加一个抖动选择器，设置 X Rotation 的值为“15° ”，Y Rotation 的值为“15° ”，Z Rotation 的值为“180° ”。

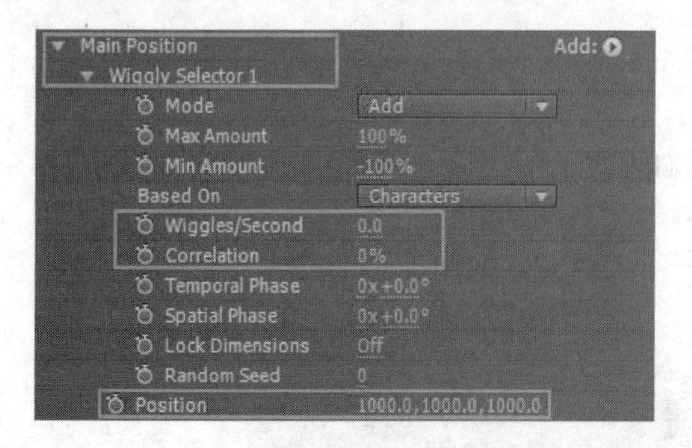

图 8-12

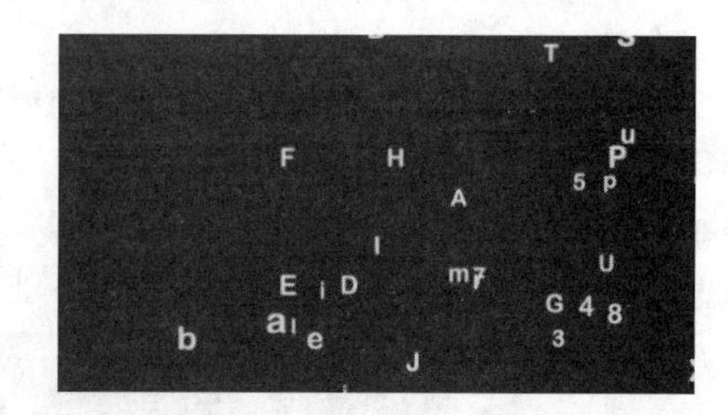

图 8-13

展开“Wiggly Selector 1”下面的参数，设置 Wiggles/Second 参数的值为“0”，使每个字符的旋转角度不会随时间而产生变化，设置 Correlation 为“0”，如图 8-14 和图 8-15 所示。

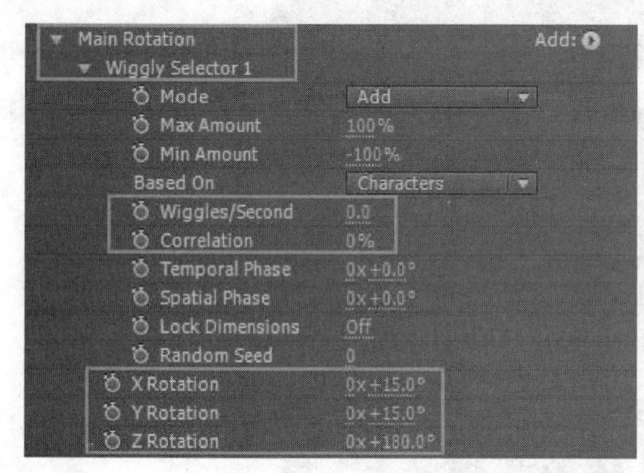

图 8-14

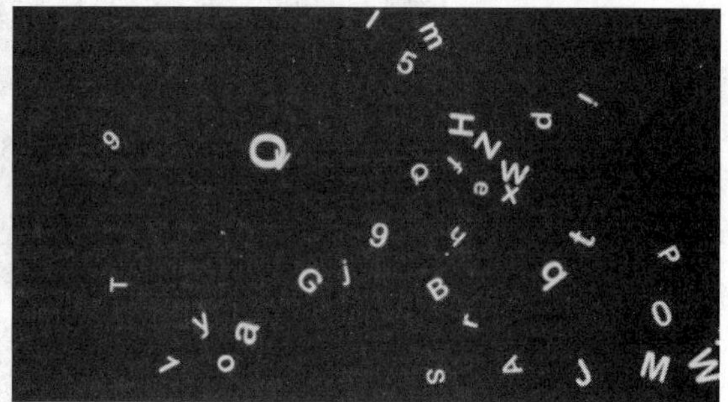

图 8-15

（8）继续为文本添加不透明度动画效果。执行“Text”参数右侧的“Animate→Opacity【动画→不透明度】”命令，把新创建的“Animator 1”重命名为“Main Opacity”，删除“Main Opacity”下面的“Range Selector 1”，执行“Main Opacity”右侧的“Add→Selector→Wiggly【添加→选择器→抖动】”命令，为 Opacity 参数重新添加一个抖动选择器，设置 Opacity 的值为“0%”。

展开“Wiggly Selector 1”下面的参数，设置 Wiggles/Second 参数的值为“0.3”，使每个字符的不透明度大概每 3 秒产生一次变化，设置 Correlation 参数的值为“0”，Min Amount 参数的值为“-50%”，如图 8-16 和图 8-17 所示。

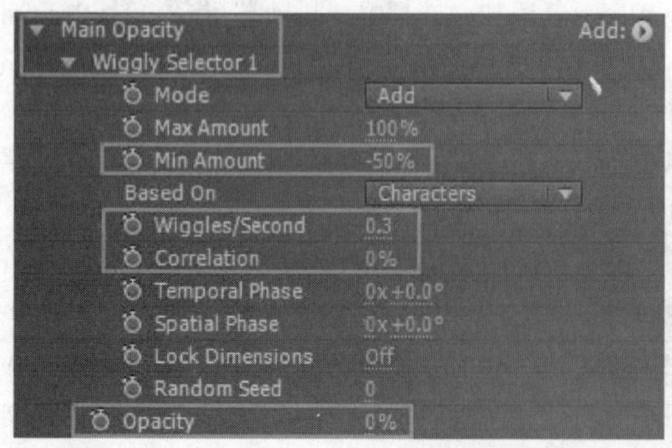

图 8-16

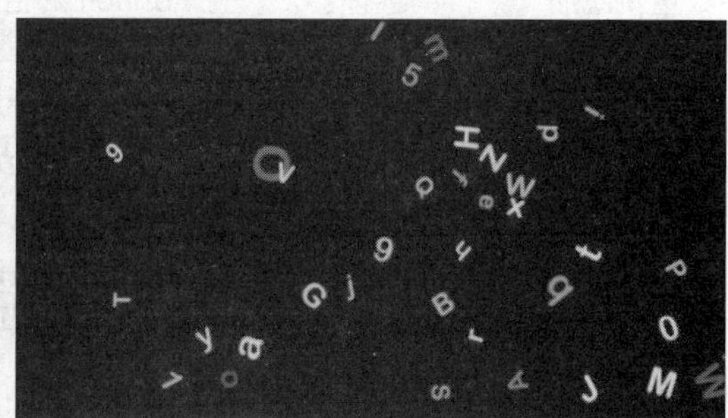

图 8-17

（9）继续为文本添加缩放动画效果。执行“Text”参数右侧的“Animate→Scale【动画→缩放】”命令，把新创建的“Animator 1”重命名为“Main Scale”，删除“Main Scale”下面的“Range Selector 1”，执行“Main Scale”右侧的“Add→Selector→Wiggly【添加→选择器→抖动】”命令，为 Scale 参数重新添加一个抖动选择器，设置 Scale 的值为“20%”。

展开“Wiggly Selector 1”下面的参数，设置 Min Amount 参数的值为“-50%”，设置 Lock Dimensions 为“On”，锁定坐标轴，使字符在三个坐标轴同时进行缩放，设置 Wiggles/Second 参数的值为“0”，Corerelation 参数的值为“0”，如图 8-18 和图 8-19 所示。

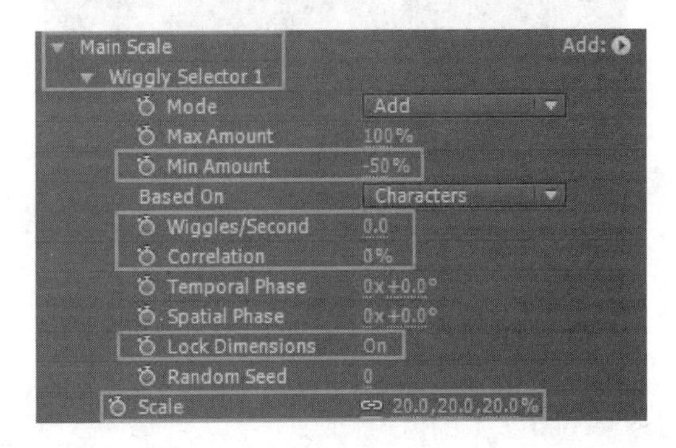

图 8-18

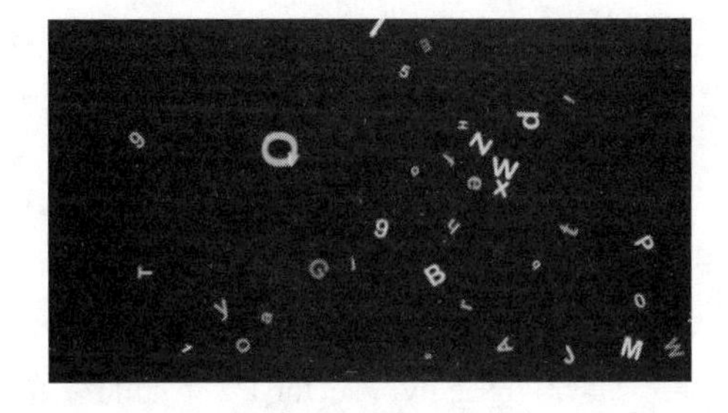

图 8-19

（10）继续为文本添加模糊动画效果。执行“Text”参数右侧的“Animate→Blur【动画→模糊】”命令，把新创建的“Animator 1”重命名为“Main Blur”，删除“Main Blur”下面的“Range Selector 1”，执行“Main Blur”右侧的“Add→Selector→Wiggly【添加→选择器→抖动】”命令，为 Blur 参数重新添加一个抖动选择器，设置 Blur 参数为“70”。

展开“Wiggly Selector 1”下面的参数，设置 Min Amount 参数的值为“-50%”，Wiggles/Second 参数的值为“0.2”，使每 5 秒产生一次变化，Correlation 参数的值为“0”，Lock Dimensions 参数的值为“On”，否则模糊效果就好像是运动模糊，如图 8-20 和图 8-21 所示。

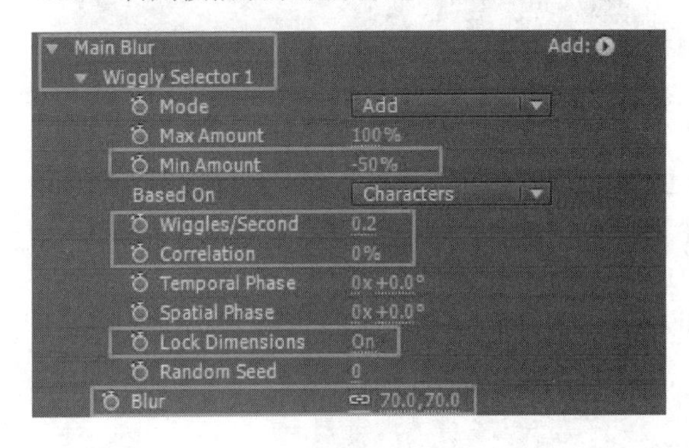

图 8-20

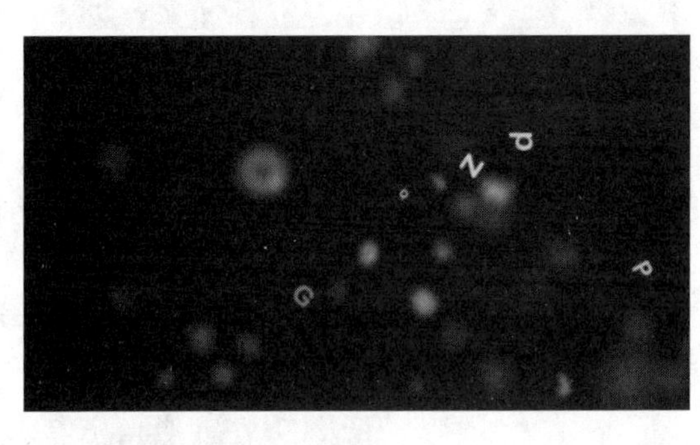

图 8-21

（11）为了使字符不再停留在一个地方，继续为文本添加位置动画效果。执行“Text”参数右侧的“Animate→Position【动画→位置】”命令，把新创建的“Animator 1”重命名为“Drift”，删除“Drift”下面的“Range Selector 1”，执行“Drift”右侧的“Add→Selector→Wiggly【添加→选择器→抖动】”命令，为 Position 参数重新添加一个抖动选择器，设置 Position 参数的值为（50,50,50）。

展开“Wiggly Selector 1”下面的参数，设置 Wiggles/Second 参数的值为“0.3”，使大约每 3 秒产生一次变化，Correlation 参数的值为“0”，如图 8-22 和图 8-23 所示。

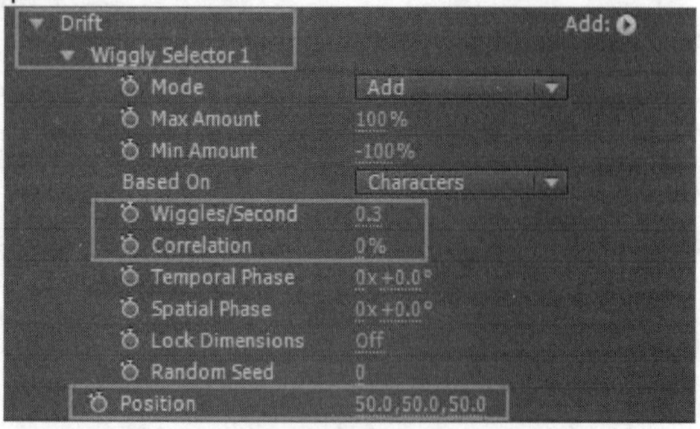

图 8-22

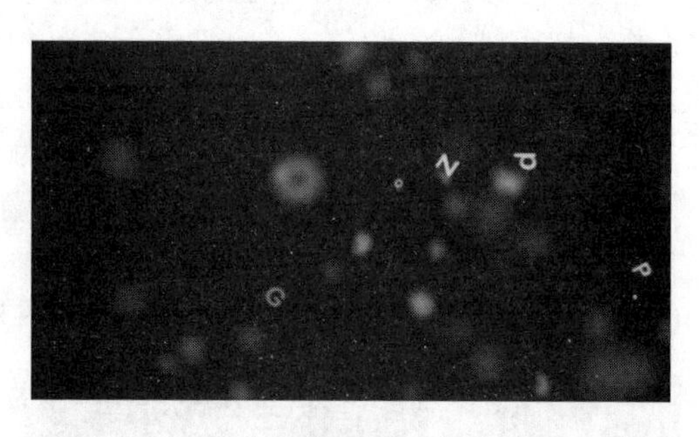

图 8-23

（12）继续为文本添加旋转动画效果。执行“Text”参数右侧的“Animate→Rotation【动画→旋转】”命令，把新创建的“Animator 1”重命名为“Rotation”，删除“Rotation”下面的“Range Selector 1”，执行“Rotation”右侧的“Add→Selector→Wiggly【添加→选择器→抖动】”命令，为 Rotation 参数重新添加一个抖动选择器，设置 X Rotation 参数的值为“10° ”，Y Rotation 参数的值为“10° ”，Z Rotation 参数的值为“20° ”。

展开“Wiggly Selector 1”下面的参数，设置 Wiggles/Second 参数的值为“0.3”，使大约每 3 秒产生一次变化，Correlation 参数的值为“0”，如图 8-24 和图 8-25 所示。

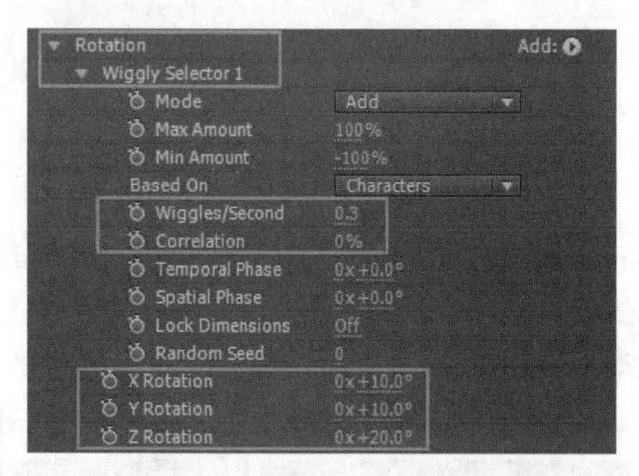

图 8-24

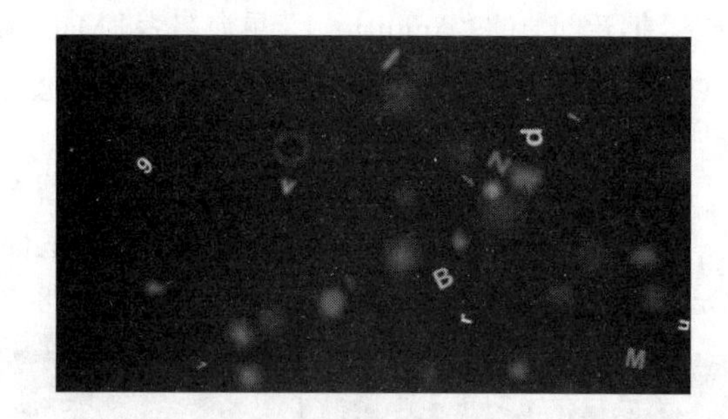

图 8-25

（13）执行菜单栏中的“Layer→New→Camera【图层→新建→摄像机】”命令，在弹出的对话框中 Preset【预设】下拉列表中选择“35mm”，创建一个摄像机。为了便于操作摄像机，这里可以通过创建一个空对象来控制摄像机的运动，执行菜单栏中的“Layer→New→Null Object【图层→新建→空对象】”命令创建一个空对象“Null 1”，把“Null 1”图层设置为“3D Layer【三维图层】”，设置“Camera 1”的父对象为“Null 1”，这样就在摄像机和空对象之间建立了一种父子关系，如图 8-26 所示。

图 8-26

（14）在 Timeline【时间线】窗口中展开“Null 1”图层下面的参数，按住【Alt】键单击 Position 左侧的码表为它创建一个表达式，输入下面双引号中的表达式“value+[0,0,time*100]”，注意书写表达式的时候区分大小写，在英文状态下输入，不需要输入外面的双引号。

（15）播放预览，有一种镜头推进的效果，但是镜头是以一种固定的速度在推进的，需要稍加调整。

在 Timeline【时间线】窗口中把“Controller”图层移到合成的顶部，选择“Controller”图层，执行菜单栏中的“Effect→Expression Control→Slider Control【特效→表达式控制→滑杆控制】命令，在 Effect Controls【特效控制】窗口中把“Slider Control”重命名为“Movement Speed”，设置 Slider 的值为“100”。

把“Null 1”图层的 Position 的表达式调整为：“value+[0,0,time*thisComp.layer("Controller"). effect ("Slider Control")("Slider")]”。

（16）在 Effect Controls【特效控制】窗口，按【Ctrl+D】组合键把“Movement Speed”复制一份，并重命名为“Rotation Speed”，设置它下面的参数 Slider 的值为“10”。

展开“Null 1”图层下面的参数，按住【Alt】键单击“Z Rotation”左侧的码表为它创建一个表达式，输入表达式为“time*thisComp.layer("Controller").effect("Rotation Speed")("Slider")”。播放预览，现在镜头有一种旋转推进的效果。

（17）现在整个场景看起来还不够梦幻，可以为它创建一些背景。

设置背景颜色。在 Timeline【时间线】窗口中选择“Controller”图层，在 Effect Controls【特效控制】窗口中，按【Ctrl+D】组合键把“Color Control”复制一份，并重命名为“Background Color”，设置 Color 为 RGB(26,34,7)。

（18）执行菜单栏中的“Layer→New→Solid【图层→新建→固态层】”命令，创建一个任意颜色固态层，按【Enter】键重命名为“Background”，把它放置到合成的底部。

在 Timeline【时间线】窗口中选择“Background”图层，执行菜单栏中的“Effect→Generate→Fill【特效→生成→填充】”命令，展开“Fill”下面的参数，按住【Alt】键单击 Color 左侧的码表为它创建一个表达式，输入下面的表达式“thisComp.layer("Controller").effect("Background Color")("Color")”。效果如图 8-27 所示。

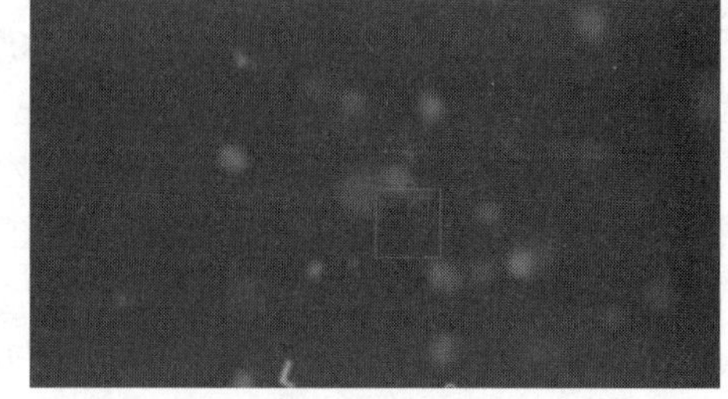

图 8-27

设置“Base Characters”图层的混合模式为“Screen”，使字符和背景叠加的时候稍微变亮一些。

（19）边角压暗。执行菜单栏中的“Layer→New→Solid【图层→新建→固态层】”命令，创建一个任意颜色固态层，选中该固态层，执行菜单栏中的“Effect→Generate→Ramp【特效→生成→渐变】”命令，在 Effect Controls【特效控制】窗口中，设置 Ramp Shape【渐变形状】为“Radial Ramp【放射状渐变】”，Start of Ramp【渐变开始位置】为（525,288），Start Color【开始颜色】为“灰色”，End of Ramp 为（0,0），End Color【结束颜色】为“深灰色”，如图 8-28 和图 8-29 所示。

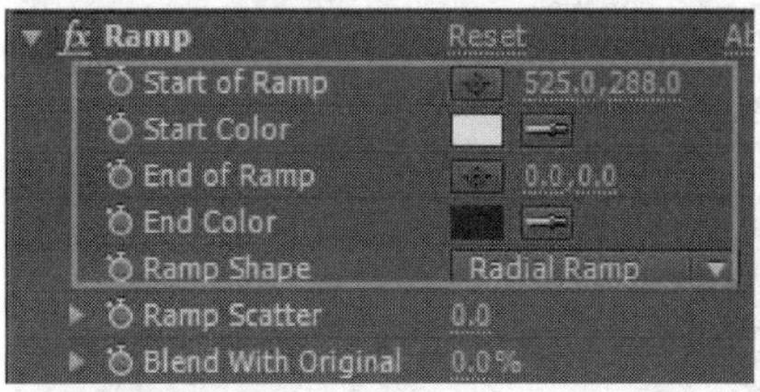

fx Ramp　Reset
Start of Ramp　525.0,288.0
Start Color
End of Ramp　0.0,0.0
End Color
Ramp Shape　Radial Ramp
Ramp Scatter　0.0
Blend With Original　0.0%

图 8-28

图 8-29

设置固态层的混合模式为“Overlay【叠加】”，效果如图 8-30 所示。

（20）执行菜单栏中的“Layer→New→Adjustment Layer【图层→新建→调整层】”命令，创建一个调整层，在 Timeline【时间线】窗口中把该调整层移到固态层的下面，如图 8-31 所示。

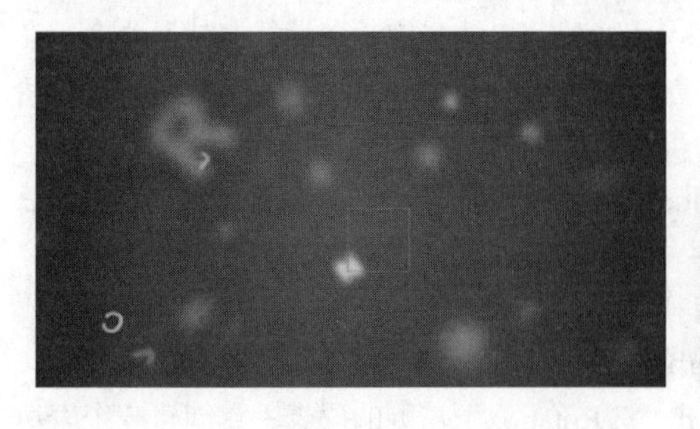

图 8-30

#	Layer Name	Mode	T	TrkMat	Parent
1	[Royal Blue Solid 2]	Overlay			None
2	[Adjustment Layer 2]	Normal		None	None
3	Controller	Normal		None	None
4	[Null 1]	Normal		None	None
5	Camera 1				4. Null 1
6	Base Characters	Screen			None
7	Background	Normal		None	None

图 8-31

（21）制作文字灰尘效果。在 Timeline【时间线】窗口中选择“Base Characters”图层，按【Ctrl+D】组合键复制一份，按【Enter】键把新复制的图层重命名为“Dots”，展开“Dots”图层“Transform”下面的参数，设置 Position 的值为（699.0,292.5,1691.0），这里的值仅供参数，需要根据实际情况适当调整。展开“Dots”图层“Text”下面的参数，删除“Main Rotation”和“Rotation”文字旋转动画效果。修改“Main Scale”的“Wiggly Selector 1”下面的 Min Amount 参数的值为“90%”。效果如图 8-32 所示。

（22）设置文字灰尘颜色。在 Timeline【时间线】窗口选择“Controller”图层，在 Effect Controls【特效控制】窗口中把“Color Control”复制一份，并重命名为“Dot Color”，设置 Color 的值为 RGB（137,159,84）。在 Timeline【时间线】窗口中展开“Dots”图层的“Text”下面的参数，修改 Linked Color Control 下面的 Fill Color 的表达式为：“thisComp.layer("Controller").effect("Dot Color")("Color")”。

（23）使用工具栏中的 Horizontal Type Tool【水平文字工具】在 Composition【合成】窗口单击鼠标，会创建一个文本图层，输入文本：“DreamWorks Presents”，在 Character【字符】窗口中设置字体为“Arial Rounded MT Bold”，字间距为“0”，选中文本“Presents”，设置文字大小为“30px”，行间距为“29px”。

在 Timeline【时间线】窗口中选择刚才创建的文本图层，按【Enter】键重命名为“Title Text”，单击“3D Layer”图标，把图层转换为三维图层。展开“Transform”下面的参数，设置 Position 的 Z 坐标为“880”。

（24）执行“Title Text”图层下面的“Text”参数右侧的“Animate→Fill Color→RGB【动画→填充色→RGB】”命令，为“Title Text”图层的文本设置填充色，按【Enter】键把“Animator 1”重命名为“Linked Color Control”。由于需要为所有的文本添加填充色，删除“Linked Color Control”下面的“Range Selector 1”，按住【Alt】键单击 Fill Color 左侧码表，为它创建一个表达式，输入：“thisComp.layer("Controller").effect("Color Control")("Color")”。效果如图 8-33 所示。

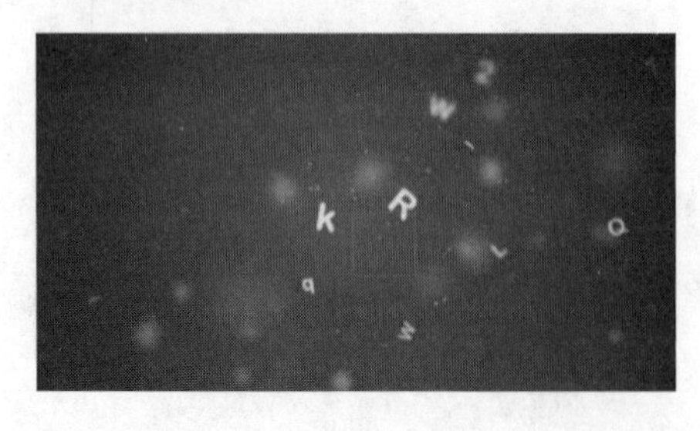

图 8-32

图 8-33

（25）继续为文本添加位置动画效果。勾选“Text”参数右侧的“Animate→Enable Per-character3D【动画→允许每个字符三维化】”选项，执行“Text”参数右侧的“Animate→Position【动画→位置】”

命令，设置 Position 的值为（500,500,500）。

把新创建的“Animator 1”重命名为“Position”，执行“Position”右侧的“Add→Selector→Wiggly【添加→选择器→抖动】”命令，创建一个抖动选择器“Wiggly Selector 1”，设置它下面的 Wiggles/Second 参数的值为“0”，Correlation 参数的值为“0”，如图 8-34 所示。

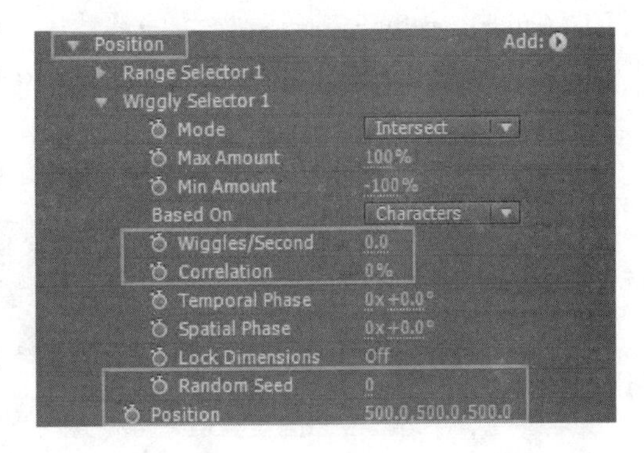

图 8-34

展开“Range Selector 1”下面的参数，设置 Advanced【高级】下面的 Shape【形状】参数为“Ramp Up”，Ease High 参数值为“50%”，Ease Low 参数值为“50%”，Randomize Order 参数值为“On”。

设置时间指示器为“0:00:10:00”，展开“Transform”参数，设置 Z Rotation 参数的值为“99”，使文字处于水平方向。设置时间指示器为“0:00:08:20”，展开“Animator 1”下面的“Range Selector 1”，单击 Offset【偏移】左侧的码表，创建一个关键帧，值为“100%”，设置时间指示器为“0:00:06:10”，设置 Offset 参数的值为“-100%”，自动创建一个关键帧，设置时间指示器为“0:00:13:15”，设置 Offset 参数的值为“-100%”，自动创建一个关键帧，设置时间指示器为“0:00:11:05”，设置 Offset 参数的值为“100%”，自动创建一个关键帧。在 Timeline【时间线】窗口中选择这 4 个关键帧，执行右键快捷菜单中的“Keyframe Assistant→Easy Ease【关键帧助手→缓入缓出】”命令，使文字的汇聚和发散动画有缓入缓出的效果。

为了增加文字的随机性，设置“Range Selector 1”下面的 Random Seed【随机种子】为“1”，“Wiggly Selector 1”下面的 Random Seed【随机种子】为“3”，效果如图 8-35 所示。

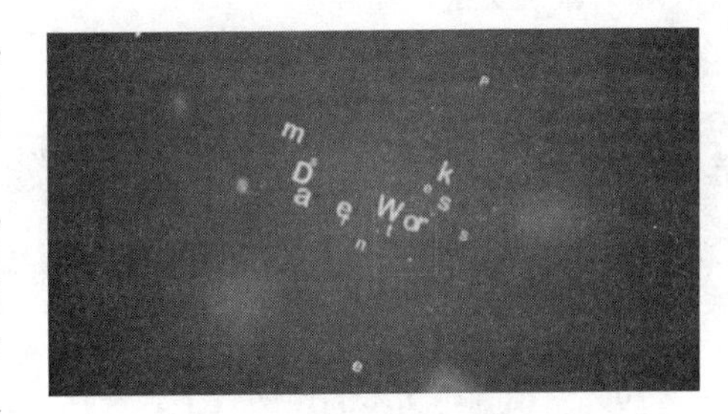

图 8-35

（26）继续制作文本的模糊效果。选择“Title Text”图层的 Text 下面的“Position”动画效果，按【Ctrl+D】组合键复制一份，并重命名为“Blur”。删除“Blur”下面的 Position 参数，执行“Blur”右侧的“Add→Property→Blur【添加→属性→模糊】”命令，为文本添加模糊效果，设置 Blur 参数的值为（60,60）。

展开“Blur”下面的“Wiggly Selector 1”参数，设置 Min Amount 参数的值为“25%”，Lock Dimensions 参数的值为“On”，如图 8-36 和图 8-37 所示。

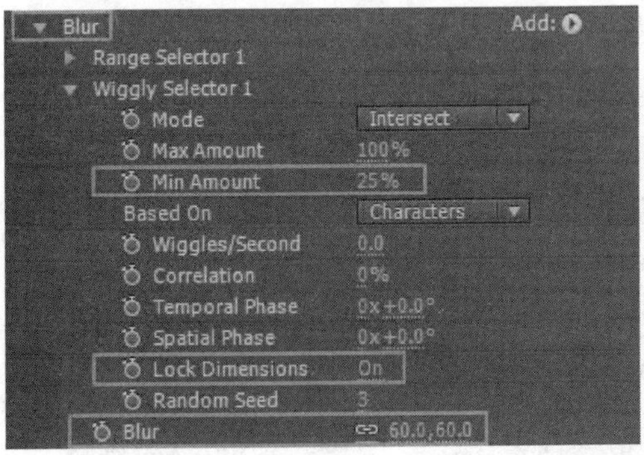

图 8-36

图 8-37

（27）继续制作文本的旋转效果。选择“Title Text”图层的 Text 下面的“Position”动画效果，按【Ctrl+D】组合键复制一份，并重命名为“Rotation”。删除“Rotation”下面的 Position 参数，执行“Rotation”右侧的“Add→Property→Rotation【添加→属性→旋转】”命令，为文本添加旋转效果，设置 X Rotation 参数的值为“15”，Y Rotation 参数的值为“15”，Z Rotation 参数的值为“60”，如图 8-38 和图 8-39 所示。

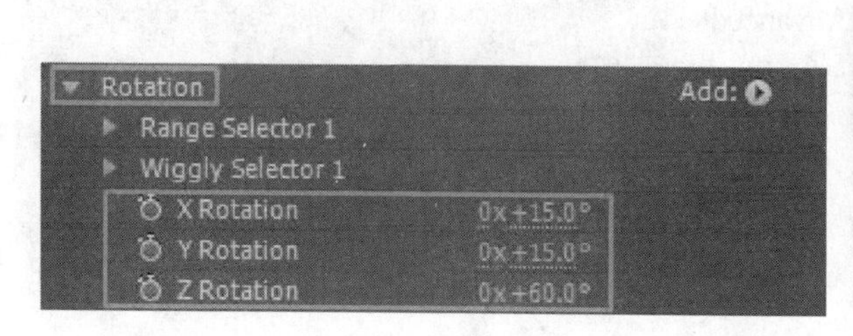

图 8-38

图 8-39

（28）继续制作文本的不透明度效果。选择“Title Text”图层的 Text 下面的“Position”动画效果，按【Ctrl+D】组合键复制一份，并重命名为“Opacity”。删除“Opacity”下面的 Position 参数和“Wiggly Selector 1”，执行“Opacity”右侧的“Add→Property→Opacity【添加→属性→不透明度】”命令，为文本添加不透明度效果，设置 Opacity 参数值为“0%”，如图 8-40 和图 8-41 所示。

图 8-40

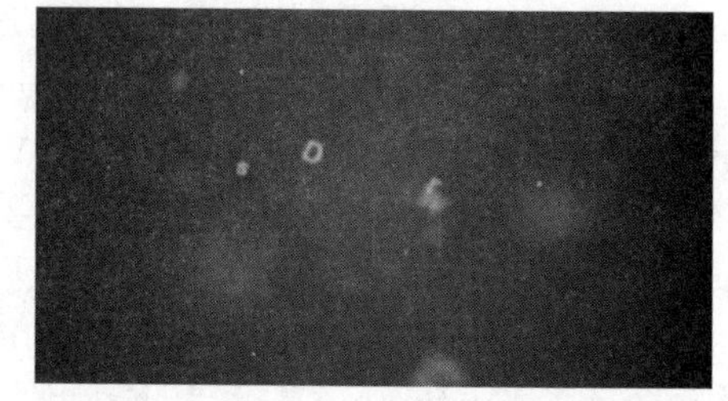

图 8-41

（29）继续制作文本的漂移效果。选择“Title Text”图层的 Text 下面的“Position”动画效果，按【Ctrl+D】快捷键复制一份，并重命名为“Drift。执行“Drift”右侧的“Add→Property→Rotation【添加→属性→旋转】”命令，为文本添加旋转效果，设置 Position 参数的值为（50,50,50），X Rotation 参数的值为“15° ”，Y Rotation 参数的值为“15° ”，Z Rotation 参数的值为“25° ”。展开“Wiggly Selector 1”下面的参数，设置 Wiggles/Second 参数的值为“0.4”，如图 8-42 和图 8-43 所示。

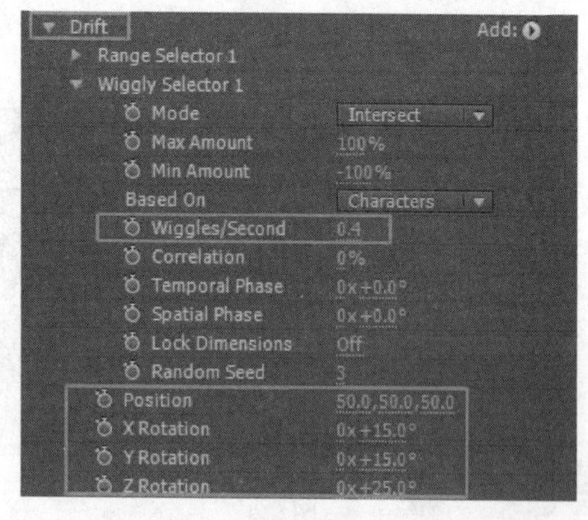

图 8-42

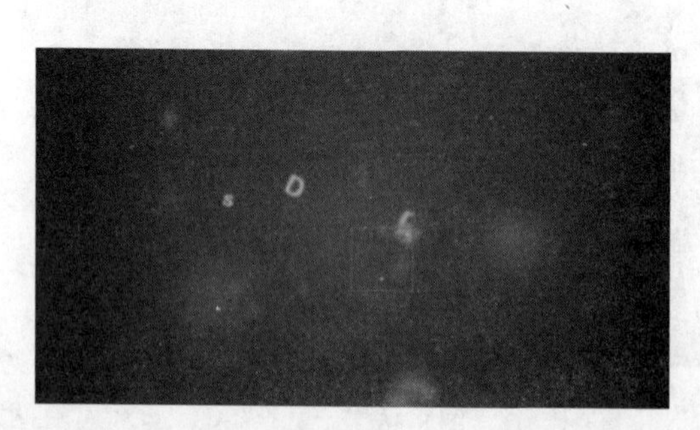

图 8-43

（30）最后设置“Title Text”图层的入点为“0:00:06:10”，出点为“0:00:13:15”，把“Title Text”图层移到“Background”图层的上面，如图 8-44 和图 8-45 所示。

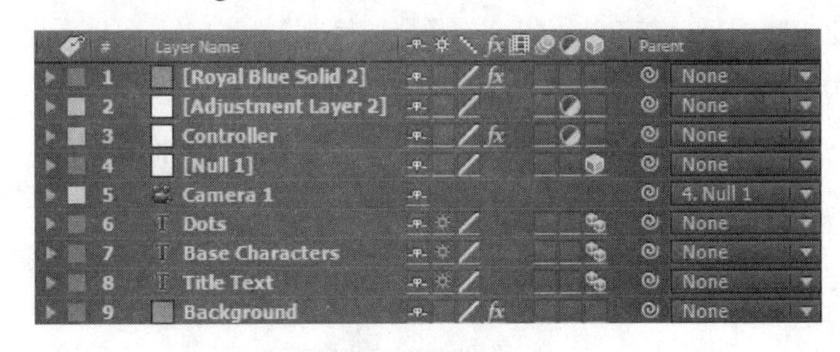

图 8-44

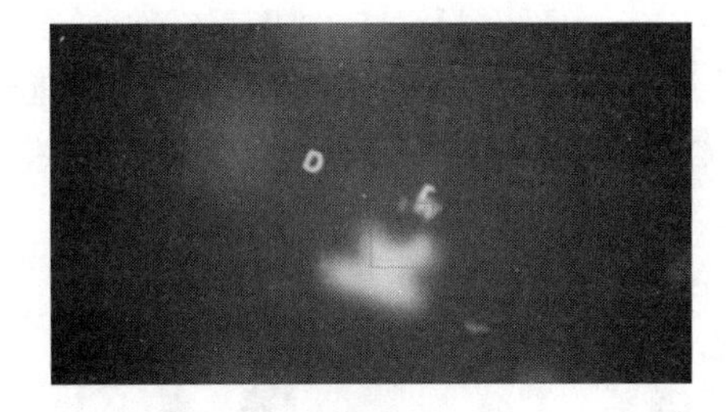

图 8-45

8.3　文字特效

8.3.1　典型应用——书法字

知识与技能

本例主要学习使用 Paint【画笔】、Matte【蒙版】制作书法文字特效。

（1）新建工程，导入素材“文字.jpg”和“宣纸.jpg”到 Project【项目】窗口中，把“宣纸.jpg”拖到 Project【项目】窗口下面的“Create a New Composition【创建一个新合成】”按钮上，新建一个合成。

（2）我们需要为文字的每一笔画制作书写动画效果，首先要把每一笔画分离出来。“茶”字的书写笔画一共有 10 笔，把“文字.jpg”拖到 Timeline【时间线】窗口的合成中，放置到“宣纸.jpg”图层的上面，在 Timeline【时间线】窗口中把“文字.jpg”图层复制 9 份，从上至下把图层分别重命名为“第 1 笔”～“第 10 笔”，如图 8-46 所示。

选择 Timeline【时间线】窗口中的“第 1 笔”图层，使用工具栏中的 Pen Tool【钢笔工具】绘制 Mask，如图 8-47 所示。

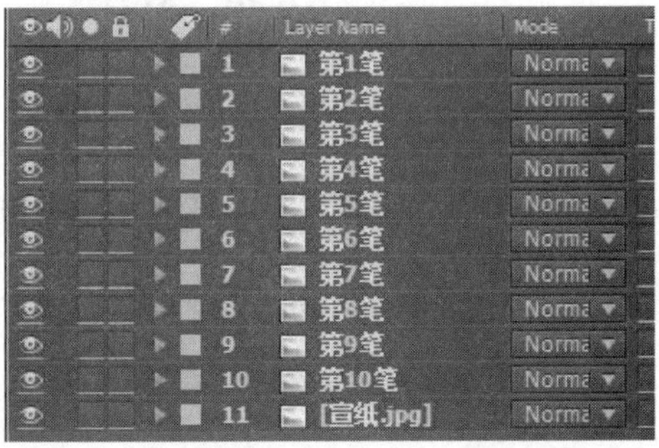

图 8-46

图 8-47

其他图层也是如此，按照书写顺序，把每一笔画用 Mask 分离出来。在绘制 Mask 时，笔画相连的地方要细致，不能有多余或者缺少的部分，其他位置 Mask 能覆盖笔画即可。全部绘制完后，如图 8-48 所示。

（3）下面制作每一笔的书写动画。复制“第 1 笔”图层，重命名为“第 1 笔蒙版”，在 Timeline【时间线】窗口中选择“第 1 笔蒙版”图层，双击该图层在 Layer【图层】窗口中打开，选择工具栏中的 Brush Tool【画笔工具】，在 Brushes【画笔】窗口中设置画笔的大小，能完全覆盖该笔画即可，用画笔在 Layer【图层】窗口中沿着该笔画绘制，绘制完成后，在 Effect Control【特效控制】窗口中，可以看到为该图层添加了一个“Paint”，勾选“Paint on Transparent”选项，展开“第 1 笔蒙版”图层下面的“Stroke Options【描边选项】”，为 End 属性设置关键帧，在 0:00:00:00 处，值为“0”，在 0:00:00:10 处，值为“100”。效果如图 8-49 所示。

图 8-48

图 8-49

现在播放预览，可以看到画笔的动画效果，下面设置“第 1 笔”图层的蒙版为“Alpha Matte“第 1 笔蒙版””，这时可以看到原始的笔画逐渐出现的效果，但是由于原始笔画用 Mask 绘制时，边缘还有一部分白色的背景，这个只需要设置“第 1 笔”图层混合模式为“Multiply”即可过滤掉，效果如图 8-50 所示。

图 8-50

其他笔画也按照上面方法完成，需要注意的是后一笔应该在前一笔动画完成后再进行，并且根据笔画的长短，适当调整该笔画 End 属性两个关键帧之间的时间间隔，如图 8-51 所示。

8.3.2 典型应用——烟飘文字

知识与技能

本例主要学习使用 Fractal Noise【分形噪波】、Compound Blur【复合模糊】、Displacement Map【置换映射】制作烟飘文字特效。

（1）新建工程，执行菜单栏中的“Composition→New Composition【合成→新建合成】”命令，在弹出的对话框中设置 Composition Name【合成名】为“Text”，在 Preset【预设】下拉列表中选择“PAL D1/DV”，Duration【持续时间】为“0:00:05:00”，如图 8-52 所示。

（2）执行菜单栏中的“Layer→New→Text【图层→新建→文字】”命令，创建一个文字图层，输入文字“烟飘文字”，在 Character【字符】窗口中设置文字的填充色为“蓝色”，RGB 值为（0,160,255），效果如图 8-53 所示。

（3）执行菜单栏中的“Composition→New Composition【合成→新建合成】”命令，在弹出的对话框中设置 Composition Name【合成名】为“Fractal Noise”，在 Preset【预设】下拉列表中选择“PAL D1/DV”，Duration【时间长度】为“0:00:05:00”，如图 8-54 所示。

图 8-51

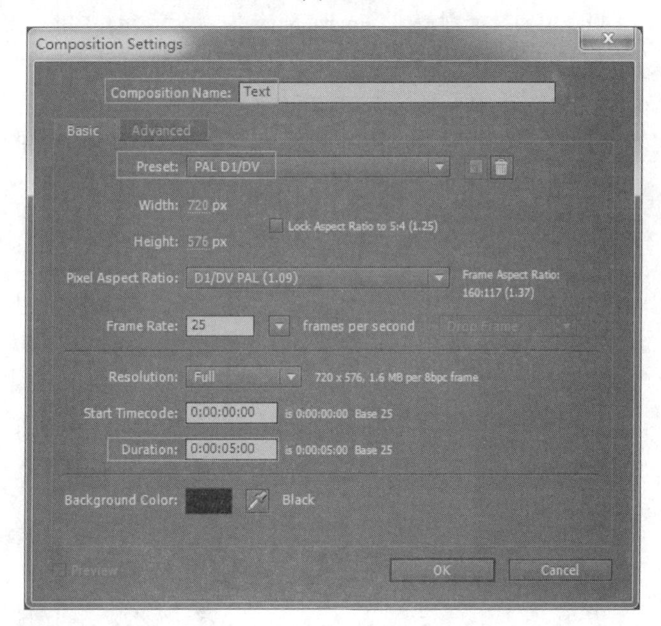

图 8-52

（4）在 Timeline【时间线】窗口选择“Fractal Noise”合成，执行菜单栏中的“Layer→New→Solid【图层→新建→固态层】”命令，在弹出的“Solid Settings【固态层设置】”对话框中，在 Name【固态层名】文本框中输入文字“Fractal Noise”，将 Color【颜色】设为“灰色”，RGB 值为（136,136,136），如图 8-55 所示：

（5）在 Timeline【时间线】窗口选择固态层“Fractal Noise”，执行菜单栏中的“Effect→Noise&Grain→Fractal Noise【特效→噪波&颗粒→分形噪波】”命令，在 Effect Controls【特效控制】窗口中设置 Overflow【溢出】为“Clip”，为 Evolution 设置关键帧，在 0:00:00:00 处，单击 Evolution 参数左侧的码表，创建一个关键帧，Evolution 值为“0x+0”，在 0:00:04:24 处，设置 Evolution 值为“3x+0”，自动创建一个关键帧。

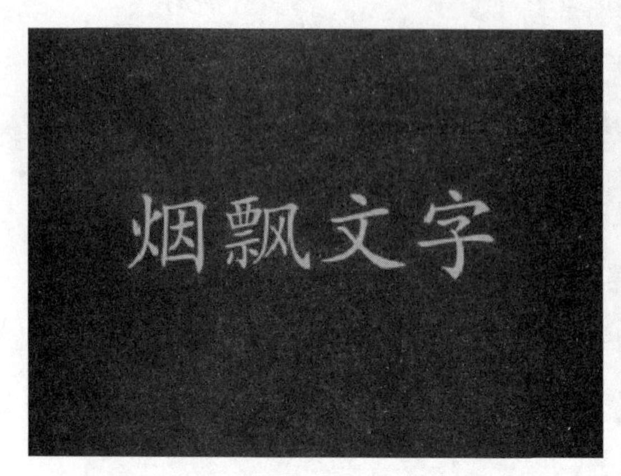

图 8-53

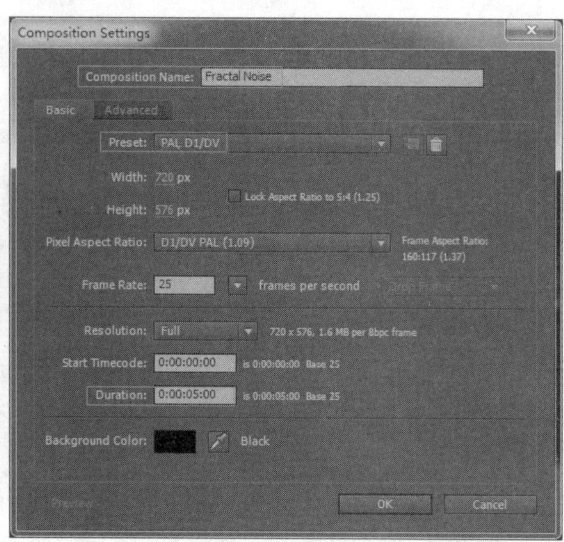

图 8-54

（6）在 Timeline【时间线】窗口选择固态层“Fractal Noise”，执行菜单栏中的“Effect→Color Correction→Hue/Saturation【特效→色彩校正→色相/饱和度】”命令，在 Effect Controls【特效控制】窗口勾选“Colorize【着色】”选项，设置 Colorize Hue【着色色调】为“0x+230”，Colorize Saturation【着色饱和度】为“35”，Color Lightness【着色亮度】为“10”，把分形噪波调为“蓝色”，如图 8-56 和图 8-57 所示。

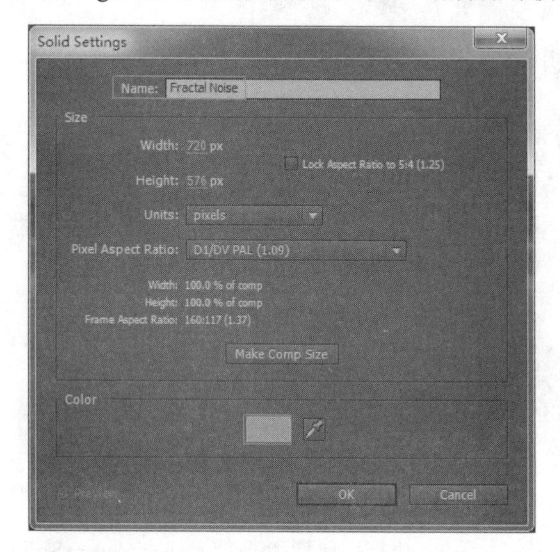

图 8-55

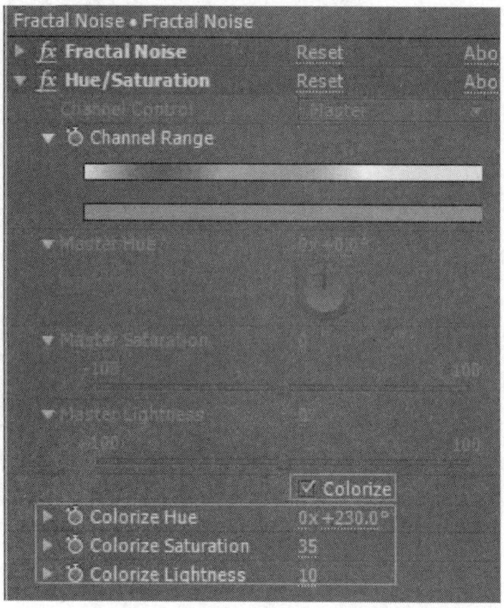

图 8-56

（7）在 Timeline【时间线】窗口选择固态层“Fractal Noise”，使用工具栏中的 Rectangle Tool【矩形工具】在固态层上绘制一个矩形 Mask，展开“Mask1”参数，设置 Mask Feather【遮罩羽化】值为“70”，效果如图 8-58 所示。

下面为 Mask Path 制作关键帧，在 0:00:00:00 处，单击 Mask Path 左侧的码表，自动创建一个关键帧，在 0:00:04:24 处，选中 Mask1 左边的两个控制点，将它们移到右边，创建一个关键帧，效果如图 8-59 所示。

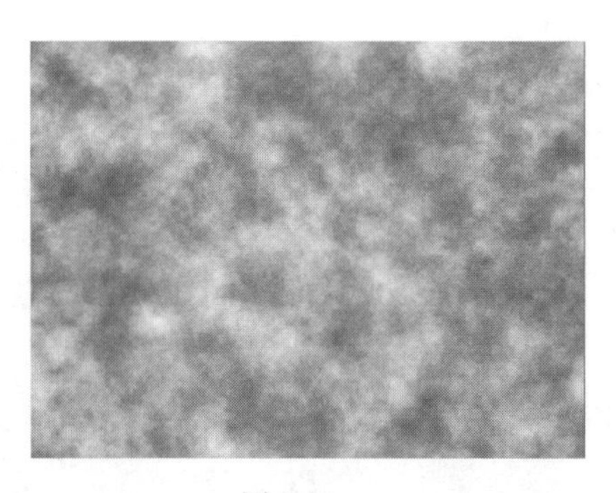

图 8-57

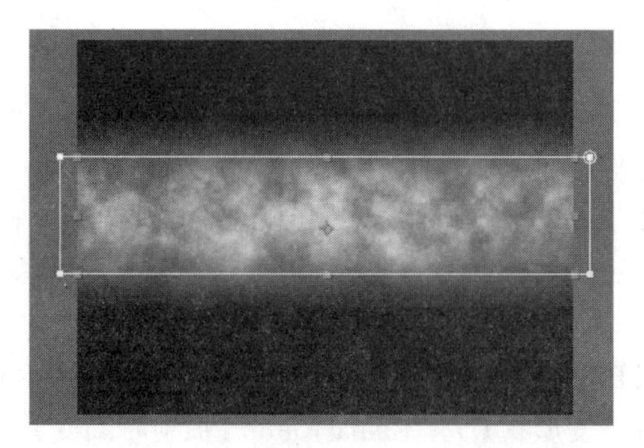

图 8-58

（8）在 Project【项目】窗口中选择“Fractal Noise”合成，按【Ctrl+D】组合键复制一份，双击新复制的合成“Fractal Noise 2”在 Timeline【时间线】窗口中打开。

选择固态层“Fractal Noise”，执行菜单栏中的“Effect→Color Correction→Curves【特效→色彩校正→曲线】”命令，调整对比度，如图 8-60 和图 8-61 所示。

图 8-59

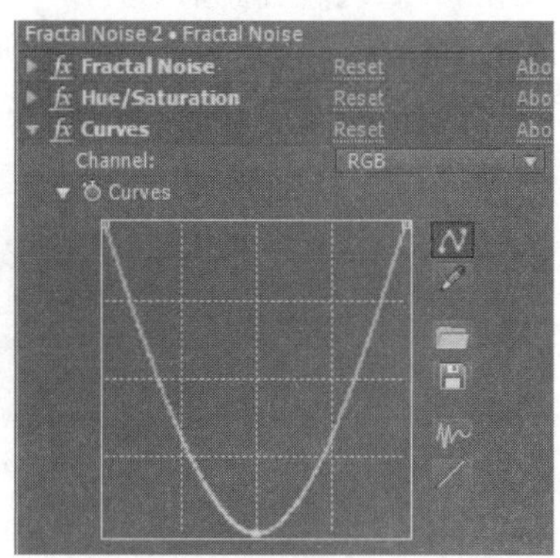

图 8-60

（9）执行菜单栏中的“Composition→New Composition【合成→新建合成】”命令，在弹出的对话框中设置 Composition Name【合成名】为“Final Comp”，在 Preset【预设】下拉列表中选择“PAL D1/DV”，Duration【持续时间】为“0:00:05:00”，如图 8-62 所示。

图 8-61

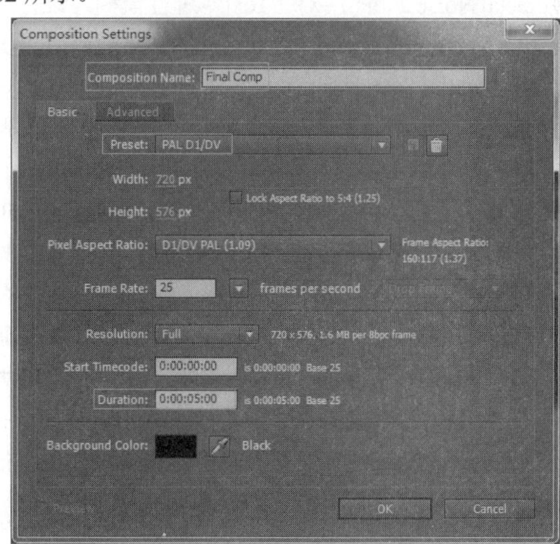

图 8-62

（10）在 Timeline【时间线】窗口选择“Final Comp”合成，执行菜单栏中的“Layer→New→Solid【图层→新建→固态层】”命令，在弹出的“Solid Settings【固态层设置】”对话框中，在 Name【固态层名】文本框中输入文字“Background”。

（11）选择固态层“Background”，执行菜单栏中的“Effect→Generate→Ramp【特效→生成→渐变】”命令。

在 Effect Controls【特效控制】窗口中，设置 Ramp Shape【渐变形状】为“Radial Ramp【放射状渐变】”，设置 Start of Ramp【渐变开始位置】为（360.0,288.0），End of Ramp【渐变终止位置】为（360.0,1035.0），Start Color【开始颜色】为“白色”，End Color【终止颜色】为“黑色”，效果如图 8-63 所示。

图 8-63

（12）在 Project【项目】窗口选择 “Text”、“Fractal Noise”、“Fractal Noise 2”合成，将它们拖到 Timeline【时间线】窗口“Final Comp”合成中，隐藏“Fractal Noise”、“Fractal Noise 2”，图层排列如图 8-64 所示。

#	Source Name	Mode	T	TrkMat
1	Text	Normal		
2	Fractal Noise	Normal		None
3	Fractal Noise 2	Normal		None
4	Background	Normal		None

图 8-64

（13）选择“Text”图层，执行菜单栏中的 Effect→“Blur&Sharpen→Compound Blur【特效→模糊&锐化→复合模糊】”命令，在 Effect Controls【特效控制】窗口中，Blur Layer【模糊图层】选择“Fractal Noise 2”，使用“Fractal Noise 2”图层对“Text”进行模糊，设置最大模糊值 Maximum Blur 为“200”，使文字模糊效果更明显，效果如图 8-65 所示。

图 8-65

（14）在 Timeline【时间线】窗口中选择“Text”图层，执行菜单栏中的“Effect→Distort→Displacement Map【特效→扭曲→置换映射】”命令，在 Effect Controls【特效控制】窗口中，Displacement Map Layer【置换映射图层】选择“Fractal Noise”，使用“Fractal Noise”图层对“Text”图层进行置换映射，设置 Use For Horizontal Displacement【使用水平置换】为“Blue【蓝色通道】”，Max Horizontal Displacement【水平置换最大值】为“200”，Use For Vertical Displacement【使用水平置换】为“Green【绿色通道】”，Max Vertical Displacement【垂直置换最大值】为“200”，Displacement Map Behavior【置换映射行为】为“Stretch Map to Fit”，勾选“Wrap Pixels Around”选项，取消选择“Expand Output”选项，如图 8-66 和图 8-67 所示。

▸ fx Compound Blur	Reset	About...
▾ fx Displacement Map	Reset	About...
Displacement Map Layer	2. Fractal Noise	
Use For Horizontal Displacement	Blue	
▸ Max Horizontal Displacement	200.0	
Use For Vertical Displacement	Green	
▸ Max Vertical Displacement	200.0	
Displacement Map Behavior	Stretch Map to Fit	
Edge Behavior	☑ Wrap Pixels Around	
	☐ Expand Output	

图 8-66

图 8-67

8.3.3 典型应用——剥落文字

知识与技能

本例主要学习使用 Matte【蒙版】、Shatter【破碎】制作剥落文字特效。

（1）新建工程，导入素材“灰尘.jpg”和“裂纹.png”到 Project【项目】窗口中，执行菜单栏中的“Composition→New Composition【合成→新建合成】”命令，新建一个合成，参数设置如图 8-68 所示。

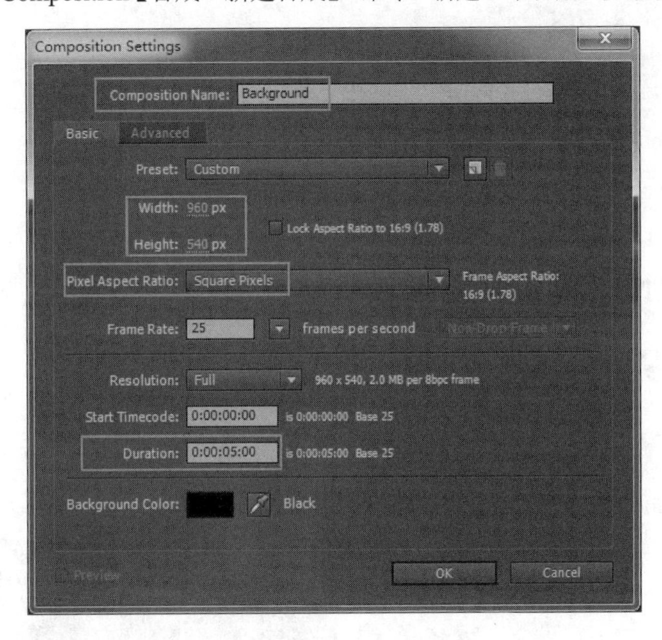

图 8-68

（2）把“灰尘.jpg”从 Project【项目】窗口拖到 Timeline【时间线】窗口的合成中，适当缩小图片大小并调整位置。执行菜单栏中的“Effect→Color Correction→Curves【特效→色彩校正→曲线】”命令，降低整体亮度，切换到红色通道，增加红色部分，切换到蓝色通道，降低蓝色部分，如图 8-69 和图 8-70 所示。

（3）执行菜单栏中的“Composition→New Composition【合成→新建合成】”命令，新建一个合成，合成名为“Title”，其他参数设置如前所述。

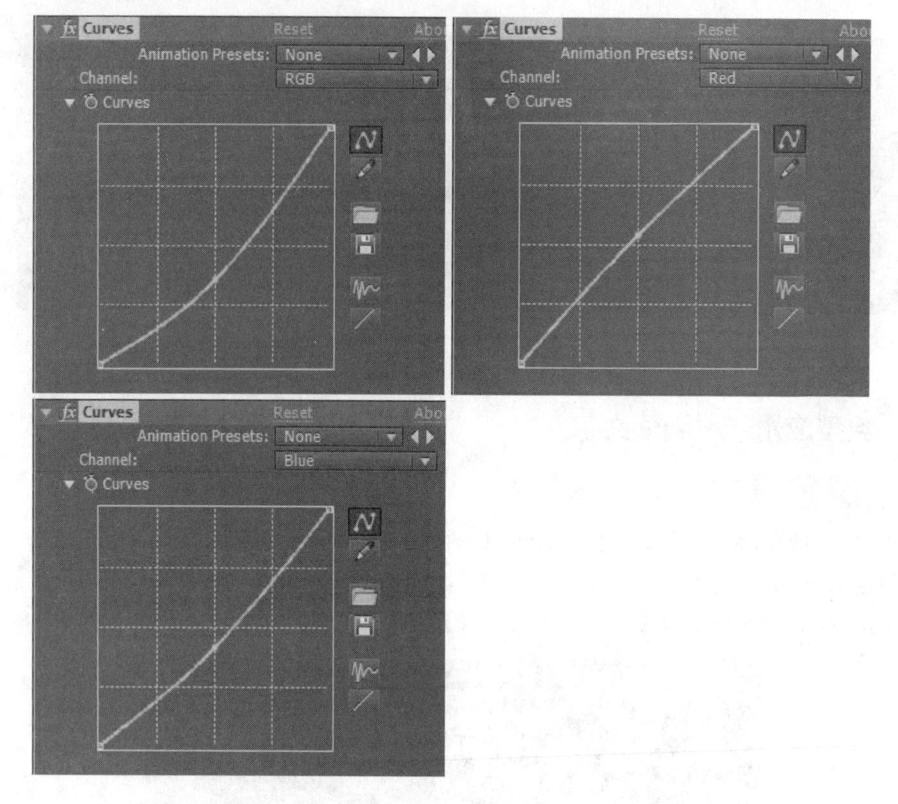

图 8-69

使用工具栏中的 Horizontal Type Tool【水平文字工具】，输入文字“剥落文字”创建一个文本图层，把“裂纹.png”从 Project【项目】面板拖到 Timeline【时间线】窗口的合成中，放置到文字的上面。

执行菜单栏中的“Layer→New→Adjustment Layer【图层→新建→调整层】”命令，新建一个调整层，把它放到合成的最上面。为它添加“Effect→Generate→Fill”特效，设置颜色为“灰色”。效果如图 8-71 所示。

图 8-70

图 8-71

（4）创建文字纹理效果。

执行菜单栏中的“Composition→New Composition【合成→新建合成】”命令，新建一个合成，合成名为“Textured Map”，其他参数设置如前所述。

把“Background”和“Title”从 Project【项目】窗口中拖到 Timeline【时间线】窗口的合成中，设置“Background”的 Alpha Matte 为“Title”，如图 8-72 和图 8-73 所示。

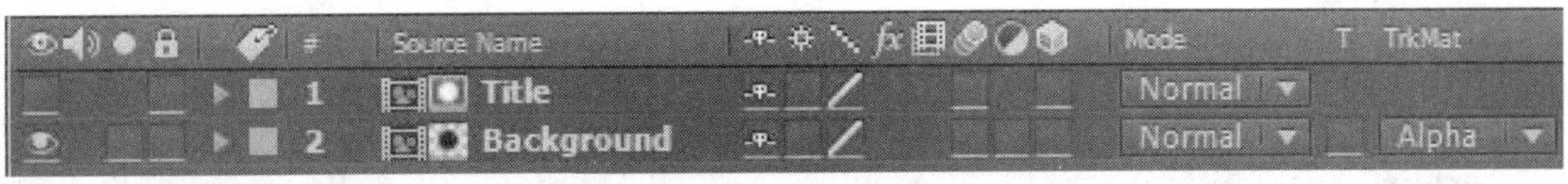

图 8-72

（5）制作原地破碎效果。执行菜单栏中的“Composition→New Composition【合成→新建合成】”命令，新建一个合成，合成名为“Shatter Activate”，其他参数设置如前所述。

图 8-73

把“Textured Map”从 Project【项目】窗口中拖到 Timeline【时间线】窗口的合成中，为它添加“Effect→Simulation→Shatter【特效→仿真→破碎】”特效。

在 Effect Controls【特效控制】窗口中设置 View【显示】为“Rendered【渲染】”模式，Render【渲染】为“Pieces”，展开“Shape【形状】”，设置 Pattern【图案】为“Glass”，Repetitions【重复数量】为“60”。展开“Force1”，设置 Depth【深度】为“0.05”，Radius【半径】为“0.2”，Strength【强度】为“0”，为 Position 设置关键帧，在 0:00:00:10 处值为（-40,270），在 0:00:04:00 处值为（900,270）。展开“Physics【物理】”，设置 Rotation Speed【旋转速度】为“0”，Randomness【随机值】为“0”，Viscosity【黏度】为“0”，Mass Variance【质量变化范围】为“25”，Gravity【重力】为“0”，如图 8-74 和图 8-75 所示。

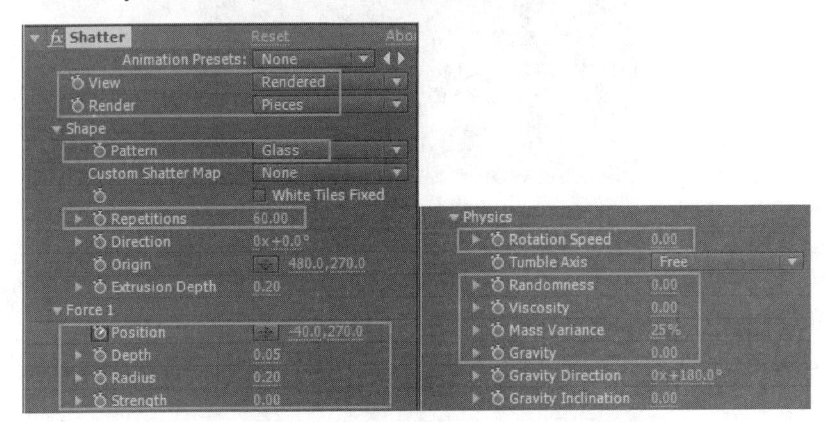

图 8-74

图 8-75

（6）制作破碎后下落效果。在 Project【项目】窗口中把“Shatter Activate”合成复制一份，并重命名为“Shatter”。打开该合成，执行菜单栏中的“Layer→New→Light【图层→新建→灯光】”命令，添加一个Point【点光源】，设置灯光颜色为“白色”，强度为“150”。

选中“Textured Map”图层，展开特效“Shatter”下面的“Force1”，设置Strength【强度】为“0.5”，展开“Physics”，设置Rotation Speed【旋转速度】为“1”，Randomness【随机值】为“1”，Viscosity【黏度】为“0.1”，Gravity【重力】为“3”。展开“Lighting”，设置Light Type【灯光类型】为“First Comp Light”，Ambient Light【环境光】为“0.5”，如图8-76和图8-77所示。

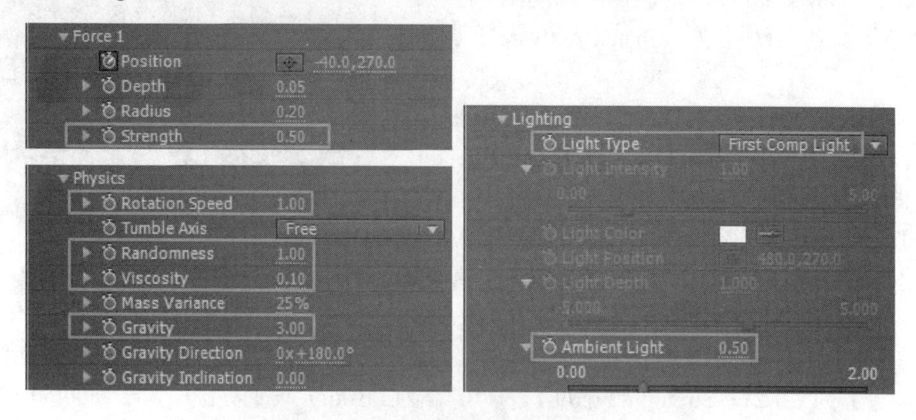

图8-76

图8-77

（7）执行菜单栏中的“Composition→New Composition【合成→新建合成】”命令，新建一个合成，合成名为“Title Reveal”，其他参数设置如前所述。

把“Shatter Activate”和“Title”从Project【项目】窗口中拖到Timeline【时间线】窗口的合成中，设置“Title”的Alpha Matte为“Shatter Activate”，如图8-78和图8-79所示。

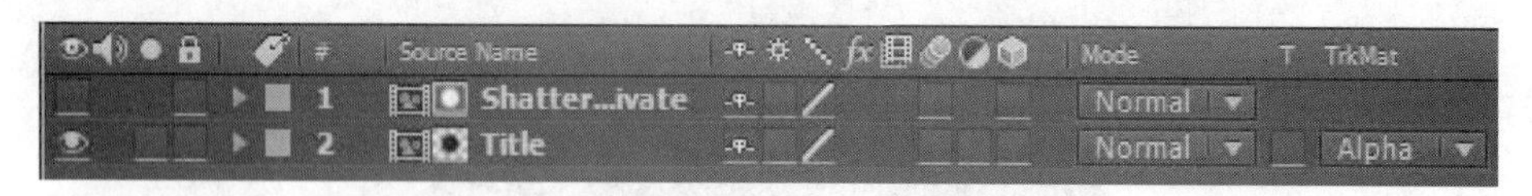

图8-78

（8）执行菜单栏中的“Composition→New Composition【合成→新建合成】”命令，新建一个合成，合成名为“Final Comp”，其他参数设置如前所述。

把“Background”、“Title Reveal”、“Shatter”从Project【项目】窗口中拖到Timeline【时间线】窗口的合成中，设置“Title Reveal”图层模式为“Multiply【正片叠底】”，在右键弹出菜单中选择“Layer Styles→Inner Shadow【图层样式→内部阴影】”命令，展开“Inner Shadow”，设置Opacity【不透明度】为“80”，Angle【角度】为“50”，Distance【距离】为“3”，Size【大小】为“3”，如图8-80所示。

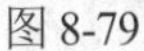
图 8-79

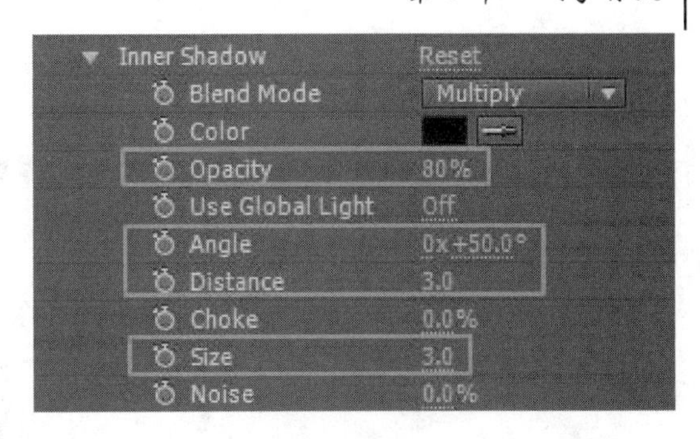

图 8-80

再次添加图层样式，在单击右键弹出的快捷菜单中选择“Layer Styles→Bevel and Emboss【图层样式→斜面和浮雕】”命令，展开“Bevel and Emboss”，设置 Style 为“Outer Bevel”，Direction 为“Down”，Size 为“2”，如图 8-81 和图 8-82 所示。

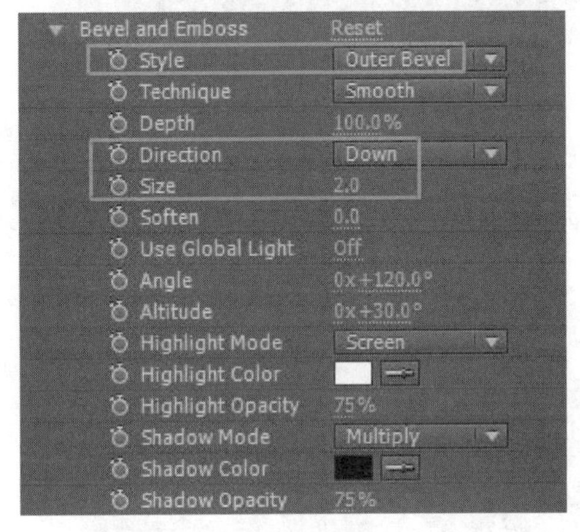

图 8-81

图 8-82

（9）制作破碎粒子效果。

在 Project【项目】窗口中复制“Shatter Activate”合成，并重命名为“Shatter Particles”，进入该合成，选中“Textured Map”图层，展开“Shatter”特效下面的“Shape”，设置 Pattern 为“Crescents”，Repetitions 为“200”，Extrusion Depth 为“0.05”，展开“Force1”，设置 Strength 为“1.75”，展开“Physics”，设置 Rotation Speed 为“1”，Randomness 为“1”，Viscosity 为“0.1”，Gravity 为“3”，如图 8-83 所示。

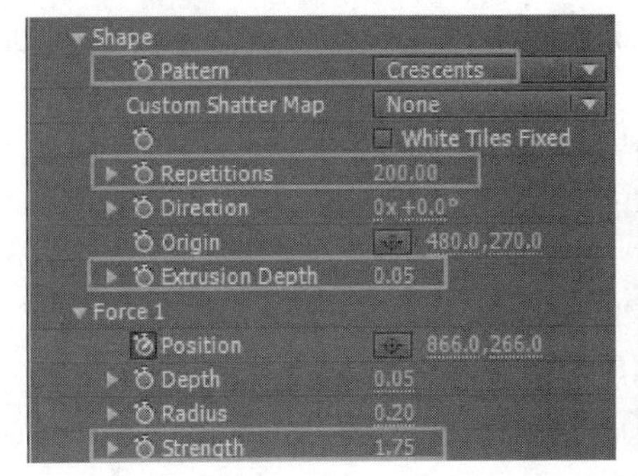

图 8-83

为“Textured Map”图层添加“Effect→Matte→Simple Choker【特效→蒙版→Simple Choker】”特效，设置 Choke Matte 为“4”。

再为它添加“Effect→Channel→Invert【特效→通道→反向】”特效，设置 Channel 为“Alpha”。再为它添加“Effect→Channel→Set Matte【特效→通道→设置蒙版】”特效，不勾选“Stretch Matte to Fit”选项。

最后调整几个特效的先后次序，如图 8-84 和图 8-85 所示。

fx Simple Choker Reset
fx Invert Reset
fx Set Matte Reset
fx Shatter Reset

图 8-84

图 8-85

把“Shatter Particles”从 Project【项目】窗口中拖到“Final Comp”合成的“Shatter”的下面。为它添加“Effect→Color Correction→Curves【特效→色彩校正→曲线】”特效，提高整体亮度，如图 8-86 和图 8-87 所示。

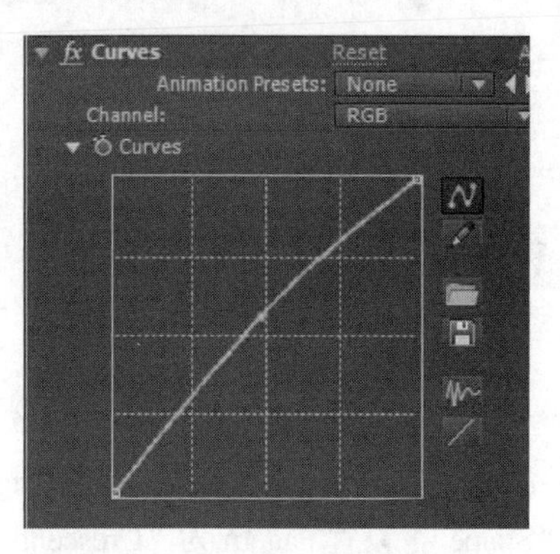

图 8-86

图 8-87

（10）制作碎片阴影效果。

在“Final Comp”中，把“Shatter”复制一份，重命名为“Shatter Shadow”，放置在“Title Reveal”层的上面。为它添加“Effect→Generate→Fill【特效→生成→填充】”特效，设置 Color 为“黑色”。再为它添加“Effect→Blur&Sharpen→CC Radial Blur【特效→模糊&锐化→CC 径向模糊】”特效，设置 Type 为“Fading Zoom”，Amount 为“19”，Center 为（480,-888），如图 8-88 所示。

在“Final Comp”合成中，把“Shatter Shadow”复制一份，重命名为“Shatter Shadow2”，放置在“Shatter Shadow”层的上面。设置“CC Radial Blur”下的 Amount 为“3”。

（11）执行菜单栏中的“Layer→New→Solid【图层→新建→固态层】”命令，新建一个黑色固态层，使用工具栏中的 Ellipse Tool【椭圆工具】绘制 Mask，把“Add”改为“Subtract”，Mask Feather 设为“378”，设置图层的 Opacity 为“50%”，混合模式为“Class Color Burn”，效果如图 8-89 所示。

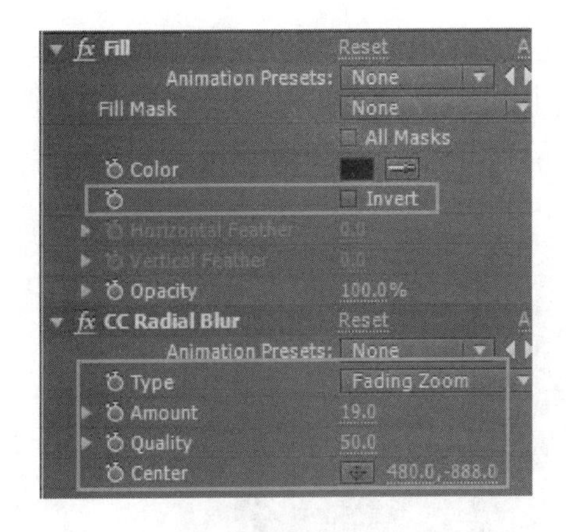

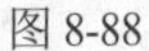
图 8-88

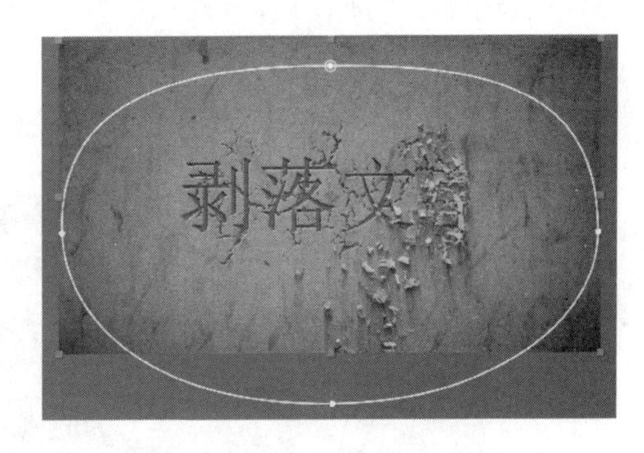

图 8-89

8.3.4　典型应用——破碎文字

知识与技能

本例主要学习使用 Mask【遮罩】和表达式制作破碎文字特效。

（1）新建工程，导入“metal.jpg”到 Project【项目】窗口，执行菜单栏中的“Composition→New Composition【合成→新建合成】”命令，创建一个 D1/DV PAL 的合成，Composition Name【合成名】为“text”，Duration【持续时间】为“0:00:04:00”，如图 8-90 所示。

（2）使用工具栏中的 Horizontal Type Tool【水平文字工具】，在 Composition【合成】窗口中单击鼠标，输入文字“TRANSFORMERS”，会创建一个文本图层，在 Character【字符】窗口中设置变形金刚电影专用字体。

选中文字图层，执行菜单栏中的“Layer→Create Masks from Text【图层→从文字创建遮罩】”命令，把文字转换为可编辑的矢量，删除原来的文字图层，调整矢量为如图 8-91 所示效果。

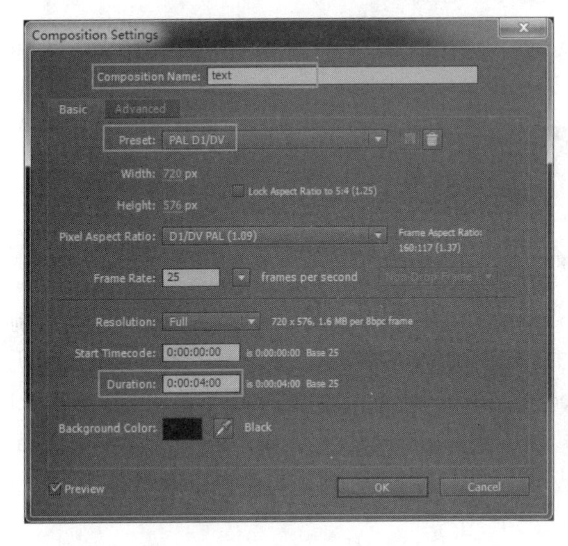

图 8-90

图 8-91

（3）把“metal.jpg”从 Project【项目】窗口拖到 Timeline【时间线】窗口中矢量文字层的下面，进行适当的缩放和位置调整。

选择“metal.jpg”图层，执行菜单栏中的“Effect→Color Correction→Curves【特效→色彩校正→曲线】”命令，调整整体的明暗度，使对比更明显，适当增加蓝色和绿色，减少红色，使整体呈现蓝绿色，如图 8-92 所示。

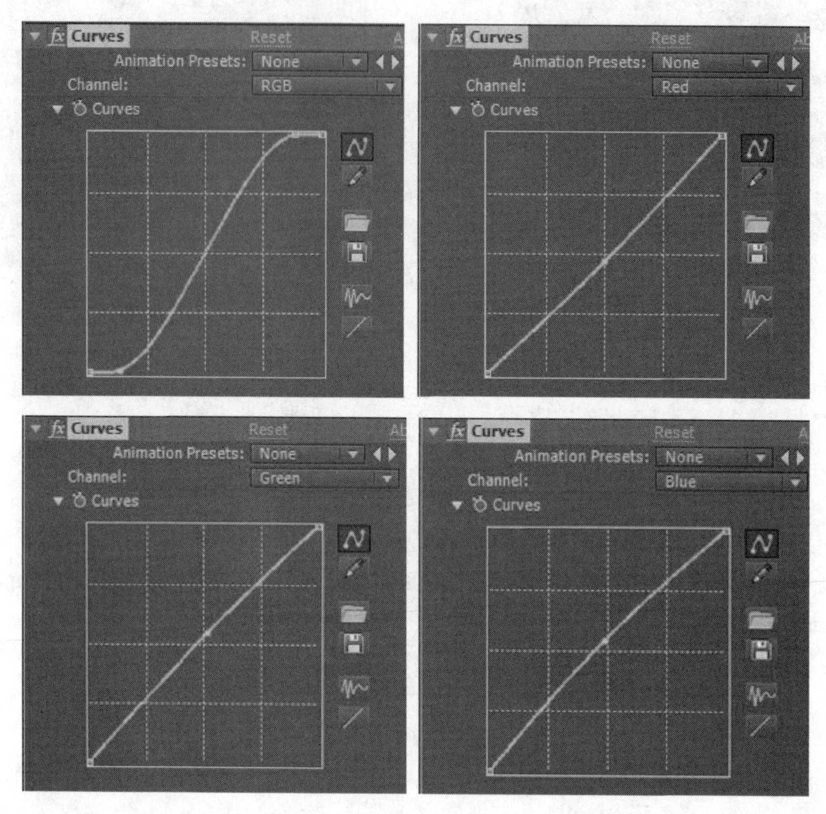

图 8-92

将矢量文字层作为“metal.jpg”图层的 Alpha Matte，这样金属纹理就出现在文字内部，如图 8-93 所示。

图 8-93

（4）在 Timeline【时间线】窗口中选择矢量文字图层，按【Ctrl+D】组合键复制一份，将复制后的矢量文字图层放置到原来矢量文字图层的上面，选中新复制的矢量文字图层，修改矢量文字所在固态层的颜色为“黑色”，执行菜单栏中的“Effect→Perspective→Bevel Alpha【特效→透视→Bevel Alpha】”命令，在 Effect Controls【特效控制】窗口中调整 Light Angle【灯光角度】为“10”， Light Intensity【灯光强度】为“0.8”，Edge Thickness【边缘厚度】为“4”，使黑色文字边缘产生白色倒角效果。

把该矢量文字图层再复制一份，调整 Light Angle【灯光角度】为“85”，使白色倒角出现在另一个方向，把这两个矢量文字图层的混合模式都设置为“Add”，过滤掉黑色，这样金属文字更有质感，效果如图 8-94 所示。

图 8-94

（5）执行菜单栏中的“Composition→New Composition【合成→新建合成】”命令，创建一个 D1/DV PAL 的合成，Composition Name【合成名】为“brokenText”，Duration【持续时间】为“0:00:04:00”。把“text”合成从 Project【项目】窗口中拖到 Timeline【时间线】窗口的该合成中。

（6）选中“text”图层，执行菜单栏中的“Effect→Simulation→CC Pixel Polly【特效→仿真→CC Pixel Polly】”命令，文字出现破碎效果，在 Effect Controls【特效控制】窗口中把 Gravity【重力】调为“-0.5”，使碎块向上飞，设置 Force【力量】为“-83”，使碎块向中间汇集，设置 Direction Randomness【方向随机值】为“38”，Speed Randomness【速度随机值】为“57”，以获得更真实的效果，Grid Spacing【网格间距】为“15”，调整碎块的大小，参数如图 8-95 所示。

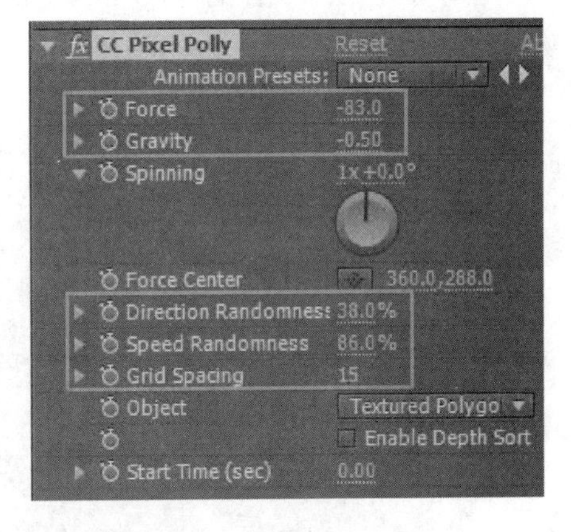

图 8-95

现在的效果是文字整体破碎，而我们希望它逐渐破碎，下面就对这个效果进行修改，在文字层上绘制细长的 Mask，这样文字就只有一部分破碎，如果把文字分割成一个个的局部，那么就能控制破碎的先后顺序，实现逐渐破碎的效果。

（7）为了使文字的每个局部破碎效果不单调，需要对 CC Pixel Polly 的几个主要参数加上表达式，使每一部分的动画都是随机的。

按住【Alt】键，单击 Force 左侧的码表，输入表达式“wiggle(0,25)”，其他几个属性的表达式也类似操作，Direction Randomness 的表达式为“wiggle(0,15)”，Speed Randomness 的表达式为“wiggle(0,25)”，Grid Spacing 的表达式为“wiggle(0,7)”。由于在这里使用了表达式，把文字图层复制以后，该层上的特效参数也相应地出现了变化，这个效果正是我们所希望的。

（8）下面要实现由多个复制的图层拼成一个完整的文字。

在 Timeline【时间线】窗口中选择“text”图层，使用工具栏中的 Rectangle Tool【矩形工具】在文字上部绘制一个细长的 Mask，暂时关闭文字层的特效，在 0:00:00:00 处，单击 Mask Path 左侧的码表，创建关键帧，在 0:00:00:11 处，把 Mask 移到文字的下部，这样制作了 Mask 由上向下运动的动画。

复制文字图层 11 份，从上到下选中 12 个图层，执行菜单栏中的“File→Scripts→Run Script File【文件→脚本→运行脚本文件】”命令，运行“Sequencer.jsx”脚本文件，在弹出的对话框中把 Number of frames to offset【偏移帧数】设置为“1”，让 12 个图层分别偏移 1 帧，如图 8-96 所示。

预览动画，可以看到文字从上到下逐渐出现，但是由于每个图层都有动画，还是看不到一个完整的文字层。

把时间指示器放置到 0:00:00:11 处，可以看到完整的文字，按【M】键将所有图层的 Mask 属性展开，关闭所有的关键帧码表标记，这样每个图层就关闭了动画，而且所有图层拼成了一个完整的文字层。

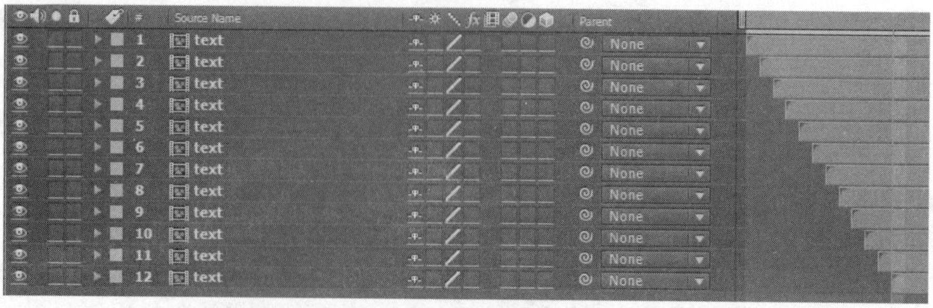

#	Source Name	Parent
1	text	None
2	text	None
3	text	None
4	text	None
5	text	None
6	text	None
7	text	None
8	text	None
9	text	None
10	text	None
11	text	None
12	text	None

图 8-96

这时打开 12 个关闭的特效，预览动画，可以看到文字从下到上开始破碎，而我们希望是由上向下破碎，从下到上选中 12 个图层，执行菜单栏中的“File→Scripts→Run Script File【文件→脚本→运行脚本文件】”命令，运行“Sequencer.jsx”脚本文件，在弹出的对话框中把 Number of frames to offset【偏移帧数】设置为“1”，让 12 个图层分别偏移 1 帧，如图 8-97 所示。

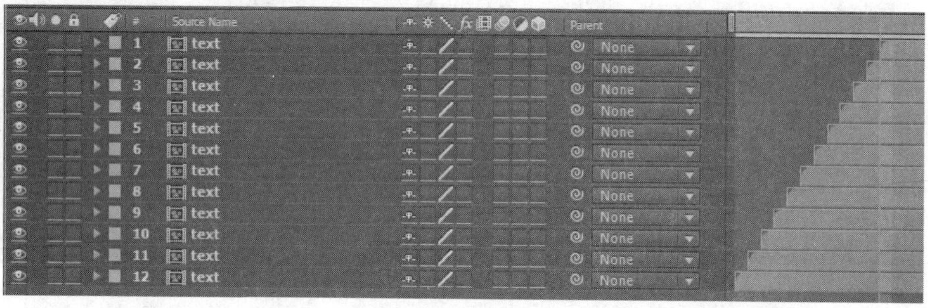

#	Source Name	Parent
1	text	None
2	text	None
3	text	None
4	text	None
5	text	None
6	text	None
7	text	None
8	text	None
9	text	None
10	text	None
11	text	None
12	text	None

图 8-97

（9）现在预览动画，看到文字从上向下破碎。但是我们希望下面还没有破碎应该保持正常状态。复制第 12 个图层，关闭特效，在 0:00:00:00 处，调整 Mask 如图 8-98 所示，创建 Mask Path 关键帧。

图 8-98

在 0:00:00:11 处，把 Mask 整体移动文字的下方，创建 Mask Path 关键帧，如图 8-99 所示。

图 8-99

（10）复制第 1 个到第 12 个图层，把它们移动到上面。选中第 1 个到第 12 个图层，把它们的入点设置为“0:00:00:00”，并且添加“Fast Blur【快速模糊】”特效，设置 Blur Dimensions【模糊方向】为“Vertical【垂直】”，勾选“Repeat Edge Pixels【重复边界像素】”选项，创建 Blurriness【模糊量】关键帧，在 0:00:00:00 处，Blurriness 值为“0”，在 0:00:00:15 处，Blurriness 值为“50”。

（11）从第 12 个图层向上选中一共选中 12 个图层，执行菜单栏中的“File→Scripts→Run Script File【文件→脚本→运行脚本文件】”命令，运行“Sequencer.jsx”脚本文件，在弹出的对话框中把 Number of frames to offset【偏移帧数】设置为“1”，让 12 个图层分别偏移 1 帧。

把第 1 个到第 24 个图层的混合模式设置为“Add”。

（12）下面调整一下，使破碎效果从 0:00:01:00 处开始出现。把上面的 24 个图层整体移动到 0:00:01:00 处，同时把第 25 个图层的两个 Mask Path 关键帧也移动此处。

（13）执行菜单栏中的“Layer→New→Adjustment Layer【图层→新建→调整层】”命令，新建一个调整层，把它放置到最上面，为其添加“Effect→Stylize→Glow【特效→风格化→辉光】”特效，设置调整层的入点为“0:00:01:00”，这样辉光效果在文字破碎过程才产生效果。设置辉光的 Color A【颜色 A】为“淡蓝色”，Color B【颜色 B】为“深蓝色”，Glow Colors【辉光颜色】为“A&B Colors”，Glow Dimensions【辉光半径】为“Vertical【垂直】”，增加 Glow Radius【辉光半径】为“80”，参数设置如图 8-100 所示。

再为调整层添加“Effect→Color Correction→Curves【特效→色彩校正→曲线】”特效，适当提高高光区亮度，降低阴影区亮度，如图 8-101 所示。

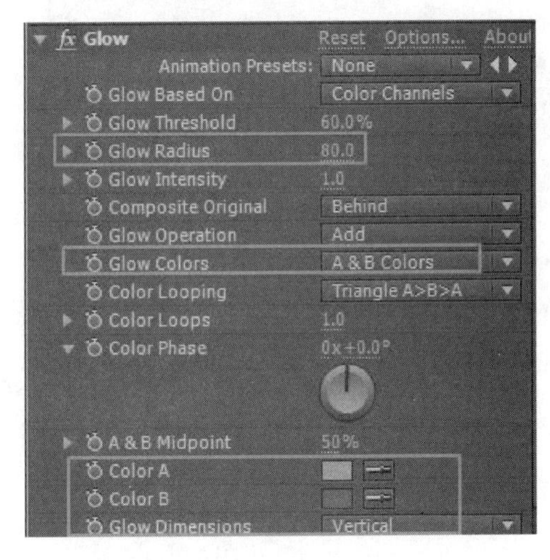

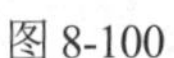
图 8-100

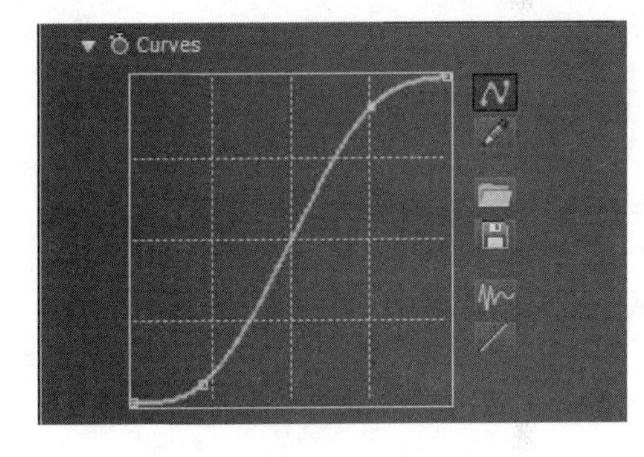

图 8-101

（14）下面模拟镜头的摇晃效果。

把“brokenText”合成拖到 Project【项目】窗口底部的“Create a New Composition【创建一个新合成】”按钮上，创建一个新的合成，重命名为“shakeCam”。

执行菜单栏中的“Layer→New→Null Object【图层→新建→空对象】”命令，新建一个空对象，执行菜单栏中的“Effect→Expression Controls→Slider Control【特效→表达式控制→滑杆控制】”命令，按住【Alt】键，单击空对象图层 Position 左侧的码表，为它添加表达式：“wiggle(7,effect("Slider Control")("Slider"))”，为 Slider Control 的 Slider 创建关键帧，在 0:00:01:01 处值为“0”，0:00:01:07 处值为“50”，0:00:02:00 处值为“10”。设置“brokenText”的父对象为“Null 1”，这样通过空对象可以影响破碎文字，达到镜头摇晃的效果。最终效果如图 8-102 所示。

图 8-102

第 9 章　粒子特效

本章学习目标

◆ 掌握粒子插件的常用参数。
◆ 掌握使用粒子制作下雪、火焰、爆炸等效果。

9.1　粒子插件

Particular 是 Trapcode 插件包中的一款粒子插件，它是一个真正意义上的三维粒子系统。使用 Particular 粒子插件可以制作绚丽的烟花、逼真的烟雾等效果。

下面介绍 Particular 插件中的几个功能模块。

1. Emitter——发射器

（1）Emitter 是粒子发射器，它下面的属性主要用来控制发射器。

（2）Particles/sec【粒子/每秒】：控制发射器每秒发射的粒子数量，数值越大，每秒发射的粒子数量就越多。

（3）Emitter Type【发射器类型】：Point【点】发射器发射出来的粒子是以一个点的形式存在的，Box【长方体】发射器发射出来的粒子会形成一个长方体，Sphere【球体】发射器发射出来的粒子会形成一个球体，Grid【网格】发射器发射出来的粒子会排列成一个网格，Lights【灯光】发射器是以灯光层为发射器发射粒子，Layer【图层】发射器是以某个图层为发射器发射粒子，Layer Grid【图层网格】是以某个图层为发射器，发射的粒子初始位置是以网格形状排列的。

（4）Position XY【位置 X/Y】：发射器的 XY 坐标。

（5）Position Z【位置 Z】：发射器的 Z 坐标。

（6）Direction【方向】：控制发射器发射粒子的方向。

（7）Direction Spread【方向扩散】：控制发射器发射粒子的扩散角度，值越大扩散角度越大。

（8）Velocity【速度】：发射粒子的速度。

（9）Velocity From Motion【由发射器运动产生发射速度】：由于发射器运动惯性带来的速度。

2. Particles——粒子

（1）Life【生命】：粒子的生命，粒子从出生到死亡的周期，以秒为单位。

（2）Particle Type【粒子类型】：粒子类型，默认为 Sphere【球体】，还有 Glow Sphere【发光球体】，Star【星形】，Cloudlet【云片状】，Streaklet【条纹状】，Sprite【精灵】，Sprite Colorize【精灵着色】，Sprite Fill【精灵填充】，Textured Polygon【纹理化多边形】，Textured Polygon Colorize【纹理化多边形着色】，Textured Polygon Fill【纹理化多边形填充】。

（3）Size【大小】：粒子的大小。

（4）Size Random【大小随机值】：控制粒子的大小，在指定范围内产生随机变化。

（5）Size over Life【粒子生命周期中的大小】：控制粒子在它从出生到死亡的过程中的大小。

（6）Opacity【不透明度】：控制粒子的不透明度。

（7）Opacity Random【不透明度随机值】：控制粒子的不透明度，在指定范围内产生随机变化。

（8）Opacity over Life【粒子生命周期中的不透明度】：控制粒子在它从出生到死亡的过程中的不透明度。

（9）Set Color【设置颜色】：设置粒子的颜色。

（10）Color Random【颜色随机值】：控制粒子的颜色，在指定范围内产生随机变化。

（11）Color over Life【粒子生命周期中的颜色】：当 Set Color 设置为 Over Life 后，可以控制粒子在它从出生到死亡的过程中的颜色。

（12）Transfer Mode【叠加模式】：控制粒子互相叠加时采用何种叠加方式。

3. Shading——着色

（1）Shading【着色】：设置为 On，表示灯光对粒子产生影响。

（2）Light Falloff【灯光衰减】：控制灯光产生衰减的方式。

（3）Nominal Distance【标示距离】：表示灯光到粒子的距离。

（4）Ambient【环境色】：控制环境对粒子的照明程度。

（5）Diffuse【漫反射】：控制粒子漫反射的程度。

4. Physics——物理

（1）Gravity【重力】：为粒子添加重力影响，数值为正时，重力方向向下，数值为负时，重力方向向上，数值为 0 时，表示粒子不受重力影响。

（2）Physics Time Factor【物理时间因子】：可以控制粒子整体的运动速度，数值为 1 时，按照正常速度，数值大于 1 时，提高粒子运动速度，数值小于 1 使，减慢粒子运动速度。

（3）Physics Model【物理模式】：设置为 Air 时，表示粒子受空气影响，设置为 Bounce 时，表示粒子产生反弹效果。

（4）展开 Air 参数。

Motion Path【运动路径】：控制粒子发射后跟随路径运动，这里需要先创建一个以“Motion Path”加数字命名的灯光图层，然后创建灯光图层的 Position 动画，最后设置 Motion Path 参数，就可以使粒子随灯光一起运动。

Air Resistance【空气阻力】：该参数值越大，粒子受到的空气阻力越大，运动越缓慢。

Spin Amplitude【旋转幅度】：控制粒子运动过程中产生旋转效果，值越大旋转效果越明显。

Spin Frequency【旋转频率】：控制粒子运动过程中旋转的频率。

Wind X/Y/Z【风 X/Y/Z】：控制 X/Y/Z 轴上的风力。

Turbulence Field【扰乱场】：控制对粒子产生扰乱效果，使粒子运动更加不规则。

Spherical Field【球形场】：使粒子产生球形膨胀或收缩的效果。

（5）展开 Bounce 参数。

Floor Layer【地面图层】：设置作为地面的图层。

Floor Mode【地面模式】： Infinite Plane 表示地面是无限大的，Layer Size 表示地面就是指定的地面图层的大小，Layer Alpha 表示地面就是指定的地面图层的 Alpha。

Wall Layer【墙图层】：设置作为墙的图层。

Wall Mode【墙模式】： Infinite Plane 表示墙面是无限大的，Layer Size 表示墙面就是指定的墙面图层的大小，Layer Alpha 表示墙面就是指定的墙面图层的 Alpha。

Collision Event【碰撞事件】：控制粒子与地面或墙面碰撞后产生的事件，Bounce 表示粒子碰撞后产生反弹，Slide 表示粒子碰撞后产生滑行，Stick 表示粒子碰撞后产生粘贴，Kill 表示粒子碰撞后消失。

Bounce【反弹】：控制粒子碰撞后的反弹值。

Bounce Random【反弹随机值】：控制粒子碰撞后的反弹随机值。

Slide【滑行】：控制粒子碰撞后的滑行值。

5. Aux System——辅助系统

（1）Emit【发射】：该辅助系统是在原来发射的粒子基础上产生新的粒子，设置为 At Bounce Event，表示粒子发生碰撞事件会产生新的粒子，设置为 Continously，表示以粒子为发射器产生新的粒子。

（2）Emit Probability【发射概率】：控制原来的粒子产生新粒子的几率。

（3）Particles/sec【粒子/秒】：控制产生新粒子每秒的粒子数量。

（4）Life【生命】：控制新粒子的生命周期。

（5）Type【类型】：新粒子的类型，Same as Main，表示新粒子与主粒子的类型一致。其他粒子类型与 Particle 参数下面的设置相同。

（6）Size【大小】：控制新粒子的大小。

（7）Size over Life【粒子生命周期中的大小】：控制新粒子在它从出生到死亡的过程中的大小。

（8）Opacity【不透明度】：控制新粒子的不透明度。

（9）Opacity over Life【粒子生命周期中的不透明度】：控制新粒子在它从出生到死亡的过程中的不透明度。

（10）Color over Life【粒子生命周期中的颜色】：控制新粒子在它从出生到死亡的过程中的颜色。

（11）Color From Main【来自主粒子颜色】：控制新粒子颜色受主粒子颜色的继承值。

（12）Gravity【重力】：控制新粒子受到的重力。

（13）Transfer Mode【叠加模式】：控制新粒子互相叠加时采用何种叠加方式。

（14）Rotate Speed【旋转速度】：控制新粒子的旋转速度。

（15）Feather【羽化值】：控制新粒子的羽化值。

（16）Control from Main Particles【受主粒子的控制】：控制新粒子的速度、发射受主粒子的影响。

（17）Physics(Air mode only)【物理（只有空气模式）】：控制新粒子的空气阻力、风的影响程度、扰乱位置。

（18）Randomness【随机】：控制新粒子的生命、大小、不透明度的随机值。

9.2 边学边做——圣诞树

知识与技能

本例主要学习使用 Particular 插件制作圣诞树，熟悉 Particular 插件的参数。

9.2.1 创建地面

（1）新建工程，导入“Santa Claus.mov”和“snowflakes.mov”到 Project【项目】窗口中，执行菜单栏中的“Composition→New Composition【合成→新建合成】”命令，在弹出的“Composition Settings【合成设置】”对话框中，设置 Composition Name【合成名】为“ChristmasTree”，在 Preset【预设】下拉列表中选择“HDV/HDTV 720 25”，Duration【持续时间】为“0:00:9:15”，如图 9-1 所示。

（2）执行菜单栏中的“Layer→New→Solid【图层→新建→固态层】”命令，在弹出的对话框中设置 Name 为“Background”，其余保持默认值。

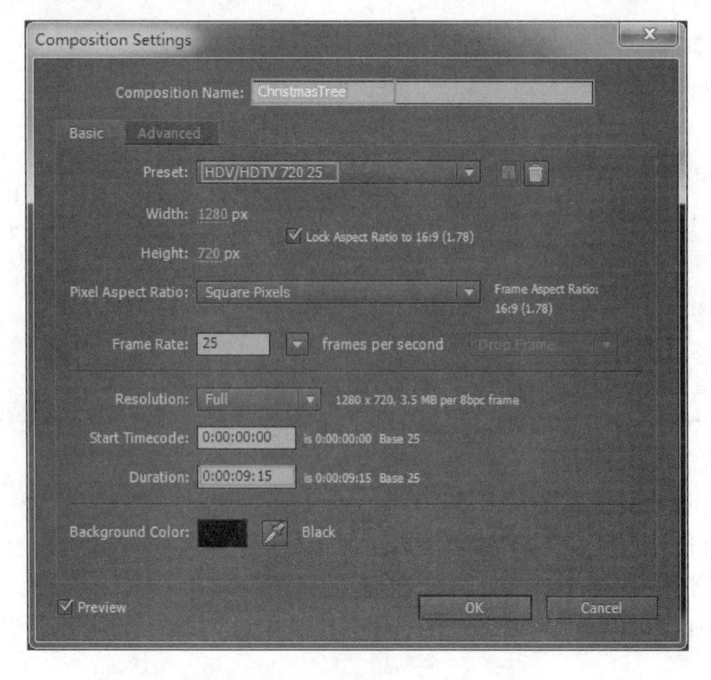

图 9-1

（3）在 Timeline【时间线】窗口中选择“Background”图层，执行菜单栏中的“Effect→Generate→Ramp【特效→生成→渐变】”命令，设置 Start of Ramp【渐变起点】为（640,800），Start Color【起点颜色】为“#790000”，End of Ramp【渐变终点】为（1300, 0），Start Color【终点颜色】为“#000000”，Ramp Shape【渐变形状】为“Radial Ramp【放射状渐变】”，如图 9-2 所示。

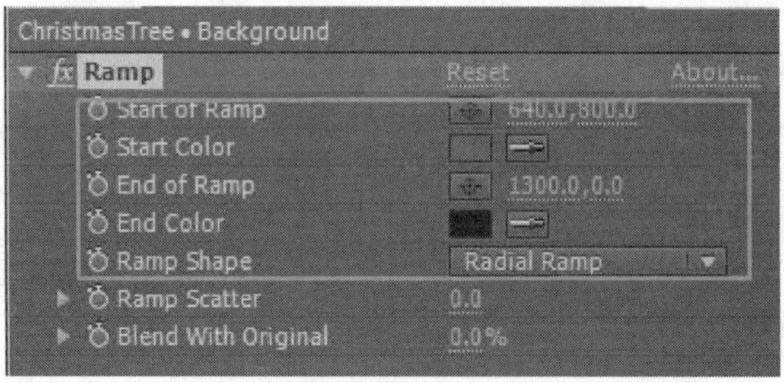

图 9-2

（4）执行菜单栏中的“Layer→New→Solid【图层→新建→固态层】”命令，在弹出的对话框中设置 Name 为“Floor”，Width 为“1500”，Height 为“1500”，Color 为“#500000”，如图 9-3 所示。

（5）在 Timeline【时间线】窗口中选择“Floor”图层，开启“3D Layer”开关，把它由二维图层转化为三维图层，展开“Floor”图层下面的参数，设置 Position【位置】的值为（640,720,0），Scale【比例】的值为（1000,1000,1000），Orientation【方向】的值为（90°,0°,0°），如图 9-4 所示。

（6）在 Composition【合成】窗口中，把视图切换到 Top【顶】视图，用工具栏中的 Ellipse Tool【椭圆工具】按住【Shift】键在“Floor”图层上绘制一个圆，设置 Mask Feather 为（300,300），Mask Expansion 为“-450”，效果如图 9-5 所示。

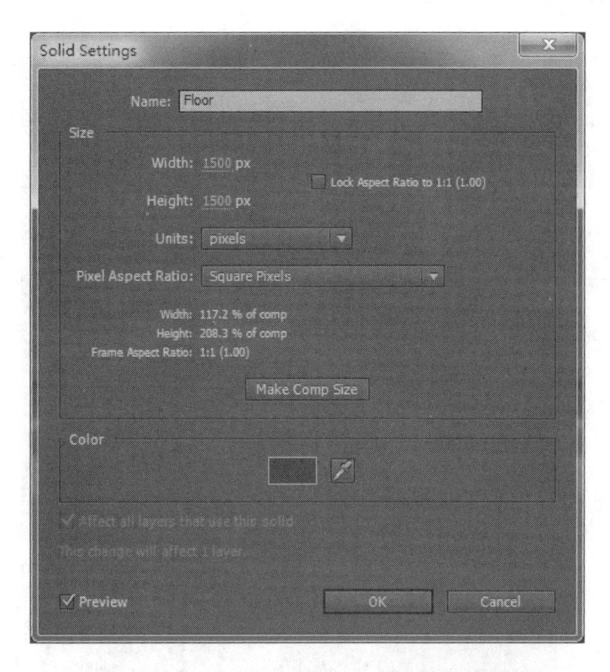

图 9-3

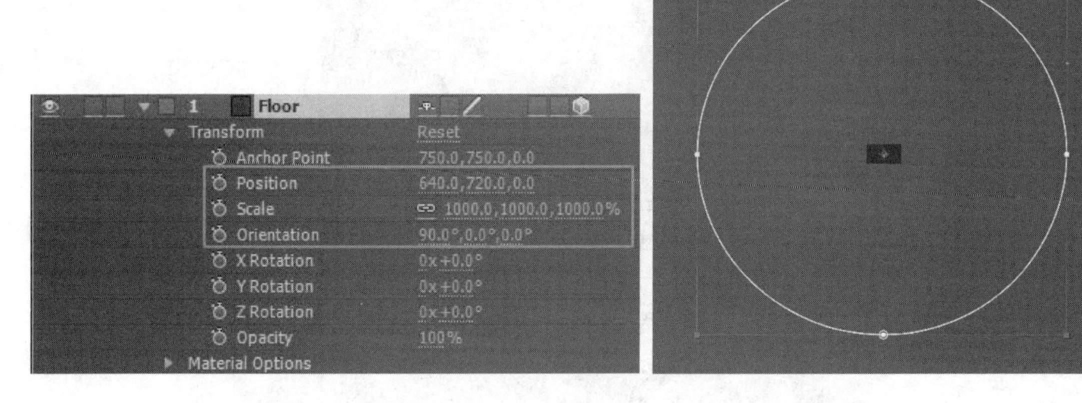

图 9-4　　　　图 9-5

（7）执行菜单栏中的“Composition→New Composition【合成→新建合成】”命令，在弹出的“Composition Settings【合成设置】”对话框中，设置 Composition Name【合成名】为“TreeSkirt”，Width【宽度】为“1000”，Height【高度】为“300”，Frame Rate【帧速率】为“25”，Duration【持续时间】为“0:00:9:15”，如图 9-6 所示。

（8）执行菜单栏中的“Layer→New→Solid【图层→新建→固态层】”命令，在弹出的对话框中设置 Name 为“skirt”，Width 为“1000”，Height 为“300”，Color 为“#780000”，如图 9-7 所示。

（9）在 Timeline【时间线】窗口中选择“skirt”图层，执行菜单栏中的“Effect→Generate→Grid【特效→生成→网格】”命令，在 Effect Controls【特效控制】窗口中设置其参数，Anchor【轴心】为（498,-33），Corner【角】为（643,332），Border【边界】为 72，Blending Mode【混合模式】为“Multiply【正片叠底】”，如图 9-8 和图 9-9 所示。

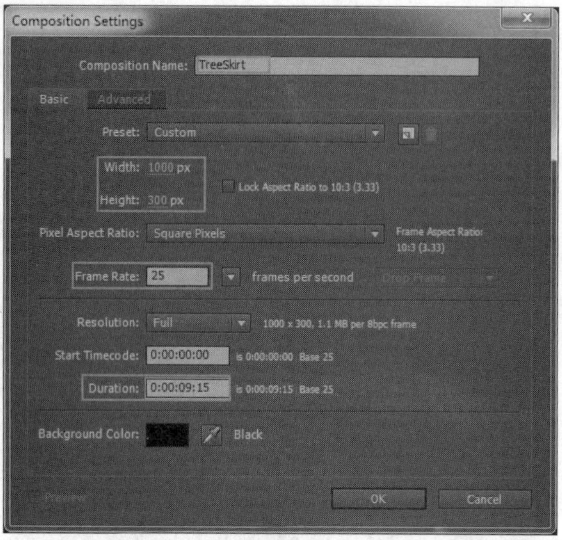

Composition Settings

Composition Name: TreeSkirt

Basic Advanced

Preset: Custom

Width: 1000 px

Height: 300 px

Lock Aspect Ratio to 10:3 (3.33)

Pixel Aspect Ratio: Square Pixels

Frame Aspect Ratio: 10:3 (3.33)

Frame Rate: 25 frames per second Drop Frame

Resolution: Full 1000 x 300, 1.1 MB per 8bpc frame

Start Timecode: 0:00:00:00 is 0:00:00:00 Base 25

Duration: 0:00:09:15 is 0:00:09:15 Base 25

Background Color: Black

Preview OK Cancel

图 9-6

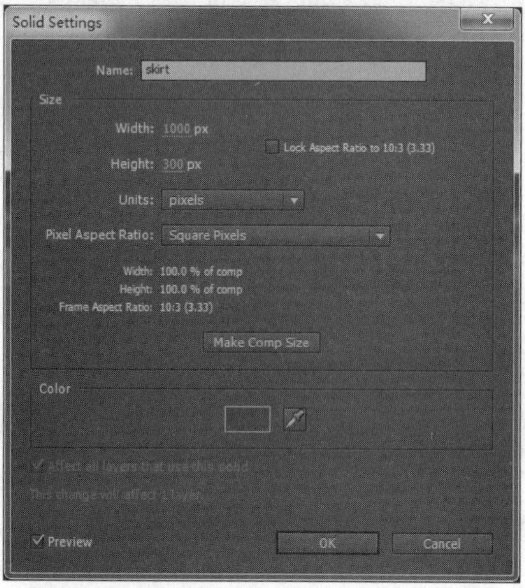

Solid Settings

Name: skirt

Size

Width: 1000 px

Height: 300 px

Lock Aspect Ratio to 10:3 (3.33)

Units: pixels

Pixel Aspect Ratio: Square Pixels

Width: 100.0 % of comp

Height: 100.0 % of comp

Frame Aspect Ratio: 10:3 (3.33)

Make Comp Size

Color

Affect all layers that use this solid

This change will affect 1 layer.

Preview OK Cancel

图 9-7

Tree Skirt • skirt

fx Grid Reset About...

Anchor 498.0,-33.0

Size From Corner Point

Corner 643.0,332.0

Width 32.0

Height 24.0

Border 72.0

Feather

Invert Grid

Color

Opacity 100.0%

Blending Mode Multiply

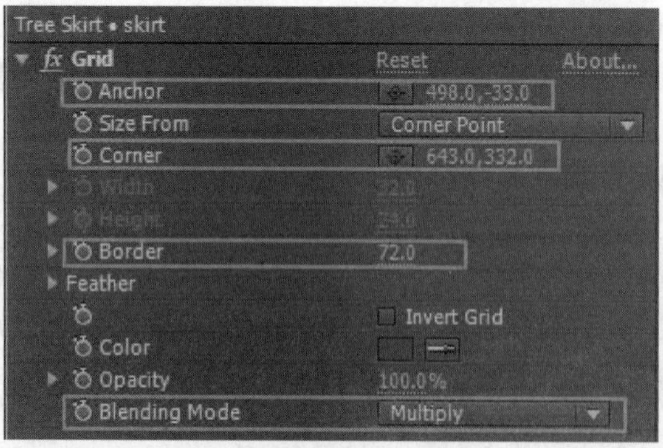

图 9-8

图 9-9

（10）把“TreeSkirt”合成从 Project【项目】窗口中拖到 Timeline【时间线】窗口中的“ChristmasTree”合成中，把它转化为 3D Layer，设置图层相关属性，Position 为（640,654,0），Orientation 为（90°,0°,0°），如图 9-10 所示。

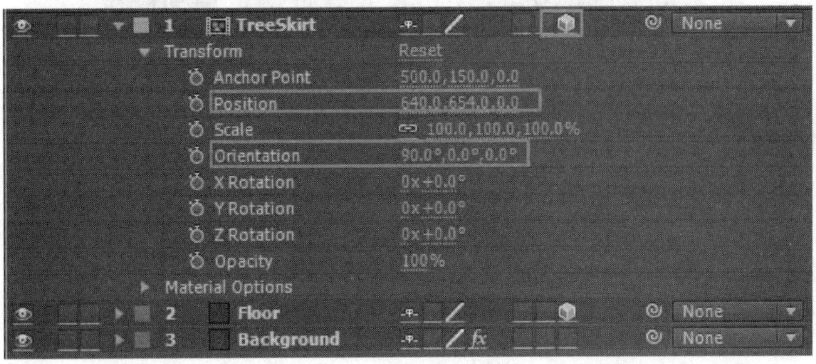

1 TreeSkirt None
Transform Reset
Anchor Point 500.0,150.0,0.0
Position 640.0,654.0,0.0
Scale 100.0,100.0,100.0%
Orientation 90.0°,0.0°,0.0°
X Rotation 0x+0.0°
Y Rotation 0x+0.0°
Z Rotation 0x+0.0°
Opacity 100%
Material Options
2 Floor None
3 Background None

图 9-10

（11）在 Timeline【时间线】窗口选择“TreeSkirt”图层，执行菜单栏中的“Effect→Distort→Polar Coordinates【特效→扭曲→极坐标】”命令，设置其参数，Interpolation【插值】为“100”，Type of Conversion【变换类型】为“Rect to Polar”，效果如图 9-11 所示。

图 9-11

（12）执行菜单栏中的“Layer→New→Adjustment Layer【图层→新建→调整层】”命令，重命名为“Mesh warp”。

在 Timeline【时间线】窗口选择“Mesh warp”图层，执行菜单栏中的“Effect→Distort→Mesh warp【特效→扭曲→网格变形】”命令，设置其参数 Rows 为“20”，Columns 为“10”，如图 9-12 所示。

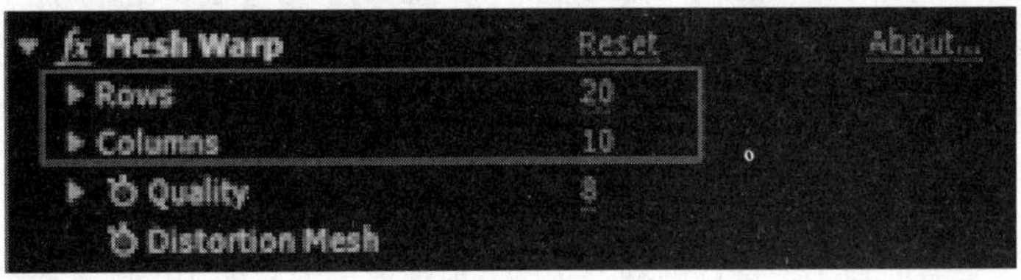

Mesh Warp Reset About...
Rows 20
Columns 10
Quality 8
Distortion Mesh

图 9-12

调整网格点如图 9-13 所示。

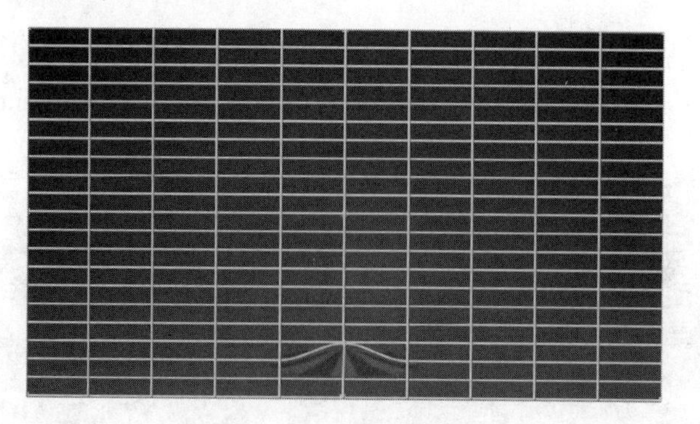

图 9-13

9.2.2 创建圣诞树

（1）执行菜单栏中的“Layer→New→Light【图层→新建→灯光】”命令，新建一个点光源，Name 为“Light 1”，Light Type 为“Point”，Color 为“#F0FFC8”。

（2）执行菜单栏中的“Layer→New→Camera【图层→新建→摄像机】”命令，新建一个摄像机，Name 为“Camera 1”，Preset 为“35mm”。

（3）执行菜单栏中的“Layer→New→Solid【图层→新建→固态层】”命令，在弹出的对话框中设置 Name 为“Particular Tree”，单击“Make Comp Size【与合成大小一致】”按钮。

（4）选中“Particular Tree”图层，执行菜单栏中的“Effect→Trapcode→Particular”命令，展开 Emitter【发射器】参数，设置 Direction 为“Disc”，发射方向为圆盘状发射，Direction Spread 为“0”，X Rotation 为“90”，使粒子平行地面向四周发射。

为 Particles/sec【每秒发射粒子数量】、Position XY【XY 坐标】、Velocity【速度】、Velocity from Motion【由发射器运动产生发射速度】设置关键帧动画，在 0:00:00:00 处，设置的参数如图 9-14 所示。

在 0:00:04:00 处，设置的参数如图 9-15 所示。

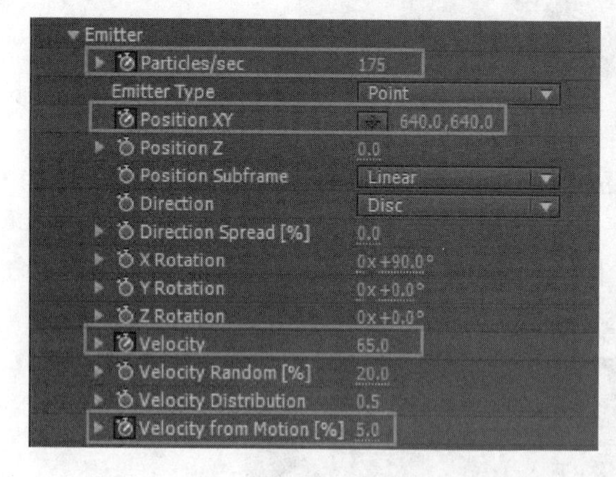

图 9-14

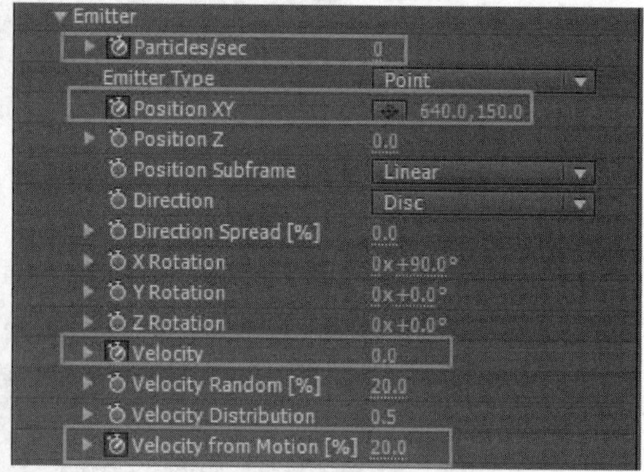

图 9-15

使粒子向上发射，发射粒子数量逐渐减为 0，发射速度逐渐减为 0，形成圣诞树形状，效果如图 9-16 所示。

展开 Particle【粒子】参数，设置 Life 为“10”，增加粒子的生命时间，使它产生较长的拖尾，Size 为“1”，减小粒子半径，Set Color 为“Random from Gradient”，粒子颜色为“随机渐变色”，Color over Life 为渐变色，从左至右 RGB 值分别为“34，157，34”“4，84，4”，参数设置如图 9-17 所示。

图 9-16

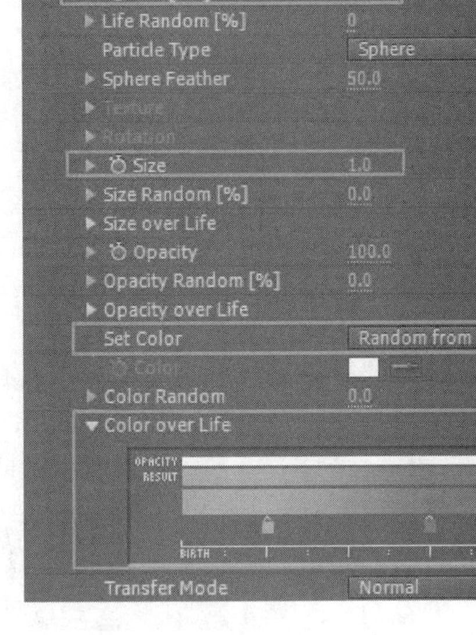

图 9-17

展开 Shading【着色】参数，设置 Shading 为“On”，Nominal Distance【标示距离】为“220”，Diffuse【漫反射】为“100”，参数设置如图 9-18 所示。

展开 Physics【物理】参数，设置 Air Resistance【空气阻力】为“0.1”，Spin Amptitude【旋转振幅】为“15”，Fade-in Spin【旋转淡入】为“0.5”，打开 Physics Time Factor【物理时间因子】参数左边的码表，在 0:00:03:00 处值为“1”，在 0:00:04:00 处值为“0”，使圣诞树形状在 4 秒以后不再发生变化，参数设置如图 9-19 所示。

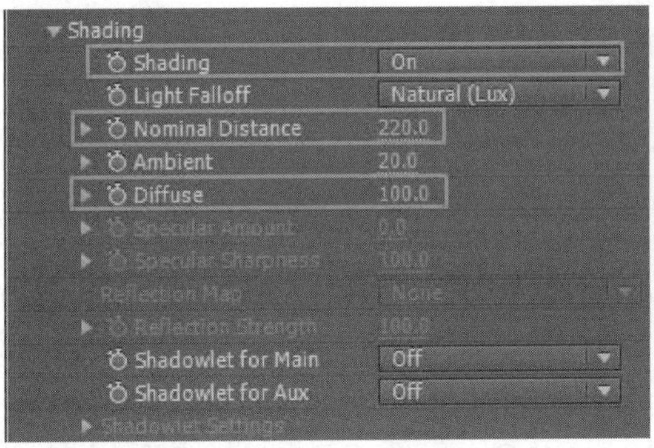

图 9-18

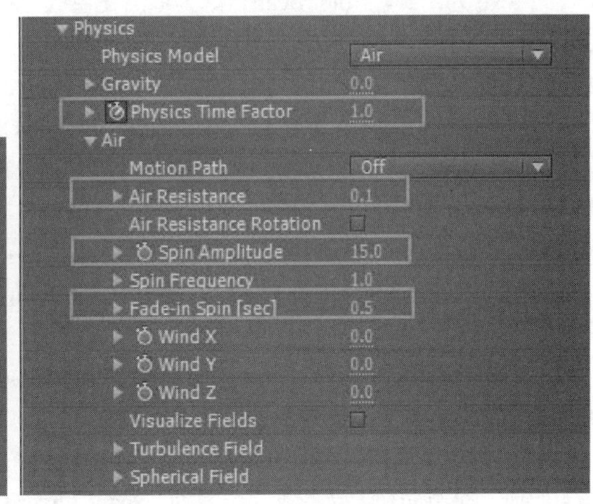

图 9-19

展开 Aux System【辅助系统】参数，设置 Emit 为“Continously”，使发射的粒子作为发射器继续发射粒子，Particles/sec 为“70”，增加每秒发射的粒子数量，Life 为“6”，增加每个粒子的生命时间，Velocity 为“5”，设置 Size over life 曲线，Color from Main 为“100”，参数设置如图 9-20 所示。

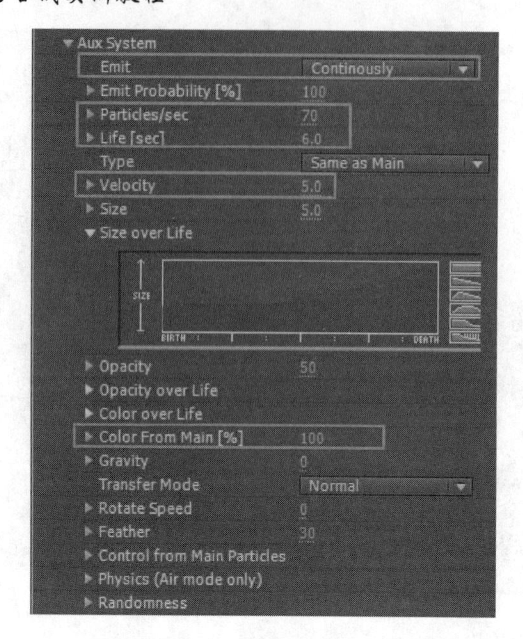

图 9-20

9.2.3 创建星光

（1）为圣诞树添加星光点缀。选中“Particular Tree”图层的“Particular”特效，按【Ctrl+D】组合键，复制一个特效，名称为“Particular 2”。

展开“Particular 2”的 Particular 参数，设置 Particle Type【粒子类型】为“Glow Sphere【发光球体】”，Size 为“2”，Color over Life 为“渐变色”，从左至右 RGB 值分别为“255，128，255”“104，251，204”“255，128，191”“41，170，44”“98，88，65”，设置 Glow【辉光】下面的 Size 为“500”，Transfer Mode 为“Add”，参数设置如图 9-21 所示。

展开 Shading【着色】参数，设置 Shading 为“Off”。

展开 Aux System【辅助系统】参数，设置 Emit Probability 为“15”，Particles/sec 为“3”，Size 为“2”，Opacity 为“100”，Color over Life 为“渐变色”，从左至右 RGB 值分别为“112，11，127”“113，80，33”“58，188，231”“58，177，45”“143，16，209”，参数设置如图 9-22 所示。

展开“Rendering【渲染】”参数，设置 Transfer Mode 为“Screen”，使添加的粒子效果与前面做的圣诞树相叠加。

（2）为圣诞树添加辉光。选中“Particular Tree”图层，执行菜单栏中的“Effect→Trapcode→Starglow”命令。设置 Streak Length【条纹长度】为“5”。

（3）制作圣诞树顶端的五角星。在不选中任何图层的情况下，使用工具栏中的 Star Tool【星形工具】绘制一个五角星，会生成一个名为“Shape Layer 1”的形状图层，设置五角星 Fill【填充色】为“黄色”，Stroke【描边】为“白色”，并且开启“3D Layer【3D 图层】”。

把五角星移动到圣诞树的顶端。使用工具栏中的 Pan Behind Tool 把轴心点设置五角星的中心。设置 Scale 动画，在 0:00:04:00 处，Scale 为（0%,0%,0%），在 0:00:04:08 处，Scale 为（130%,130%,130%），在 0:00:04:08 处，Scale 为（120%,120%,120%）。

（4）在 Timeline【时间线】窗口选择“Shape Layer 1”图层，执行菜单栏中的“Effect→Stylize→Glow”命令，添加辉光效果，设置 Glow Radius【辉光半径】为“30”。

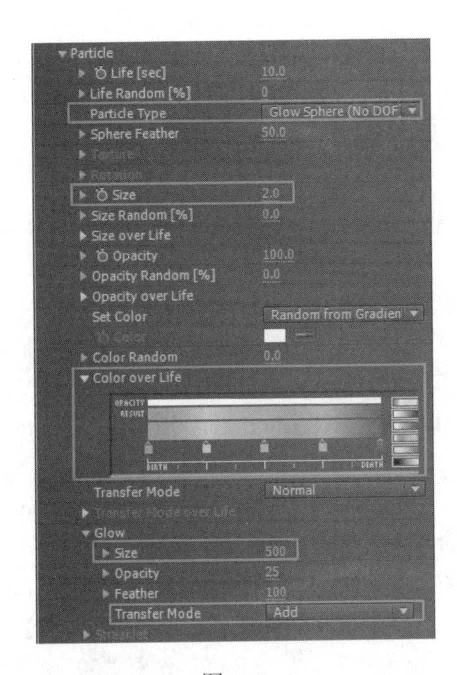

图 9-21

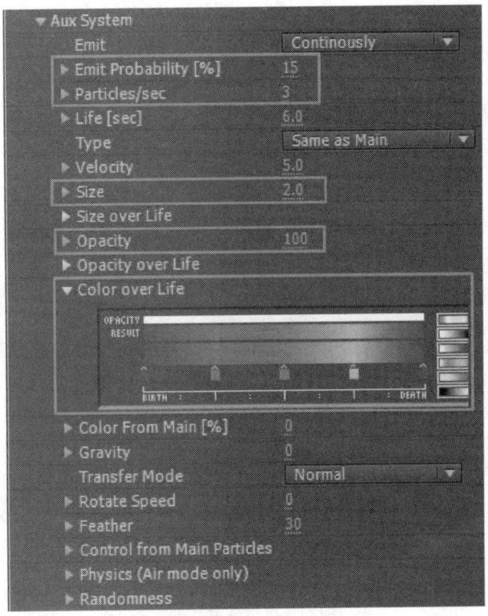

图 9-22

（5）选中“Shape Layer 1”图层，执行菜单栏中的“Effect→Trapcode→Starglow”命令，设置 Streak Length【条纹长度】为“12”，Boost Light【提升亮度】为“2”，Colormap A 下面的 Highlights 的 RGB 值为“255，255，255”，Midtones 的 RGB 值为“255，166，0”，Shadows 的 RGB 值为“255，156，0”，Colormap B 下面的 Highlights 的 RGB 值为“255，255，255”，Midtones 的 RGB 值为“255，166，0”，Shadows 的 RGB 值为“255，156，0”，如图 9-23 所示。

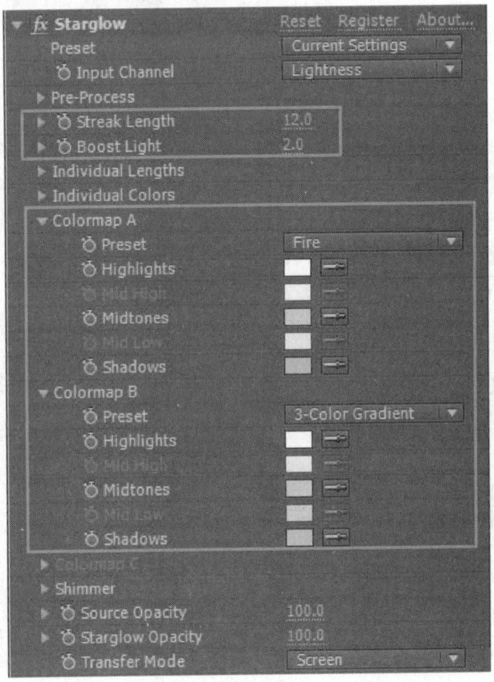

图 9-23

（6）在 Timeline【时间线】窗口中设置“Particular Tree”图层和“Shape Layer 1”图层的入点为“0:00:01:10”，使圣诞树效果在 0:00:01:10 处开始出现。

9.2.4 制作下雪效果

（1）执行菜单栏中的“Layer→New→Solid【图层→新建→固态层】”命令，在弹出的对话框中设置 Name 为“Particular snowfall”，单击“Make Comp Size”按钮，使固态层与合成大小一致。

（2）选中“Particular snowfall”图层，执行菜单栏中的“Effect→Trapcode→Particular”命令。

展开“Emitter【发射器】”参数，设置 Particles/sec 为“50”，为了使发射的粒子具有一定的体积感，设置 Emitter Type 为“Box”，Emitter Size X 为“1500”，Emitter Size Y 为“1500”，Position XY 为（640,-100），为了使粒子向下发射，设置 Direction 为“Directional”，X Rotation 为“-90°”，Velocity 为“60”，参数设置如图 9-24 所示。

展开“Particle【粒子】”参数，设置 Life 为“10”，Particle Type 为“Textured Polygon”，把“snowflakes.mov”从 Project【项目】窗口中拖到 Timeline【时间线】窗口的合成中，把它作为发射的雪花，该图层不需要显示，隐藏该图层。在 Texture【纹理】下面的 Layer【图层】参数中选择“snowflakes.mov”，Time Sampling【时间采样】为“Random-Still Frame【随机-静止帧】”，Random Rotation【随机旋转】为“75”，Random Speed Rotation【随机旋转速度】为“3”，Size 为“3”，Size Random 为“50”，参数设置如图 9-25 所示。

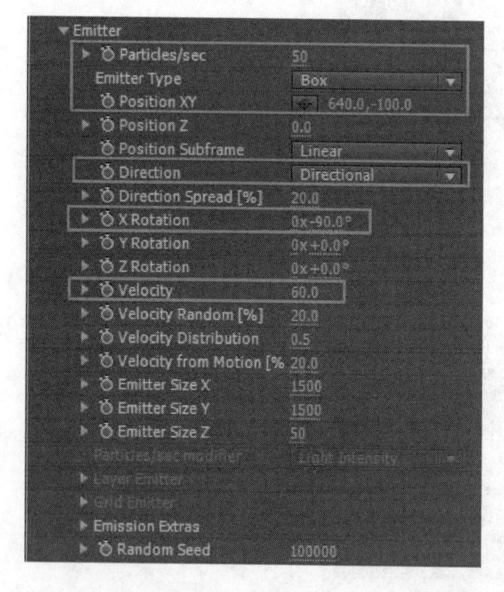

图 9-24

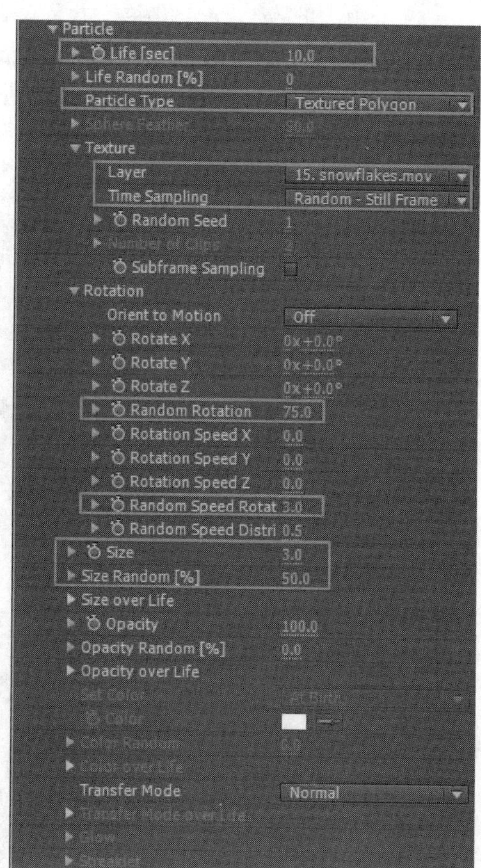

图 9-25

（3）把“Santa Claus.mov”从Project【项目】窗口拖到Timeline【时间线】窗口的合成中，适当调整位置及大小，最终效果如图9-26所示。

图9-26

9.3 典型应用——天降流星

知识与技能

本例主要学习使用Particular插件制作碰撞地面爆炸的效果。

9.3.1 镜头跟踪

（1）新建工程，导入“Crash Landing.mov”、“streetexplosion.mov”、“ground cracks.jpg”到Project【项目】窗口中，本例的画面大小与“Crash Landing.mov”相同，可以以“Crash Landing.mov”的参数建立新合成，将“Crash Landing.mov”拖到Project【项目】窗口底部的“Create a New Composition【创建一个新合成】”按钮上，建立一个新的合成。

（2）由于拍摄时镜头摇晃，下面首先要做运动跟踪。

在Timeline【时间线】窗口中选择“Crash Landing.mov”图层，执行菜单栏中的“Window→Tracker”命令，打开Tracker【跟踪】窗口，单击“Track Motion【运动跟踪】”按钮创建一个跟踪器Track 1，设置Motion Source【运动源】为“Crash Landing.mov”，Track Type【跟踪类型】为“Transform”，勾选“Position”和“Rotation”选项，把“Track Point 1”和“Track Point 2”放置到如图9-27所示位置。

单击“Analyze Forward”按钮后向前跟踪分析，如果出现跟踪偏离等问题，手工调整Track Point后再进行跟踪，调整后如图9-28所示。

图9-27

图9-28

执行菜单栏中的“Layer→New→Null Object【图层→新建→空对象】”命令，创建一个空对象“Null 1”，单击Tracker【跟踪】窗口中的“Edit Target”按钮，设置目标对象为“Null 1”，单击“Apply”按钮把跟踪数据应用到空对象。

9.3.2 创建流星效果

（1）现在制作一个流星从空中落到地面的效果。

执行菜单栏中的“Composition→New Composition【合成→新建合成】”命令，新建一个合成，在弹出的对话框中设置 Composition Name 为“Meteor”，Width 为“1280”，Height 为“1200”。

执行菜单栏中的“Layer→New→Solid【图层→新建→固态层】”命令新建一个名为“Part”的固态层，在 Timeline【时间线】窗口中选择该固态层，执行菜单栏中的“Effect→Trapcode→Particular”命令，在 Effect Controls【特效控制】窗口中，Animation Presets 下拉列表中选择“t2_firestarter”动画预设。

执行菜单栏中的“Layer→New→Null Object【图层→新建→空对象】”命令，创建一个空对象“Null 2”，开启“Null 2”图层为“3D Layer”，把它转换为三维图层，展开“Part”图层的 Particular 特效的“Emitter”参数，按住【Alt】键单击 Position XY 左侧的码表，创建表达式“temp = thisComp.layer("Null 2").transform.position;[temp[0], temp[1]]”，按住【Alt】键单击 Position Z 左侧的码表，创建表达式“thisComp.layer("Null 2").transform.position[2]”，这样通过空对象控制发射器的位置。

在 0:00:00:19 处，设置 Null 2 的 Position 为（629,795,-665），创建关键帧，在 0:00:00:00 处，设置 Null 2 的 Position 为（-335,-950,6518），创建关键帧，制作流星坠落效果。

展开 Particular 的“Emitter【发射器】”参数，在 0:00:00:20 处，Particles/sec 为“400”，创建关键帧，在 0:00:00:21 处，Particles/sec【每秒粒子数】为“0”，创建关键帧，这样掉落下来，然后停止。

降低 Velocity Random【随机速度】为“2”，Velocity from Motion【由发射器运动产生发射速度】为“2”，这样粒子就不会继续运动，看起来像淡出了。展开 Particle【粒子】参数，设置 Size【大小】为“27”，将粒子尺寸放大。

展开 Aux System【辅助系统】参数，将 life【生命】设置为“0.1”，使它看起来更像流星落到地面爆炸。效果如图 9-29 所示。

（2）把“Meteor”合成从 Project【项目】窗口中拖到 Timeline【时间线】窗口“Crash Landing”合成的最上面，调整该图层的 Position 为（612,128）。

把“streetexplosion.mov”从 Project【项目】窗口拖到“Crash Landing”合成的最上面，把它整体拖到“0:00:00:17”处，设置入点为“0:00:00:20”，剪辑掉前面的几帧，设置 Position 为（596,470）。把“streetexplosion.mov”和“Meteor”图层的父对象都设置为“Null 1”，这样使这两个图层跟随镜头运动。

（3）选择“streetexplosion.mov”图层，执行菜单栏中的“Effect→Color Correction→Curves【特效→色彩校正→曲线】”命令，将整体亮度提高，如图 9-30 所示。

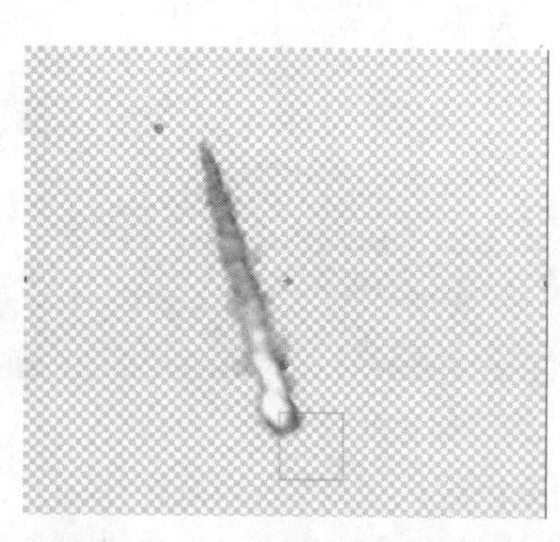

图 9-29

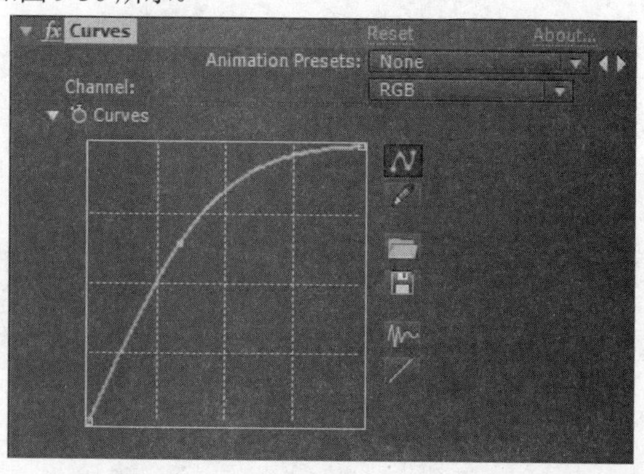

图 9-30

再执行菜单栏中的“Effect→Channel→Remove Color Matting【特效→通道→移除颜色蒙版】”命令，在 Effect Controls【特效控制】窗口中把它移到 Curves 特效的上面，设置 Background Color 为“灰色”，使它与地面颜色匹配。

9.3.3　创建地面裂缝

（1）把“ground cracks.jpg”从 Project【项目】窗口中拖到 Timeline【时间线】窗口“Crash Landing.mov”合成的上面，图层混合模式设置为“Multiply【正片叠底】”，过滤掉白色部分。设置它的 Position 为（580,436），并且设置它的 Parent【父对象】为“Null 1”，把“ground cracks.jpg”图层的入点设为“0:00:00:20”，使地裂效果在流星撞击地面时出现。

在“ground cracks.jpg”图层上使用工具栏中的 Pen Tool【钢笔工具】绘制一个 Mask，把 Mask 的 Mode【模式】由“Add”改为“Substract”，去掉地面上的裂痕，如图 9-31 所示。

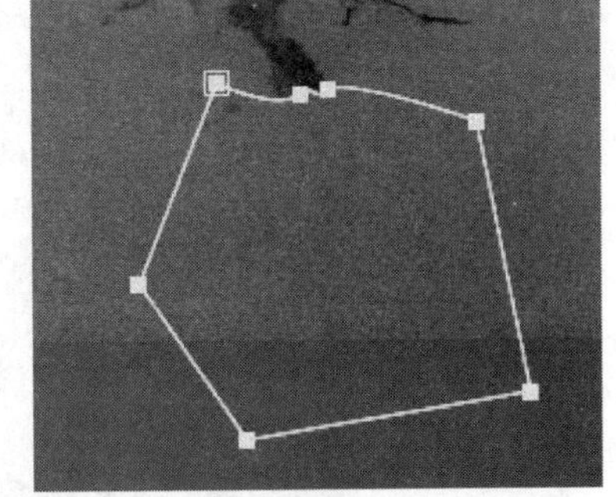

图 9-31

（2）执行菜单栏中的“Layer→New→Solid【图层→新建→固态层】”命令新建一个名为“Explode”的固态层，选中它，执行菜单栏中的“Effect→Trapcode→Particular”命令，在 Animation Presets 下拉列表中选择“t2_explodeoutdark”动画预设。

展开 Emitter【发射器】参数，设置 Direction【方向】为“Directional【定向】”，Direction Spread【方向扩散】为“52”，Z Rotation 为“278°”，使粒子向上发射。改变粒子的发射数量，选中固态层后按【U】键显示关键帧，把 Particles/sec 属性的第一个关键帧值改为“600”，使爆炸散开更多条分支。把 Velocity【速度】提高到“1620”，Velocity Random【速度随机值】设为“67”。

展开 Aux System【辅助系统】参数，设置 Particles/sec 为“123”，Life 为“2”，Size 为“35.1”，使它充满这个画面，如图 9-32 所示。

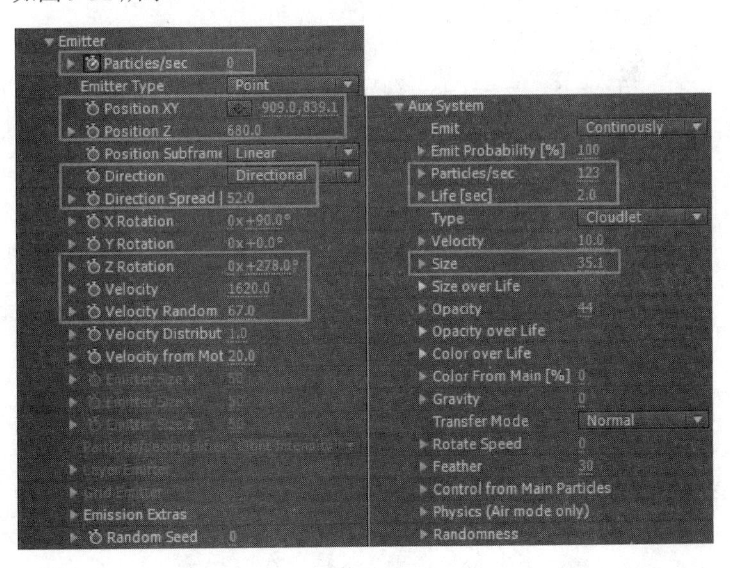

图 9-32

把“Explode”图层移到“Meteor”图层的下面，把它整体移动到 0:00:00:13 处，调整 Emitter 的 Position XY 位置到流星坠落的位置，使它与地面同时爆炸，把它的入点设置为“0:00:00:20”，这样在流星碰撞到地面时就炸开花。

设置“Explode”图层的Parent【父对象】为“Null 1”。

（3）选择“Explode”图层，执行菜单栏中的“Effect→Color Correction→Curves【特效→色彩校正→曲线】”命令，将整体亮度调亮，增加红色，减少蓝色，做出金黄色，如图9-33所示。

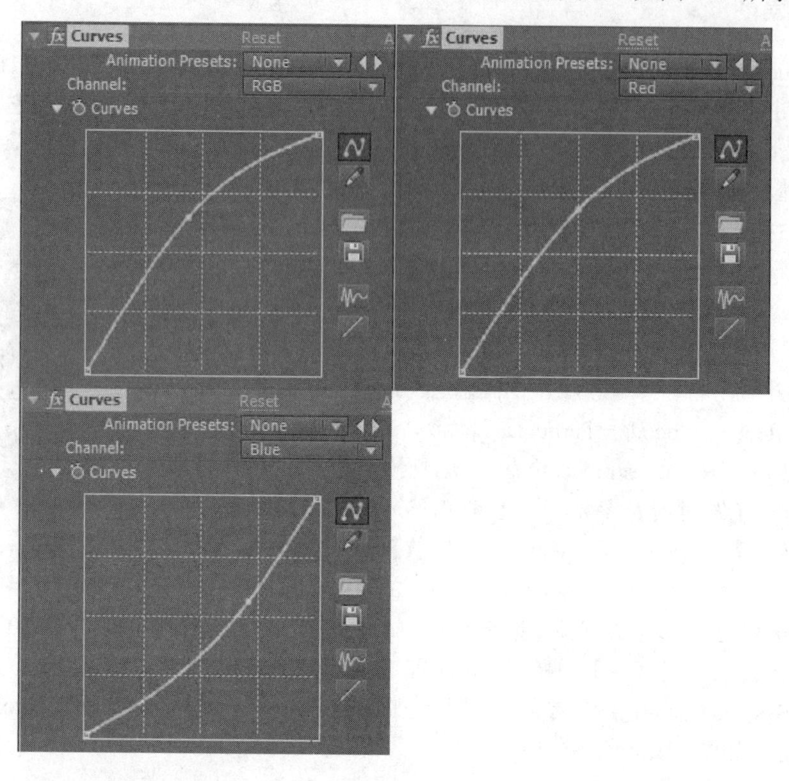

图9-33

再执行菜单栏中的“Effect→Stylize→Glow【特效→风格化→辉光】”命令，降低Glow Intensity【辉光强度】为“1.2”，Glow Radius【辉光半径】为“55”，Glow Colors【辉光颜色】为“A&B Colors”，Color A为“橙色”，Color B为“红色”。

制作Curves特效的Curves参数和Glow特效的Glow Intensity参数的关键帧，在0:00:00:20处创建当前值关键帧，在0:00:01:01处，重置Curves曲线，Glow Intensity为“0”，这样它撞到地面后就产生爆炸，之后在撞击点散开。

继续调整Particle特效的Position Z为“680”，向后拉一些，看起来会小一些。

（4）下面加入烟雾层。

执行菜单栏中的“Layer→New→Solid【图层→新建→固态层】”命令新建一个名为“Smoke”的固态层，选中它，执行菜单栏中的“Effect→Trapcode→Particular”命令。

展开Emitter参数，设置Direction为“Disc”，X Rotation为“59°”，Velocity为“700”，Particles/sec为“8000”。把“Smoke”图层整体移动到0:00:00:16处，在0:00:00:16处，为Particles/sec创建关键帧，在0:00:00:19处，Particles/sec为“0”，这样就做出了一个粒子从一个区域散出的效果。将Velocity Random设为“94”。

展开Particle参数，将Color调成黄色尘土的颜色，调大粒子的尺寸，Size为“60”，Size Random为“55”，Opacity为“6”。

在 0:00:00:20 处，设置“Smoke”图层的 Opacity 为“0”，创建关键帧，在 0:00:00:23 处，设置“Smoke”图层的 Opacity 为“80”，创建关键帧，在 0:00:01:06 处，设置“Smoke”图层的 Opacity 为“100”，创建关键帧。

展开 Physics 参数，设置 Air Resistance【空气阻力】为“1.7”，使烟雾弥漫在空中，如图 9-34 所示。

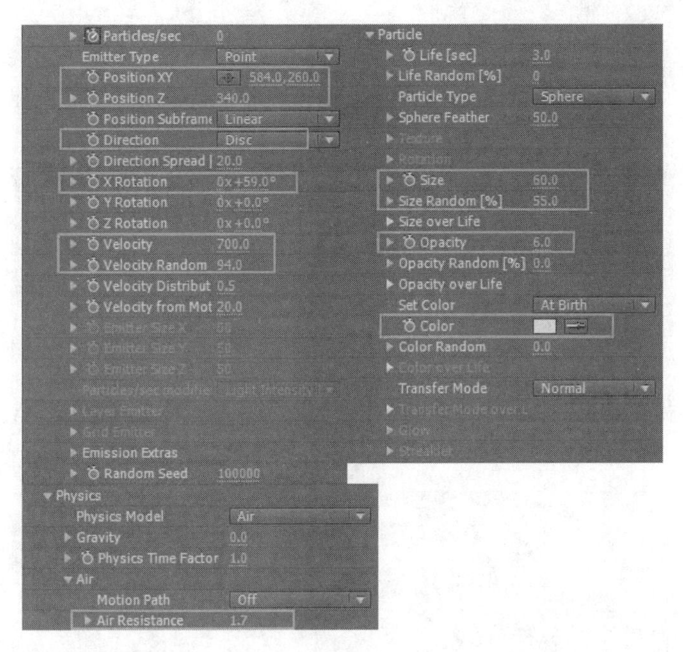

图 9-34

最后设置“Smoke”图层的 Parent【父对象】为“Null 1”。

9.4 典型应用——粒子出字

知识与技能

本例主要学习使用 Particular 插件制作粒子及粒子线条的效果。

9.4.1 制作光晕动画

（1）新建工程，执行菜单栏中的“Composition→New Composition【合成→新建合成】”命令，在弹出的“Composition Settings【合成设置】”对话框中，设置 Composition Name【合成名】为“Final Comp”，Preset【预设】为“PAL D1/DV”，Duration【持续时间】为“0:00:10:00”，Background Color【背景色】为“黑色”，如图 9-35 所示。

（2）执行菜单栏中的“File→Project Settings【文件→工程设置】”命令，在弹出的对话框中设置颜色深度为“16”位，如图 9-36 所示。

（3）执行菜单栏中的“Layer→New→Solid【图层→新建→固态层】”命令，新建一个固态层，在弹出的对话框中，设置 Name【层名】为“particle 1”。

在 Timeline【时间线】窗口中选择“Particle”图层，执行菜单栏中的“Effect→Trapcode→Particular”命令，添加粒子效果。

Composition Settings
Composition Name: Final Comp
Basic
Advanced
Preset: PAL D1/DV
Width: 720 px
Lock Aspect Ratio to 5:4 (1.25)
Height: 576 px
Pixel Aspect Ratio: D1/DV PAL (1.09)
Frame Aspect Ratio: 160:117 (1.37)
Frame Rate: 25 frames per second
Resolution: Full 720 x 576, 1.6 MB per 8bpc frame
Start Timecode: 0:00:00:00 is 0:00:00:00 Base 25
Duration: 0:00:10:00 is 0:00:10:00 Base 25
Background Color: Black
Preview
OK
Cancel

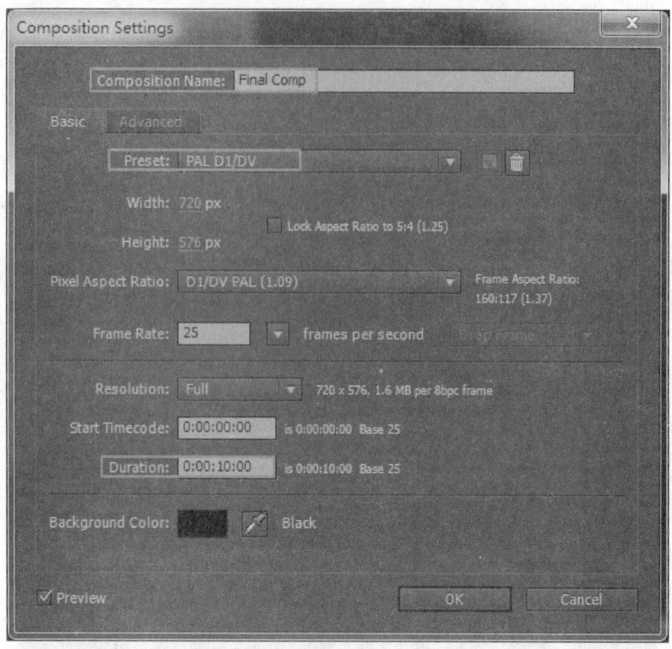

图 9-35

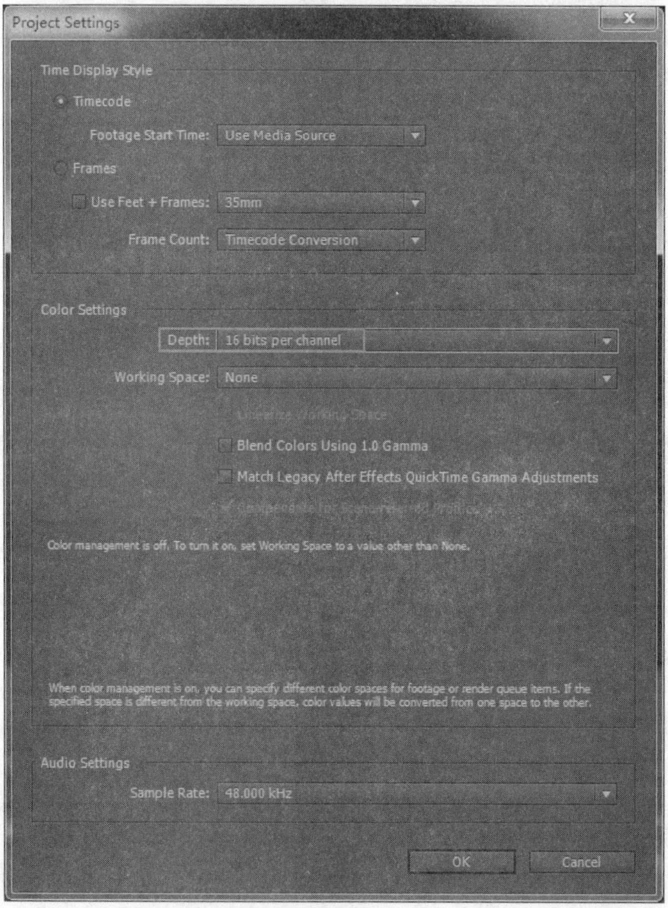

Project Settings
Time Display Style
Timecode
Footage Start Time: Use Media Source
Frames
Use Feet + Frames: 35mm
Frame Count: Timecode Conversion
Color Settings
Depth: 16 bits per channel
Working Space: None
Blend Colors Using 1.0 Gamma
Match Legacy After Effects QuickTime Gamma Adjustments
Color management is off. To turn it on, set Working Space to a value other than None.
When color management is on, you can specify different color spaces for footage or render queue items. If the specified space is different from the working space, color values will be converted from one space to the other.
Audio Settings
Sample Rate: 48.000 kHz
OK
Cancel

图 9-36

（4）执行菜单栏中的“Layer→New→Solid【图层→新建→固态层】”命令，新建一个固态层，在弹出的对话框中，设置 Name【层名】为“lens flare”，Color【颜色】为“黑色”。

在 Timeline【时间线】窗口中选择“lens flare”图层，执行菜单栏中的“Effect→Generate→Lens Flare【特效→生成→镜头光晕】”命令。

把时间指示器设为“0:00:00:00”，在 Effect Controls【特效控制】窗口中单击 Flare Center【光晕中心】左侧的码表，创建关键帧，移动光晕的中心到画面左边，效果如图 9-37 所示。

把时间指示器设为“0:00:01:15”，移动光晕的中心到画面右边，自动创建一个关键帧，效果如图 9-38 所示。

图 9-37

图 9-38

下面调整光晕的亮度，形成光晕逐渐出现后又消失的效果。把时间指示器设为“0:00:00:00”，在 Effect Controls【特效控制】窗口中单击 Flare Brightness【光晕亮度】左侧的码表，创建关键帧，设置参数值为“0%”。把时间指示器设为“0:00:01:00”，设置参数值为“100%”，自动创建一个关键帧。把时间指示器设为“0:00:01:15”，设置参数值为“0%”，自动创建一个关键帧。

（5）在 Timeline【时间线】窗口中设置“lens flare”图层的图层混合模式为“Screen”，把“lens flare”图层的黑色背景过滤掉。

（6）在 Timeline【时间线】窗口选择“lens flare”图层，按【U】键显示它下面添加关键帧的属性，再选择“particle 1”图层，展开它下面的“Emitter”参数，按住【Alt】键，单击 Position XY 左侧的码表，为发射器的位置添加一个表达式，拖动 Position XY 表达式右侧的橡皮筋，使它指向 Lens Flare 下面的 Flare Center 参数，这样粒子发射器会跟随光晕一起移动，如图 9-39 所示。

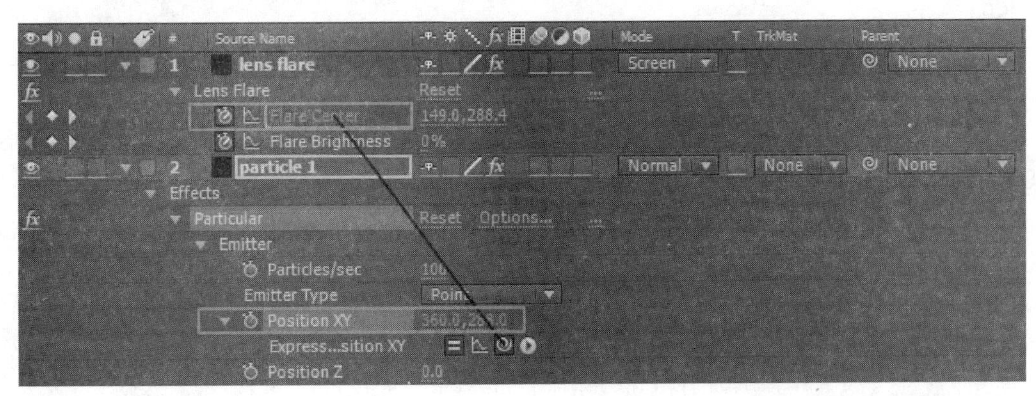

图 9-39

9.4.2 制作粒子效果

（1）在 Timeline【时间线】窗口选择“particle 1”图层，在 Effect Controls【特效控制】窗口设置 Particular 下面的参数。

展开 Emitter【发射器】参数，设置 Particles/sec【每秒发射粒子数】为“450”，增加发射的粒子数。

（2）展开 Particle【粒子】参数，设置 Size【粒子大小】为“3”，设置 Size over Life 曲线，使粒子的大小从出生到死亡逐渐由大变小，设置 Opacity over Life 曲线，使粒子的不透明度从出生到死亡由不透明逐渐变为透明，设置 Color【颜色】为“蓝色”，设置 Transfer Mode【叠加模式】为“Add”，使粒子重叠时变得更亮，如图 9-40 所示。

（3）展开“Physics→Air→Turbulence Field【物理→空气→紊乱场】”参数，设置 Affect Position【影响位置】为“400”，增加紊乱场对粒子位置的影响。

（4）展开 Rending【渲染】参数，把 Motion Blur 设为“On”，开启粒子的运动模糊效果。

（5）现在播放预览，可以当粒子发射器移动到画面右边后，粒子仍然在不断地发射出来，这里只需要对 Particles/sec 设置关键帧即可。把时间指示器设为“0:00:01:15”，在 Effect Controls【特效控制】窗口中，单击 Particles/sec 左侧的码表，设置值为“450”，把时间指示器设为“0:00:01:16”，设置 Particles/sec 值为“0”，自动创建一个关键帧。

（6）在 Timeline【时间线】窗口中选择“particle 1”图层，按【Ctrl+D】组合键复制一份，增加粒子的亮度，如图 9-41 所示。

（7）在 Timeline【时间线】窗口中选择“particle 1”图层，按【Ctrl+D】组合键复制一份，并重命名为“particle 2”。

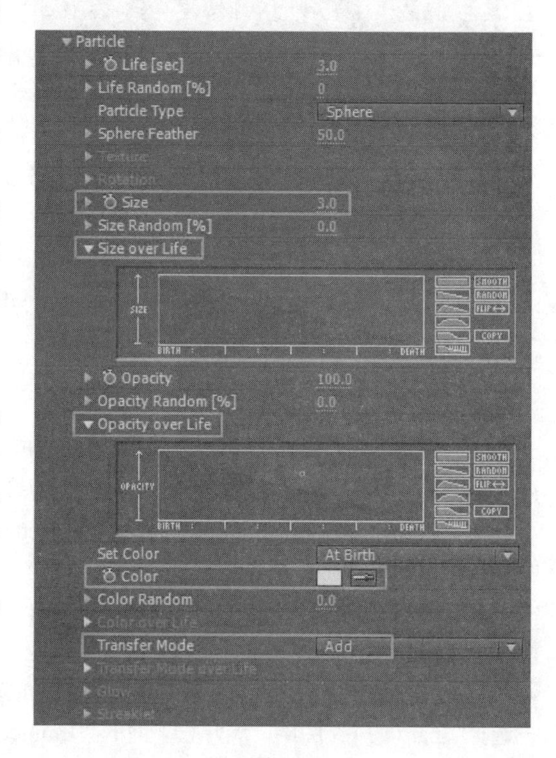

图 9-40

在 Timeline【时间线】窗口中选择“particle 2”图层，在 Effect Controls【特效控制】窗口中，展开 Particular 下面的 Particle【粒子】参数，设置 Color【颜色】为“橙色”。

把时间指示器设为“0:00:01:15”，展开 Emitter【发射器】参数，设置 Particles/sec 为“500”，使橙色粒子发射数量稍微区别于蓝色粒子。单独显示该层如图 9-42 所示。

（8）在 Timeline【时间线】窗口中选择“particle 2”图层，按【Ctrl+D】组合键复制一份，并重命名为“particle 3”。

在 Timeline【时间线】窗口中选择“particle 3”图层，把时间指示器设为“0:00:01:15”，在 Effect Controls【特效控制】窗口中，展开 Emitter【发射器】参数，设置 Particles/sec 为“800”，增加 Velocity Random【速度随机值】为“100%”，增加 Velocity from Motion【由发射器运动产生发射速度】为“30%”，如图 9-43 所示。

展开 Particle【粒子】参数，设置 Life【生命】为“3.5”。展开 Physics【物理】参数，设置 Affect Position 值为“250”。

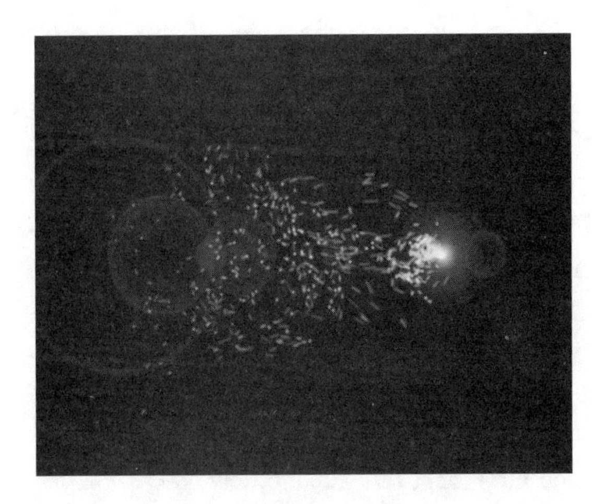

图 9-41

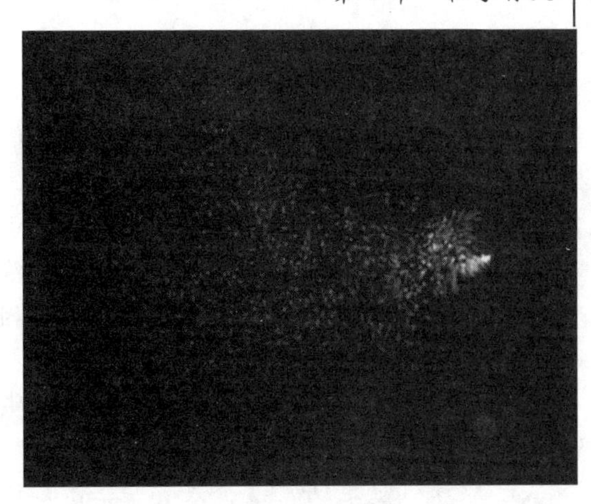

图 9-42

（9）在 Timeline【时间线】窗口中选择“particle 3”图层，按【Ctrl+D】组合键复制一份，并重命名为“big particle”。

把时间指示器设为“0:00:01:05”，展开 Emitter【发射器】参数，设置 Particles/sec 为“200”，减少每秒发射的粒子数，Velocity Random【速度随机值】为“20%”，Velocity from Motion【由发射器运动产生发射速度】为“20%”，如图 9-44 所示。

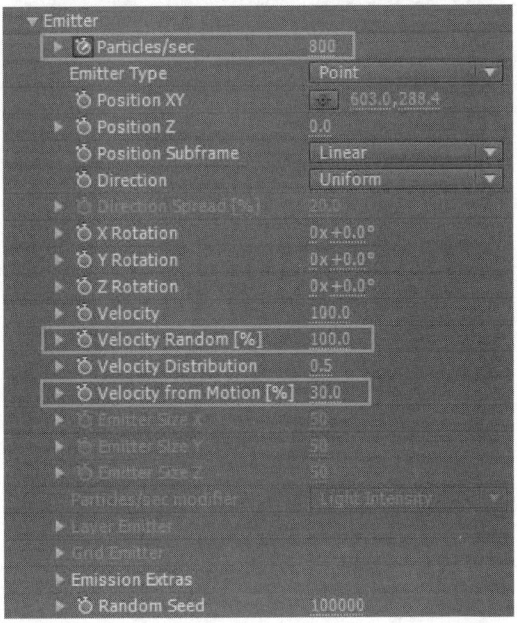

Emitter
Particles/sec 800
Emitter Type Point
Position XY 603.0,288.4
Position Z 0.0
Position Subframe Linear
Direction Uniform
Direction Spread [%] 20.0
X Rotation 0x+0.0°
Y Rotation 0x+0.0°
Z Rotation 0x+0.0°
Velocity 100.0
Velocity Random [%] 100.0
Velocity Distribution 0.5
Velocity from Motion [%] 30.0
Emitter Size X 50
Emitter Size Y 50
Emitter Size Z 50
Particles/sec modifier Light Intensity
Layer Emitter
Grid Emitter
Emission Extras
Random Seed 100000

图 9-43

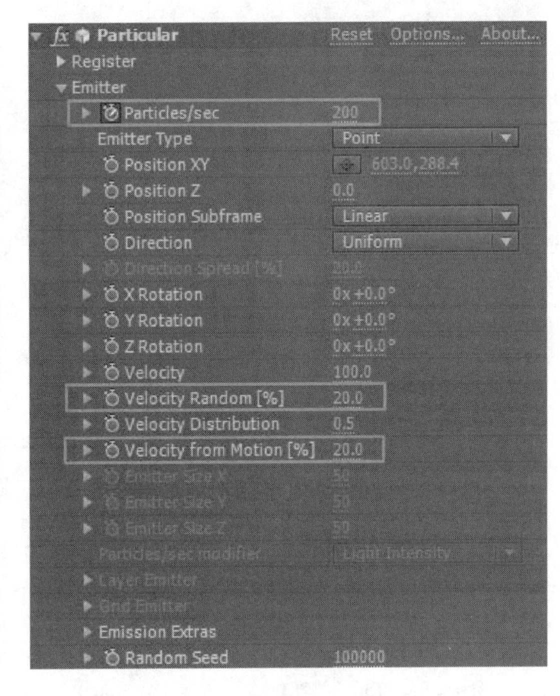

图 9-44

展开 Particle【粒子】参数，设置 Life【生命】为“3”，Size【粒子大小】为“6”，增加粒子的大小，设置 Color【颜色】为“浅蓝色”，如图 9-45 所示。

展开 Physics【物理】参数，设置 Affect Position【影响位置】为“0”，使粒子不受紊乱场的影响。

9.4.3 制作粒子线条效果

（1）在 Timeline【时间线】窗口选择“particle 3”图层，按【Ctrl+D】组合键复制一份，并重命名为“particle line”。

把时间指示器设为“0:00:01:15”，展开 Emitter【发射器】参数，设置 Particles/sec 为“600”，减少粒子发射的数量，把 Velocity【速度】、Velocity Random【速度随机值】、Velocity Distribution【速度分布】、Velocity from Motion【由发射器运动产生发射速度】都设为“0”，播放预览可以看到粒子线条的效果，如图 9-46 所示。

（2）展开 Particle【粒子】参数，设置 Life【生命】为“4”，Size【粒子大小】为“1.5”，减小粒子的大小，使粒子线条变得细一些。

（3）展开 Physics【物理】参数，设置 Affect Position【影响位置】为“200”，减少紊乱场对粒子位置的影响，效果如图 9-47 所示。

（4）再添加一些粒子线条。在 Timeline【时间线】窗口中选择“particle line”图层，按【Ctrl+D】组合键复制一份，并重命名为“particle line 2”，在 Effect Controls【特效控制】窗口中调整它的参数。

展开 Emitter【发射器】参数，设置 Velocity from Motion【由发射器运动产生发射速度】为“30%”。展开 Physics【物理】参数，设置 Affect Position【影响位置】为“700”。

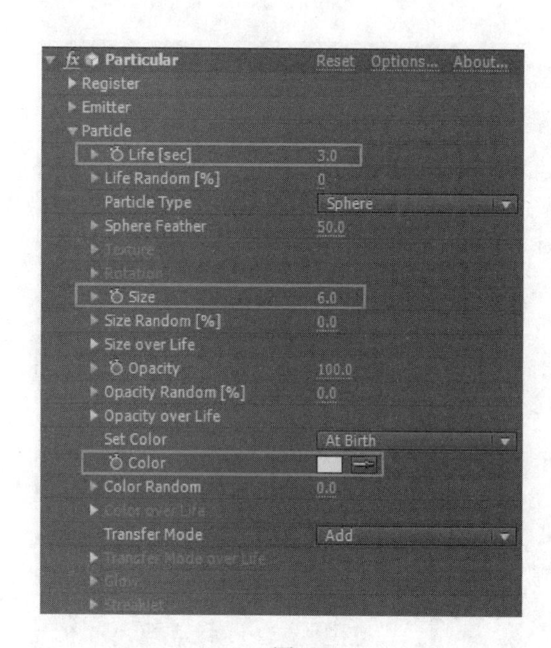

图 9-45

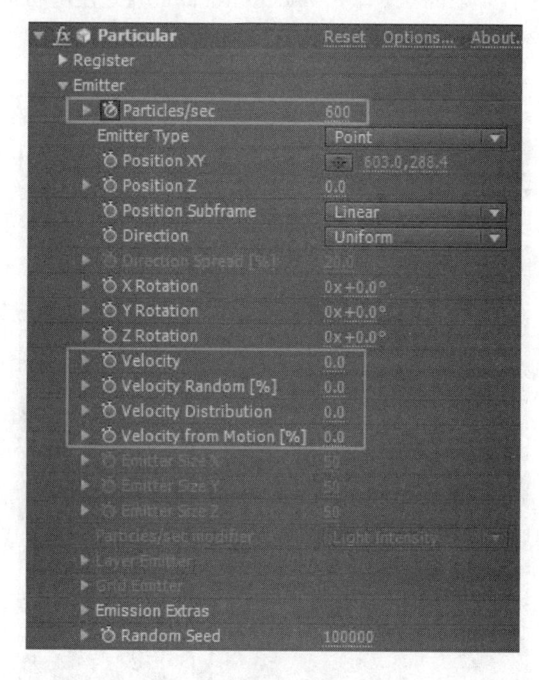

图 9-46

在 Timeline【时间线】窗口中选择“particle line 2”图层，按【Ctrl+D】组合键复制一份，并重命名为“particle line 3”。展开 Physics【物理】参数，设置 Affect Position【影响位置】为“1000”。

在 Timeline【时间线】窗口中选择“particle line 3”图层，按【Ctrl+D】组合键复制一份，并重命名为“particle line 4”。展开 Emitter【发射器】参数，设置 Particles/sec 为“300”，减少粒子发射数量。展开 Particle【粒子】参数，设置 Size【粒子大小】为“0.8”。展开 Physics【物理】参数，设置 Affect Position【影响位置】为“30”。效果如图 9-48 所示。

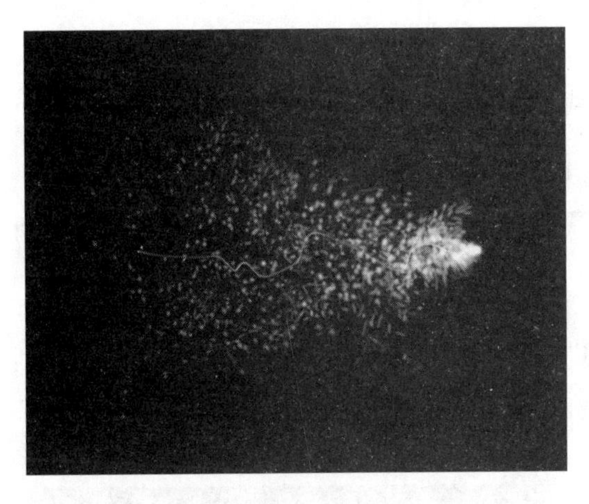

图 9-47

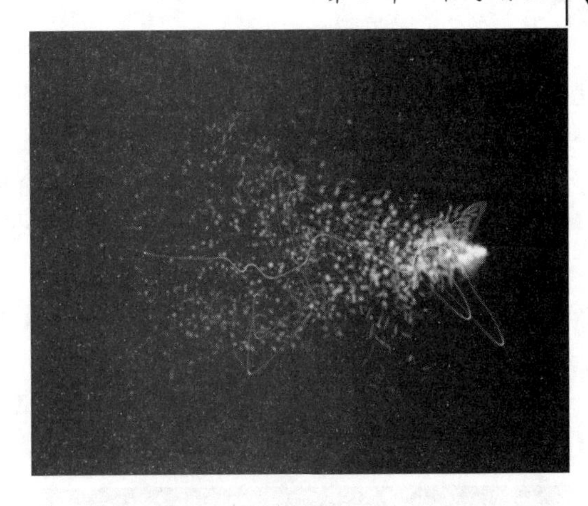

图 9-48

播放预览，发现粒子线条有模糊的效果，这里需要把 4 个粒子线条图层 Rendering【渲染】下面的 Motion Blur【运动模糊】都设为“Off【关闭】”。

（5）下面调整一下镜头光晕的颜色。在 Timeline【时间线】窗口中选择“lens flare”图层，执行菜单栏中的“Effect→Color Correction→Hue/Saturation【特效→色彩校正→色相/饱和度】”命令，在 Effect Controls【特效控制】窗口中勾选“Colorize【着色】”选项，设置 Colorize Hue【着色色相】为“200”，使光晕颜色调为蓝色，设置 Colorize Saturation【着色饱和度】为“50”，增加光晕的饱和度，效果如图 9-49 所示。

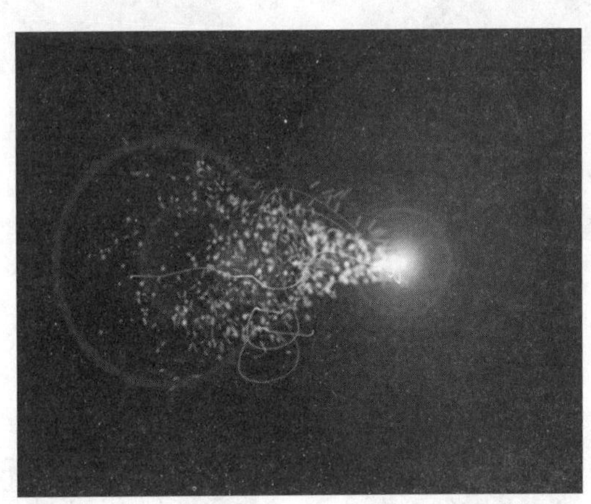

图 9-49

9.4.4 制作云雾效果

（1）执行菜单栏中的“Layer→New→Solid【图层→新建→固态层】”命令，新建一个固态层，命名为“cloud fog”。

（2）在 Timeline【时间线】窗口中选择“cloud fog”图层，执行菜单栏中的“Effect→Noise&Grain→Fractal Noise【特效→噪波&颗粒→分形噪波】”命令。

在 Effect Controls【特效控制】窗口中设置 Contrast【对比度】为“200”，提高对比度，设置 Brightness【亮度】为“-50”，降低亮度。按住【Alt】键，单击 Evolution 左侧的码表，输入双引号中的表达式“time*100”，使分形噪波随时间产生变化。

现在制作分形噪波从左向右移动的效果。把时间指示器设为“0:00:00:00”，单击 Offset Turbulence【偏移紊乱】左侧的码表，创建关键帧，把时间指示器设为“0:00:05:00”，把 Offset Turbulence【偏移紊乱】值设为（702,288），自动创建一个关键帧。

这里只需要分形噪波的一部分，选择“cloud fog”图层，使用工具栏中的 Ellipse Tool【椭圆工具】绘制一个 Mask，展开 Mask 下面的 Mask Feather【遮罩羽化】，设置参数值为“100”，效果如图 9-50 所示。

（3）在 Timeline【时间线】窗口中选择“cloud fog”图层，执行菜单栏中的“Effect→Blur&Sharpen→CC Vector Blur【特效→模糊&锐化→CC 矢量模糊】”命令。

在 Effect Controls【特效控制】窗口中，设置 Type【类型】为“Direction Center【方向中心】”，Amount【数量】为“20”，提高模糊值，如图 9-51 所示。

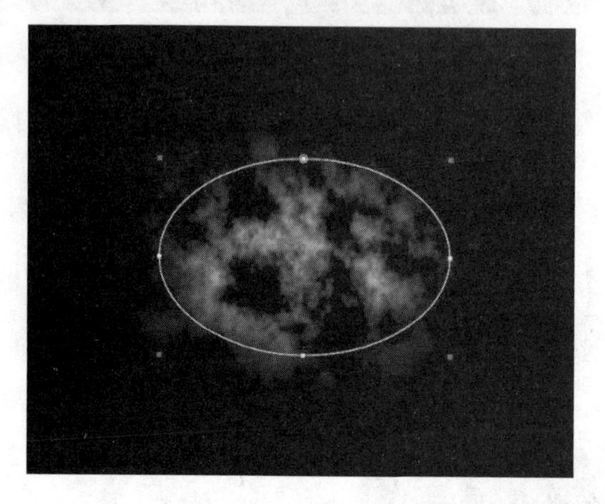

图 9-50

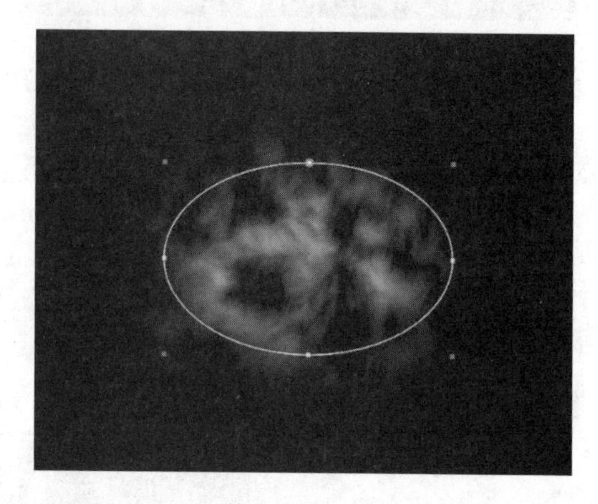

图 9-51

（4）在 Timeline【时间线】窗口中选择“cloud fog”图层，执行菜单栏中的“Effect→Blur&Sharpen→Fast Blur【特效→模糊&锐化→快速模糊】”命令。设置 Blurriness 模糊值为“5”，如图 9-52 所示。

（5）在 Timeline【时间线】窗口中选择“cloud fog”图层，执行菜单栏中的“Effect→Distort→Turbulence Displace【特效→扭曲→紊乱置换】”命令。设置 Amount【数量】为“110”，Size【大小】为“110”，提高置换扭曲变形的程度，如图 9-53 所示。

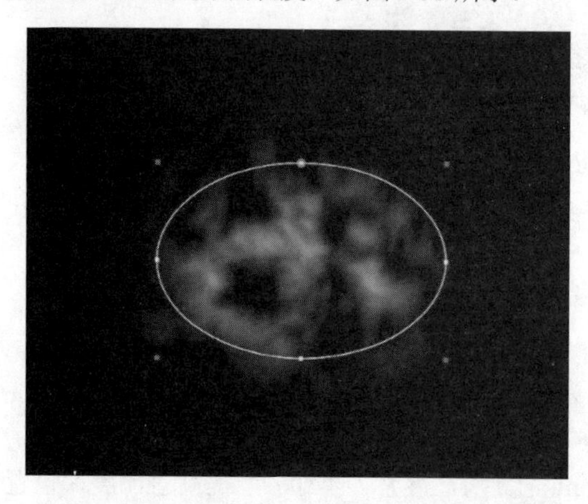

图 9-52

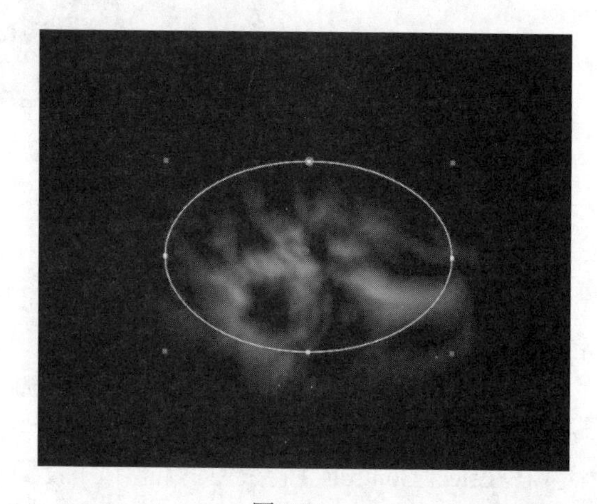

图 9-53

（6）在 Timeline【时间线】窗口中选择“cloud fog”图层，把它移到“lens flare”图层的下面，设置“cloud fog”图层的图层混合模式为“Add”，过滤掉黑色背景。

（7）在 Timeline【时间线】窗口中选择“cloud fog”图层，按【Ctrl+D】组合键复制一份，选择下面的 “cloud fog”图层，在 Effect Controls【特效控制】窗口中调整 Turbulent Displace 的参数，设置 Amount【数量】为“70”，Size【大小】为“100”。

选择上面的 “cloud fog”图层，在 Effect Controls【特效控制】窗口中调整 Fast Blur 的参数，设置 Blurriness 为“40”，增加模糊程度。效果如图 9-54 所示。

在 Timeline【时间线】窗口设置两个“cloud fog”图层的 Opacity【不透明度】为“20%”，效果如图 9-55 所示。

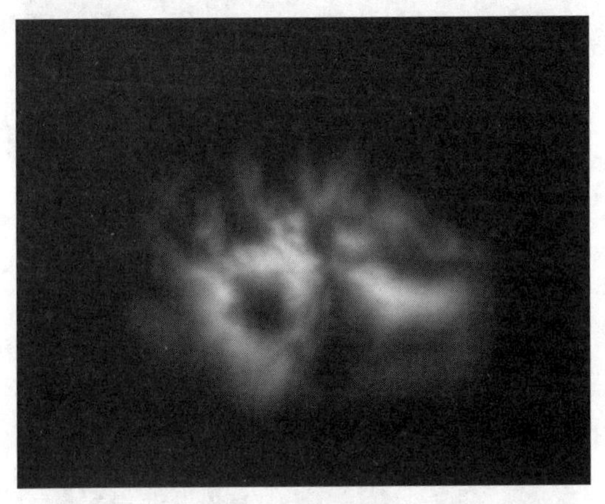

图 9-54

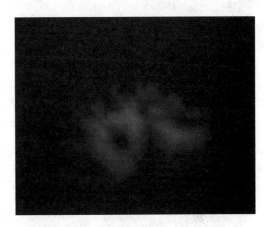

图 9-55

（8）执行菜单栏中的“Layer→New→Adjustment Layer【图层→新建→调整层】”命令，新建一个调整层，放置到合成的顶部。

选择该调整层，执行菜单栏中的“Effect→Blur&Sharpen →CC Vector Blur【特效→模糊&锐化→CC 矢量模糊】”命令。

在 Effect Controls【特效控制】窗口中，设置 Amount【数量】为“20”，提高模糊值。把时间指示器设为“0:00:00:00”，单击 Amount【数量】左侧的码表，设置参数值为“20”，创建关键帧，把时间指示器设为“0:00:02:00”，设置 Amount【数量】参数值为“0”，自动创建关键帧。

9.4.5　颜色调整

（1）执行菜单栏中的“Layer→New→Solid【图层→新建→固态层】”命令，新建一个蓝色固态层。使用工具栏中的 Ellipse Tool【椭圆工具】在蓝色固态层上绘制一个 Mask，展开 Mask 下面的 Mask Feather【遮罩羽化】，设置参数值为“120”，效果如图 9-56 所示。

（2）在 Timeline【时间线】窗口中选择蓝色固态层，按【Ctrl+D】组合键复印一份。选择复制后的固态层，重新设置固态层的颜色为“橙色”，如图 9-57 所示。

（3）在 Timeline【时间线】窗口暂时隐藏蓝色固态层，选择橙色固态层，展开它下面的参数，把时间指示器设为“0:00:00:05”，单击 Position 左侧的码表，移动橙色固态层的位置，创建关键帧，单击 Opacity 左侧的码表，设置参数值为“0%”，效果如图 9-58 所示。

把时间指示器设为“0:00:01:20”，把橙色固态层移动画面右边，为 Position 创建一个关键帧，设置 Opacity 为“80%”，效果如图 9-59 所示。

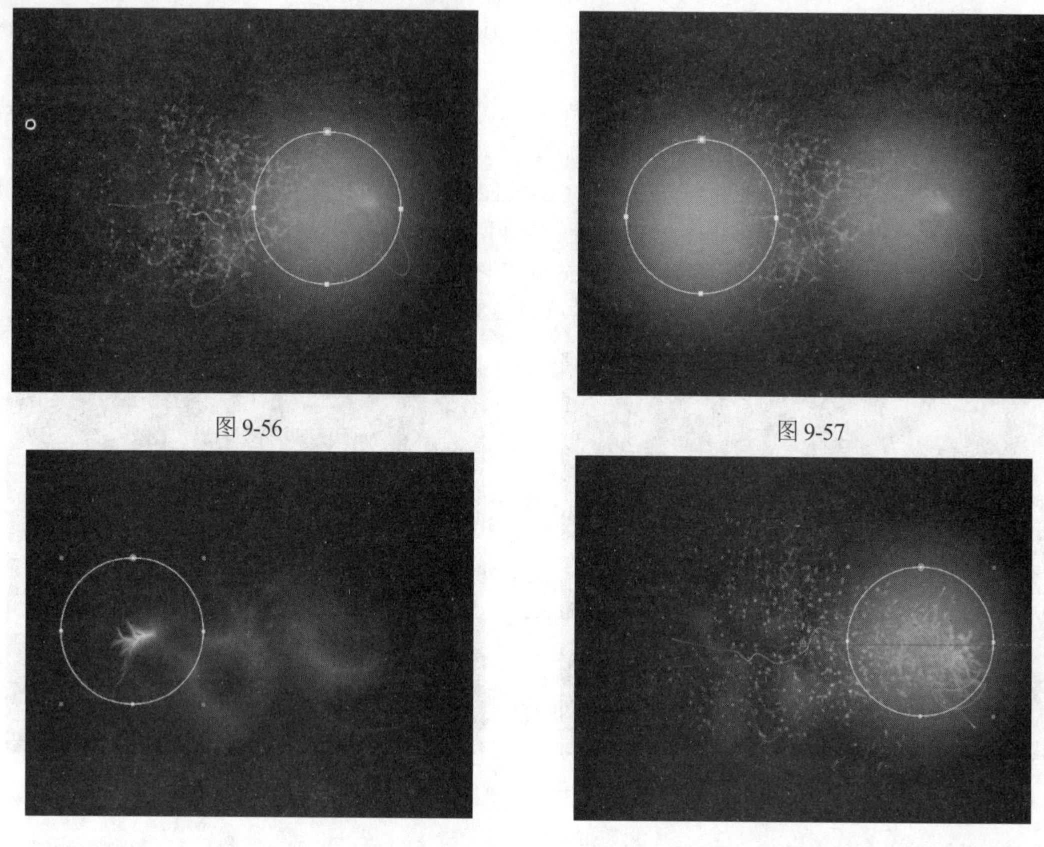

图 9-56 图 9-57

图 9-58 图 9-59

把时间指示器设为“0:00:03:20”，设置 Opacity 参数值为“0%”，创建一个关键帧，把时间指示器设为“0:00:02:20”，设置 Opacity 参数值为“80%”。

（4）显示蓝色固态层，把它放置到橙色固态层的上面。把时间指示器设为“0:00:00:00”，单击 Position 左侧的码表，移动蓝色固态层到画面的左边，创建关键帧。单击 Opacity 左侧的码表，设置参数值为“0%”，创建关键帧。效果如图 9-60 所示。

把时间指示器设为“0:00:00:05”，移动蓝色固态层的位置，创建关键帧，设置 Opacity 参数值为“75%”，创建关键帧，效果如图 9-61 所示。

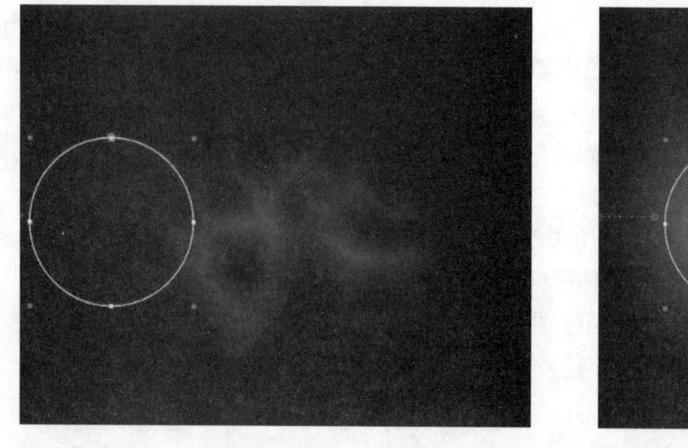

图 9-60

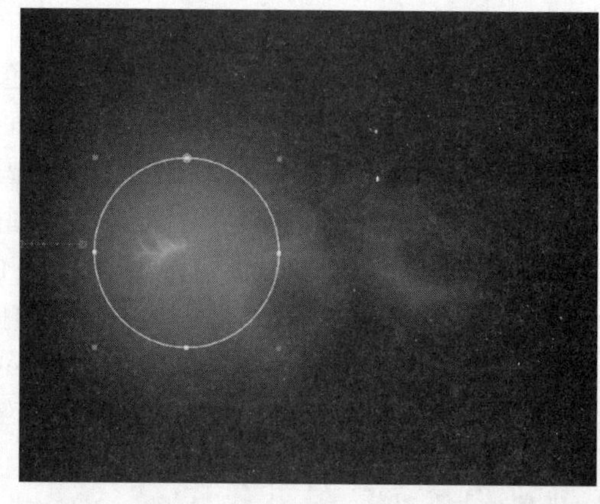

图 9-61

把时间指示器设为“0:00:02:20”，移动蓝色固态层的位置，创建关键帧，设置 Opacity 参数值为“0%”，创建关键帧。

（5）在 Timeline【时间线】窗口中选择蓝色固态层，按【Ctrl+D】组合键复制一份，选择复制后的图层，按【U】键展开它下面添加了关键帧的所有属性，删除 Position 属性的后两个关键帧。

9.4.6 制作定版文字

（1）在 Timeline【时间线】窗口中选择所有的图层，执行菜单栏中的“Layer→Pre-Compose【图层→预合成】”命令，在弹出的对话框中设置新合成名为“particle comp”。

（2）执行菜单栏中的“Layer→New→Text【图层→新建→文字】”命令，创建一个文字层，输入文字“粒子出字”。

在 Timeline【时间线】窗口中把文字层移到合成的底部，设置“particle comp”图层的图层混合模式为“Screen”。

（3）选择文字层，使用工具栏中的 Rectangle Tool【矩形工具】在文字上面绘制一个 Mask，如图 9-62 所示。

图 9-62

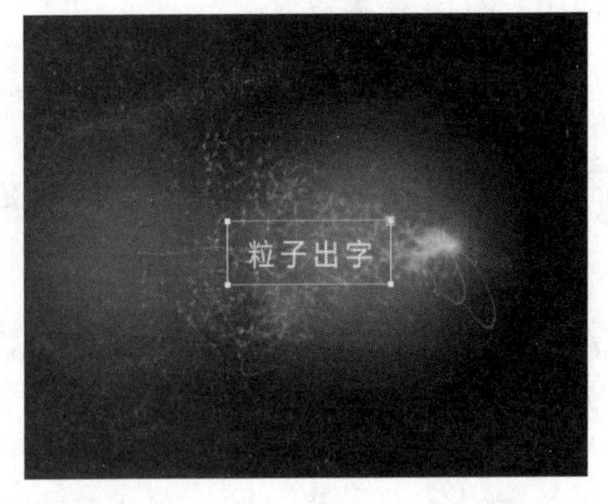

图 9-63

（4）把时间指示器设为“0:00:01:10”，展开文字层下面的“Mask 1”的参数，单击 Mask Path 左侧的码表，创建关键帧。效果如图 9-63 所示：

把时间指示器设为“0:00:00:10”，调整 Mask Path 右侧的两个节点到文字的左边，如图 9-64 所示。

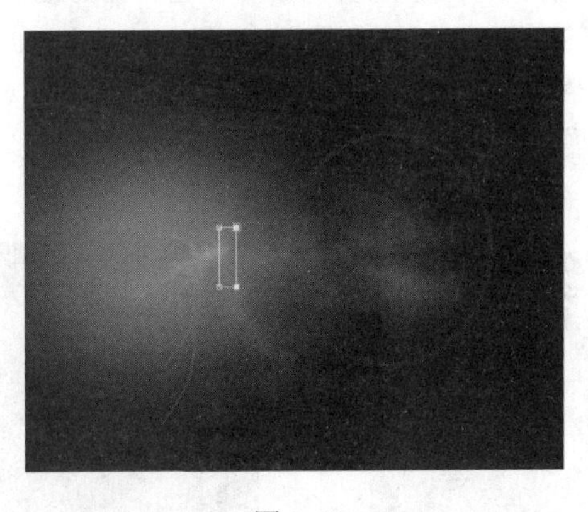

图 9-64

（5）在 Timeline【时间线】窗口选择文字层，执行菜单栏中的“Effect→Blur&Sharpen →CC Vector Blur【特效→模糊&锐化→CC 矢量模糊】”命令。

把时间指示器设为“0:00:00:10”，在 Effect Controls【特效控制】窗口中单击 Amount【数量】左侧的码表，设置参数值为“20”，创建关键帧。把时间指示器设为“0:00:01:10”，设置 Amount 参数值为“0”，创建关键帧。

（6）在 Timeline【时间线】窗口中选择文字层，执行菜单栏中的“Effect→Distort→Turbulence Displace【特效→扭曲→紊乱置换】”命令。

把时间指示器设为“0:00:00:10”，在 Effect Controls【特效控制】窗口中单击 Amount【数量】左侧的码表，设置参数值为“40”，创建关键帧。把时间指示器设为“0:00:01:10”，设置 Amount 参数值为“0”，创建关键帧。

9.5 综合实例——魔法对决

知识与技能

本例主要学习使用 Particular 插件、Optical Flares 插件，制作魔法效果。

9.5.1 创建魔法效果

（1）新建工程，把素材“Camera Move Footage.mp4”、“Footage.mp4”、“Smoke.mp4”导入到 Project【项目】窗口中，把素材“Camera Move Footage.mp4”拖到 Project【项目】窗口下面的“Create a New Composition【创建一个新合成】”按钮上，新建一个画面大小与它相同的合成。

（2）执行菜单栏中的“Layer→New→Solid【图层→新建→固态层】”命令，新建一个白色固态层，重命名为“Floor”。

（3）执行菜单栏中的“Layer→New→Camera【图层→新建→摄像机】”命令，新建一个 Preset【预设】为“35mm”的摄像机。

（4）在 Timeline【时间线】窗口中开启“Floor”图层的 3D Layer 开关，把它转换为三维图层。执行菜单栏中的“Effect→Generate→Grid【特效→生成→网格】”命令，添加一个网格效果，把“Floor”图层绕 X 轴旋转，并调整位置及大小，使它与地面平行，如图 9-65 所示。

（5）执行菜单栏中的“Layer→New→Solid【图层→新建→固态层】”命令，新建一个固态层，重命名为“Right Magic”，选中它，执行菜单栏中的“Effect→Video Copilot→Optical Flares”命令，添加一个光效。Optical Flares 是第三方插件，需要另外安装。单击“Optical Flares”特效的“Options”按钮，打开选项设置对话框，在 PRESET BROWER【预设浏览】中打开“Natural Flares”文件夹，选择其中的“Bay”预设。在 GLOBAL PARAMETERS【全局参数】中设置 Global Color【全局颜色】为“红色”，隐藏“Glow”、“Streak”、“Iris”、“Multi Iris”、“Hoop”参数，把其他参数的颜色都设置为“红色”，效果如图 9-66 所示。

图 9-65

图 9-66

设置该固态层的图层混合模式为“Add”，过滤掉图层上的黑色背景，把光效移到右侧人的两手之间，如图9-67所示。

（6）制作双手发出魔法的效果，需要对Optical Flares的Position XY参数创建关键帧，在0:00:00:00处，单击Position XY左侧的码表，创建一个关键帧，参数为默认值，在0:00:00:01处，移动光效位置，再创建一个关键帧，在0:00:00:02处，移动光效位置，再创建一个关键帧，在0:00:00:03处，移动光效位置，再创建一个关键帧，在0:00:00:09处，把它移到两人中间位置，创建一个关键帧，如图9-68所示。

图9-67

图9-68

在Timeline【时间线】窗口打开“Right Magic”图层的Motion Blur【运动模糊】开关，为了开启图层的运动模糊，一定要开启运动模糊总开关，这样魔法在发出后由于快速运动而产生一定的模糊效果。

（7）在Timeline【时间线】窗口复制“Right Magic”图层，重命名为“Left Magic”，单击“Optical Flares”特效的“Options”按钮，在弹出的对话框中选择预设“Future Light”，隐藏“Multi Iris”、“Hoop”参数，效果如图9-69所示。

删除“Optical Flares”下面的Position XY参数的关键帧，把光移到左边人的双手之间，在0:00:00:00处，单击Position XY左侧的码表，创建一个关键帧，参数为默认值，在0:00:00:01处，移动光效位置，再创建一个关键帧，在0:00:00:02处，移动光效位置，再创建一个关键帧，在0:00:00:03处，移动光效位置，再创建一个关键帧，在0:00:00:09处，把它移到两人中间位置，创建一个关键帧。

设置“Right Magic”、“Left Magic”图层的出点为“0:00:00:09”，这样魔法在产生碰撞后消失。

（8）在Timeline【时间线】窗口复制“Floor”图层，重命名为“Floor 2”，把它移到“Right Magic”图层的下面，显示该图层，删除图层上面的“Grid”特效，使用工具栏中的Ellipse Tool【椭圆工具】绘制一个椭圆形Mask，如图9-70所示。

图9-69

图9-70

选中“Floor 2”图层，执行菜单栏中的“Layer→Solid Settings【图层→固态层设置】”命令，设置固态层颜色为“红色”，调整“Floor 2”图层的大小，把它移到右边人的下面，展开“Floor 2”图层下面的“Mask1”的 Mask Expansion，调整遮罩的扩展值为“-240”，使遮罩向内产生收缩效果。

（9）选中“Floor 2”图层，执行菜单栏中的“Effect→Blur&Sharpen→Fast Blur【特效→模糊&锐化→快速模糊】”命令，设置 Blurriness 为“550”，效果如图 9-71 所示。

降低选中“Floor 2”图层的 Opacity【不透明度】为“45%”，使它成为魔法在地面的倒影。

下面制作“Floor 2”图层的 Position 参数的关键帧，使它跟随魔法一起移动。在 0:00:00:00 处，单击 Position 参数左侧的码表，创建一个关键帧，在 0:00:00:01 处，调整 Position 值，创建一个关键帧，在 0:00:00:02 处，调整 Position 值，创建一个关键帧，在 0:00:00:03 处，调整 Position 值，创建一个关键帧，在 0:00:00:09 处，调整 Position 值，创建一个关键帧。

设置“Floor 2”图层的出点为“0:00:00:09”，使倒影在 0:00:00:09 后随魔法一起消失。

（10）在 Timeline【时间线】窗口复制“Floor 2”图层，重命名为“Floor 3”，把它移到“Left Magic”图层的下面，选中“Floor 3”图层，执行菜单栏中的“Layer→Solid Settings【图层→固态层设置】”命令，设置固态层颜色为“蓝色”，把它移到左侧人的下面，如图 9-72 所示。

图 9-71

图 9-72

删除“Floor 3”图层的所有 Position 关键帧，重新创建 Position 关键帧动画，使它跟随魔法一起移动，在 0:00:00:00 处，单击 Position 参数左侧的码表，创建一个关键帧，在 0:00:00:01 处，调整 Position 值，创建一个关键帧，在 0:00:00:02 处，调整 Position 值，创建一个关键帧，在 0:00:00:03 处，调整 Position 值，创建一个关键帧，在 0:00:00:09 处，调整 Position 值，创建一个关键帧。

（11）执行菜单栏中的“Layer→New→Adjustment Layer【图层→新建→调整层】”命令，创建一个调整层，重命名为“CC”。

把调整层“CC”移到所有图层的最上面，执行菜单栏中的“Effect→Color Correction→Curves【特效→色彩校正→曲线】”命令，调整曲线形状，使亮的区域更亮，暗的区域更暗，如图 9-73 所示。

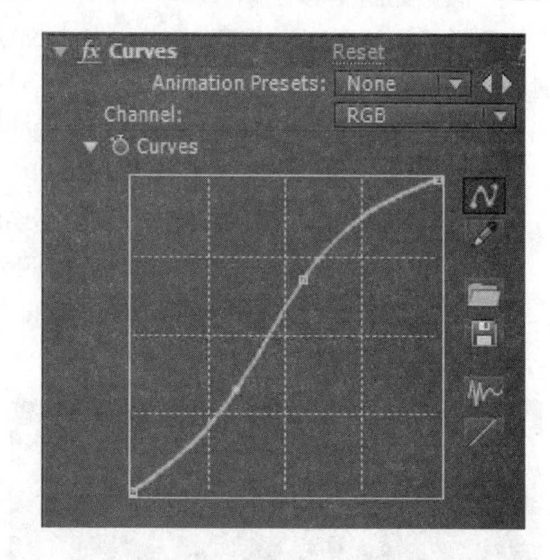

图 9-73

9.5.2 创建魔法碰撞效果

（1）执行菜单栏中的“Layer→New→Solid【图层→新建→固态层】”命令，新建一个固态层，重命名为“Main Flare”，把它移到调整层的下面。

选择“Main Flare”图层，执行菜单栏中的“Effect→Video Copilot→Optical Flares”命令，添加一

个光效。单击“Optical Flares”特效的“Options”按钮，打开选项设置对话框，在 PRESET BROWER【预设浏览】中打开“Motion Graphics”文件夹，选择预设“Streak Rows”，隐藏“Glint”、“Iris”、“Multi Iris”、“Streak”参数，效果如图 9-74 所示。

图 9-74

设置图层的混合模式为“Add”，过滤掉黑色背景，在 0:00:00:09 处，设置 Optical Flares 的 Position XY 参数，使光效位于魔法碰撞处，设置该图层的入点为“0:00:00:10”，使该光效在魔法碰撞后出现。

下面制作魔法碰撞后出现爆炸的效果，设置 Optical Flares 的 Scale【缩放】参数值为“450”，为 Brightness【亮度】创建关键帧，在 0:00:00:10 处，单击 Brightness 左侧的码表，设置值为“200”，创建一个关键帧，在 0:00:01:11 处，设置 Brightness 参数值为“0”，创建一个关键帧，在 0:00:05:05 处，设置 Brightness 参数值为“70”，创建一个关键帧，在 0:00:05:20 处，设置 Brightness 参数值为“150”，创建一个关键帧，在 0:00:06:04 处，设置 Brightness 参数值为“45”，创建一个关键帧，在 0:00:06:12 处，设置 Brightness 参数值为“45”，创建一个关键帧，在 0:00:06:16 处，设置 Brightness 参数值为“415”，创建一个关键帧。选中 0:00:06:04 处的关键帧，执行右键快捷菜单中的“Keyframe Assistant→Easy Ease【关键帧助手→缓入缓出】”命令，使进入离开该关键帧时有缓入缓出的效果。

（2）在 Timeline【时间线】窗口复制“Floor”图层，重命名为“Flare 4”，把“Flare 4”移到“Main Flare”图层的下面，把它作为爆炸效果的倒影。

选中“Flare 4”图层，执行菜单栏中的“Layer→Solid Settings【图层→固态层设置】”命令，设置固态层颜色为“淡黄色”，设置图层混合模式为“Add”。

使用工具栏中的“Ellipse Tool”在“Flare 4”图层绘制一个椭圆形 Mask，如图 9-75 所示。

选中“Flare 4”图层，执行菜单栏中的“Effect→Blur&Sharpen→Fast Blur【特效→模糊&锐化→快速模糊】”命令，设置 Blurriness 为“750”。

调整“Flare 4”图层的大小，降低它的 Opacity 不透明度为“55%”，把它移到魔法碰撞的下方，设置“Flare 4”图层的入点为“0:00:00:10”，使它在魔法碰撞后出现。效果如图 9-76 所示。

图 9-75

图 9-76

在 0:00:00:10 处，单击“Flare 4”图层 Opacity 参数左侧的码表，设置为默认值，创建一个关键帧，在 0:00:01:11 处，设置 Opacity 参数值为“0%”，创建一个关键帧，在 0:00:05:05 处，设置 Opacity 参数值为“15%”，创建一个关键帧，在 0:00:05:20 处，设置 Opacity 参数值为“40%”，创建一个关键帧，在 0:00:06:04 处，设置 Opacity 参数值为“5%”，创建一个关键帧，在 0:00:06:12 处，设置 Opacity 参数值为“5%”，创建一个关键帧，在 0:00:06:16 处，设置 Opacity 参数值为“25%”，创建一个关键帧，选中在 0:00:06:04 处的关键帧，执行右键快捷菜单中的“Keyframe Assistant→Easy Ease【关键帧助手→缓入缓出】”命令，关键帧如图 9-77 所示。

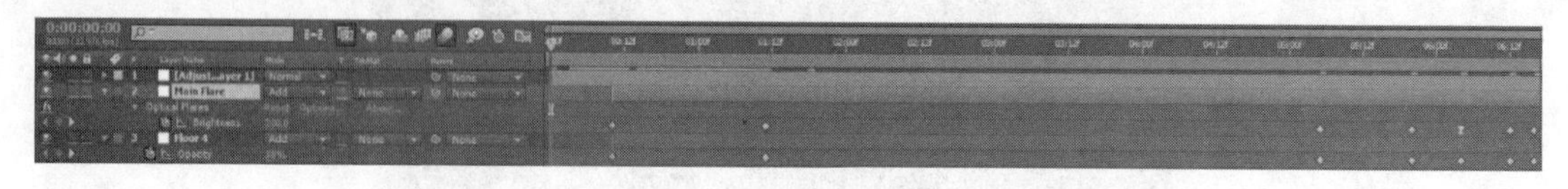

图 9-77

9.5.3 创建能量场效果

（1）执行菜单栏中的“Layer→New→Solid【图层→新建→固态层】”命令，新建一个固态层，重命名为“Energy”，把它移到调整层“CC”的下面，设置“Energy”图层的入点为“0:00:00:10”。

选中“Energy”图层，执行菜单栏中的“Effect→Trapcode→Particular”命令，添加一个粒子特效。

展开 Emitter【发射器】参数，在 0:00:00:20 处，设置 Particles/sec【每秒发射粒子数】为“3500”，单击 Particles/sec 左侧的码表，创建一个关键帧，在 0:00:01:06 处，设置 Particles/sec 值为“0”，设置 Velocity 为“650”，提高发射速度。

展开 Physics【物理】参数，设置 Physics Model【物理模型】为“Bounce【弹跳】”，设置 Bounce 下面的 Floor Layer【地面图层】为“Floor”图层，设置 Collision Event【碰撞事件】为“Slide【滑行】”，使粒子碰撞到地面后滑行。

再调节 Emitter 下面的 Velocity Random【随机速度】为“100”，增加粒子发射速度的随机值。

下面调整粒子的形态，展开 Particle【粒子】参数，设置 Life 为“1.5”，降低粒子的生命周期，设置 Life Random 为“50”，使粒子的生命有随机变化性。设置 Size 为“100”，设置 Sphere Feather 为“100”，增加球体羽化值，使粒子边缘更模糊，降低 Opacity 为“5”，提高粒子的透明度，设置 Opacity over Life，使粒子的不透明度随粒子的生命而变化，如图 9-78 所示。

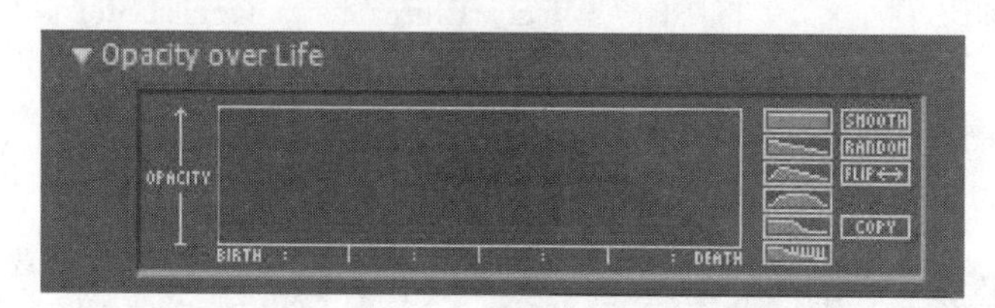

图 9-78

展开 Physics【物理】参数，设置 Physics Time Factor【物理时间因子】为“0.5”，降低粒子的整体速度。参数如图 9-79 所示。

（2）选中“Energy”图层，执行菜单栏中的“Effect→Blur&Sharpen→CC Vector Blur【特效→模糊&锐化→CC 矢量模糊】”命令，添加一个矢量模糊特效，提高模糊值，设置 Amount 为“105”，效果如图 9-80 所示。

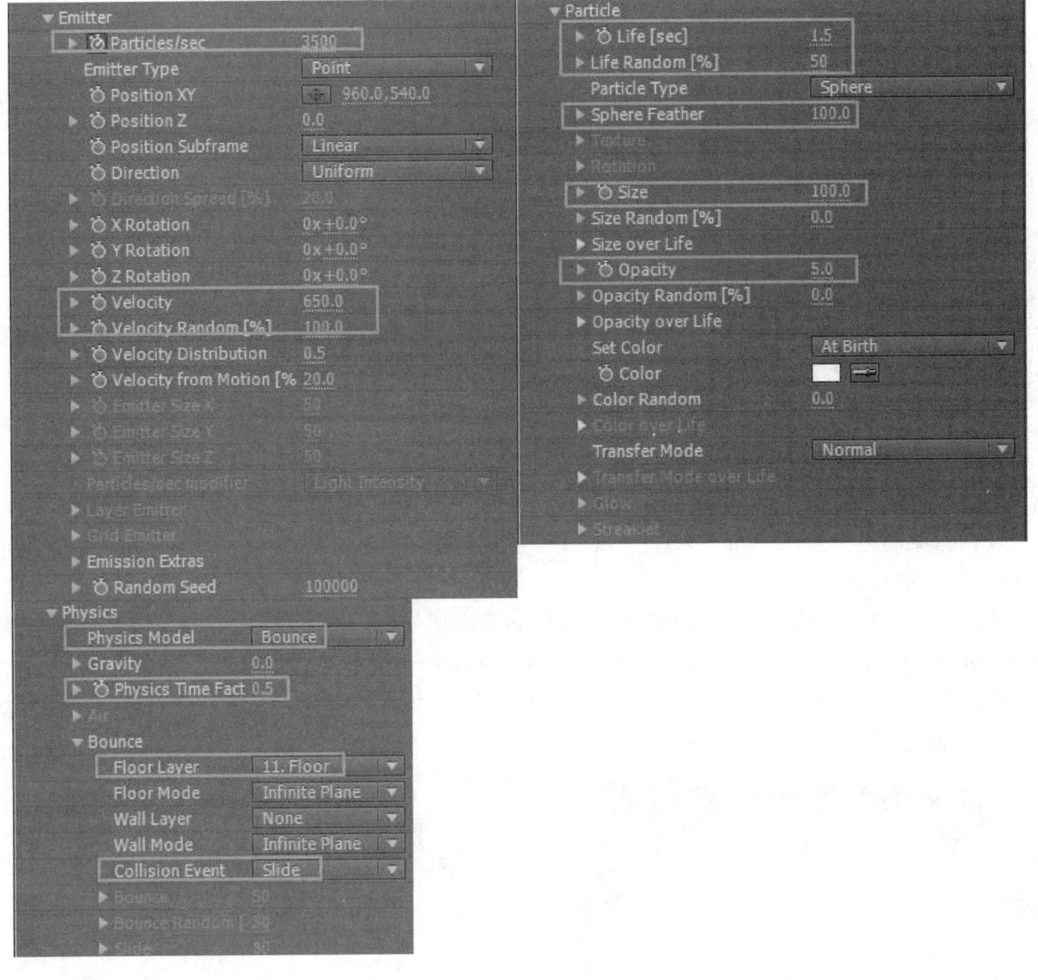

图 9-79

（3）选中“Energy”图层，执行菜单栏中的“Effect→Color Correction→Tint【特效→色彩校正→着色】”命令，设置 Map White To 为“橙色”。设置“Energy”图层的混合模式为“Add”，效果如图 9-81 所示。

图 9-80

图 9-81

（4）选中“Energy”图层，执行菜单栏中的“Effect→Color Correction→Curves【特效→色彩校正→曲线】”命令，切换到“Alpha”通道，向上调整曲线，提高不透明度，如图 9-82 所示。

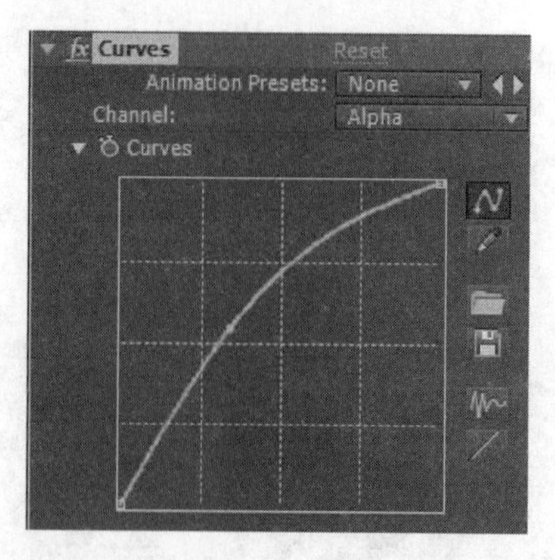

图 9-82

9.5.4 创建冲击波效果

（1）执行菜单栏中的“Layer→New→Solid【图层→新建→固态层】”命令，新建一个白色固态层，重命名为“Shockwave”。

使用工具栏中的 Pan Behind Tool 把“Shockwave”图层的轴心点移到图层的最下方。使用工具栏中的 Ellipse Tool【椭圆工具】在“Shockwave”图层上绘制一个椭圆形“Mask 1”，如图 9-83 所示。

复制“Mask 1”，设置“Mask 2”为“Subtract”，设置“Mask 2”的 Mask Expansion【遮罩扩展】为“-100”，使遮罩向内收缩，如图 9-84 所示。

图 9-83

图 9-84

（2）选中“Shockwave”图层，把它移到调整层的下面，执行菜单栏中的“Effect→Blur&Sharpen→Fast Blur【特效→模糊&锐化→快速模糊】”命令，添加一个快速模糊特效，提高模糊值，设置 Blurriness 为“200”。调整“Shockwave”图层的大小、位置，沿 Y 轴旋转后，如图 9-85 所示。

（3）创建冲击波扩散消失效果。设置“Shockwave”图层的入点为“0:00:00:10”，在 0:00:00:10 处，单击“Shockwave”图层下面的 Scale 左侧的码表，为它创建一个关键帧，参数值为默认值，在 0:00:02:02 处，设置 Scale 为“180”，为它创建一个关键帧，形成一个冲击波的效果，如图 9-86 所示。

创建冲击波逐渐消失的效果。在 0:00:01:04 处，单击 Opacity 左侧的码表，创建一个关键帧，设置参数值为“100”，在 0:00:02:02 处，设置参数值为“0”，创建一个关键帧，选择该关键帧，执行右键快捷菜单中的“Keyframe Assistant→Easy Ease【关键帧助手→缓入缓出】”命令。

（4）执行菜单栏中的“Layer→New→Solid【图层→新建→固态层】”命令，新建一个固态层，重命名为“Red”，设置入点为“0:00:00:10”。

暂时隐藏“Floor 4”、“Main Flare”、“Energy”、“Shockwave”图层。

选中“Red”图层，执行菜单栏中的“Effect→Trapcode→Particular”命令，展开 Emitter【发射器】参

数，设置 Particles/sec 为“1000”，在 0:00:00:10 处，单击 Particles/sec 左侧的码表，创建一个关键帧，参数值为默认值，在 0:00:00:11 处，设置 Particles/sec 为“0”，创建一个关键帧。设置 Velocity 为“180”，提高发射速度。

图 9-85

图 9-86

展开 Physics【物理】参数，设置 Physics Model【物理模型】为“Bounce【弹跳】”，设置 Bounce 下面的 Floor Layer【地面图层】为“Floor”，设置 Collision Event【碰撞事件】为“Stick”，使粒子碰到地面后产生粘贴效果。

调整发射器位置，展开 Emitter【发射器】参数，设置 Position XY 为（960,563），Position Z 为 100。调整发射方向，设置 Direction【发射方向】为“Directional【定向】”，设置 Y Rotation 为“90° ”，设置 Direction Spread【方向扩展】为“60”。

展开 Particle【粒子】参数，设置 Life 为“6”，增加粒子的生命，设置 Particle Type【粒子类型】为“Glow Sphere(NO DOF)【发光球体】”，设置 Sphere Feather【球体羽化值】为“100”。展开 Glow【辉光】，设置辉光大小 Size 为“450”，辉光不透明度 Opacity 为“15”，辉光叠加模式 Transfer Mode 为“Add”。设置粒子叠加模式 Transfer Mode 为“Add”，设置粒子颜色 Set Color 为“Random from Gradient【渐变随机颜色】”，设置 Color over Life，从左至右 RGB 值分别为“60，100，250”、“249，109，109”，如图 9-87 所示。

设置“Red”图层的混合模式为“Add”。效果如图 9-88 所示。

在 0:00:03:03 处，单击 Physics 下面的 Physics Time Factor【物理时间因子】左侧的码表，创建一个关键帧，设置参数值为“1”，在 0:00:06:04 处，设置 Physics Time Factor 参数值为“-4.2”，创建一个关键帧。选中 0:00:03:03 处的关键帧，执行右键快捷菜单中的“Keyframe Assistant→Easy Ease【关键帧助手→缓入缓出】”命令。

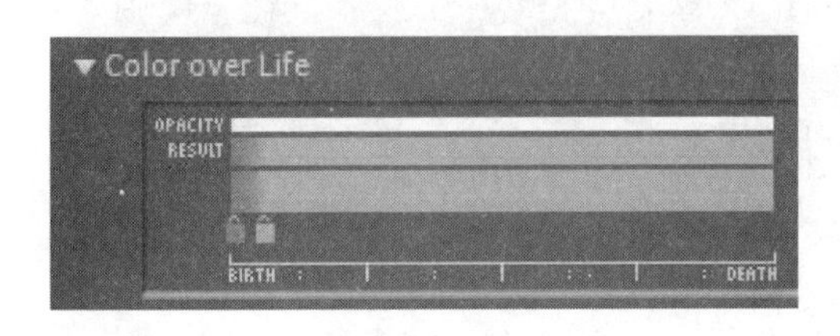

图 9-87

图 9-88

展开 Particular 下面的 Aux System【辅助系统】参数，Emit 设置为“Continously【连续】”，使粒子作为发射器，继续发射粒子，形成拖尾的效果。设置 Particles/sec【粒子/秒】为“40”，增加每秒发射的粒子数量，设置 Type【类型】为“Cloudlet”，使发射的粒子呈云状，设置 Velocity【速度】为“5”，

Size【大小】为“4”，降低 Opacity【不透明度】为“10”，展开 Opacity over Life，使不透明度随它的生命而变化，如图 9-89 所示。

展开 Color over Life，设置灰色到黑色的渐变，从左至右 RGB 值分别为“210，210，210”、“0，0，0”，如图 9-90 所示。

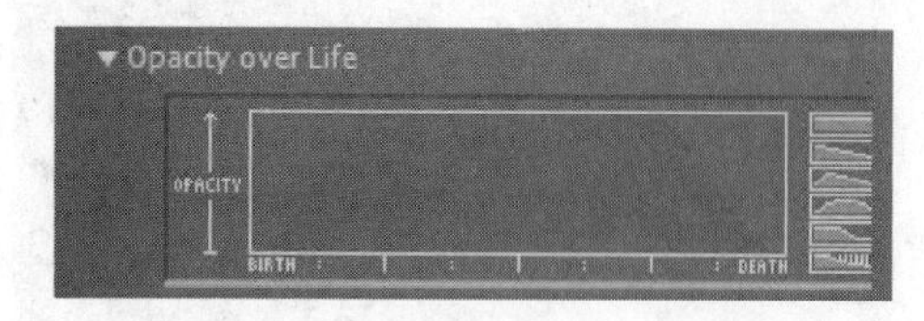

图 9-89

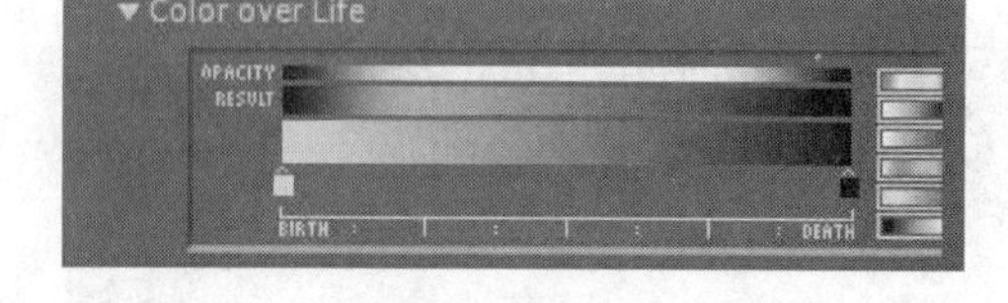

图 9-90

设置 Color From Main 为 35，使拖尾粒子的颜色来自于主粒子的“35%”，展开 Randomness【随机性】，设置 Life 为“50”，使拖尾粒子生命产生随机性，从而形成拖尾长短不一的效果。

Particular 参数设置如图 9-91 和图 9-92 所示。

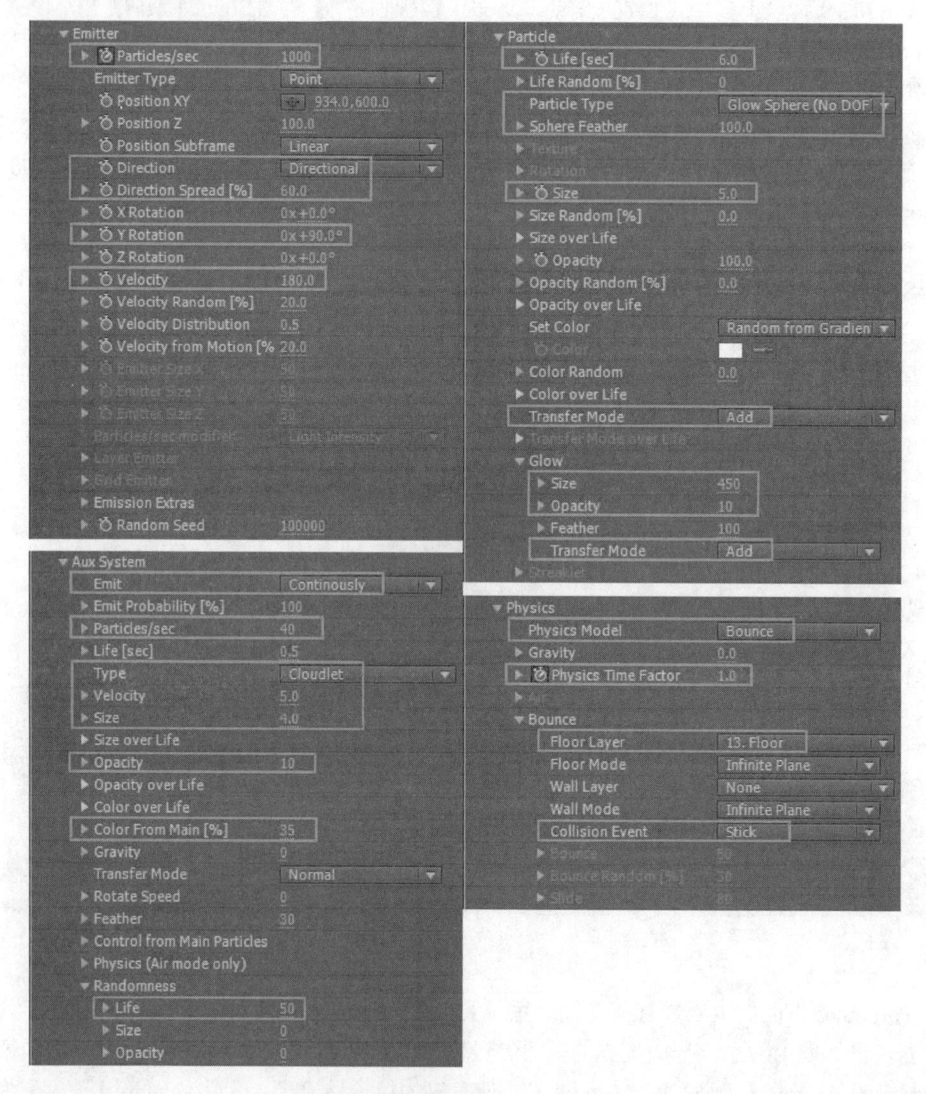

图 9-91

图 9-92

（5）把“Red”图层移动调整层“CC”的下面，选择“Red”图层复制一份，并重命名为“Blue”。展开它上面的 Particular 特效下面的“Particle”参数，设置 Color over Life，从左至右 RGB 值分别为“249，109，109”、“60，100，250”，如图 9-93 所示。

展开 Emitter 参数，设置 Y Rotation 为“270°”。

调整“Blue”和“Red”图层的混合模式为“Screen”，稍微降低图层混合后亮度。

（6）执行菜单栏中的“Layer→New→Solid【图层→新建→固态层】”命令，新建一个固态层。

选中固态层，执行菜单栏中的“Effect→Trapcode→Particular”命令，展开 Emitter 参数，在 0:00:00:10 处，单击 Particles/sec【每秒发射粒子数量】左侧的码表，设置参数值为“2000”，创建一个关键帧，在 0:00:00:10 处，设置参数值为“10”，创建一个关键帧。调整发射器的位置，设置 Position XY 为（940,588），Position Z 为“-150”。设置 Direction【发射方向】为“Directional【定向】”，设置 X Rotation 为“90°”，向上发射粒子，设置 Direction Spread【方向扩展】为“65”，在方向上扩大发射范围，设置 Velocity【速度】为“230”。

展开 Physics【物理】参数，设置 Physics Model【物理模型】为“Bounce【弹跳】”，设置 Floor Layer 为“Floor”图层，Collision Event【碰撞事件】为“Slide【滑行】”。

展开 Particle【粒子】参数，设置 Life【生命】为“6”，Opacity【不透明度】为“0”，Color【颜色】为“灰色”。

展开 Aux System【辅助系统】参数，设置 Emit【发射】为“Continously【连续】”，Particles/sec【每秒发射粒子数量】为“45”，Life【生命】为“1”，Type【类型】为“Cloudlet”，Velocity【速度】为“5”，Size【大小】为“8”，Opacity【不透明度】为“4”，设置 Color over Life 为灰度到黑色的渐变，从左至右 RGB 值分别为“118，118，118”、“0，0，0”，如图 9-94 所示。

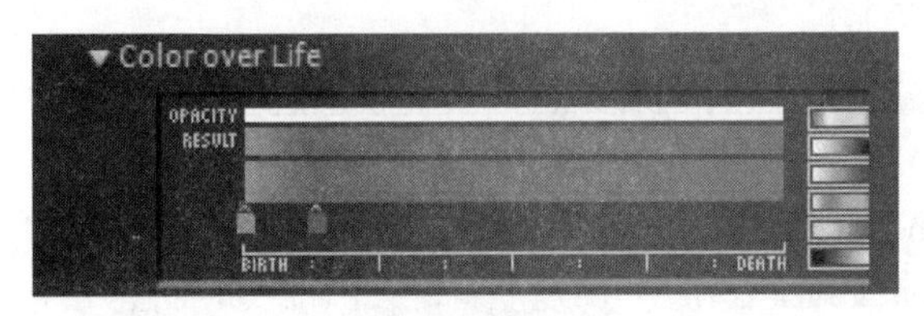

图 9-93

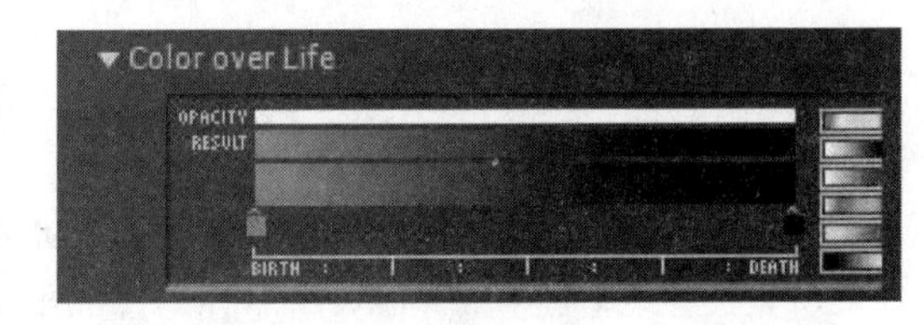

图 9-94

设置 Color From Main 为“40”，Rotate Speed【旋转速度】为“30”，Feather【羽化值】为“100”，Randomness 下面的 Life 为“50”。

在 0:00:01:11 处，单击 Physics 下面的 Physics Time Factor 参数左侧的码表，参数值为“1”，创建一个关键帧，在 0:00:03:03 处，设置参数值为“0.2”，创建一个关键帧，选中该关键帧，执行右键快捷菜单中的“Keyframe Assistant→Easy Ease【关键帧助手→缓入缓出】”命令。

Particular 参数设置如图 9-95 所示。

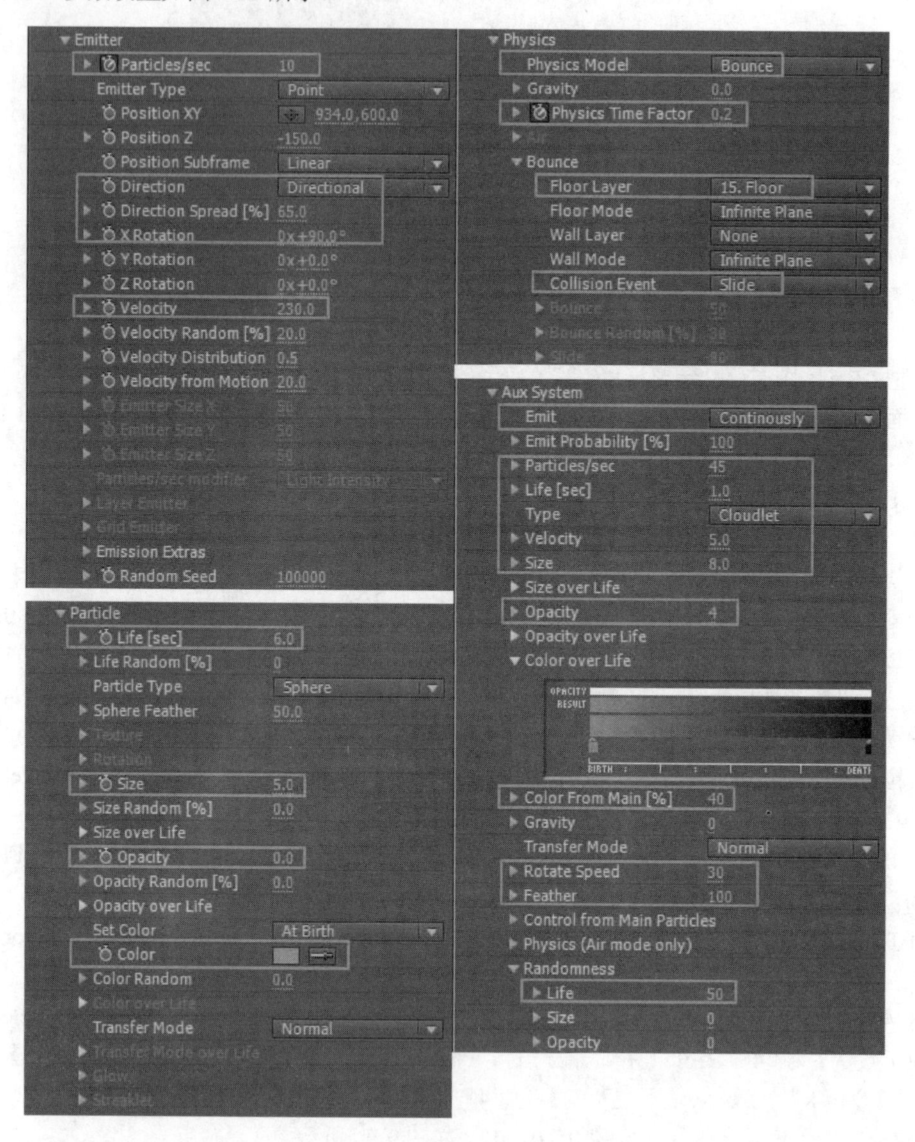

图 9-95

设置固体层的混合模式为“Screen”，设置固态层的入点为“0:00:00:10”，把固态层移到调整层的下面。

显示“Red”、“Shockwave”、“Energy”、“Main Flare”、“Floor 4”图层。

（7）执行菜单栏中的“Layer→New→Adjustment Layer【图层→新建→调整层】”命令，新建一个调整层。

选中调整层，执行菜单栏中的“Effect→Color Correction→Curves【特效→色彩校正→曲线】”命令，把曲线往上拉，提高亮度，如图 9-96 所示。

使用工具栏中的 Ellipse Tool【椭圆工具】在调整层上绘制一个椭圆形“Mask 1”，设置 Mask Feather【遮罩羽化值】为“180”。设置调整层的混合模式为“Add”。开启调整层的 3D Layer 开关，把调整层转换为三维图层，适当调整该调整层的大小，把该调整层移到调整层“CC”的下面，设置调整层的入点为“0:00:00:10”。效果如图 9-97 所示。

在 0:00:05:00 处，单击调整层 Opacity 左侧的码表，参数值为“100”，创建一个关键帧，在 0:00:05:10 处，设置参数值为“0”，创建一个关键帧。

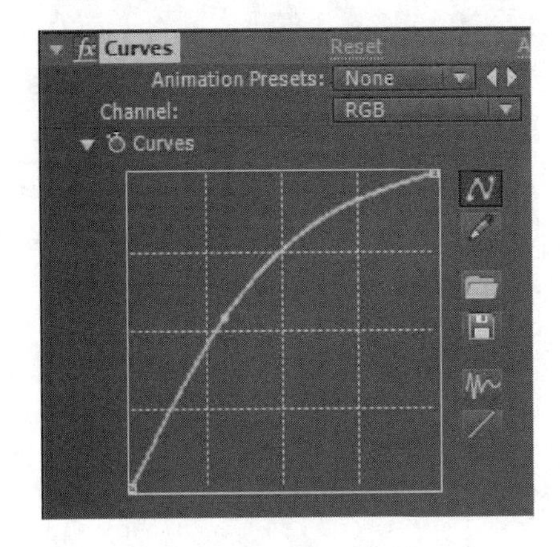

图 9-96

图 9-97

（8）把素材“Smoke.mp4”从项目窗口拖到合成中，放置到调整层“CC”的下面，选中“Smoke.mp4”图层，执行菜单栏中的“Layer→Time→Time Stretch【图层→时间→时间伸缩】”命令，在弹出的对话框中，设置 Stretch Factor【伸缩因子】为“300”。

设置“Smoke.mp4”图层的入点为“0:00:05:21”，图层混合模式为“Add”。

第10章　综合实例

本章学习目标

◆ 运用调色、抠像、跟踪、三维合成、特效中的两种以上的技术制作较为综合的实例。

10.1　综合实例——火球袭击

知识与技能

本例主要学习单点跟踪、摄像机跟踪、Particular、调色结合使用的技术。

10.1.1　稳定镜头

（1）新建工程，把素材“Fire_02.mov”、“Fire_03.mov”、“Fire_AtCam_02.mov”、“Fire_AtCam_04.mov”、“nyc_skyline.mov”、“cloud.jpg”导入到Project【项目】窗口中。

（2）执行菜单栏中的“Composition→New Composition【合成→新建合成】”命令，在弹出的对话框中，设置Composition Name【合成名】为“Main Comp”，Width【宽】为“1280”，Height【高】为“720”，Pixel Aspect Ratio【像素宽高比】为“Square Pixels”，即像素宽高比为1:1，Frame Rate【帧速率】为“23.976”，Duration【持续时间】为“0:01:00:00”，参数设置如图10-1所示。

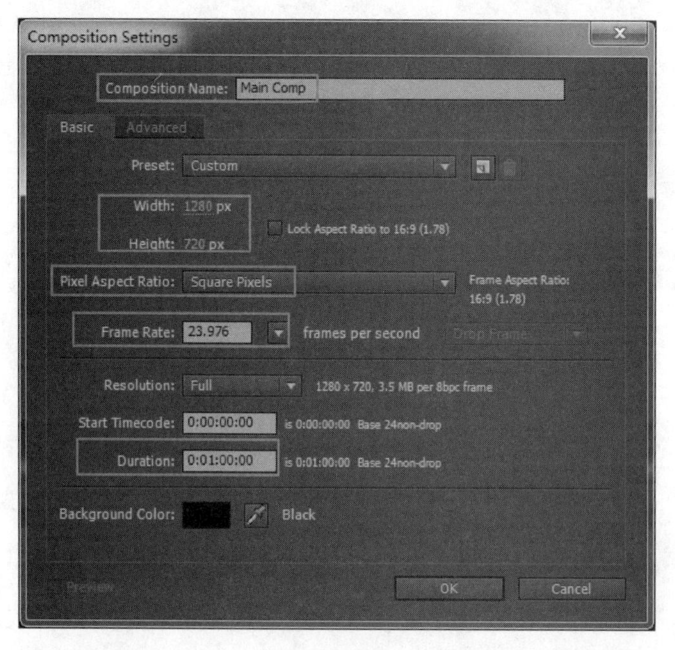

图10-1

（3）把素材“nyc_skyline.mov”从Project【项目】窗口拖到新建的合成中，这里我们只需要素材的前面部分，后半部分需要裁剪掉，设置工作区到“0:00:06:15”处，如图10-2所示。

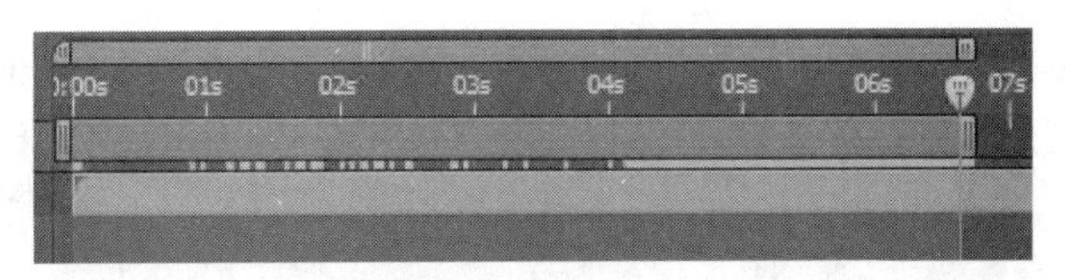

图 10-2

在工作区上单击鼠标右键，在弹出的快捷菜单中执行“Trim Comp to Work Area”命令，把合成时间长度裁剪为工作区时间长度。

（4）由于拍摄的时候，镜头晃动比较厉害，下面要解决这个问题。

选中“nyc_skyline.mov”图层，执行菜单栏中的“Window→Tracker【窗口→跟踪】”命令，打开Tracker【跟踪】窗口，单击“Stabilize Motion【稳定运动】”按钮，打开 Layer【图层】窗口，把跟踪点的采样框放置到塔尖位置，适当调整内框和外框的大小，如图 10-3 所示。

Tracker【跟踪】窗口中其他参数采用默认设置，单击“Analyze Forward”按钮，向前分析，得到跟踪数据如图 10-4 所示。

图 10-3

图 10-4

检查跟踪数据，如果采样框出现偏离跟踪点，则手工调整继续跟踪，直到采样框完全与跟踪点相匹配，单击“Apply”按钮应用跟踪数据。

预览播放，发现在画面的周围有一些黑边，这个问题可以通过把“nyc-skyline.mov”图层适当放大来解决，设置 Scale 为“112%”。

10.1.2　三维摄像机跟踪

（1）选择“nyc_skyline.mov”图层，执行菜单栏中的“Layer→Pre-compse【图层→预合成】”命令，在弹出的对话框中，设置合成名为“nyc_skyline Comp”，选择“Move all attributes into the new composition【把所有属性移到新合成中】”选项。如图 10-5 所示。

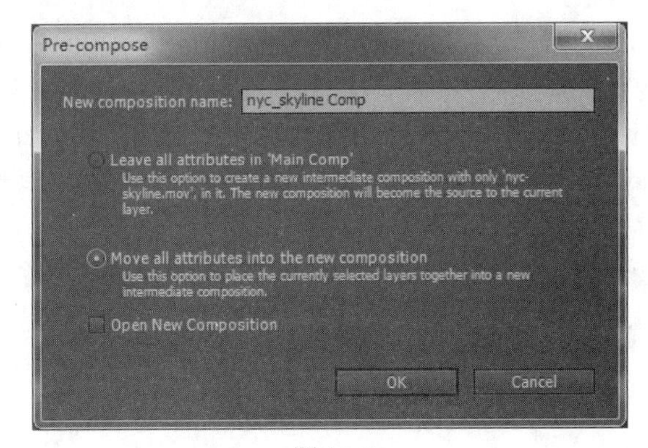

图 10-5

（2）选中“nyc_skyline Comp”图层，打开 Tracker【跟踪】窗口，单击“Track Camera【跟踪摄像机】”按钮，进行三维摄像机跟踪，当它正在进行画面分析时，如图 10-6 所示。

图 10-6

稍等一段时间，完成分析后，在 Effect Controls【特效控制】窗口中，单击“Create Camera【创建摄像机】”按钮，创建了一个 3D Tracker Camera【3D 跟踪摄像机】。

（3）执行菜单栏中的“Layer→New→Null Object【图层→新建→空对象】”命令，新建一个空对象，重命名为“Control”，在合成中开启“Control”图层的 3D Layer，把它转换为三维图层。

（4）执行菜单栏中的“Layer→New→Light【图层→新建→灯光】”命令，新建一个点光源，重命名为“Emitter”。

由于前面创建的空对象“Control”要控制点光源的位置，因此之前要先把它转换为三维图层。选中“Emitter”和“Control”图层，按【P】键，显示它们的 Position 参数，按住【Alt】键，单击“Emitter”图层的 Position 参数，为它创建一个表达式“thisComp.layer("Control").transform.position”，这样就在“Emitter”和“Control”图层之间创建了一种约束关系，移动“Control”图层会使“Emitter”图层跟随移动。

10.1.3 创建火球

（1）执行菜单栏中的“Composition→New Composition【合成→新建合成】”命令，在弹出的对话框中，设置 Composition Name【合成名】为“Fire Ball”，Width【宽】为“1280”，Height【高】为“720”，Pixel Aspect Ratio【像素宽高比】为“Square Pixels”，即像素宽高比为 1:1，Frame Rate【帧速率】为“23.976”，Duration【持续时间】为“0:00:06:00”。

（2）把素材“Fire_02.mov”、“Fire_03.mov”、“Fire_AtCam_02.mov”、“Fire_AtCam_04.mov”从 Project【项目】窗口拖到新建的合成中。

（3）单独显示“Fire_02.mov”图层，执行菜单栏中的“Effect→Distort→Polar Coordinates【特效→扭曲→极坐标】”命令，为它添加一个极坐标特效，设置 Type of Conversion【转换类型】参数为“Rect to Polar【直角坐标到极坐标】”，设置 Interpolation【插值】为“80”，效果如图 10-7 所示。

（4）选择“Fire_02.mov”图层上的“Polar Coordinates”特效，复制到其他三个图层上，调整大小及位置，效果如图 10-8 所示。

再把“Fire_AtCam_02.mov”、“Fire_AtCam_04.mov”各复制一层，删除复制出的图层上的“Polar Coordinates”特效，调整大小、位置及适当旋转角度，设置这两个图层的混合模式为“Add”，效果如图 10-9 所示。

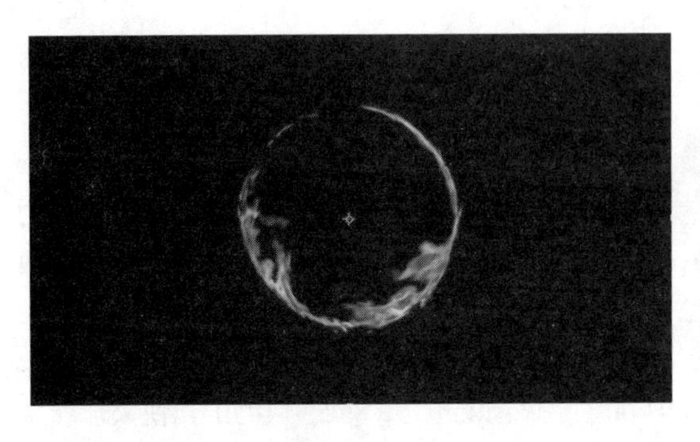

图 10-7

图 10-8

（5）执行菜单栏中的“Layer→New→Adjustment Layer【图层→新建→调整层】”命令，新建一个调整层，重命名为“Blur”。

选中该调整层，执行菜单栏中的“Effect→Blur&Sharpen→CC Radial Fast Blur【特效→模糊&锐化→CC 径向快速模糊】”命令，设置 Amount【模糊数量】为“8”，设置“Blur”图层的混合模式为“Screen”，提高火焰重叠部分的亮度。

（6）执行菜单栏中的“Layer→New→Adjustment Layer【图层→新建→调整层】”命令，新建一个调整层，重命名为“Displacement”。

选中该调整层，执行菜单栏中的“Effect→Distort→Turbulent Displacement【特效→扭曲→紊乱置换】”命令，设置 Amount【数量】为“40”，Size【大小】为“40”，单击 Evolution【演变】左侧的码表，为它创建表达式，输入“time*50”，即为时间的 50 倍。这样火球就会产生不规则扭曲变化的效果，如图 10-10 和图 10-11 所示。

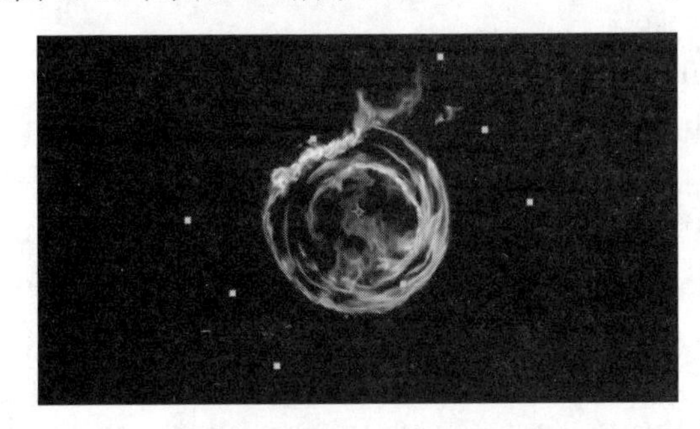

图 10-9

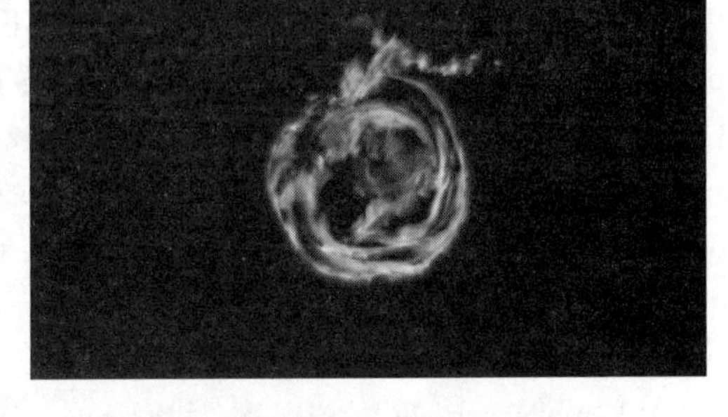

图 10-10

#	Layer Name	Mode	T	TrkMat	Parent
1	Displacement	Normal			None
2	Blur	Screen		None	None
3	[Fire_AtCam_04.mov]	Add		None	None
4	[Fire_AtCam_04.mov]	Normal		None	None
5	[Fire_AtCam_02.mov]	Add		None	None
6	[Fire_AtCam_02.mov]	Normal		None	None
7	[Fire_03.mov]	Normal		None	None
8	[Fire_02.mov]	Normal		None	None

图 10-11

10.1.4 创建拖尾

（1）打开“Main Comp”合成，把“Fire Ball”合成从 Project【项目】窗口拖到“Main Comp”合

成中，设置“Fire Ball”图层的混合模式为“Add”。开启“Fire Ball”图层的 3D Layer 开关，把它转换为三维图层。展开“Fire Ball”图层的 Material Options【材质选项】，设置 Accepts Shadows【接受阴影】为“Off”，Accepts Lights【接受灯光】为“Off”，使该图层不接受灯光和阴影。

（2）展开“Fire Ball”和“Control”的 Position 参数，单击“Fire Ball”图层的 Position 参数左侧的码表，创建一个表达式，输入表达式：“thisComp.layer("Control").transform.position”。这样使火球能跟随空对象一起移动。

（3）为空对象创建关键帧，在 0:00:00:00 处，设置“Fire Ball”图层的 Position 为（990,230,-980），单击 Position 左侧的码表，创建一个关键帧，在 0:00:04:00 处，Position 为（832,30,1770），使火球产生从右上角由远而近进入到画面的效果。适当调整火球的大小，设置“Fire Ball”图层的 Scale 为“73%”。

（4）在 Project【项目】窗口中，把素材“smoke_cloud.jpg”拖到 Project【项目】窗口下面的新建合成按钮上，创建一个“smoke_particle”合成。

执行菜单栏中的“Layer→New→Solid【图层→新建→固态层】”命令，新建一个白色固态层，把它放置到合成的下面，设置它的 TrkMat【轨道蒙版】为“Luma Inverted Matte “smoke_cloud.jpg””，把“smoke_cloud.jpg”图层的亮度反向作为白色固态层的蒙版，效果如图 10-12 所示。

图 10-12

（5）打开“Main Comp”合成，把“smoke_partile”合成从 Project【项目】窗口拖到“Main Comp”合成中，隐藏该图层。

（6）执行菜单栏中的“Layer→New→Solid【图层→新建→固态层】”命令，新建一个固态层，重命名为“smoke”。

选中新建的固态层，执行菜单栏中的“Effect→Trapcode→Particular”命令，展开 Emitter【发射器】，设置 Emitter Type【发射器类型】为“Lights【灯光】”，这样就会把我们前面创建的点光源作为发射器，这里需要注意的是作为发射器的灯光要用“Emitter”作为前缀命名。增加 Particles/sec【每秒发射粒子数】为“270”，Velocity【速度】为“10”，Velocity Random【随机速度】为“0”，Velocity Distribution【速度扩散】为“0”，Velocity from Motion【由于运动产生的速度】为“0”。

展开 Particle【粒子】，设置 Particle Type【粒子类型】为“Sprite Colorize”，设置 Texture 下面的 Layer 为“smoke_particle”，这样就把我们前面制作的烟雾作为发射的粒子。下面要调整粒子的参数，设置 Size【粒子大小】为“130”，Size Random【大小随机值】为“30”，使粒子大小有一些随机变化。增加 Random Rotation【旋转随机值】为“25”，使尾烟产生一些随机旋转的效果，看起来真实一些。降低粒子不透明度 Opacity 为“80”，Opacity Random【不透明度随机值】为“30”，使尾烟有些透明效果。Set Color【设置颜色】为“Over Life”，使尾烟随着它的生命产生变化，设置 Color over Life，如图 10-13 所示。

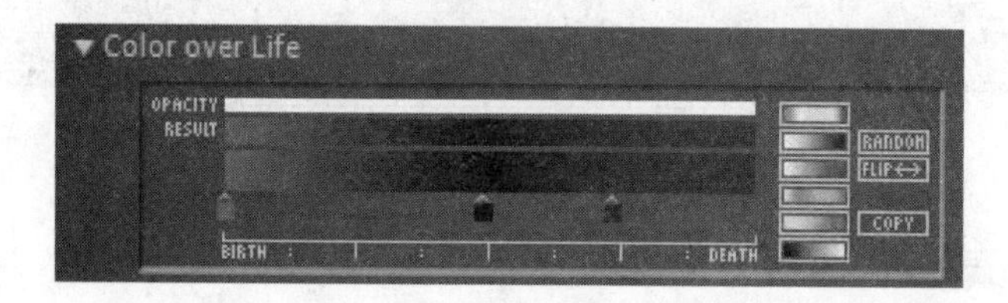

图 10-13

展开 Size over Life，使粒子大小随着它的生命增长而逐渐减小，如图 10-14 所示。

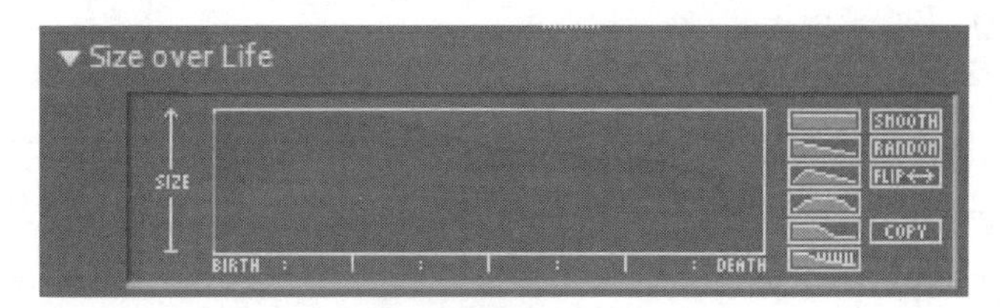

图 10-14

展开 Physics【物理】下面的 Air【空气】，设置 Turbulence Field【紊乱场】中的 Affect Position【影响位置】为“75”，增加尾烟的不规则性，降低 Evolution Speed【演变速度】为“10”。最后对参数再做一些调整，设置 Velocity【速度】为“20”，Life【生命】为“6”。参数设置如图 10-15 所示。

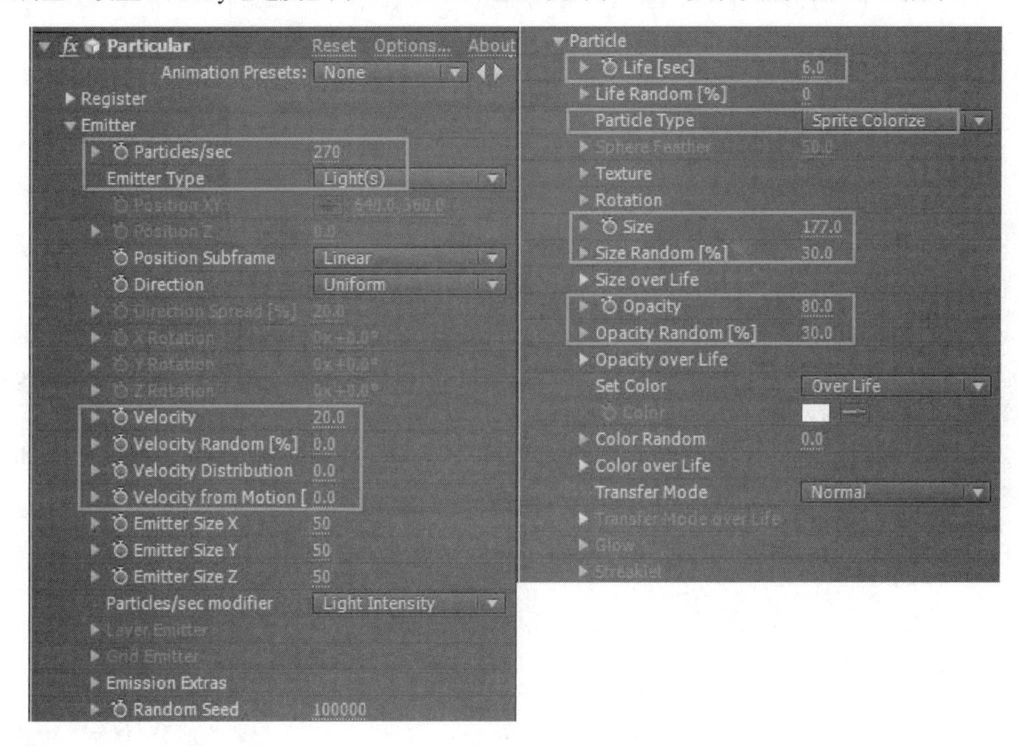

图 10-15

调整图层的上下位置关系，把“Fire Ball”图层放置到“Smoke”图层的下面。

（7）下面创建镜头光斑。

执行菜单栏中的“Layer→New→Solid【图层→新建→固态层】”命令，新建一个黑色固态层，重命名为“Lens Flare”。

选中该固态层，执行菜单栏中的“Effect→Video Copilot→Optical Flares”命令，创建一个镜头光斑，设置“Lens Flare”图层的混合模式为“Add”，这样可以把黑色背景过滤掉。

单击“Optical Flares”特效的“Options【选项】”按钮，在弹出的对话框中选择“PRESET BROWER”【预设浏览】下面的“Evening Sun”选项，对预设光斑进行调整，单击“Multi Iris”右侧的“Hide”按钮，取消多重光圈，单击“OK”按钮确定。设置 Positioning Mode【位置模式】下的 Source Type 为“Track Lights”，使镜头光斑跟踪灯光位置移动。增加镜头光斑的大小，设置 Scale 为“270”，降低亮度

Brightness 为“90”，设置光斑颜色 Color 为“淡红色”。展开 Flicker【闪光】，设置 Speed 为“15”，Amount 为“15”，提高闪烁的速度。

（8）下面制作拖尾在水中的倒影。

复制“smoke”图层，重命名为“smoke reflection”。选中“smoke reflection”图层，执行菜单栏中的“Layer→Transform→Flip Vertical【图层→变换→垂直翻转】”命令，把拖尾进行翻转，投影到水面，降低“smoke reflection”图层的不透明度 Opacity 为“30%”。

执行菜单栏中的“Effect→Blur&Sharpen→Fast Blur【特效→模糊&锐化→快速模糊】”命令，设置 Blurriness【模糊值】为“80”，勾选“Repeat Edge Pixels【重复边缘像素】”选项，为投影进行模糊操作。

调整“smoke reflection”图层上的“Particular”特效的参数，设置 Color over Life，从左至右 RGB 值分别为“0，0，0”、“33，33，33”，使拖尾在水面留下淡淡的黑影，如图 10-16 所示。

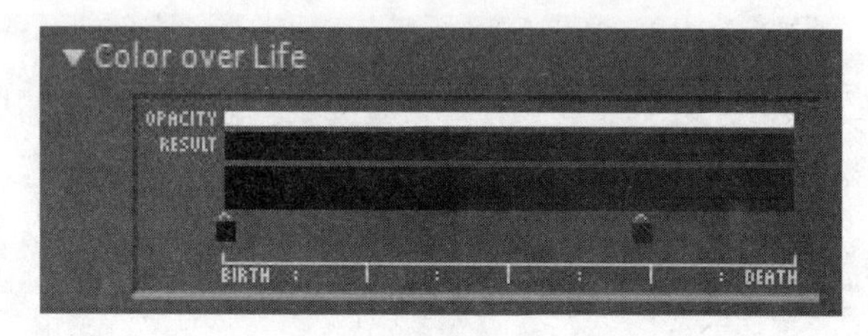

图 10-16

（9）复制“Lens Flare”图层，重命名为“Lens Flare reflection”，执行菜单栏中的“Layer→Transform→Flip Vertical【图层→变换→垂直翻转】”命令，把光斑进行翻转，投影到水面，降低“Lens Flare reflection”图层的不透明度 Opacity 为“80%”。

展开“Lens Flare reflection”图层上的“Optical Flares”特效，设置 Scale 为“180”，降低亮度 Brightness 为“70”。

执行菜单栏中的“Effect→Blur&Sharpen→Fast Blur【特效→模糊&锐化→快速模糊】”命令，设置 Blurriness【模糊值】为“80”，勾选“Repeat Edge Pixels【重复边缘像素】”选项，为投影进行模糊操作。

10.1.5 调色合成

（1）执行菜单栏中的“Layer→New→Adjustment Layer【图层→新建→调整层】”命令，新建一个调整层，重命名为“CC”。

（2）选中“CC”图层，执行菜单栏中的“Effect→Red Giant Color Suite→Colorista II”命令，展开 Primary【一级调色】，设置 Primary Exposure【一级曝光】为“-0.11”，Primary Density【密度】为“-0.22”，降低整体的亮度。

设置 Primary 3-Way，调整 Shadow【阴影】为“蓝色”，Hightlight【高光】为“橙色”，Midtone【中间调】为“绿色”，如图 10-17 所示。

展开 Secondary【二级调色】，设置 Secondary Exposure【二级曝光】为“-1.2”，降低亮度。设置 Secondary Mask【二级遮罩】为“Ellipse【椭圆形】”，勾选“Invert Mask【反选遮罩】”选项，调整遮罩大小如图 10-18 所示。

展开 Master【整体】，设置 RGB Contrast 为“0.15”，RGB Shadows 为“0.15”，RGB Mids 为“-0.12”，RGB Hights 为“-0.14”，降低高光区、中间区亮度，提高阴影亮度。

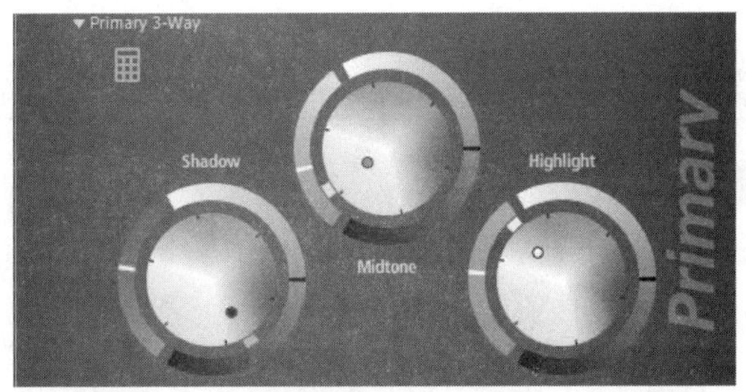

图 10-17

图 10-18

（3）添加运动模糊效果。打开 Timeline【时间线】窗口中的运动模糊总开关，打开“Lens Flare reflection”、“Lens Flare”、“smoke reflection”、“smoke”、“Fire Ball”图层的运动模糊开关。

（4）制作宽屏效果。执行菜单栏中的“Layer→New→Solid【图层→新建→固态层】”命令，新建一个黑色固态层，使用工具栏中的 Rectangle Tool【矩形工具】，绘制一个 Mask，设置 Mask 为“Subtract”。

图层关系如图 10-19 所示，最终效果如图 10-20 所示。

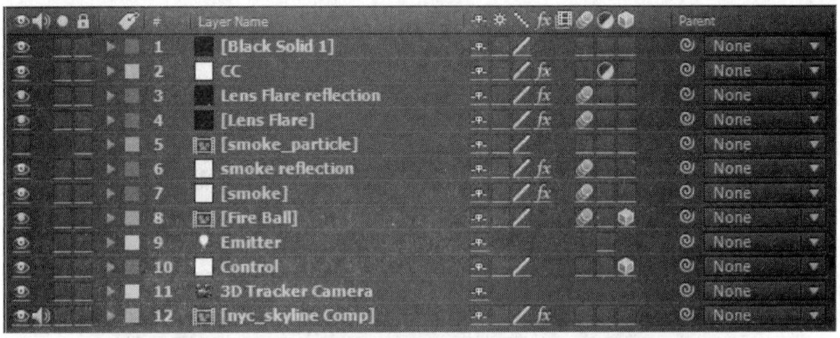

#	Layer Name	Parent
1	[Black Solid 1]	None
2	CC	None
3	Lens Flare reflection	None
4	[Lens Flare]	None
5	[smoke_particle]	None
6	smoke reflection	None
7	[smoke]	None
8	[Fire Ball]	None
9	Emitter	None
10	Control	None
11	3D Tracker Camera	None
12	[nyc_skyline Comp]	None

图 10-19

图 10-20

10.2 综合实例——实拍场景合成

知识与技能

本例主要学习键控抠像、摄像机跟踪、三维合成、调色结合使用的技术。

10.2.1 绿屏抠像

（1）新建工程，导入素材“Location Camera.m2ts”、“Main Green Screen.m2ts”、“Shadow Map.m2ts”到 Project【项目】窗口中。将“Main Green Screen.m2ts”拖到 Project【项目】窗口底部的“Create a New Composition【创建一个新合成】”按钮上，建立一个新的合成。

（2）拍摄这段视频时，摄像机在水平移动，下面先做稳定镜头的操作。

选择“Main Green Screen.m2ts”图层，执行菜单栏中的“Window→Tracker【窗口→跟踪】”命令，打开 Tracker【跟踪】窗口，单击“Stabilize Motion【稳定运动】”按钮，在打开的 Layer【图层】窗口中，把跟踪点的采样框放置到两脚之间的一块鹅卵石上，适当调整采样框的大小，如图 10-21 所示。

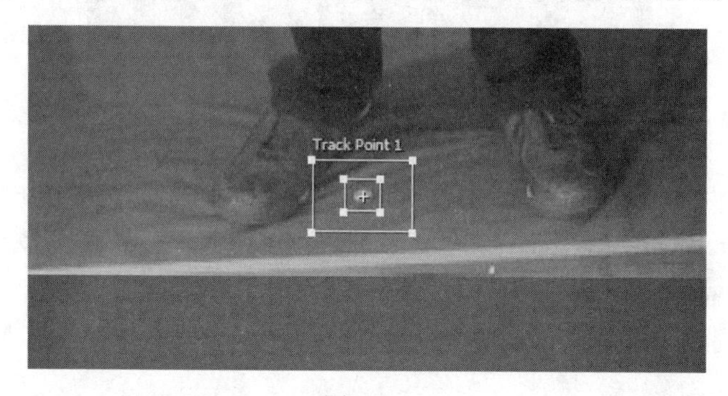

图 10-21

Tracker【跟踪】窗口中其他参数采用默认设置，单击“Analyze Forward”按钮，向前分析，得到跟踪数据如图 10-22 所示。

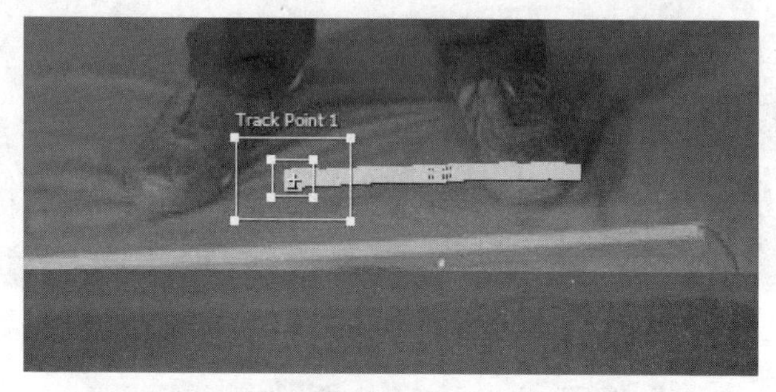

图 10-22

确保采样框与跟踪点完全匹配后，单击“Apply”按钮应用跟踪数据。播放预览，拍摄的人物基本在原地不动，消除了原来摄像机运动的效果。

（3）选择“Main Green Screen.m2ts”图层，执行菜单栏中的“Layer→Pre-compse【图层→预合成】”命令，在弹出的对话框中，设置合成名为“Main Green Screen Stabilized”，选择“Move all attributes into the new composition【把所有属性移到新合成中】”选项，如图 10-23 所示。

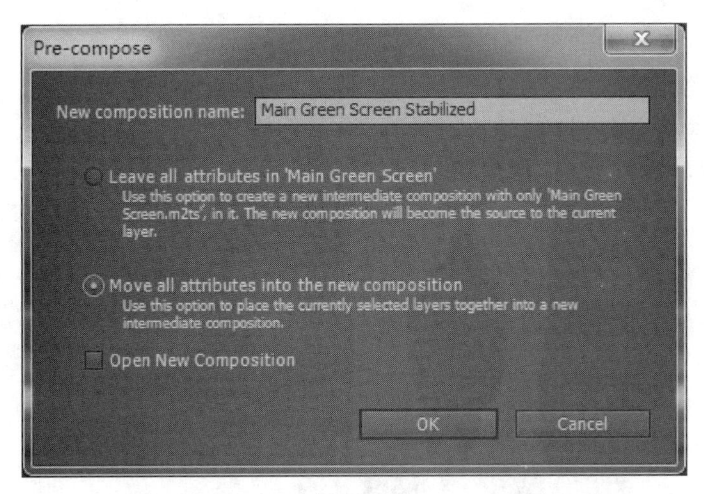

图 10-23

（4）选择“Main Green Screen Stabilized”图层，使用工具栏中的 Pen Tool【钢笔工具】绘制 Mask，由于在部分画面中，人的手移出了绿屏背景，对于这些画面要比较精确绘制 Mask，如图 10-24 所示。

图 10-24

为“Mask1”的 Mask Path 参数创建关键帧，确保人始终在 Mask 范围内，特别要注意手指部分。

（5）选择“Main Green Screen Stabilized”图层，执行菜单栏中的“Effect→Keying→Keylight”命令，选取 Screen Colour 右侧的吸管工具，吸取要抠除的绿色，把 View【显示】切换到“Screen Matte【蒙版】”模式，效果如图 10-25 所示。

图 10-25

在 Screen Matte 模式下，黑色的表示透明的被抠除的部分，白色的表示不透明的保留的部分，现在人物部分有些是灰色，表示这些地方有半透明效果，而我们应该把它调成白色，变成完全不透明，背景部分有些是灰色，表示这些地方也有半透明效果，而我们应该把它调成黑色，变成完全透明。

展开 Screen Matte 参数，设置 Clip Black 为“50”，即把亮度低于 50 的地方变为黑色，Clip White 为“65”，即把亮度高于 65 的地方变为白色，效果如图 10-26 所示。

图 10-26

（6）把 Keylight 的 View【显示】切换回“Final Result【最终效果】”模式，可以看到在人物的边缘还有一些细微处需要调整。

执行菜单栏中的“Effect→Matte→Refine Matte【特效→蒙版→精细蒙版】”命令，对蒙版再进行细调，这里采用默认设置即可。

（7）人物抠像基本完成，仔细查看抠像后的效果，发现在右脚处有一些鞋子的阴影没有抠除。

选中“Main Green Screen Stabilized”图层，使用工具栏中的钢笔工具绘制 Mask，如图 10-27 所示。

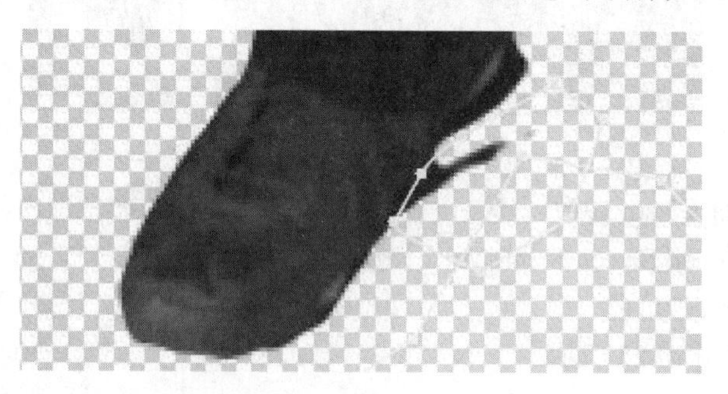

图 10-27

为“Mask2”的 Mask Path 创建关键帧，确保鞋子阴影在 Mask 范围内，最后把“Mask2”的模式由“Add”改为“Subtract”，把该遮罩减掉，实现把鞋子阴影抠除的效果。

10.2.2 摄像机运动匹配

（1）在 Project【项目】窗口中把素材“Location Camera.m2ts”拖到 Project【项目】窗口下面的“Create a New Composition【创建一个新合成】”按钮上，新建一个合成，重命名为“Main Comp”。

（2）播放预览，可以看到拍摄该视频时，摄像机有明显的摇移操作，下面要计算摄像机的运动轨迹。

选择“Location Camera.m2ts”图层，打开 Tracker【跟踪】窗口，单击“Track Camera【跟踪摄像机】”按钮，进行三维摄像机跟踪，当它正在进行画面分析时，如图 10-28 所示。

在 Effect Controls【特效控制】窗口中，Shot Type【拍摄类型】设置为“Specify Angle of View【指定视角】”，Horizontal Angle of View【水平视角】设置为“65.5”，表示指定摄像机的水平视角为 65.5，设置 Advanced【高级】下面的 Solve Method【解析方法】为“Typical【典型】”，勾选“Detailed Analysis【详细分析】”选项，稍等一段时间，完成分析后，如图 10-29 所示。

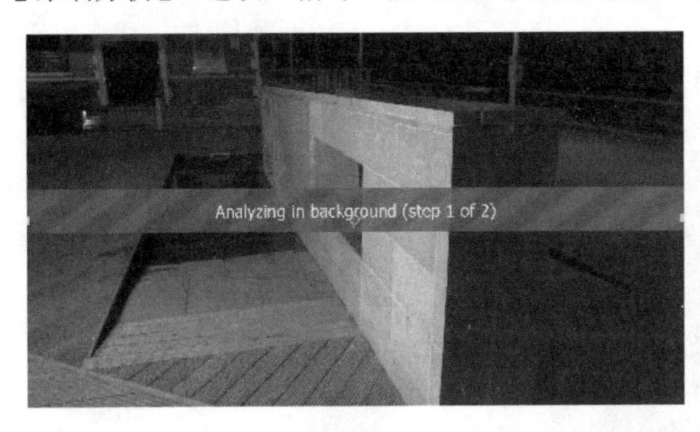

图 10-28

图 10-29

（3）下面要根据前面的跟踪数据创建三维摄像机、墙面和地面。

选取墙面上的一些跟踪点，要确保选取的跟踪点在同一平面上，如图 10-30 所示，执行右键快捷菜单中的“Create Solid and Camera【创建固态层和摄像机】”命令，创建一个摄像机及与墙面平行的固态层，把该图层重命名为“wall”；

再选取地面上的一些跟踪点，也要确保所选取的跟踪点在同一平面上，如图 10-31 所示，执行右键快捷菜单中的“Create Solid【创建固态层】”命令，创建一个与地面平行的固态层，把该图层重命名为“floor”。

图 10-30

图 10-31

下面对这两个固态层进行适当旋转及缩放，使它们与墙面及地面相吻合，如图 10-32 所示。

图 10-32

播放预览，这两个固态层基本上能贴在墙面、地面，跟随摄像机一起运动。

10.2.3 添加三维阴影

（1）把“Main Green Screen”合成从Project【项目】窗口拖到Timeline【时间线】窗口“Main Comp”合成中，把它放置到图层的最上面，打开“Main Green Screen”图层的3D Layer，把它转换成三维图层，在Custom View 1【用户视图1】下观察，移动“Main Green Screen”图层的Z坐标，大致设置为如图10-33所示。

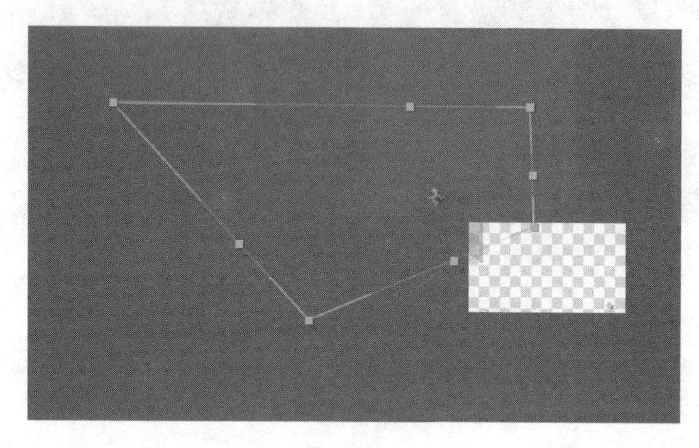

图10-33

再切换到3D Tracker Camera视图，对“Main Green Screen”图层进行缩放，放置到如图10-34所示的位置。

（2）隐藏“floor”和“wall”图层，作为地面和墙面的这两个固态层在最终效果中不需要显示。

（3）把素材“Shadow Map.m2ts”从Project【项目】窗口拖到“Main Comp”合成的最上面。先对它进行抠像预处理，使用工具栏中的Pen Tool【钢笔工具】绘制Mask，把人物周围的一些杂物进行预处理，方便后续的抠像操作，如图10-35所示。

图10-34

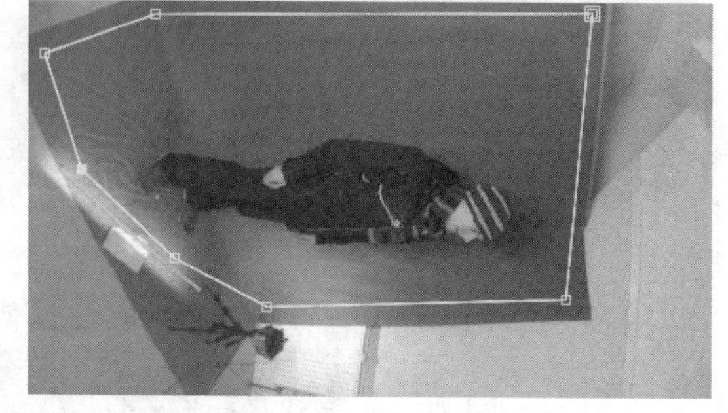

图10-35

（4）选择“Shadow Map.m2ts”图层，执行菜单栏中的“Effect→Keying→Keylight”命令，选取Screen Colour右侧的吸管工具，吸取要抠除的绿色，把View【显示】切换到“Screen Matte【蒙版】”模式，如图10-36所示。

展开Screen Matte，设置Clip Black为“41”，Clip White为“51”，使人物部分变为白色，背景部分变为黑色，如图10-37所示。

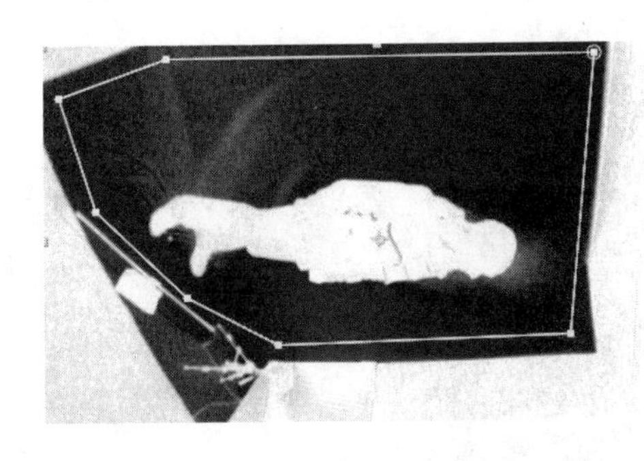

图 10-36

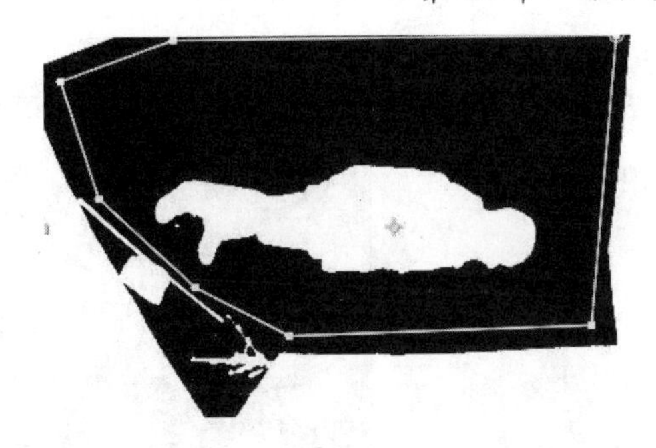

图 10-37

切换到“Final Result【最终效果】”模式，可以看到人物从绿屏背景中分离出来，再使用工具栏中的钢笔工具，在两脚之间的白色鹅卵石周围绘制一个Mask，把 Mask2 设置为“Subtract”，就可以把鹅卵石抠除，如图 10-38 所示。

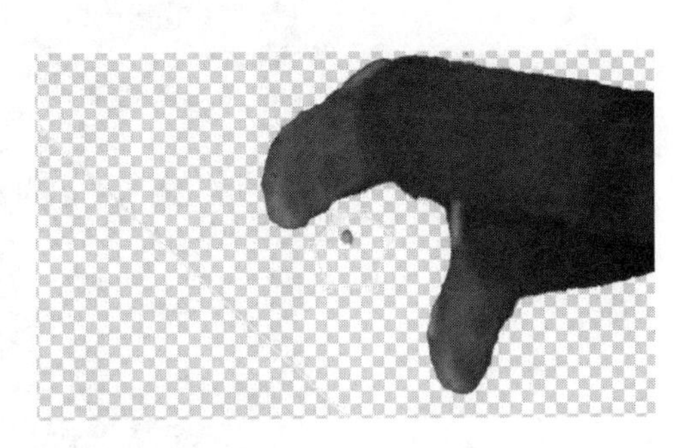

图 10-38

（5）选择“Shadow Map.m2ts”图层，执行菜单栏中的“Effect→Color Correction→Curves【特效→色彩校正→曲线】”命令，把曲线上右上角的点拖到最低位置，使人物部分变成全黑，如图 10-39 所示。

（6）开启“Shadow Map.m2ts”图层的 3D Layer，把它转换成三维图层，绕 Z 轴旋转-90 度，设置它的 Z 坐标与“Main Green Screen”图层的 Z 坐标相同，使这两个图层在同一平面上，在 X、Y 方向上进行缩放，使它与“Main Green Screen”图层中的人物大致相同大小，调整 X、Y 坐标，使它与“Main Green Screen”图层中的人物大致在同一高度，再把它绕 Y 轴旋转 78 度，如图 10-40 所示。

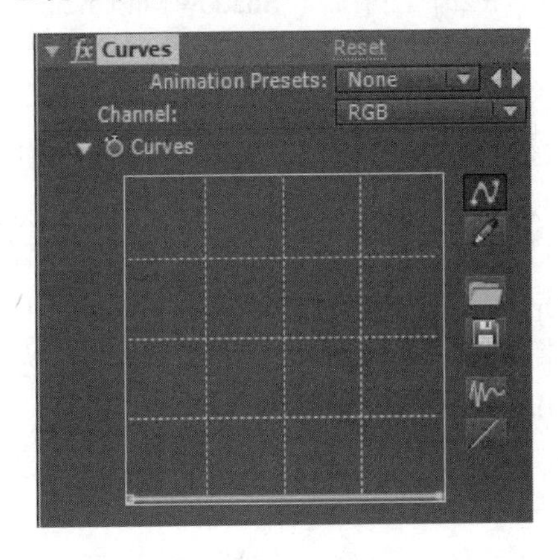

图 10-39

图 10-40

（7）执行菜单栏中的“Layer→New→Light【图层→新建→灯光】”命令，新建一个点光源，参数设置如图 10-41 所示。

显示“wall”和“floor”图层，把点光源移动到画面的左侧，使灯光照射到人物后，在墙面以及地面产生阴影效果。

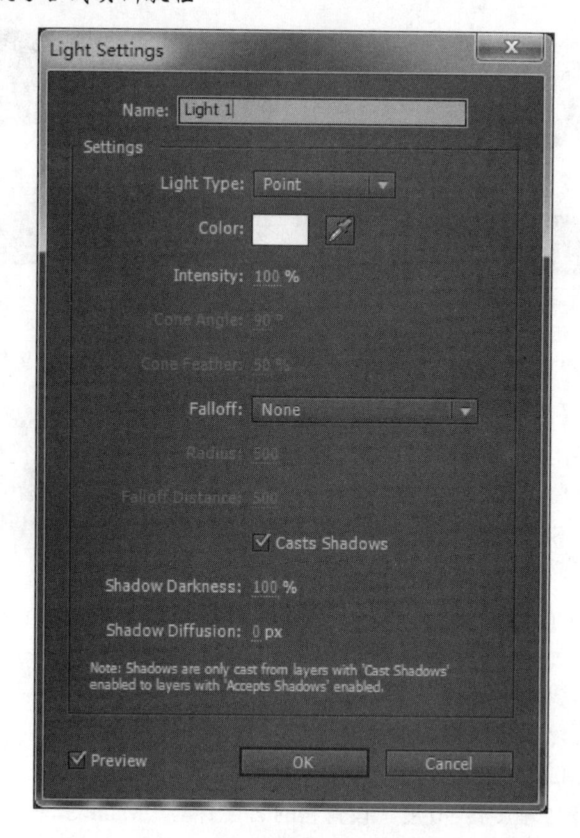

图 10-41

（8）展开“Shadow Map.m2ts”图层下面的 Material Options【材质选项】参数，设置 Casts Shadows【投射阴影】为“Only【只投射阴影】”，使灯光照射到“Shadow Map.m2ts”图层后，“Shadow Map.m2ts”图层会产生阴影，而图层本身不显示，设置 Light Transmission 为“100”，使灯光照射到“Shadow Map.m2ts”图层后，完全穿透。

（9）展开“Main Green Screen”图层下面的 Material Options【材质选项】参数，设置 Casts Shadows【投射阴影】为“Off”，Accepts Shadows【接受阴影】为“Off”，Accepts Lights【接受灯光】为“Off”，使“Main Green Screen”图层不受灯光的影响。

（10）展开“wall”和“floor”这两个图层下面的 Material Options【材质选项】参数，设置 Accepts Shadows【接受阴影】为“Only”，使固态层只接受阴影，而固态层本身不显示，设置 Casts Shadows 为“Off”，使这两个图层不会在其他图层上投射阴影。效果如图 10-42 所示。

现在可以看到灯光照射在人身上后，在地面和墙面投射出阴影，实际上阴影是投射在两个固态层上的，但是阴影看起来太深，不够真实。

选中“Light 1”图层，执行菜单栏中的“Layer→Light Settings【图层→灯光设置】”命令，在弹出的对话框中，设置 Shadow Diffusion 为“30”像素。

（11）人物阴影投射到墙面后，在墙面有洞的地方，阴影投射效果不正确，下面要解决这个问题。

暂时隐藏“Shadow Map.m2ts”和“Main Green Screen”图层，选中作为墙面的“wall”图层，使用工具栏中的 Pen Tool【钢笔工具】把墙上的洞勾画出来，如图 10-43 所示。

图 10-42

图 10-43

显示“Shadow Map.m2ts”和“Main Green Screen”图层，把“wall”图层上的 Mask 模式改为“Subtract”，把空洞部分的阴影抠除，设置 Mask Feather【遮罩羽化】为“2”，Mask Expasion【遮罩扩展】为“-1”，向内收缩 1 个像素，效果如图 10-44 所示。

现在墙面空洞部分的阴影已经抠除，但是在墙面空洞内的水平面部分也应该产生阴影效果，复制作为地面的“floor”图层，把复制后的图层重命名为“shelf”，把它移到墙面空洞处，进行缩放操作后，效果如图 10-45 所示。

图 10-44

图 10-45

（12）灯光照射到人体后，在墙的顶端也会产生阴影。复制“shelf”图层，把复制出的图层命名为“wall top”，把它移到墙的顶端，适当调整的大小，如图 10-46 所示。

（13）把“wall”图层复制一份，重命名为“shelf matte”，把该图层移到“shelf”图层的上面，设置“shelf”图层的 TrkMat【轨道蒙版】为“Luma Inverted Matte“shelf matte””，把“shelf matte”图层的亮度反向作为“shelf”图层的蒙版，这样可以把“shelf”图层上多余的阴影抠除，如图 10-47 所示。

图 10-46

图 10-47

10.2.4 调色合成

（1）人物在灯光的照射下，整体的亮度尤其是脸部亮度应该稍微提高。选中“Main Green Screen”图层，执行菜单栏中的“Effect→Color Correction→Curves【特效→色彩校正→曲线】”命令，调整曲线如图10-48所示，提高脸部亮度。

切换到Green绿色通道，整体降低一些绿色，如图10-49所示。

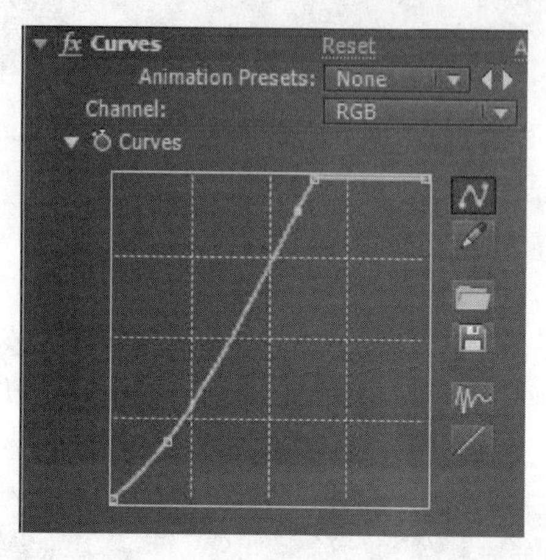

图10-48

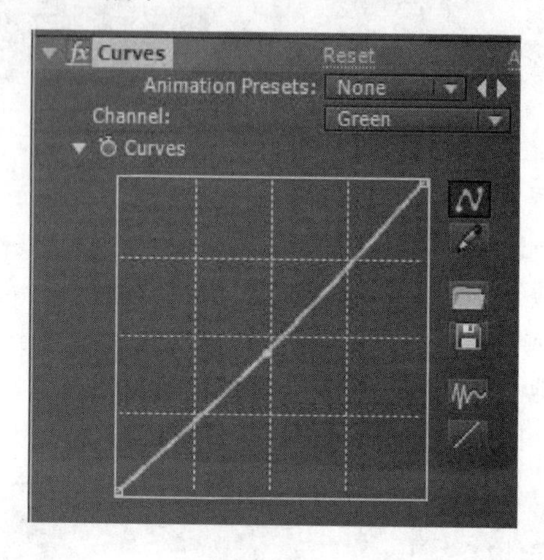

图10-49

再执行菜单栏中的“Effect→Color Correction→Color Balance(HLS)【特效→色彩校正→色彩平衡】”命令，设置Saturation为“-10”，降低人物的饱和度。

（2）人物在夜晚灯光照射下，在地面及墙面形成的阴影，并不是一片死黑，而是略带绿色。

把“3D Tracker Camera”图层复制一份，选中“3D Tracker Camera 2”、“wall”、“floor”、“shelf”、“shelf matte”、“wall top”、“Shadow Map.m2ts”、“Light 1”图层，执行菜单栏中的“Layer→Pre-compose【图层→预合成】”命令，把它们合并到一个新的合成中，重命名为“Shadow Map Comp”，把“Shadow Map Comp”图层放置到“Main Green Screen”图层的下面。

（3）打开“Shadow Map Comp”合成，执行菜单栏中的“Layer→New→Solid【图层→新建→固态层】”命令，创建一个白色固态层，把固态层进行缩放，使它充满整个合成。

（4）打开“Main Comp”合成，把“Location Camera.m2ts”复制一份，删除它上面的“3D Tracker Camera”特效，把该图层移到“Shadow Map Comp”图层的下面，设置它的TrkMat【轨道蒙版】为“Luma Inverted Matte “Shadow Map Comp””，这样把阴影作为亮度反向蒙版，效果如图10-50所示。

图10-50

（5）选中复制出的“Location Camera.m2ts”图层，执行菜单栏中的“Effect→Color Correction→Curves【特效→色彩校正→曲线】”命令，把曲线往下压，降低整体亮度，形成阴影效果，切换到 Blue 蓝色通道，减少一些蓝色，如图 10-51 所示。

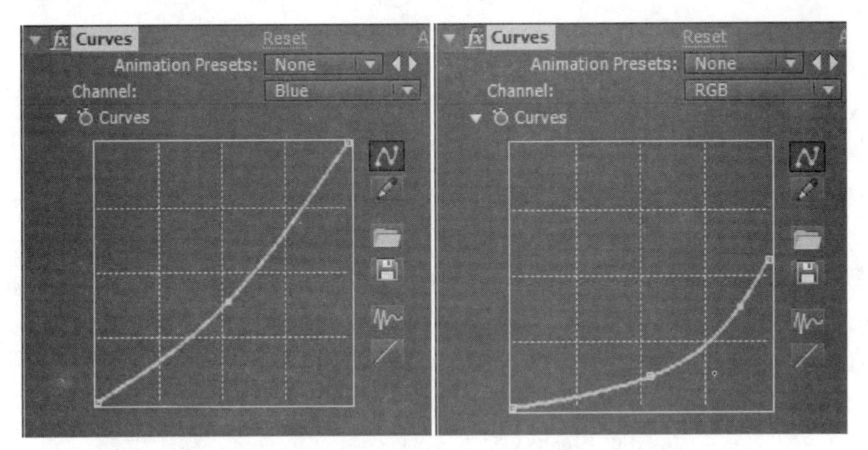

图 10-51

（6）在鞋面背向灯光的部分应该稍暗一些。执行菜单栏中的“Layer→New→Solid【图层→新建→固态层】”命令，创建一个黑色固态层，把它放到“Main Green Screen”图层的上面，暂时隐藏该图层，使用工具栏中的 Pen Tool【钢笔工具】，在该图层上绘制两个 Mask，设置两个 Mask 的 Mask Feather【遮罩羽化】为“4”，如图 10-52 所示。

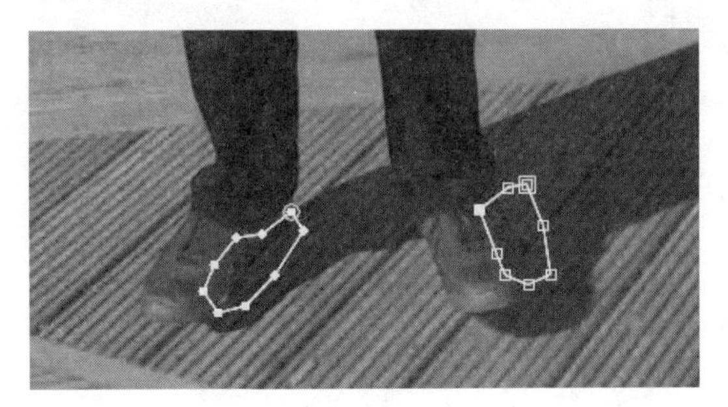

图 10-52

显示黑色固态层，设置 Opacity【不透明度】为“20”，形成鞋面的阴影效果。最终效果如图 10-53 所示。

图 10-53

参考文献

[1] 张天骐. After Effects 影视合成与特效火星风暴（第 3 版）. 北京：人民邮电出版社，2014 年 12 月.

[2] 王海波. After Effects CS6 高级特效火星课堂. 北京：人民邮电出版社，2013 年 10 月.

[3] 毕盈. After Effects 高级影视特效火星风暴. 北京：人民邮电出版社，2012 年 4 月.

[4] 新视角文化行. 典藏 After Effects CS5 影视后期特效制作完美风暴. 北京：人民邮电出版社，2011 年 1 月.

[5] 子午视觉文化传播. After Effects CS4 影视合成特效制作完全学习手册. 北京：人民邮电出版社，2010 年 11 月.

[6] 厉建欣，刘娜，李涛. After Effects CS5.5 案例教程. 北京：高等教育出版社，2015 年 1 月.

[7] 王世宏. After Effects 7.0 实例教程. 北京：人民邮电出版社，2008 年 11 月.

[8] ACAA 专家委员会，DDC 传媒，刘强，张天骐. ADOBE AFTER EFFECTS CS5 标准培训教材，2010 年 11 月.

[9] www.hxsd.com

[10] www.redgiant.com

[11] www.videocopilot.net

[12] ae.tutsplus.com

[13] mamoworld.com

[14] www.digitaltutors.com

[15] eat3d.com

反侵权盗版声明

举报电话：（010）88254396；（010）88258888
传　　真：（010）88254397
E-mail：　dbqq@phei.com.cn
通信地址：北京市海淀区万寿路 173 信箱
　　　　　电子工业出版社总编办公室
邮　　编：100036